高职高专“十二五”规划教材

本书荣获中国石油和化学工业优秀出版物奖（教材奖）

配套电子课件

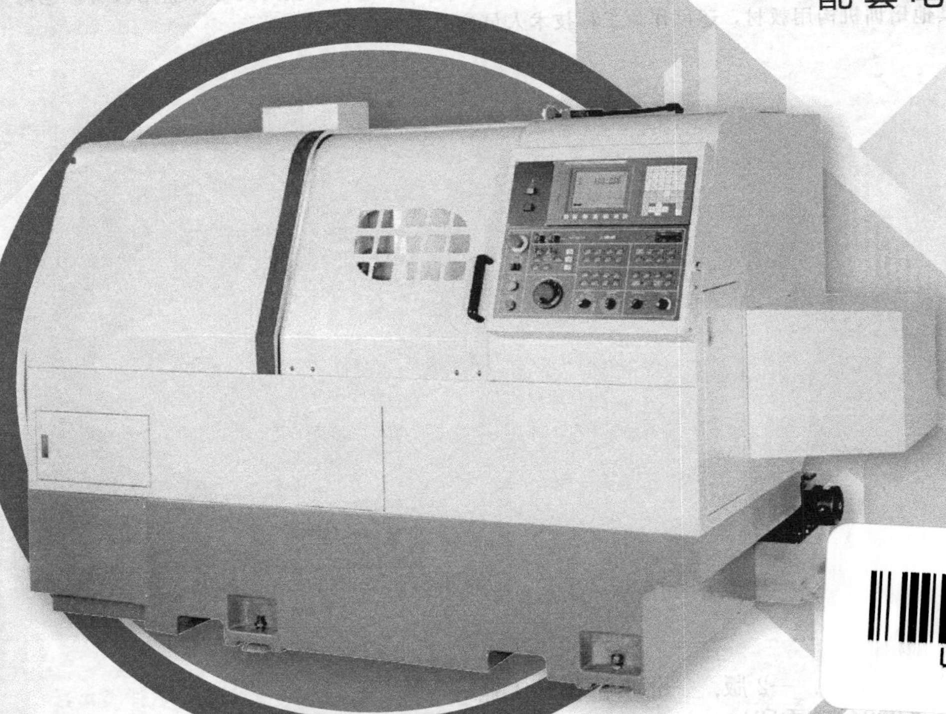



# 数控机床结构

## （第二版）

魏　杰 主编　邵　娟 副主编

化学工业出版社

·北京·

本书共分十章，对数控机床进行了概述，详细介绍了各类数控机床的典型通用装置，并分别对数控车床、数控铣床、加工中心、数控电加工机床、数控磨床、数控冲床、三坐标测量机、柔性制造系统等数控加工设备的分类、组成、结构、工作原理进行了详细的说明。除文字内容，还配有大量的机床外观图、结构装配图、部件轴测图、流程线框图等图片，每章配有适量的思考与练习题。

本书结构合理、内容全面、说明细致、图文并茂。为方便教学，配套电子课件。

本书可作为高职高专院校数控类、机械制造及自动化类、机电一体化类、模具类等专业用教材，也可作为中职院校及其他培训机构用教材，还可作为工程技术人员参考用书。

**图书在版编目（CIP）数据**

数控机床结构/魏杰主编. —2版. —北京：化学工业出版社，2014.10（2024.11重印）
ISBN 978-7-122-21837-7

Ⅰ.①数… Ⅱ.①魏… Ⅲ.①数控机床-结构 Ⅳ.①TG659

中国版本图书馆CIP数据核字（2014）第214583号

责任编辑：韩庆利
责任校对：王素芹
装帧设计：张　辉

出版发行：化学工业出版社（北京市东城区青年湖南街13号　邮政编码100011）
印　　装：北京盛通数码印刷有限公司
787mm×1092mm　1/16　印张14½　字数362千字　2024年11月北京第2版第5次印刷

购书咨询：010-64518888
售后服务：010-64518899
网　　址：http://www.cip.com.cn
凡购买本书，如有缺损质量问题，本社销售中心负责调换。

定　　价：45.00元

# 前言

随着机械制造技术的快速发展，数控机床已经成为机械加工的主流装备。在我国，数控机床的占有率不断提高，我国已成为数控机床生产和应用大国。数控机床在生产中的大量应用需要大量的数控机床操作、数控程序编制、数控机床维护维修及数控机床组装调试人员，无论是哪一类人员，都需要懂得数控机床的结构、原理及特点，才能更好地生产、使用、维护、维修数控机床。

本书的第一版自2009年出版以来，深受广大师生和企业人员的青睐，随着科学技术的不断更新和高职院校对人才培养模式、优质核心课程、实践教学基地建设工作的不断深入，教材结构和内容方面则不能满足教学要求，需要进一步优化和完善。为此，编者认真总结近几年的教学经验和反馈意见，对教材做了修订。

本书以高端技能应用型人才培养为目标，针对在数控加工中常用的数控车床、数控铣床、加工中心、数控电加工机床、数控磨床、数控冲床、三坐标测量机、柔性制造系统等各类数控加工设备的结构、原理、特点进行了详尽的说明，并做了大量配图。

本书共分为十章，其中第一章、第三章、第六章、第十章由辽宁建筑职业学院魏杰编写；第八章、第九章由辽宁建筑职业学院邵娟编写；第二章、第四章由沈阳工业大学潘思伟编写；第五章由辽宁建筑职业学院迟旭编写；第七章由辽宁建筑职业学院范宁编写；本书由魏杰担任主编，邵娟担任副主编。

本书配套电子课件，可赠送给用本书作为授课教材的院校和老师，如有需要可发邮件到hqlbook@126.com索取。

由于编者水平有限，书中难免有不足之处，恳请读者批评指正。

编　者

# 目录

## 第一章　数控机床概述



## 第二章　数控机床典型装置

## 第四章 数控铣床

## 第五章　加工中心

## 第六章 数控电加工机床



## 第七章 数控磨床

## 第八章　数控冲床



## 第九章　三坐标测量机

# 第一章

# 数控机床概述

**学习任务书**

| | |
|---|---|
| 学习目标 | 1. 能够进行数控机床的分类，描述数控机床特点与应用范围<br>2. 能够叙述数控机床的工作过程及组成部件 |
| 学习内容 | 1. 数控机床的产生与发展<br>2. 数控机床的分类、特点与应用范围<br>3. 数控机床的工作过程与组成 |
| 重点、难点 | 数控机床的分类、特点与应用范围 |
| 教学场所 | 多媒体教室、实训车间 |
| 教学资源 | 教科书、课程标准、电子课件、数控机床 |

随着科学技术的不断发展，对机械产品的质量和生产效率提出了越来越高的要求。为了有效地提高产品质量、生产效率、降低生产成本、改善工人的劳动条件，一种新型的数字程序控制机床（简称数控机床）应运而生。数控机床综合应用了自动控制、计算机、微电子精密测量和机床结构等方面的最新成果，解决了单件、中小批量精密复杂零件的加工问题。

## 第一节　数控机床的产生和发展

### 一、数字控制技术的产生和发展

采用数字控制技术进行机械加工的思想是在20世纪40年代提出的。当时美国北密执安的一个小型飞机工业承包商帕森斯公司（Parsons Corporation）在制造飞机框架及直升机叶片轮廓用样板时，利用全数字电子计算机对叶片轮廓的加工路径进行了数据处理，并考虑了刀具半径对加工路径的影响，使加工精度达到±0.0381mm（±0.0015in）。

第一代数控机床产生于1952年，美国麻省理工学院研制出一套试验性数字控制系统，并把它装在一台立式铣床上，成功地实现了同时控制三轴的运动。这台数控机床被大家称为世界上第一台数控机床。但是这台机床毕竟是一台试验性的机床，到了1954年11月，在帕尔森斯专利基础上，第一台工业用的数控机床由美国本迪克斯公司（Bendi Cooperation）生产出来。

第二代数控机床产生于1959年，电子行业研制出晶体管元器件，因而数控系统中广泛采用晶体管和印制电路板，使数控机床跨入了第二代。同年3月，由美国克耐·杜列克公司（Keaney & Trecker Corp）发明了带有自动换刀装置的数控机床，称为“加工中心”。现在加工中心已成为数控机床中一种非常重要的品种，在工业发达的国家中约占数控机床总量的1/4左右。

第三代数控机床产生于1960年，研制出了小规模集成电路。由于它的体积小，功耗低，使数控系统的可靠性得以进一步提高，数控系统发展到第三代。

以上三代，都是采用专用控制的硬件逻辑数控系统（NC）。

1967年，英国首先把几台数控机床连接成具有柔性的加工系统，这就是最初的FMS——Flexible Manufacturing System柔性制造系统。之后，美国、欧洲、日本等也相继进行了开发和应用。

第四代数控机床产生于1970年前后，随着计算机技术的发展，小型计算机的价格急剧下降，小型计算机开始取代专用控制的硬件逻辑数控系统（NC），数控的许多功能由软件程序实现。由计算机作控制单元的数控系统（CNC），称为第四代。1970年，在美国芝加哥国际展览会上，首次展出了这种系统。

第五代数控机床产生于1974年，美、日等国首先研制出以微处理器为核心的数控系统的数控机床。30多年来，微处理机数控系统的数控机床得到飞速发展和广泛的应用，这就是第五代数控（MNC）。后来，人们将MNC也统称为CNC。

20世纪80年代初，国际上又出现了柔性制造单元FMC——Flexible Manufacturing Cell。这种单元投资少、见效快，既可单独长时间少人看管运行，也可集成到FMS或更高级的集成制造系统中使用。所以近几十年来，得到快速发展和广泛应用。

FMC和FMS被认为是实现CIMS——Computer Intesrated Manubcturing System计算机集成制造系统的必经阶段和基础。

## 二、我国数控机床的发展情况

我国从1958年开始研究数控技术，一直到20世纪60年代中期处于研制、开发时期。1965年，国内开始研制晶体管数控系统。20世纪60年代末至70年代初研制成功X53K-1G立式数控铣床、CJK-18数控系统和数控非圆齿轮插齿机。从20世纪70年代开始，数控技术在车、铣、钻、镗、磨、齿轮加工、电加工等领域全面展开，数控加工中心在上海、北京研制成功。但数控系统的可靠性、稳定性未得到解决，因而没能被广泛推广。在这一时期，数控线切割机床由于结构简单、使用方便、价格低廉，在模具加工中得到了应用和推广。20世纪80年代，我国从日本FANUC公司引进了部分系列的数控系统和直流伺服电动机、直流主轴电动机技术，以及从美国、欧洲等引进了一些新的技术，并进行了国产商品化生产。这些系统可靠性高、功能齐全，推动了我国数控机床稳定的发展，使我国的数控机床在性能和质量上产生了一个质的飞跃。

1995年以后，我国数控机床的品种有了新的发展。数控机床品种不断增多，规格齐全。许多技术复杂的大型数控机床、重型数控机床都相继研制出来。为了跟踪国外技术的发展，北京机床研究所研制出了JCS-FMS-1·2型的柔性制造系统。这个时期，我国在引进、消化国外技术的基础上，进行了大量开发工作。一些较高档次的数控系统（五轴联动）、分辨率为0.002μm的高精度数控系统、数字仿形数控系统、为柔性单元配套的数控系统都开发出来了，并造出样机，开始了专业化生产和使用。

现在，我国已经建立了以中、低档数控机床为主的产业体系。20 世纪 90 年代开始了高档数控机床的研发和生产。一些高档数控攻关项目通过国家鉴定并陆续在工程上得到应用。航天Ⅰ型、华中Ⅰ型、华中-2000 型等高性能数控系统，实现了高速、高精度和高效经济的加工效果，能完成复杂程度的五坐标曲面实时插补控制，加工出高复杂度的整体叶轮及复杂刀具。未来几十年，我国将成为数控机床的生产、使用大国。

## 三、数控机床的发展水平和趋势

### 1. 数控机床的发展趋势

数控机床综合了当今世界上许多领域的最新的技术成果，主要包括精密机械、自动控制和伺服驱动、计算机及信息处理、网络通信、精密检测及传感技术。随着科学技术的发展，特别是微电子技术、计算机控制技术、通信技术的不断发展，世界先进制造技术的兴起和不断成熟，数控设备性能日趋完善，应用领域不断扩大，成为新一代设备发展的主流。

随着产品的多样化需求及其相关技术的进步，数控机床总的发展趋势是工序集中、高速、高效、高精度、高柔性化、小型化、高智能、高可靠性。

（1）工序集中　数控机床使零件加工过程中的所有工序集中在一台机床上完成。实现全部加工之后，将零件直接送到装配工段，而不需要再转到其他机床上加工。减少了由于工序分散、工件多次装夹引起的定位误差，提高了加工精度，同时也减少了机床的台数与占地面积，压缩了工序间的辅助时间，有效地提高了数控机床的生产率和数控加工的经济效益。因此，实现工序高度集中是数控机床当今的发展趋势，也是数控机床工业飞速发展，深入普及的根由。

（2）高速、高效、高精度　这三个方面是机械加工的目标，数控机床因其价格昂贵，因此在这三个方面的发展也就更为突出。

① 高速。提高切削速度可以减少机动时间。目前，数控机床的主轴转速已普遍达到 6000r/min 以上，有的高达 40000r/min；切削速度达到 2000m/min。传统的砂轮线速度为 30～60m/s，目前数控磨床的砂轮线速度已达到 140～150m/s，甚至高达 500m/s，磨削送给线速度可达 5～10m/min。

② 高效。为了减少机床辅助时间，提高机床效率，采取了一系列措施，如缩短换刀时间。现在数控机床换刀时间最短仅为 0.25s；采用新的刀库和换刀机械手，使选刀动作与机动时间重合，且快速可靠；采用各种形式的交换工作台，使装卸工件的时间与机动时间重合，同时缩短工作台交换时间；广泛采用脱机编程、图形模拟等技术，实现后台输入修改编辑程序，前台加工，缩短新的加工程序在机调试时间；采用快换夹具、刀具装置以及实现对工件原点快速确定等措施，缩短机床及刀具的调整时间。

③ 高精度。工件的加工精度主要取决于机床精度、编程精度、插补精度和伺服精度。目前新型数控机床具有很高的分辨率，达到 0.1μm，有的甚至达到 0.001μm。为了提高机床精度，采用了各种措施和技术来提高机床的动态、静态刚度；减少热变形，提高其热稳定性；克服爬行和提高传动精度。如采用新材料丙烯树脂“混凝土”代替铸铁来制造机床床身、用陶瓷材料和人造花岗岩制造机床的支承副等。

（3）高柔性化　柔性是指机床适用加工对象变化的能力。即当加工对象变化时，只需要通过修改而无需更换或只做极少量快速调整即可满足加工要求的能力。数控机床对满足加工对象的变换有很强的适应能力。

（4）小型化　急速发展的机电液一体化技术对数控机床提出了小型化的要求，以便将机电液装置更好结合。

(5) 高智能、高可靠性　高智能性、高可靠性也是目前数控机床的一个发展趋势。

① 高智能。加工效率和加工质量方面的智能化；简化编程、简化操作方面的智能化；还有智能化的自动编程、智能化的人机界面；以及智能诊断、智能监控等方面的内容，方便系统的诊断与维护。

② 高可靠性。为了得到可靠性高的数控机床，生产厂家注意把可靠性贯穿于整个设计、生产、调试、包装出厂等全过程。目前，数控系统平均无故障时间已达 70000～100000h。

**2. 数控系统的发展趋势**

就数控系统的微机来说，有采用专用微机和通用微机两种发展趋势。

(1) 采用专用微机　是指生产厂家采用自行开发的专用微机、专用芯片，其基础技术为厂家所专有，这些技术经多年的积累和发展，别的厂家很难掌握和超越，这是生产厂家保持其数控技术的优势所采取的策略。在国际上有影响的系统有：德国的西门子系统（SIEMENS）；日本的法纳克系统（FANUC）；美国的 A-B 系统。

(2) 采用通用微机技术开发数控系统　这是生产厂家中后起之秀所采用的策略，用通用微机开发数控系统可以得到强有力的硬件和软件的支持，这些软件硬件技术是通用的、公开的。这样可以避开专有技术的制约，在短时间内达到较高水平，这是一条发展数控技术的捷径。目前，国内很多中小数控机床生产厂商正在借助这一捷径，大力开发数控技术，生产适销对路的数控机床。

数控系统的微机字长也在不断提高，由最早的 8 位机，经 16 位机，到目前被广泛采用的 32 位机，现在又有向 64 位机发展的趋势。微机的 CPU 也由单个向多个发展。目前，高性能的 CNC 数控系统可以同时控制几个轴，甚至几十个轴（坐标轴、主轴与辅助轴），并且前台的加工控制和后台的程序辅助可同时进行。另外，数控系统的各厂家纷纷采用 RS232 和 RS422 串行通信接口、DNC 和 MAP 接口及 MAP 工业控制网络，为数控系统进入 FMS 及 CIMS 创造了先行条件。

**3. 伺服系统的发展趋势**

最早的数控机床伺服系统执行机构采用液压转矩放大器。功率步进电动机问世后，开始直接用它来驱动机床的送给运动。20 世纪 60 年代中期，不少新设计制造的数控机床普遍采用了小惯量直流伺服电动机。20 世纪 70 年代，美国首先研制了大惯量直流伺服电动机。20 世纪 80 年代初期，美国通用电气公司研制成功交流伺服系统。近年来，微机处理器已开始应用于伺服系统的驱动装置中。当前伺服系统的发展趋势是直流伺服系统将被交流数字伺服系统所取代。伺服系统的速度环、位置环及电流环都已实现了数字化。并采用了新的控制理论，实现了不受机械负荷变动影响的高速响应系统。其技术发展如下。

(1) 前馈控制技术　过去的伺服系统将指令位置和实际位置的偏差乘以位置环增益作为速度指令，去控制电动机的转速。这种方式总是存在位置跟踪滞后误差，使得在加工拐角及圆弧时加工情况恶化。所谓前馈控制，就是在原来的控制系统上加上速度指令的控制，这样使跟踪滞后误差大大减小。

(2) 机械静、动摩擦的非线性控制技术　机床的动、静摩擦的非线性会导致爬行现象。除了采取措施降低静摩擦外，新型的数控伺服系统还具有自动补偿机械系统静、动摩擦非线性的控制功能。

(3) 伺服系统的速度环和位置环均采用软件控制　采用软件控制，更具有柔性，能适应不同类型的机床，并能实现复杂的算法，以适应高性能的要求。

(4) 采用高分辨率的位置测量装置　采用高分辨率的脉冲编码器，内装微处理组成的细分电路，使分辨率大大提高。

(5) 补偿技术得到发展和广泛应用　现代数控机床利用CNC数控系统的补偿功能，对伺服系统进行了多种补偿，如轴向运动误差补偿、丝杠螺距误差补偿、齿轮间隙补偿、热补偿和空间误差补偿等。

**4. 自适应控制的应用**

数控机床增加更完善的自适应控制功能也是数控技术发展的一个重要方向。自20世纪60年代以来，简单的自适应控制机床已进入了实用阶段，而复杂的自适应控制机床如以最低加工成本和最好的加工质量作为评价指标的机床，由于状态参数连接检测传感器未达到实用化的程度，至今还停留在实验阶段。

## 四、经济型数控机床

经济型数控机床是相对于中、高档全功能数控机床而言，在不同的国家和不同的时期其含义也不尽相同。目前，我国把单板机或单片机与步进电动机组成的功能较简单、价格较低的系统配置的机床称为经济型数控机床。

中、高档全功能数控机床的功能齐全、功率较大、动作较多、运动较复杂、定位精度较高，但配置这样系统的数控机床价格昂贵，难以在发展中国家普及。近年来，我国成功应用经济型数控系统配置普通车床、铣床、线切割机床、冲床及其改造等，并在投入使用后确实成倍地提高了生产率，减小了废品率，取得了显著的技术经济效益。经济型数控机床在我国得到了日益广泛的应用，潜在的市场前景十分的广阔。

**1. 经济型数控机床存在的缺陷**

(1) 经济型数控机床的系统大部分采用8单位微处理系统，处理器运算速度低，步进电动机的运行频率不高，进给速度一般比较低。

(2) 经济型数控机床多采用LED显示。这种显示方式能显示的数据量较少，而且也不够直观，工件程序、机床参数等数据的输入操作不够方便，不能实时、完整地显示机床的当前状态。

(3) 经济型数控机床一般不带通信接口，因而不能与编程机或计算机相连，实现自动编程，更不能联网。

经济型数控机床要保持其生命力，在机械行业中发挥更大的作用，必须在保证经济性的前提下，不断改善性能，把中、高档数控机床中的一些先进技术用到经济型数控系统中，以实现经济型数控机床系统的升级换代。

**2. 提高经济型数控系统的性能的途径**

(1) 采用较高档次的微机进行配置，是一种能使经济型数控机床性能提高很大而价格却上升较少的较为经济的方法。较高档次的微机，运行速度快，存储能力大，功能强大，可以实现CRT显示，使数据输入操作方便、直观，做到实时、完整地显示机床当前状态，便于操作者对加工过程的监视。采用较高档次的微机，就有可能实现中、高档数控系统中的软、硬件相结合的插补方法以及各种补偿功能和联机、联网等。

(2) 采用反馈补偿。为了提高经济型数控机床的加工精度，防止步进电动机丢步，可在经济型数控机床的滚珠丝杠端都装上回转编码器进行反馈补偿。由于经济型数控机床具有结构简单、运行稳定、调试方便、价格低廉的优点，必将随着其性能不断改善而得到更快的发展和更广泛的应用。

## 五、五轴联动机床

数控机床加工某些零件时，除需要有沿 $X$、$Y$、$Z$ 三个坐标轴的直线进给运动之外，还需要有绕 $X$、$Y$、$Z$ 三个坐标轴的圆周进给运动，分别称为 $A$、$B$、$C$ 轴。五轴加工是指在一台机床上至少有五个坐标轴（三个直线坐标和两个旋转坐标），而且可在计算机数控（CNC）系统的控制下同时协调运动进行加工，如图 1-1 所示。五轴联动数控机床是一种科技含量高、精密度高、专门用于加工复杂曲面的机床，这种机床系统对一个国家的航空、航天、军事、科研、精密器械、高精医疗设备等行业有着举足轻重的影响力。目前，五轴联动数控机床系统是解决叶轮、叶片、船用螺旋桨、重型发电机转子、汽轮机转子、大型柴油机曲轴等加工的唯一手段。

图 1-1　五轴联动机床加工

五轴联动机床具有以下特点：

① 可有效避免刀具干涉，加工普通三坐标机床难以加工的复杂零件，加工适应性广，如图 1-2（a）所示。

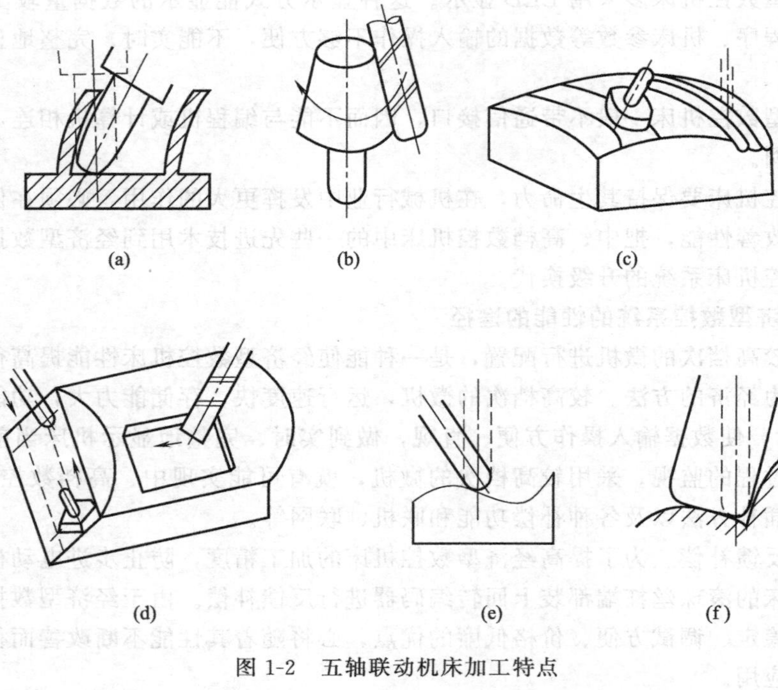


图 1-2　五轴联动机床加工特点

② 对于直纹面类零件，可采用侧铣方式一刀成形，加工质量好、效率高，如图 1-2（b）所示。

③ 对一般立体型面特别是较为平坦的大型表面，可用大直径端铣刀端面贴近表面进行加工，走刀次数少，残余高度小，可大大提高加工效率与表面质量，如图 1-2（c）所示。

④ 可一次装卡对工件上的多个空间表面进行多面、多工序加工，加工效率高并有利于提高各表面的相互位置精度，如图 1-2（d）所示。

⑤ 五轴加工时，刀具相对于工件表面可处于最有效的切削状态。例如使用球头刀时可避免球头底部切削，如图 1-2（e）所示，利于提高加工效率。同时，由于切削状态可保持不变，刀具受力情况一致，变形一致，可使整个零件表面上的误差分布比较均匀，这对于保证某些高速回转零件的平衡性能具有重要作用。

⑥ 在某些加工场合，可采用较大尺寸的刀具避开干涉进行加工，刀具刚性好，有利于提高加工效率与精度，如图 1-2（f）所示。

国外五轴联动数控机床是为适应多面体和曲面零件加工而出现的。随着机床复合化技术的新发展，在数控车床的基础上，又很快生产出了能进行铣削加工的车铣中心。五轴联动数控机床的加工效率相当于两台三轴机床，有时甚至可以完全省去某些大型自动化生产线的投资，大大节约了占地空间和工作在不同制造单元之间的周转运输时间及费用。市场的需求推动了我国五轴联动数控机床的发展，CIMT99 展览会上国产五轴联动数控机床第一次登上机床市场的舞台。自江苏多棱数控机床股份有限公司展出第一台五轴联动龙门加工中心以来，北京机电研究院、北京第一机床厂、桂林机床股份有限公司、济南二机床集团有限公司等企业也相继开发出五轴联动数控机床。

当前，国产五轴联动数控机床在品种上已经拥有立式、卧式、龙门式和落地式的加工中心，适应不同大小尺寸的杂零件加工，加上五轴联动铣床和大型镗铣床以及车铣中心等的开发，基本涵盖了国内市场的需求。精度上，北京机床研究所的高精度加工中心、宁江机械集团股份有限公司的 NJ25HMC40 卧式加工中心和交大昆机科技股份有限公司的 TH61160 卧式镗铣加工中心都具有较高的精度，可与发达国家的产品相媲美。在产品市场销售上，江苏多棱、济南二机床、北京机电研究院、宁江机床、桂林机床、北京一机床等企业的产品已获得国内市场的认同。

2013 年 7 月 31 日由大连科德制造的高精度五轴立式机床，启运出口德国，“这一高档数控机床销往西方发达国家，是中国机床制造行业的重要里程碑。”

## 第二节　数控机床的特点和应用范围

### 一、数控机床的特点

具有 CNC 装置的数控机床，在机械行业中得到了日益广泛的应用，因为它具有如下的特点。

（1）适应性强　适应性即所谓的柔性，是指数控机床随生产对象变化而变化的适应能力。在数控机床上进行产品加工，当产品（生产对象）改变时，仅仅需要改变数控设备的输入程序（即工作程序，又称用户软件）就能适应新产品的生产需要，而不需改变机械部分和控制部分的硬件，而且生产过程是自动完成的。这一点不仅满足了当前产品更新、更快的市场竞争需要，而且较好地解决了单件、小批量、多变产品的自动化生产问题。适应性强是数控机床最突出的优点，也是数控机床得以产生和迅速发展的主要原因。

(2) 能实现复杂的运动　普通机床难以实现或根本无法实现轨迹为三次以上的曲线或曲面的运动，如螺旋桨、汽轮机叶片之类的空间曲面；而数控机床则可以实现几乎是任意轨迹运动和任何形状的空间曲面，适用于复杂异形零件的加工。

(3) 加工精度高，产品质量稳定　数控机床是按照预定程序自动工作的，一般情况下工作过程不需要人工干预，这就消除了操作者人为产生的误差。在设计制造设备主机时，通常采取了许多措施，使数控设备的机械部分达到较高的精度。数控装置的脉冲当量目前可达0.01～0.00002mm，同时，可以通过实时检测反馈修正误差或补偿来获得更高的精度。因此，数控机床可以获得比机床本身精度更高的加工精度。尤其提高了同批零件生产的一致性，使产品质量获得稳定的控制。

(4) 生产效率高　数控机床比普通机床的生产效率能高出许多倍。尤其对某些复杂零件的加工，生产效率可提高十几倍甚至几十倍。其原因如下。

① 数控机床具有较高的刚性，可采用较大的切削用量，有效地减少了加工中的切削时间。

② 具有自动变速、自动换刀等功能，而且无需工序间的检验与测量，使辅助时间大为缩短。

③ 工序集中、一机多用的数控加工中心，在一次装夹工件后几乎可以完成零件的全部加工，这样不仅可减少装夹误差，还可减少半成品的周转时间，生产效率的提高更为明显。

(5) 减轻劳动强度，改善劳动条件　数控机床的工作是按预先编制好的加工程序自动连续完成的，操作者除输入加工程序及相关的操作之外，不需进行繁重的重复手工操作，劳动条件和劳动强度大为改善。

(6) 有利于科学的生产管理　采用数控机床能准确地计算产品生产的工时，并有效地简化检验、工夹具和半成品的管理工作。数控机床采用标准的信息代码输入，这样有利于与计算机连接，构成由计算机控制和管理的生产系统，实现制造和生产管理的自动化。

## 二、数控机床的应用范围

数控机床与普通机床相比具有许多优点，其应用范围正在不断扩大，但目前它并不能完全替代普通机床，也还不能以最经济的方式解决机械加工中的所有问题。在实际选用时，一定要充分考虑其技术经济效益。数控机床最适合加工具有以下特点的零件：

① 多品种小批量生产的零件或新产品试制中的零件。

② 形状结构比较复杂、精度要求较高的零件。

③ 工艺设计需要频繁改型的零件。

④ 价格昂贵，不允许报废的关键零件。

⑤ 需要最短周期制作的急需零件。

⑥ 需要昂贵工装（刀具、夹具和模具）的零件。

⑦ 大批量生产精度要求较高的零件。

由于数控机床的自动化程度、生产效率都很高，可最大限度地减少操作工人。因此，大批量生产的零件采用数控机床加工，在经济上也是可行的。广泛推广和使用数控机床的最大障碍是设备的初始投资费用大。由于系统本身的复杂性，又增加了维修的技术难度和维修费用，考虑到上述种种原因，在决定选用数控机床加工零件时，需要进行科学的技术经济分析，使数控机床能发挥它的最好经济效益，做到物有所用、用有所值。

## 第三节　数控机床的分类

### 一、按运动方式划分

1. **点位控制系统**

点位控制系统是指数控系统只控制刀具或机床工作台，从一点准确地移动到另一点，而点与点之间运动的轨迹不需要严格控制的系统。为了减小移动部件的运动与定位时间，一般先以快速移动到终点附近位置，然后以低速准确移动到终点定位位置，以保证良好的定位精度。移动过程中刀具不进行切削。使用这类控制系统的主要有数控坐标镗床、数控钻床、数控冲床、数控弯管机等。点位控制系统加工如图 1-3 所示。

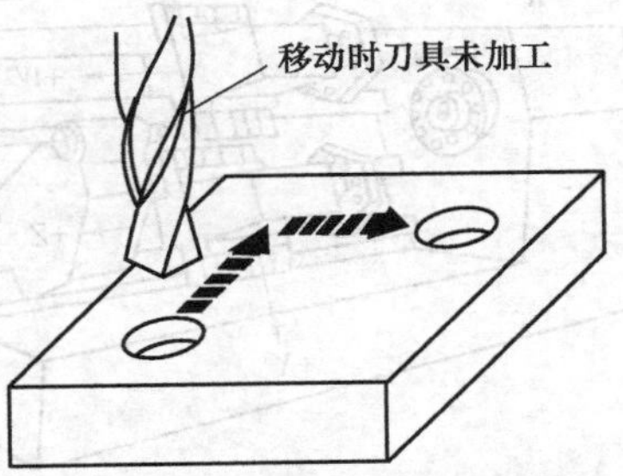

图 1-3　点位控制系统加工示意图

2. **点位直线控制系统**

点位直线控制系统是指数控系统不仅控制刀具或机床工作台从一个点准确地移动到另一个点，而且保证在两点之间的运动轨迹是一条直线的控制系统。移动部件在移动过程中进行切削，应用这类控制系统的有数控车床和数控铣床等。点位直线控制系统加工如图 1-4 所示。

3. **轮廓控制系统**

轮廓控制系统也称连续控制系统，是指数控系统能够对两个或两个以上的坐标轴同时进行严格连续控制的系统。它不仅能控制移动部件从一点准确地移动到另一个点，而且还能控制整个加工过程每一点的速度与位移量，将零件加工成一定的轮廓形状。应用这类控制系统的有数控车床、数控铣床、数控齿轮加工机床和数控加工中心等。轮廓控制系统加工如图 1-5 所示。

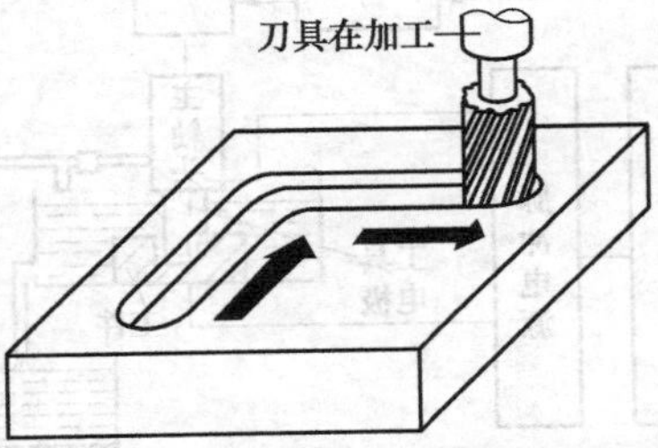

图 1-4　点位直线控制系统加工示意图

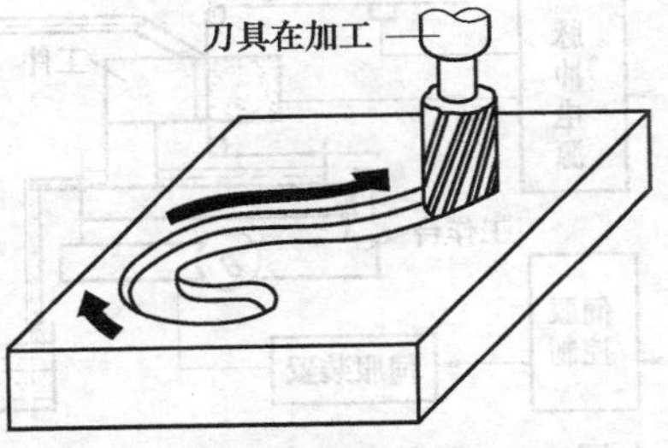

图 1-5　轮廓控制系统加工示意图

### 二、按工艺用途划分

1. **金属切削类数控机床**

这类机床又可分为普通类数控机床和数控加工中心。

（1）普通类数控机床　普通类数控机床一般指在加工工艺过程中的一个工序上实现数字控制的自动化机床，如数控车床、数控铣床、数控钻床、数控磨床与数控齿轮加工机床等。普通数控机床在自动化程度上还不够完善，刀具的更换与零件的装卸有的仍需人工来完成。

（2）数控加工中心　机床装有刀库和自动换刀机械手，在一次安装工件后，可以进行多种工序加工的数控机床，称为数控加工中心。加工中心的类型也很多，一般可分为立式加工中心、卧式加工中心和万能加工中心等。立式与卧式加工中心是在数控铣床基础上发展起来的，又称为铣削加工中心；而车削加工中心则是在车床基础上发展起来的高效、高速的多功能机床。图 1-6 所示为金属切削类数控机床示意图。

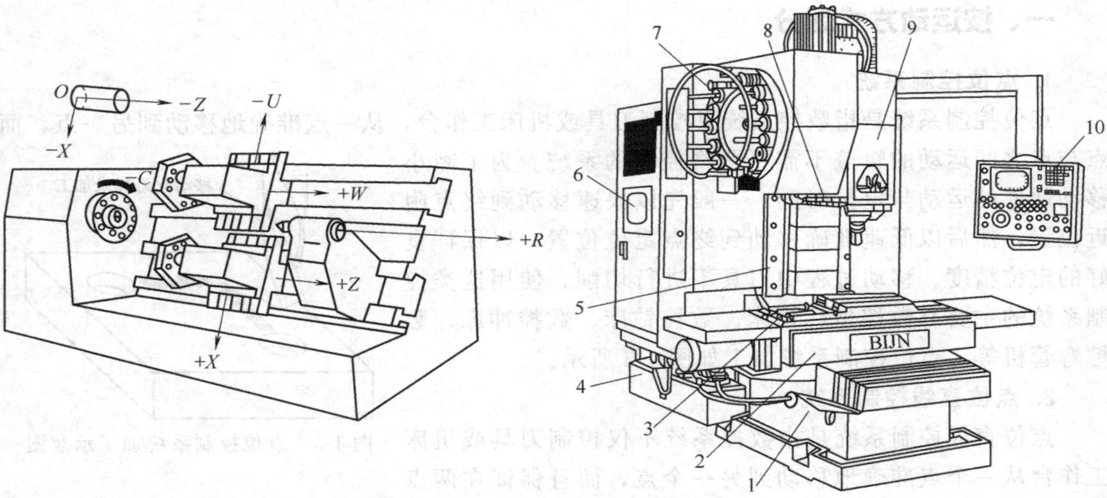


(a) 数控车床　　(b) 数控立式加工中心

图 1-6　金属切削类数控机床示意图

1—床身；2—滑座；3—工作台；4—润滑油箱；5—立柱；6—数控柜；

7—刀库；8—机械手；9—主轴箱；10—操纵面板

2. 金属成形类数控机床

这类机床如数控折弯机、数控弯管机、数控转头压力机等。

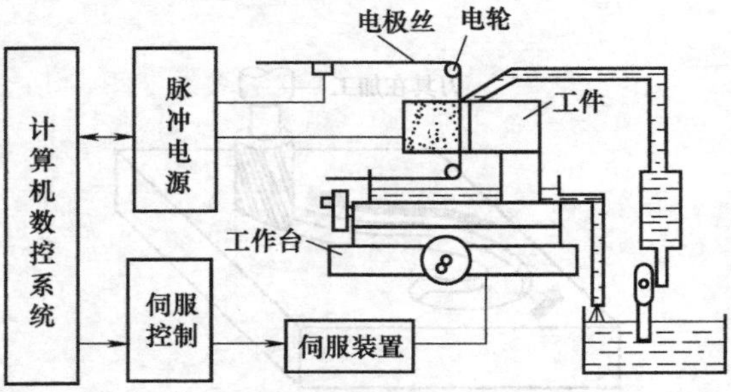


图 1-7　数控线切割机床示意图

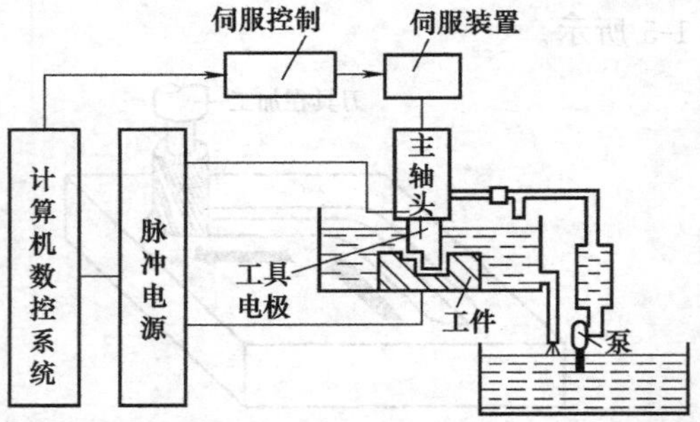


图 1-8　数控电火花加工机床示意图

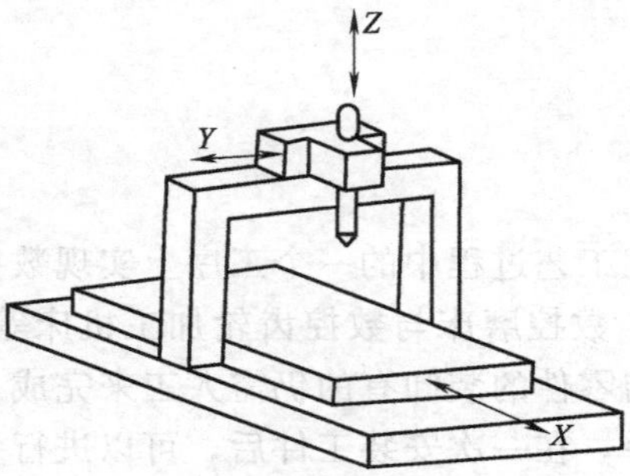


图 1-9　数控三坐标测量机

3. 特种加工及其他类型数控机床

这类机床如数控线切割机床（见图 1-7）、数控电火花加工机床（见图 1-8）、数控三坐标测量机（见图 1-9）、数控激光切割机床等。

## 三、按控制方式划分

1. 开环控制系统

开环控制系统是指不具有反馈装置的控制系统。它是根据数控程序指令，经过控制运算发出脉冲信号，输送到伺服驱动装置（步进电动机），使伺服驱动装置转过相应的角度，然后经过减速齿轮和丝杠螺母机构，转换为移动部件的位移。由于开环控制系统没有反馈装置，所以对移动部件实际位移量的测量及反馈与原指令值不进行检测，也不能进行误差校正，其系统精度较低。但开环控制系统具有工作稳定、调试方便、维修简单等优点。在精度和速度要求不高、驱动力矩不大的场合得到广泛应用。在我国，经济型数控机床一般都采用开环数控系统。图1-10所示为开环控制系统框图。

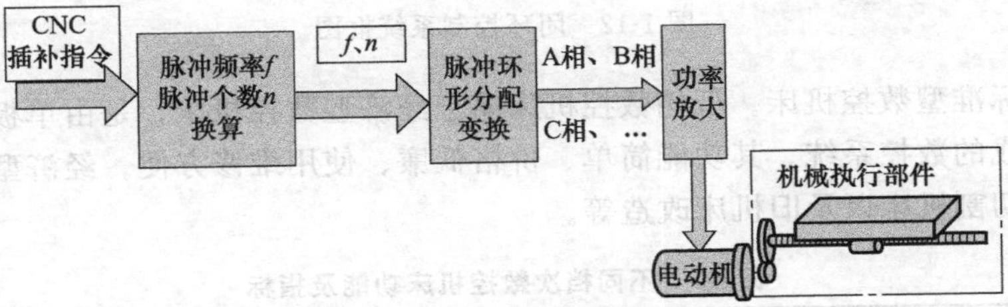


图1-10　开环控制系统框图

2. 半闭环控制系统

半闭环控制系统是在开环控制系统的伺服机构中装有角位移检测装置，通过检测伺服机构的滚珠丝杠转角，间接检测移动部件的位移，然后反馈到数控装置的比较器中，与输入原指令位移值进行比较，用比较后的差值进行控制，使移动部件补充位移，直到差位消除为止的控制系统。由于半闭环控制系统将移动部件的传动丝杠螺母不包括在环内，所以传动丝杠螺母机构的误差仍会影响移动部件的位移精度。由于半闭环控制系统调试维修方便、稳定性好，目前应用比较广泛。图1-11所示为半闭环控制系统框图。

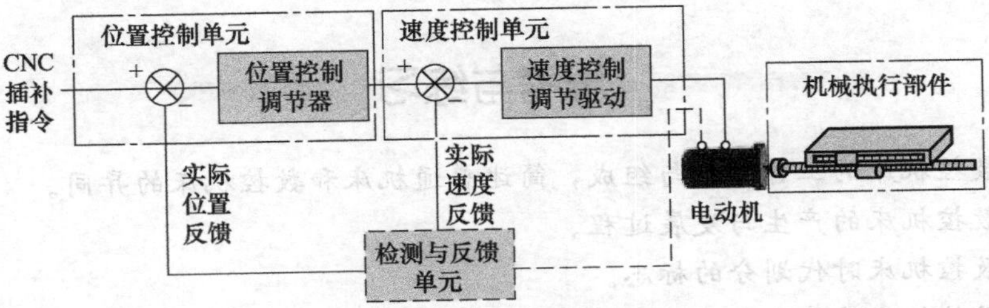


图1-11　半闭环控制系统框图

3. 闭环控制系统

闭环控制系统是在机床移动部件位置上直接装有直线位置检测装置，将检测到的实际位移反馈到数控装置的比较器中，与输入的原指令位移值进行比较，用比较后的差值控制移动部件作补充位移，直到差值完全消除为止，达到精度定位的控制系统。由于闭环控制系统定位精度很高（一般可达±0.001mm，最高可达±0.0002mm），一般应用在高精度数控机床上。这种系统虽然精度很高，但结构比较复杂、调试维修也比较困难，相对价格也较昂贵。图1-12所示为闭环控制系统框图。

## 四、按功能水平划分

按照数控系统的功能水平通常可把数控机床划分为低、中、高档三类。这种划分方式的界限也是相对的，不同时期其划分标准会有所不同。就目前的发展水平来看，可根据表1-1的一些功能及指标，将各类数控机床分为低、中、高三大类。其中，高、中档一般称为全功

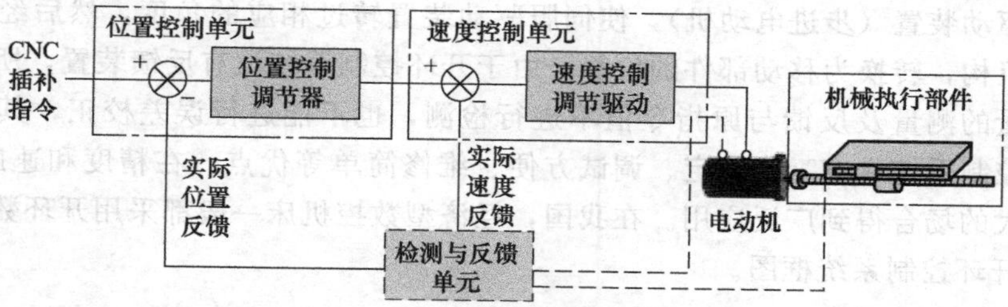


图 1-12　闭环控制系统框图

能数控机床或标准型数控机床。低档数控机床属于经济型数控机床，是由单板机、单片机和步进电动机组成的数控系统。其功能简单、价格低廉、使用维修方便。经济型数控系统主要用于车床、线切割机床以及旧机床改造等。

**表 1-1　不同档次数控机床功能及指标**

| 功　能 | 低　档 | 中　档 | 高　档 |
|---|---|---|---|
| 系统分辨率 | 10μm | 1μm | 0.1μm |
| 进给速度 | 8～15m/min | 15～24m/min | 24～100m/min |
| 伺服进给类型 | 开环及步进电动机系统 | 半闭环及直、交流伺服 | 闭环及直、交流伺服 |
| 联动轴数 | 2～3 轴 | 2～4 轴 | 5 轴或 5 轴以上 |
| 确信功能 | 无 | RS232C 或 DNC | RS232、DNC、MAP |
| 显示功能 | 数码管显示 | CRT：图形、人机对话 | CRT：三维图形、自诊断 |
| 内装 PLC | 无 | 有 | 强功能内装 PLC |
| 主 CPU | 8 位 CPU | 16 位、32 位 CPU | 32 位、64 位 CPU |

## 思考与练习

1. 根据数控机床的工作过程与组成，简述普通机床和数控机床的异同。
2. 简述数控机床的产生与发展过程。
3. 简述数控机床时代划分的标志。
4. 简述数控机床的特点。
5. 简述数控机床的适用范围。
6. 简述数控机床的分类。
7. 说明点位、点位直线、轮廓控制的特点。
8. 说明开环、半闭环、闭环控制系统的区别。

# 第二章 数控机床典型装置

学习任务书

| 学习任务书 | |
|---|---|
| 学习目标 | 1. 知道数控机床的结构特点与结构设计要求<br>2. 能够叙述数控机床各部分典型结构的组成和工作原理<br>3. 了解数控机床的辅助装置 |
| 学习内容 | 1. 数控机床的结构特点、结构设计要求<br>2. 数控机床主传动系统要求、主轴部件与主轴调速方法<br>3. 数控机床伺服系统要求、分类、结构与工作原理<br>4. 数控机床导轨、自动排屑装置的类型及结构<br>5. 数控机床检测装置的要求、分类与典型结构<br>6. PLC 结构及工作原理 |
| 重点、难点 | 数控机床的结构设计要求、数控机床各部分结构要求与典型结构 |
| 教学场所 | 多媒体教室、实训车间 |
| 教学资源 | 教科书、课程标准、电子课件、数控机床 |

## 第一节 数控机床主传动系统

主传动系统是用来实现机床主运动的传动系统，它应具有一定的转速（速度）和一定的变速范围，以便采用不同材料的刀具，加工不同材料、不同尺寸、不同要求的工件，并能方便地实现运动的开停、变速、换向和制动等。

数控机床主传动系统主要包括电动机、传动系统和主轴部件，与普通铣床的主传动系统相比在结构上比较简单，这是因为变速功能全部或大部分由主轴电动机的无级调速来承担，省去了复杂的齿轮变速机构，有些只有二级或三级齿轮变速机构用以扩大电动机无级调速的范围。

### 一、主传动的结构特点

数控机床的主传动系统一般采用直流或交流主轴电动机，通过带传动和主轴箱的变速齿轮带动主轴旋转，由于这种电动机调速范围广，又可无级调速，使得主轴箱的结构大为简化，也保证了加工时能选用合理的切削用量。主轴电动机在额定转速时输出全部功率和最大转矩，随着转速的变化，功率和转矩将发生变化。在调压范围内（从额定转速调到最低转速）为恒转矩，功率随转速成正比例下降。在调速范围内（从额定转速调到最高转速）为恒功率，转矩随转速升高成正比例减小。这种变化规律是符合正常加工要求的，即低速切削所需转矩大，高速切削消耗功率大。同时也可以看出电动机的有效转速范围并不一定能完全满足主轴的工作需要。所以主轴箱一般仍需要设置几挡变速（2～4 挡）。机械变速一般采用液压缸推动滑移齿轮实现，这种方法结构简单，性能可靠，一次变速只需 1s。有些小型的或者调速范围不需太大的数控铣床，也常采用由电动机直接带动主轴或用带传动使主轴旋转。

## 二、主传动系统变速方式

为了适应不同的加工要求，目前主传动系统主要有三种变速方式，如图 2-1 所示。

### 1. 二级以上齿轮变速系统

变速装置多采用齿轮变速结构。此种方式多用于大中型数控机床。图 2-1（a）所示为使用滑移齿轮实现二级变速的主传动系统。滑移齿轮的移位大都采用液压驱动。因数控机床使用可调无级变速交流、直流电动机，所以经齿轮变速后，实现分段无级变速，调速范围增加。其优点是能够满足各种切削运动的转矩输出，且具有大范围调节速度的能力。但由于结构复杂，需要增加润滑及温度控制装置，成本较高。此外，制造和维修也比较困难。图 2-2 所示为一种典型的二级齿轮变速主轴结构。

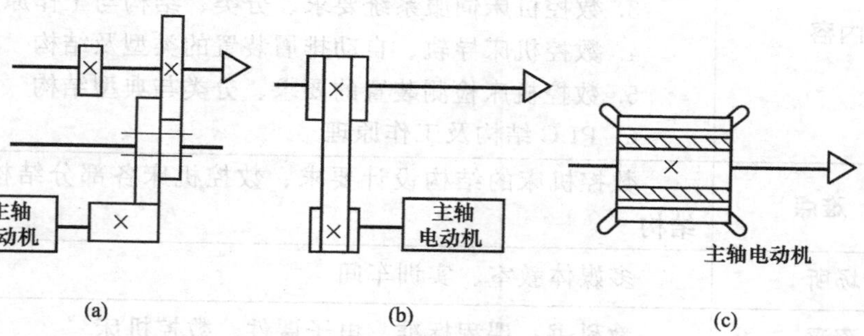


图 2-1　数控机床变速方式

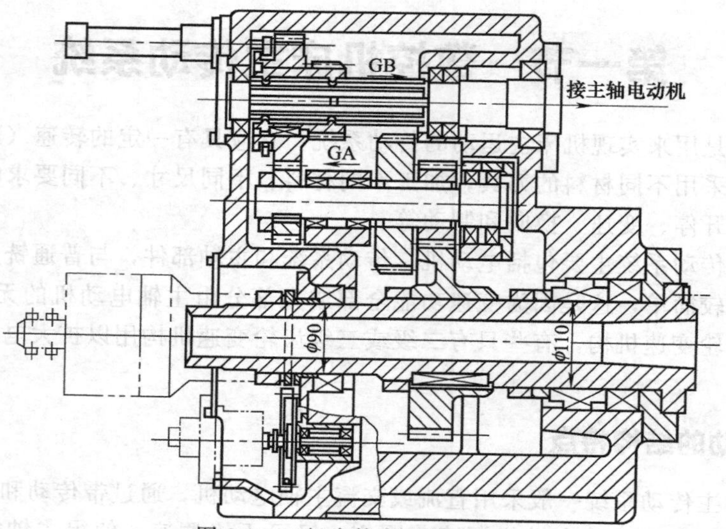


图 2-2　二级齿轮变速主轴结构

2. **一级带传动变速方式**

目前多采用带（同步齿形带）传动装置，如图 2-1（b）所示。其优点是结构简单，安装调试方便，且在一定条件下能满足转速与转矩的输出要求。但系统的调速范围受电动机调速范围的约束。这种传动方式可以避免齿轮传动时引起的振动与噪声，适用于低转矩特性要求的主轴。

3. **调速电动机直接驱动方式**

电动机转子轴即为机床主轴的电动机主轴，简称电主轴，是近年来新出现的一种结构。如图 2-1（c）所示，其优点是结构紧凑，占用空间少，转换频率高，但是主轴转速的变化及转矩的输出和电动机的输出特性完全一致，电动机的发热对主轴的精度影响大，因而使用受到限制。

## 三、主轴的支承

数控机床主传动系统的机械结构主要是主轴部件的结构，主轴部件既要满足精加工时精度较高的要求，又要具备粗加工时高效切削的能力。因此在旋转精度、刚度、抗振性和热变形等方面，都有很高的要求。

目前数控机床主轴轴承配置的主要形式有三种，如图 2-3 所示。

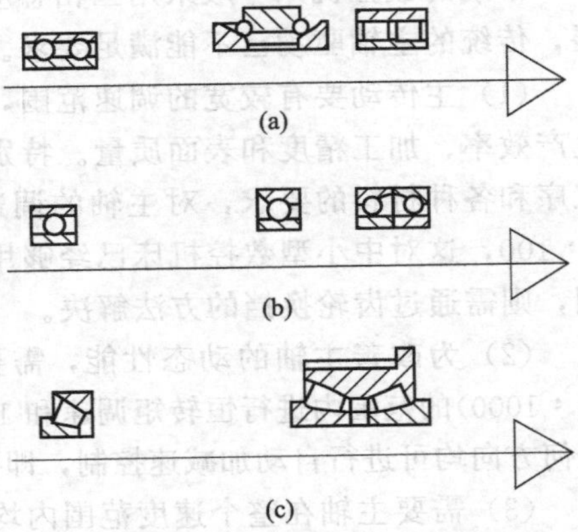

图 2-3　主轴的支承

1. **前、后支承采用不同轴承**（高刚度型）

图 2-3（a）所示为数控机床前支承采用双列短圆柱滚子轴承和 60°角接触双列向心推力球轴承，后支承采用成对向心推力球轴承。此种结构普遍应用于各种数控机床，其综合刚度高，可以满足强力切削要求。

2. **前后支承采用多个高精度向心推力球轴承**（高速轻载型）

图 2-3（b）所示为前后支承采用多个高精度向心推力球轴承，这种配置具有良好的高速性能，但它的承载能力较小，适用于高速轻载和精密数控机床。

3. **前、后支承采用单列和双列圆锥滚子轴承**（低速重载型）

图 2-3（c）所示为前支承采用双列圆锥滚子轴承，后支承为单列圆锥滚子轴承，其径向和轴向刚度很高，能承受重载荷。但这种结构限制了主轴最高转速，因此适用于中等精度、低速、重载数控机床。

另外对精密、超精密机床主轴、数控磨床主轴，可采用液体静压轴承和动压轴承，对于要求更高转速的主轴，可以采用空气静压轴承，这种轴承可达每分钟几万转的转速，并有非常高的回转精度。

为提高主轴组件刚度，数控机床经常采用三支承主轴组件，采用三支承可以有效减少主轴弯曲变形，辅助支承通常采用深沟球轴承，安装后在径向要保留好适当的游隙，避免由于主轴安装轴承处轴径和箱体安装轴承处孔的制造误差（主要是同轴度误差）造成干涉。

对于主轴夹持刀具回转的数控机床，如数控铣床和镗床及以镗铣为主的加工中心等，为了实现刀具的快速或自动装卸，主轴上往往装有刀具自动装卸、主轴准停和主轴孔内切屑自动清除等装置。对于主轴夹持工件回转的数控机床如数控车床、车削加工中心等，主轴上常常安装动力卡盘等自动夹紧工件的装置。

## 四、主轴的驱动与控制

### 1. 主轴驱动的基本要求

数控机床的主轴驱动单元是机床核心部件之一，其性能对机床的整体水平是至关重要的。在加工过程中，主轴驱动为了维持恒定、最优的切削速度，必须相应于切削半径的变化连续调速，以确保加工的稳定性和较高的生产率。当加工部件的切削内、外半径相差很大时，主轴速度的变化将达到几倍，甚至十几倍。不难看出，主轴驱动和进给驱动有很大差别，它不但要求较高的速度精度、动态刚度，而且要求连续输出的高转矩能力和非常宽的恒功率运行范围。

早期的数控机床一般采用三相感应电动机配上多级变速箱即可。随着数控技术的不断发展，传统的主轴驱动已不能满足要求。现代数控机床对主传动提出了更高的要求。

(1) 主传动要有较宽的调速范围，以保证加工时选用合理的切削用量，从而获得最佳的生产效率、加工精度和表面质量。特别对多道工序自动换刀的数控机床，为适应各种刀具、工序和各种材料的要求，对主轴的调速范围要求更高。目前主轴驱动装置的调速范围已达1∶100，这对中小型数控机床已经够用了。对于中型以上的数控机床，如需要更大的调速范围，则需通过齿轮换挡的方法解决。

(2) 为改善主轴的动态性能，需要主传动有较大的无级调速范围，如能在(1∶10)～(1∶1000)的范围内进行恒转矩调速和1∶10的恒功率调速。要求在主轴的正反两个转向中的任何方向均可进行自动加减速控制，即要求有四象限驱动能力，并且加减速时间短。

(3) 需要主轴在整个速度范围内均能提供切削所需功率，并尽可能在全速度范围内提供主轴电动机的最大功率，即恒功率范围要宽。由于主轴电动机与驱动的限制，其在低速段均为恒转矩输出。为满足数控机床低速强力切削的需要，常采用分挡无级变速的方法，即在低速段采用机械变速机构，以提高输出转矩。

(4) 满足数控车床的螺纹车削功能，要求主轴能与进给驱动实行同步控制；在车削中心上，还要求主轴具有旋转进给轴（*C* 轴）和高精度的角度分度控制能力。

### 2. 主轴的控制方式

过去数控机床多采用晶闸管直流主轴驱动系统，即通过调整晶闸管可控整流器向电枢供电的电压，实际恒转矩调速；通过调整励磁电流以实现恒功率调速。无论转速或是励磁均采用了闭环控制，获得了良好的动静态特性。但由于直流电动机受机械换向的影响，其使用和维护都比较麻烦，并且其恒功率调整范围小。随着微电子技术、交流调速理论和大功率半导体技术的发展，交流调速技术进入使用阶段。目前，交流驱动的性能已达到直流驱动的水平。而且，笼型交流电动机不像直流电动机那样有机械换向带来的麻烦和在高速、大功率方面受到的限制，并且还具有体积小、重量轻、采用全封闭的罩壳、对灰尘和油有较好防护等优点。因此，现代数控机床主轴大多数采用了诸如矢量控制系统的SPWM交流变频调速系统。本节主要介绍交流主轴驱动。

## 五、主轴转速的自动变换

### 1. 主轴转速自动变换过程

在采用调速电动机的主传动无级变速系统中，主轴的正、反启动-停止制动是直接控制电动机来实现的，主轴转速的变换则由电动机转速的变换与分挡变速机构的变换相配合来实现。由于主轴转速的二位S代码最多只有99种，即使是使用四位S代码直接指定主轴转速，也只能按一转递增，而且分级越多指令信号的个数越少，越难于实现。因此，实际上将主轴转速按等比数列分成若干级，根据主轴转速S代码发出相应的有级级数与电动机的调速信号来实现主轴的主动换速。电动机的驱动信号由电动机的驱动电路根据转速指令信号来转换。齿轮有级变速则采用液压拨叉或电磁离合器实现。

2. 变速机构的自动换挡装置

常用的有通过液压拨叉变挡和用电磁离合器变挡两种形式。

(1) 液压拨叉变挡　液压拨叉是一种用一只或几只液压缸带动齿轮移动的变速机构。最简单的二位液压缸可实现双联齿轮变速。对于三联或三联以上的齿轮换挡则需使用差动液压缸。图 2-4 所示为三位液压拨叉的工作原理图，三位液压拨叉由液压缸 1 与 5、活塞 2、拨叉 3 和套筒 4 组成，通过电磁阀改变不同的通油方式可获得三个位置。

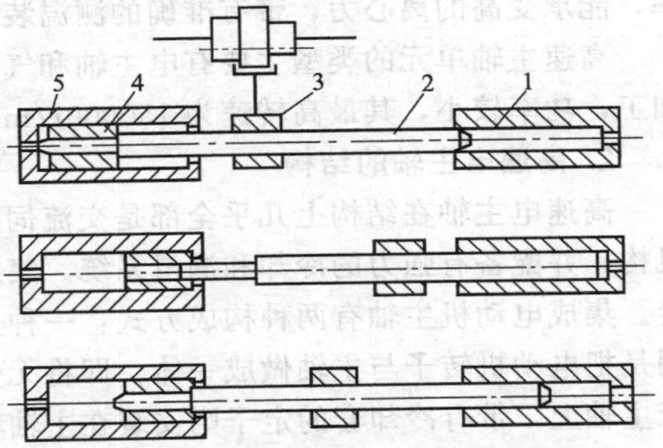

图 2-4　三位液压拨叉的工作原理图

1,5—液压缸；2—活塞；3—拨叉；4—套筒

(2) 电磁离合器变挡　电磁离合器是应用电磁效应接通切断运行的元件。它便于实现自动化操作。但它的缺点是体积大，磁通易使机械零件磁化。在数控车床主传动中，使用电磁离合器能够简化变速机构，通过安装在各传动轴上离合器的吸合与分离，形式不同的运动组合传动路线实现主轴变速。

在数控机床中常使用无滑环摩擦片式电磁离合器和牙嵌式电磁离合器。由于摩擦片式离合器采用摩擦片传递转矩，所以允许不停车变速。但如果速度过高，会由于滑差运动产生大量的摩擦热。牙嵌式电磁离合器由于在摩擦面上做成一定的齿形，提高了传递转矩，减小离合器的径向轴向尺寸，使主轴结构更加紧凑，摩擦热减小。但牙嵌式电磁离合器必须在低速时（每分钟转速）变速。

## 六、高速主轴单元

机床的高速化是机床的发展趋势。目前的高速机床和虚拟轴机床均为机床突破性的重大变革，进入 20 世纪 90 年代以来，高速加工技术已开始进入工业应用阶段，并已取得了显著的技术经济效益。

1. 超高速加工的优点

(1) 随着切削速度的提高，切削力下降，切除单位材料的能耗低，加工时间大幅度缩短，所以切削效率高。

(2) 加工表面质量好，精度高，可作为机械加工的最终工序。

(3) 零件变形小，切削产生的切削热绝大部分被切屑带走，基本不产生热量，减小温升。

(4) 刀具寿命长，刀具磨损的增长速度低于切削效率提高速度。

(5) 在高速加工范围内，机床的激振频率范围远离工艺系统的固有频率范围，振动小，避免了共振。

(6) 由于直接传动，省去了电动机至主轴间的传动链，消除了传动误差。

高速、超高速加工的关键技术及其相关技术的研究，已成为国内外重要的研究领域之一。其相关技术主要包括机床、刀具、工件、工艺等，如刀具的材料、结构、刀刃形状；工件的材料、定位夹紧、装卸等；工艺中的CAD/CAM、NC编程、加工参数等；机床的基本结构、高速主轴、刀杆与安装、CNC控制、换刀装置、温控系统、润滑与冷却系统和安全防护。这诸多相关技术中，关键技术是机床中的高速主轴组件的设计。本节主要讨论高速主轴组件设计的要点。

高速主轴单元是高速切削机床最重要的部件，也是实现高速和超高速加工的最关键技术。要求动平衡性高，刚性好，回转精度高，有良好的热稳定性，能传递足够的力矩和功率，能承受高的离心力，带有准确的测温装置和高效的冷却装置。

高速主轴单元的类型主要有电主轴和气动主轴。气动主轴目前的研究主要是应用于精密加工，功率较小，其最高转速为150000r/min，输出功率仅30W左右。

**2. 高速电主轴的结构**

高速电主轴在结构上几乎全部是交流伺服电动机直接驱动的集成化结构，取消齿轮变速机构，并配备有强力的冷却和润滑系统。集成电动机主轴的特点是振动小，噪声低，体积紧凑。集成电动机主轴有两种构成方式：一种是通过联轴器把电动机与主轴直接连接；另一种则是把电动机转子与主轴做成一体，即将无壳电动机的空心转子用压配合的形式直接装在机床主轴上，带有冷却套的定子则安装在主轴单元的壳体中，形成内装式电动机主轴。这种电动机与机床主轴“合二为一”的传动结构形式，把机床主传动链的长度缩短为零，实现了机床的“零传动”，具有结构紧凑、易于平衡、传动效率高等特点，其主轴转速已可以达到每分几万转到几十万转，正在逐渐向高速、大功率方向发展。

图2-5所示为用于立式加工中心的高速电主轴的组成。由于高速电主轴对轴上零件的动平衡要求很高，因此，轴承的定位元件与主轴不宜采用螺纹连接，电动机转子与主轴也不宜采用键连接，而普遍采用可拆的阶梯过盈连接。

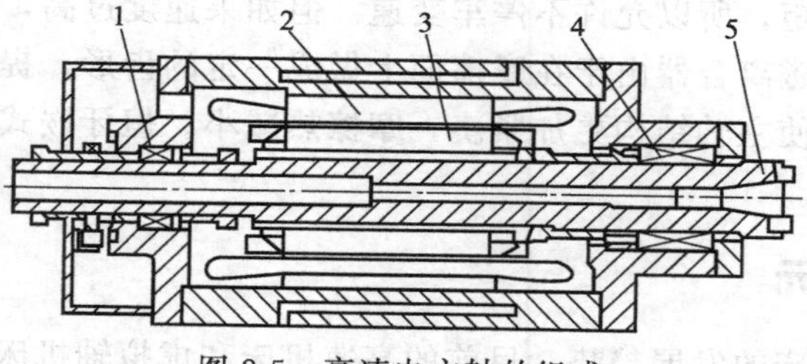


图2-5 高速电主轴的组成

1—前轴承；2—电动机定子；3—电动机转子；4—后轴承；5—主轴

电主轴的基本参数和主要规格包括套筒直径、最高转速、输出功率、转矩和刀具接口等，其中，套筒直径为电主轴的主要参数。目前，国内外专业的电主轴制造厂已可供应几百种规格的电主轴。其套筒直径从32～320mm，转速从10000～150000r/min，功率从0.5～80kW，转矩从0.1～300N·m。

国外高速主轴单元的发展较快，中等规格加工中心的主轴转速已普遍达到10000r/min，甚至更高。美国福特汽车公司推出的HVM800卧式加工中心主轴单元采用液体动、静压轴承最高转速为15000r/min；德国GMN公司的磁浮轴承主轴单元的转速最高达100000r/min以上；瑞士Mikron公司采用的电主轴具有先进的矢量式闭环控制、动平衡，较好的主轴结构、油雾润滑的混合陶瓷轴承，可以随室温调整的温度控制系统，以确保主轴在全部工作时间内温度恒定。现在国内10000～15000r/min的立式加工中心和18000r/min的卧式加工中心已开发成功并投放市场，生产的高速数字化仿形铣床最高转速达到了40000r/min。

### 3. 高性能的 CNC 控制系统

用于高速加工的 CNC 控制系统必须具有很高的运算速度和运算精度，以及快速响应的伺服控制，以满足高速及复杂型腔的加工要求。为此，许多高速切削机床的 CNC 控制系统采用多个 32bit 甚至 64bit CPU，同时配置功能强大的计算处理软件，如几何补偿软件已被应用于高速 CNC 控制系统。当前的 CNC 控制系统具有加速预插补、前馈控制、钟形加减速、精确矢量补偿和最佳拐角减速控制等功能，使工件加工质量在高速切削时得到明显改善。相应地，伺服系统则发展为数字化、智能化和软件化，使伺服系统与 CNC 控制系统在 A/D-D/A 转换中不会有丢失或延迟现象。尤其是全数字交流伺服电动机和控制技术已得到广泛应用，该控制技术的主要特点为具有优异的动力学特征、无漂移、极高的轮廓精度，从而保证了高进给速度加工的要求。

### 4. 冷却润滑技术

过去加工中心机床主轴轴承大都采用油脂润滑方式，为了适应主轴转速向更高速化发展的需要，新的润滑冷却方式相继开发出来，下面介绍为减小轴承温升，进而减小轴承内外圈的温差，以及为解决高速主轴轴承滚道处进油困难所开发的几种润滑冷却方式。

（1）油气润滑方式　这种润滑方式不同于油雾润滑方式，油气润滑是用压缩空气把小油滴送进轴承空隙中，油量大小可达最佳值，压缩空气有散热作用，润滑油可回收，不污染周围空气。图 2-6 所示为油气润滑原理。

根据轴承供油量的要求，定时器的循环时间可从 1～99min 定时，二位二通气阀每定时开通一次，压缩空气进入注油器，把少量油带入混合室，经节流阀的压缩空气，经混合室，把油带进塑料管道内，油液沿管道壁被风吹进轴承内，此时，油呈小油滴状。

（2）喷注润滑方式　这是最近开始采用的新型润滑方式，其原理如图 2-7 所示。它用较大流量的恒温油（每个轴承 3～4L/min）喷注到主轴轴承，以达到冷却润滑的目的。回油则不是自然回流，而是用两台排油液压泵强制排油。

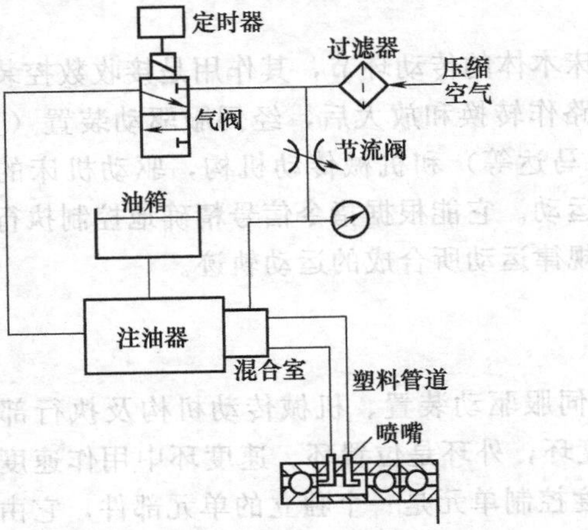

图 2-6　油气润滑原理

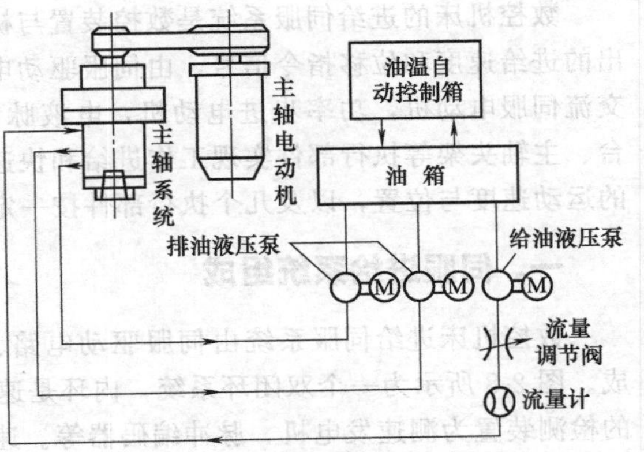

图 2-7　喷注润滑原理

### 5. 高速精密轴承

高速精密轴承是支承主轴转速高速化的关键技术，其性能好坏将直接影响主轴单元的工作性能。随着速度的提高，轴承的温度升高，振动和噪声增大，寿命减少。因此，提高主轴转速的前提是需要性能优异的高速主轴轴承。

目前，高速主轴支承用的高速轴承有接触式和非接触式轴承两大类。接触式轴承由于存在金属摩擦，因此摩擦因数大，允许最高转速低。保持接触式轴承长期高速运转的技术措施是预加载荷的自动补偿和良好润滑。目前，实施预加载荷自动补偿的方法之一是采用液压补偿系统，通过检测高速主轴运动特性的变化可确定预加载荷的大小，并通过后轴承的轴向移动保持预加载荷的最佳值。目前用于支承高速主轴的接触式轴承有精密角接触球轴承。非接触式的流体轴承，其摩擦仅与流体本身的摩擦因数有关。由于流体摩擦因数很小，因而可达到最高的允许转速。目前，用于支承高速主轴的非接触轴承有空气轴承，液体动、静压轴承和磁悬浮轴承。

磁悬浮轴承高速性能好、精度高，易实现实时诊断和在线监控，转速可达45000r/min，功率达20kW，可进行电子控制，回转精度高达0.2μm，是超高速电主轴理想的支承元件。但其价格较高，控制系统复杂，制造成本高，发热问题难以解决，因而还无法在高速主轴单元上推广应用。

液体动、静压轴承采用流体动、静力相结合的办法，使主轴在油膜支承中旋转，具有径向和轴向跳动小、刚性好、阻尼特性好、寿命长的优点，功率达37.5kW，转速可达20000r/min，主要用在低速重载场合。但其无通用性，维护保养较困难。

空气轴承径向刚度低并有冲击，但高速性能好，一般用于超高速、轻载、精密主轴。空气轴承主轴也已经能够在18.8kW的功率下达到10000～22000r/min的转速，在9.1kW的功率下达到30000～55000r/min的转速。

**6. 轴上零件的连接**

在超高速电主轴上，由于转速的提高，因此对轴上零件的动平衡要求非常高。轴承的定位元件与主轴不宜采用螺纹连接，电动机转子与主轴也不宜采用键连接，而普遍采用可拆的阶梯过盈连接。一般用热套法进行安装，用注入压力油的方法进行拆卸。

## 第二节 数控机床的伺服进给系统

数控机床的进给伺服系统是数控装置与机床本体的传动环节，其作用是接收数控装置发出的进给速度和位移指令信号，由伺服驱动电路作转换和放大后，经伺服驱动装置（直流、交流伺服电动机，功率步进电动机，电液脉冲马达等）和机械传动机构，驱动机床的工作台、主轴头架等执行部件实现工作进给和快速运动。它能根据指令信号精确地控制执行部件的运动速度与位置，以及几个执行部件按一定规律运动所合成的运动轨迹。

### 一、伺服进给系统组成

数控机床进给伺服系统由伺服驱动电路、伺服驱动装置、机械传动机构及执行部件组成。图2-8所示为一个双闭环系统，内环是速度环，外环是位置环。速度环中用作速度反馈的检测装置为测速发电机、脉冲编码器等。速度控制单元是一个独立的单元部件，它由速度调节器、电流调节器及功率驱动放大器等部分组成。位置环是由CNC装置中的位置控制模块、速度控制单元、位置检测及反馈控制等部分组成。位置控制主要是对机床运动坐标进行控制，轴控制是要求最高的位置控制。

伺服系统按使用的驱动装置分类可分为电液伺服系统和电气伺服系统；按使用直流伺服电动机或交流伺服电动机分类可分为直流伺服系统和交流伺服系统；按反馈比较控制方式分类可分为脉冲数字比较伺服系统、相位比较伺服系统、幅值比较伺服系统及全数字伺服系统；按有无位置检测和反馈进行分类可分为开环伺服系统、闭环伺服系统和半闭环伺服系统。

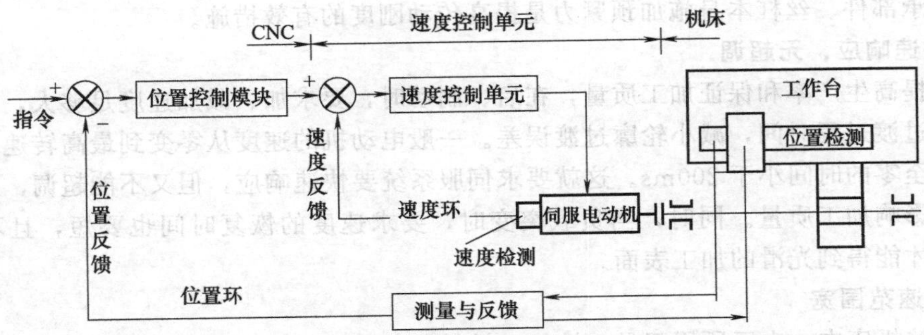


图 2-8　伺服进给系统的组成

## 二、伺服进给系统的基本要求

如何选用伺服驱动系统，在实际中必须根据机床的要求来确定。大致可概括为以下几个方面。

### 1. 精度要求

伺服系统必须保证机床的定位精度和加工精度。对于低档型数控系统，驱动控制精度一般为 0.01mm；而对于高性能数控系统，驱动控制精度为 1μm，甚至为 0.1μm。

### 2. 响应速度

为了保证轮廓切削形状精度和低的加工表面粗糙度，除了要求有较高的定位精度外，还要有良好的快速响应特性，即要求跟踪指令信号的响应要快。

### 3. 调速范围

调速范围 $R_n$ 是指生产机械要求电动机能提供的最高转速 $n_{max}$ 和最低转速 $n_{min}$ 之比。在各种数控机床中，由于加工用刀具、被加工工件材质及零件加工要求的不同，为保证在任何情况下都能得到最佳切削条件，就要求进给驱动系统必须具有足够宽的调速范围。

### 4. 低速、大转矩

根据机床的加工特点，经常在低速下进行重切削，即在低速下进给驱动系统必须有大的转矩输出。

## 三、进给传动系统的特点

数控机床的进给运动是数字控制的直接对象，不论是点位控制还是轮廓控制，工件的最后坐标精度和轮廓精度都受进给运动的传动精度、灵敏度和稳定性的影响。为此，数控机床的进给系统一般具有以下特点。

### 1. 摩擦阻力小

为了提高数控机床进给系统的快速响应性能和运动精度，必须减小运动件间的摩擦阻力和动、静摩擦力之差。为满足上述要求，在数控机床进给系统中，普遍采用滚珠丝杠螺母副、静压丝杠螺母副、滚动导轨、静压导轨和塑料导轨。与此同时，各运动部件还考虑有适当的阻尼，以保证系统的稳定性。

### 2. 传动精度和刚度高

进给传动系统的传动精度和刚度，从机械结构方面考虑主要取决于传动间隙和丝杠螺母副、蜗轮蜗杆副及其支承结构的精度和刚度。传动间隙主要来自传动齿轮副、蜗杆副、丝杠螺母副及其支承部件之间，因此进给传动系统广泛采取施加预紧力或其他消除间隙的措施。缩短传动链和在传动链中设置减速齿轮，也可提高传动精度。加大丝杠直径，以及对丝杠螺母副、支承部件、丝杠本身施加预紧力是提高传动刚度的有效措施。

**3. 快速响应，无超调**

为了提高生产率和保证加工质量，在启、制动时，要求加、减加速度足够大，以缩短伺服系统的过渡过程时间，减小轮廓过渡误差。一般电动机的速度从零变到最高转速，或从最高转速降至零的时间小于200ms。这就要求伺服系统要快速响应，但又不能超调，否则将形成过切，影响加工质量。同时，当负载突变时，要求速度的恢复时间也要短，且不能有振荡，这样才能得到光滑的加工表面。

**4. 调速范围宽**

在数控机床中，由于所用刀具、被加工材料、主轴转速以及进给速度等加工工艺要求各有不同，为保证在任何情况下都能得到最佳切削条件，要求进给驱动系统必须具有足够宽的无级调速范围（通常要大于1∶10000）。尤其在低速（如＜0.1r/min）时，要仍能平滑运动而无爬行现象。

**5. 运动部件惯量小**

运动部件的惯量对伺服机构的启动和制动特性都有影响，尤其是处于高速运转的零部件。因此，在满足部件强度和刚度的前提下，尽可能减小运动部件的质量、减小旋转零件的直径和质量，以降低其惯量。

## 四、滚珠丝杠螺母副

滚珠丝杠螺母副是回转运动与直线运动相互转换的一种新型传动装置，在数控机床上得到了广泛的应用。它的结构特点是在具有螺旋槽的丝杠螺母间装有滚珠，使丝杠与螺母之间的运动成为滚动，以减少摩擦。

**1. 滚珠丝杠螺母副的工作原理**

滚珠丝杠螺母副的工作原理如图2-9所示。图中丝杠和螺母上都加工有圆弧形的螺旋槽，它们对合起来就形成了螺旋滚道。在滚道内装有滚珠，当丝杠与螺母相对运动时，滚珠沿螺旋槽向前滚动，在丝杠上滚过数圈以后通过回程引导装置，逐个地又滚回到丝杠与螺母之间，构成一个闭合的回路。

**2. 滚珠的循环方式**

滚珠循环方式分为外循环和内循环两种方式。

(1) 外循环　滚珠在循环过程结束后，通过螺母外表面上的螺旋槽或插管返回丝杠间进入新循环。图2-10 (a) 所示为插管式，它用弯管作为返回管道，这种形式结构工艺性好，但由于管道突出于螺母体外，径向尺寸较大。图2-10 (b) 所示为螺旋槽式，它是在螺母外圆上铣出螺旋槽，槽的两端钻出通孔并与螺纹滚道相切，形成返回通道，这种形式的结构比插管式结构径向尺寸小，但制造工艺较复杂。

(2) 内循环　这种循环靠螺母上安装的反向器接通相邻滚道，循环过程中滚珠始终与丝杠保持接触，如图2-11所示，滚珠从螺纹滚道进入反向器，借助反向器迫使滚珠越过丝杠牙顶进入相邻滚道，实现循环。一般一个螺母上装有2～4个反向器，反向器沿螺母圆周等分分布。其优点是径向尺寸紧凑，刚性好，因其返回滚道较短，摩擦损失小。缺点是反向器加工困难。

**3. 滚珠丝杠螺母副轴向间隙的调整**

滚珠丝杠的传动间隙是轴向间隙。轴向间隙通常是指丝杠和螺母无相对转动时，丝杠和螺母之间的最大轴向窜动量。除了结构本身所有的游隙之外，还包括施加轴向载荷后产生弹性变形所造成的轴向窜动量。为了保证反向传动精度和轴向刚度，必须消除轴向间隙。用预

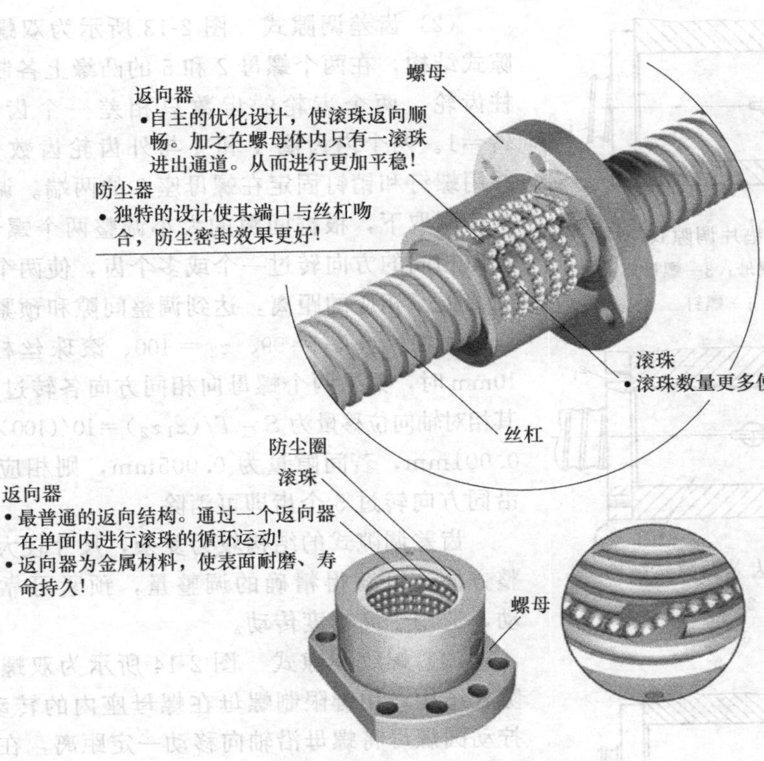
螺母
返向器
•自主的优化设计，使滚珠返向顺畅。加之在螺母体内只有一滚珠进出通道。从而进行更加平稳！
防尘器
•独特的设计使其端口与丝杠吻合，防尘密封效果更好！
滚珠
•滚珠数量更多使承载更大！
丝杠
防尘圈
滚珠
返向器
•最普通的返向结构。通过一个返向器在单面内进行滚珠的循环运动！
•返向器为金属材料，使表面耐磨、寿命持久！
螺母

图 2-9　滚珠丝杠螺母副的工作原理

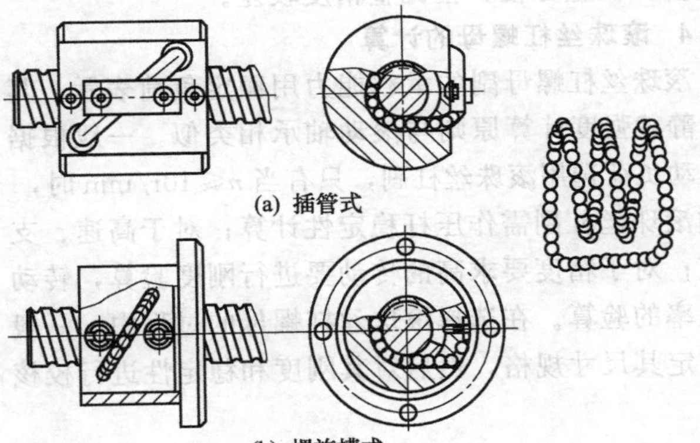

(a) 插管式

(b) 螺旋槽式

图 2-10　外循环滚珠丝杠

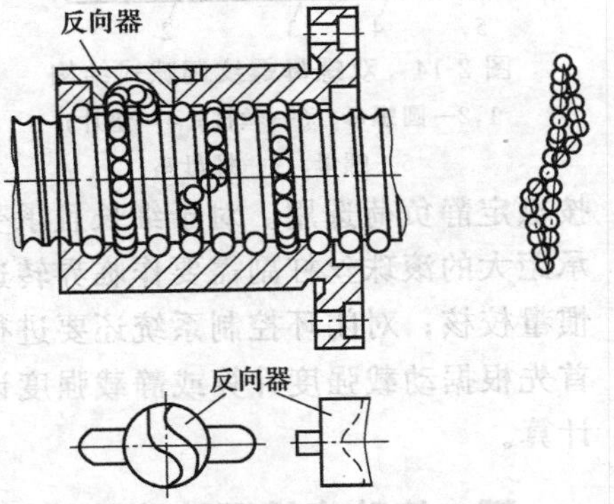
反向器
反向器

图 2-11　内循环滚珠丝杠

紧方法消除间隙时应注意，预加载荷能够有效地减少弹性变形所带来的轴向位移，但预紧力不宜过大。过大的预紧载荷将增加摩擦力，使传动效率降低，缩短丝杠的使用寿命。所以，一般需要经过多次调整才能保证机床在最大轴向载荷下既消除了间隙又能灵活运转。

消除间隙的方法除了少数用微量过盈滚珠的单螺母消除间隙外，常用的方法是用双螺母消除丝杠、螺母间隙。

(1) 垫片调隙式　图 2-12 所示为双螺母垫片调隙式结构，通过调整垫片的厚度使左右螺母产生轴向位移，就可达到消除间隙和产生预紧力的作用。这种方法结构简单，刚性好，装卸方便、可靠。但缺点是调整费时，很难在一次修磨中调整完成，调整精度不高，仅适用于一般精度的数控机床。

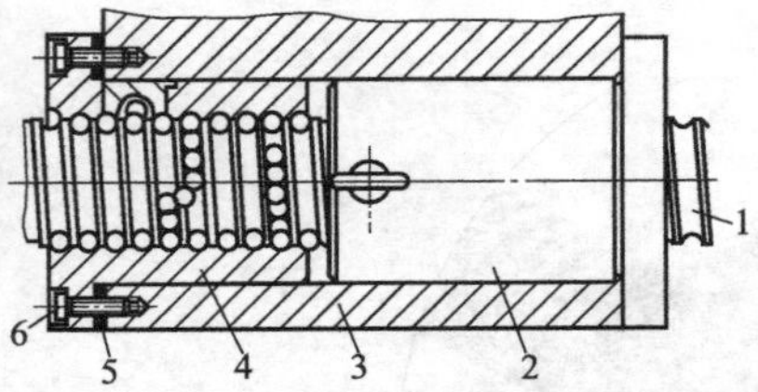

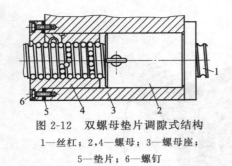

图 2-12　双螺母垫片调隙式结构
1—丝杠；2,4—螺母；3—螺母座；
5—垫片；6—螺钉

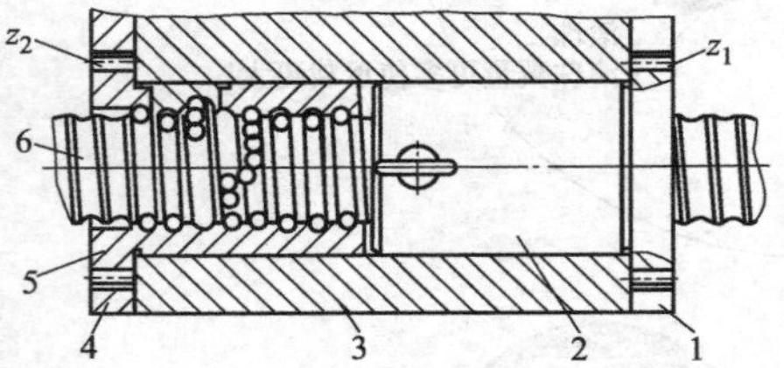

图 2-13　双螺母齿差调隙式结构
1,4—内齿圈；2,5—螺母；
3—螺母座；6—丝杠

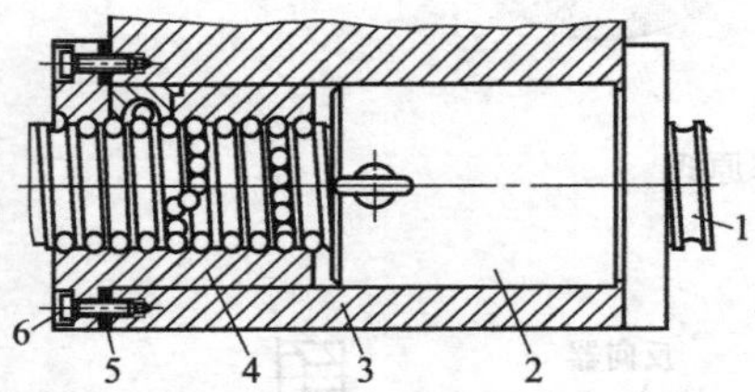

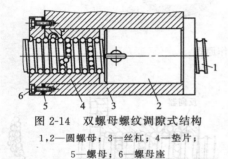

图 2-14　双螺母螺纹调隙式结构
1,2—圆螺母；3—丝杠；4—垫片；
5—螺母；6—螺母座

（2）齿差调隙式　图 2-13 所示为双螺母齿差调隙式结构，在两个螺母 2 和 5 的凸缘上各制有一个圆柱齿轮，两个齿轮的齿数只相差一个齿，即 $z_2-z_1=1$。两个内齿圈 1 和 4 与外齿轮齿数分别相同，并用螺钉和销钉固定在螺母座 3 的两端。调整时先将内齿圈取下，根据间隙的大小调整两个螺母 2、5 分别向相同的方向转过一个或多个齿，使两个螺母在轴向移近了相应的距离，达到调整间隙和预紧的目的。

例如，当 $z_1=99$、$z_2=100$、滚珠丝杠导程 $T=10\text{mm}$ 时，如果两个螺母向相同方向各转过一个齿时，其相对轴向位移量为 $S=T/(z_1z_2)=10/(100\times99)\text{mm}\approx0.001\text{mm}$，若间隙量为 0.005mm，则相应的两螺母沿同方向转过 5 个齿即可消除。

齿差调隙式的结构较为复杂，尺寸较大，但是调整方便，可获得精确的调整量，预紧可靠，不会松动，适用于高精度传动。

（3）螺纹调隙式　图 2-14 所示为双螺母螺纹调隙式结构，用键限制螺母在螺母座内的转动调整时，拧动圆螺母将螺母沿轴向移动一定距离，在消除间隙之后用另一圆螺母将其锁紧。这种调整方法的结构简单紧凑，调整方便，但调整精度较差。

**4. 滚珠丝杠螺母的计算**

滚珠丝杠螺母副的承载能力用额定负荷表示，其动、静载强度计算原则与滚动轴承相类似。一般根据额定动负荷选用滚珠丝杠副，只有当 $n\leqslant10\text{r/min}$ 时，按额定静负荷选用。对于细长且承受压缩的滚珠丝杠副需作压杆稳定性计算；对于高速、支承距大的滚珠丝杠副需要作临界转速的校核；对于精度要求高的传动要进行刚度验算，转动惯量校核；对闭环控制系统还要进行谐振频率的验算。在选择滚珠丝杠螺母的过程中，一般首先根据动载强度计算或静载强度计算来确定其尺寸规格，然后对其刚度和稳定性进行校核计算。

## 五、传动齿轮间隙消除机构

由于数控机床进给系统的传动齿轮副存在间隙，在开环系统中会造成进给运动的位移值滞后于指令值；反向时，会出现反向死区，影响加工精度。在闭环系统中，由于有反馈作用，滞后量虽可得到补偿，但反向时会使伺服系统产生振荡而不稳定。为了提高数控机床伺服系统的性能，可采用下列方法减小或消除齿轮传动间隙。

**1. 刚性调整法**

它是一种调整后齿侧间隙不能自动补偿的调整方法。因此，齿轮的齿距公差及齿厚要严控制，否则传动的灵活性会受到影响。这种调整方法结构比较简单，且有较好的传动刚度。

图 2-15 所示为偏心轴套式调整间隙结构，电动机 2 通过偏心轴套 1 安装在壳体上，小

齿轮装在偏心轴套1上，可以通过偏心轴套1调整主动齿轮和从动齿轮之间的中心距来消除齿轮传动副的齿侧间隙。

图2-16所示为用一个带有锥度的齿轮来消除间隙的结构，一对啮合着的圆柱齿轮，它们的节圆直径沿着齿厚方向制成一个较小的锥度，只要改变垫片3的厚度就能改变齿轮2和齿轮1的轴向相对位置，从而消除了齿侧间隙。

图2-17所示为斜齿轮传动齿侧间隙的消除方法。基本是用两个薄片齿轮1、2和宽齿轮4啮合，只是在两个薄片齿轮的中间用垫片3隔开了一小段距离，以使螺旋线错开。改变垫片3的厚度，可使薄片齿轮1、2分别与宽齿轮4齿槽的左、右侧面贴紧，从而达到消除齿侧间隙的目的。

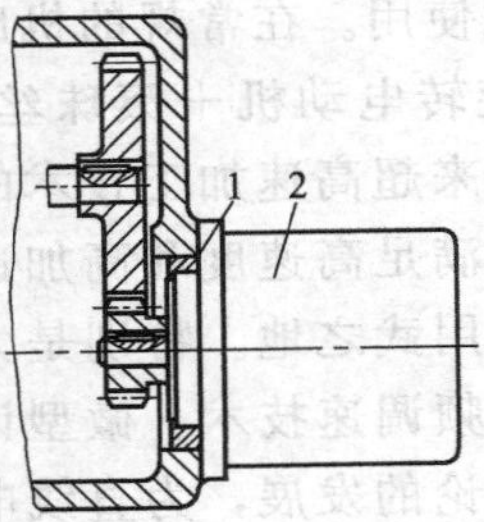


图2-15 偏心轴套式调整间隙机构

1—偏心轴套；2—电动机

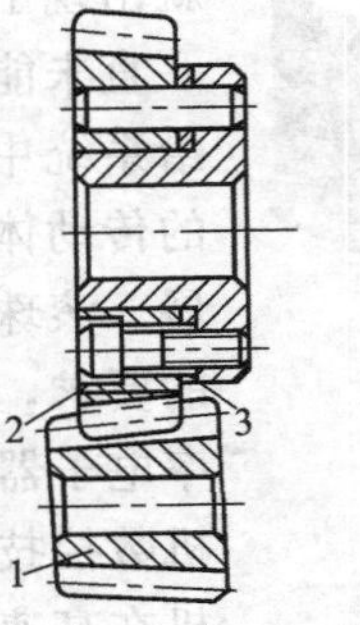


图2-16 轴向垫片调整结构

1,2—齿轮；3—垫片

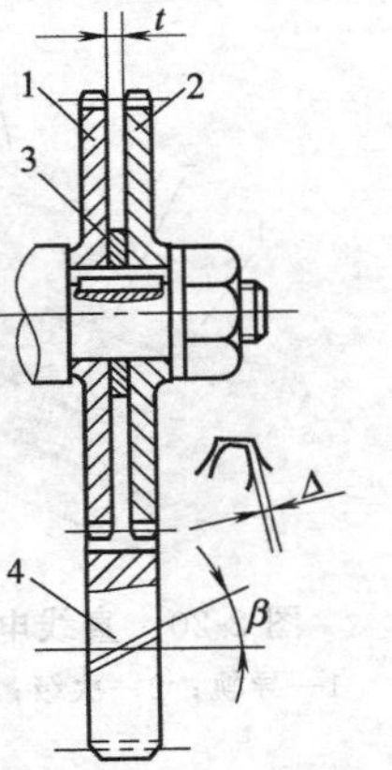


图2-17 斜齿轮垫片调整间隙机构

1,2—薄片齿轮；3—垫片；4—宽齿轮

## 2. 柔性调整法

它是指调整之后齿侧间隙仍可自动补偿的调整方法，这种方法一般都采用调整压力弹簧的压力来消除齿侧间隙，并在齿轮的齿厚和齿距有变化的情况下，也能保持无间隙啮合。但这种结构较复杂，轴向尺寸大，传动刚度低，同时，传动平稳性也差。

图2-18所示为轴向压簧调整，两个薄片斜齿轮1和2用键滑套在轴5上，用螺母4来调节压力弹簧3的轴向压力，使斜齿轮1和2的左、右齿面分别与宽斜齿轮6齿槽的左右侧面贴紧。

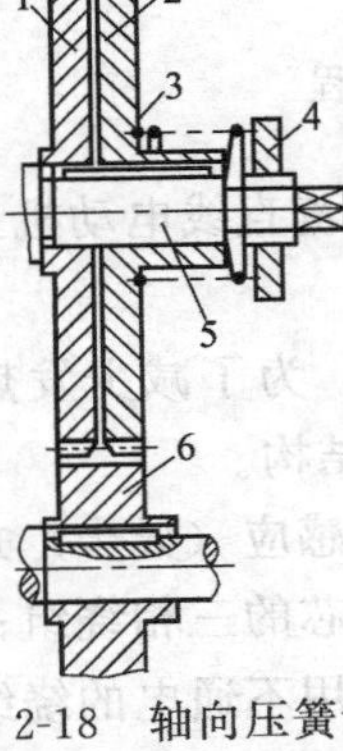


图2-18 轴向压簧调整

1,2—斜齿轮；3—压力弹簧；4—螺母；5—轴；6—宽斜齿轮

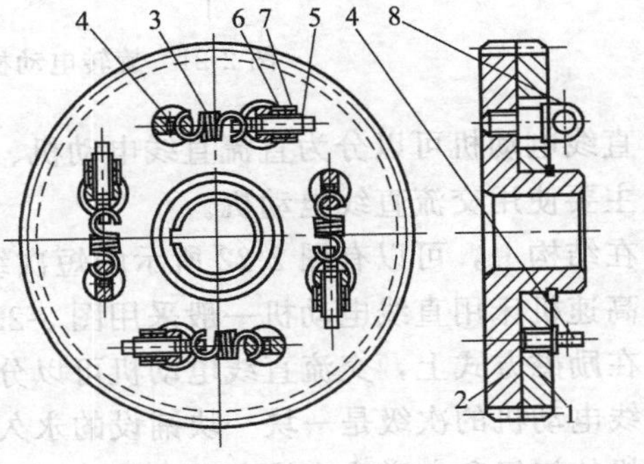


图2-19 周向弹簧调整

1,2—齿轮；3,8—凸耳；4—弹簧；5,6—旋转螺母；7—调节螺钉

图 2-19 所示为周向弹簧调整，两个齿数相同的薄片齿轮 1 和 2 与另一个宽齿轮相啮合，齿轮 1 空套在齿轮 2 上，可以相对回转。每个齿轮端面分别装有凸耳 3 和 8，齿轮 1 的端面还有 4 个通孔，凸耳 8 可以从中穿过，弹簧 4 分别钩在调节螺钉 7 和凸耳 3 上。旋转螺母 5 和 6 可以调整弹簧 4 的拉力，弹簧的拉力可以使薄片齿轮错位，即两片薄齿轮的左、右齿面分别与宽齿轮齿槽的右、左贴紧，消除了齿侧间隙。

## 六、直线电动机进给系统

直线电动机是指可以直接产生直线运动的电动机，可作为进给驱动系统，如图 2-20 所示。其雏形在世界上出现了旋转电动机不久之后就出现了，但受制造技术水平和应用能力的限制，一直未能作为驱动电动机使用。在常规的机床进给系统中，一直采用“旋转电动机＋滚珠丝杠”的传动体系。随着近几年来超高速加工技术的发展，滚珠丝杠机构已不能满足高速度和高加速度的要求，直线电动机有了用武之地。特别是大功率电子器件、新型交流变频调速技术、微型计算机数控技术和现代控制理论的发展，为直线电动机在高速数控机床中的应用提供了条件。

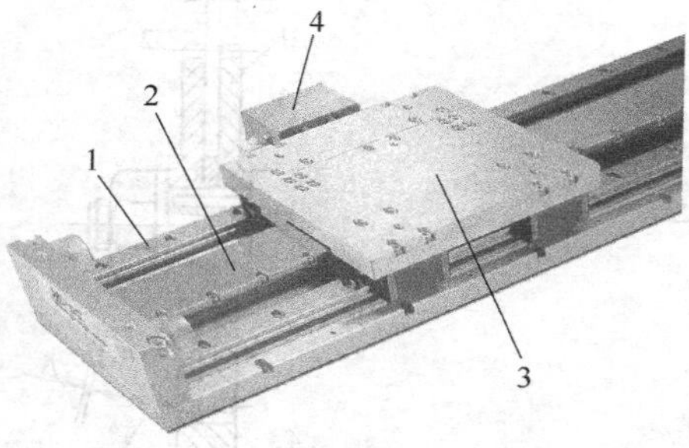


图 2-20　直线电动机进给系统外观

1—导轨；2—次级；3—初级；4—检测系统

### 1. 直线电动机工作原理简介

直线电动机的工作原理与旋转电动机相比并没有本质的区别，可以将其视为旋转电动机沿圆周方向拉开展平的产物。如图 2-21 所示，对应于旋转电动机的定子部分，称为直线电动机的初级；对应于旋转电动机的转子部分，称为直线电动机的次级。当多相交变电流通入多相对称绕组时，就会在直线电动机初级和次级之间的气隙中产生一个行波磁场，从而使初级和次级之间相对移动。当然，两者之间也存在一个垂直力，可以是吸引力，也可以是推斥力。

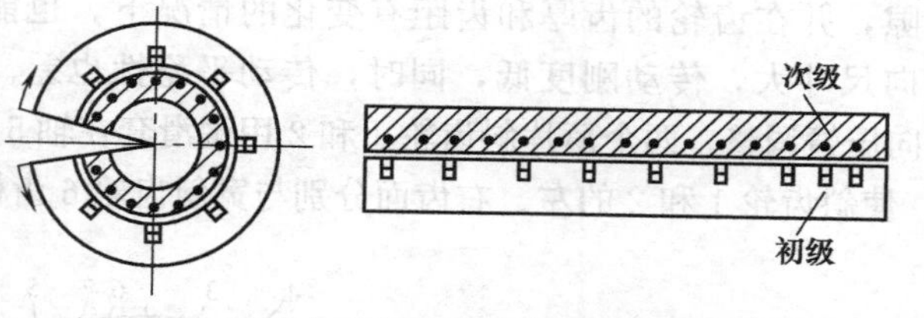


图 2-21　旋转电动机展平为直线电动机的过程

直线电动机可以分为直流直线电动机、步进直线电动机和交流直线电动机三大类。在机床上主要使用交流直线电动机。

在结构上，可以有图 2-22 所示的短次级和短初级两种形式。为了减少发热量和降低成本，高速机床用直线电动机一般采用图 2-22（b）所示的短初级结构。

在励磁方式上，交流直线电动机可以分为永磁（同步）式和感应（异步）式两种。永磁式直线电动机的次级是一块一块铺设的永久磁钢，其初级是含铁芯的三相绕组；感应式直线电动机的初级和永磁式直线电动机的初级相同，区别是在次级上用不通电的绕组替代永磁式的永磁铁，且每个绕组中每一匝均是短路的。永磁式直线电动机在单位面积推力、效率、可控性等方面均优于感应式直线电动机，但其成本高，工艺复杂，而且给机床的安装、使用和

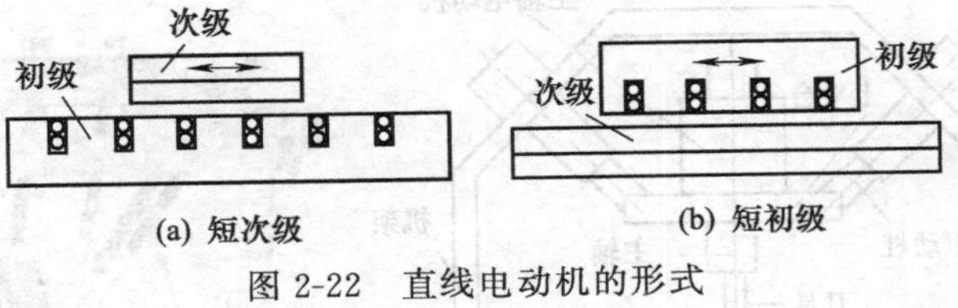

图 2-22　直线电动机的形式

维护带来不便。感应式直线电动机在不通电时是没有磁性的，因此有利于机床的安装、使用和维护。近年来，其性能不断改进，已接近永磁式直线电动机的水平。

**2. 直线电动机的特点**

现在的机械加工对机床的加工速度和加工精度提出了越来越高的要求，传统的“旋转电动机＋滚珠丝杠”体系已很难适应这一趋势。使用直线电动机的驱动系统，有以下特点。

(1) 使用直线伺服电动机，电磁力直接作用于运动体（工作台）上，而不用机械连接，因此没有机械滞后或齿节周期误差，精度完全取决于反馈系统的检测精度；同时也简化了进给系统结构，提高了传动效率。

(2) 直线电动机上装配全数字伺服系统，可以达到极好的伺服性能。由于电动机和工作台之间无机械连接件，工作台对位置指令几乎是立即反应（电气时间常数约为 1ms），从而使得跟随误差减至最小而达到较高的精度。而且，在任何速度下都能实现非常平稳的进给运动。

(3) 直线电动机驱动系统由于无机械零件相互接触，因此无机械磨损，也就不需要定期维护，也不像滚珠丝杠那样有行程限制，使用多段拼接技术可以满足超长行程机床的要求。

(4) 旋转电动机必须通过丝杠、齿条等转换机构转换成直线运动，传动环节对精度、刚度、快速性、稳定性的影响无法避免；而且，这些转换机构在运动中必然会带来噪声，直线动机从根本上消除传动环节，故进给系统的精度高，刚度大，快速性、稳定性好，噪声小或无噪声。

## 七、高速进给系统

常规高速数控机床总体结构基本上采用工件和刀具沿各自导轨共同运动的方案。一种典型结构是将工件安装于正交工作台上，让其在 $XY$ 平面内运动，将主轴部件安装于立柱滑板上，让其沿 $Z$ 轴运动，由此实现基本的三坐标进给运动。在这类结构中，由于运动部分（工件、夹具和工作台等）的总质量比较大，再加上多重导轨所产生的阻力较大，因而要使机床达到所要求的高进给速度和加速度，必须要求进给系统驱动电动机具有很大的功率，这既提高了机床成本又增加了发热，对机床加工精度也会造成不利影响。另一个问题是，传统机床结构是一种串联开链结构，组成环节多、结构复杂，且由于存在悬臂部件和环节间的连接间隙，不容易获得高的总体刚度，因此难以适应高速机床的要求。

并联（虚拟轴）机床的出现，为解决上述问题开辟了新的途径。并联机床之所以易于达到高的进给速度和加速度，主要得益于它的结构特点。

图 2-23 所示为一种并联机床进给系统的典型结构。该系统主要由 6 根可伸缩驱动杆组成。6 驱动杆的一端通过铰链固定于基础框架上，另一端通过铰链与机床的主轴单元相连。调节 6 驱动杆的长度（这是并联机床的实际可控轴），可使主轴和刀具作 6 自由度运动，其

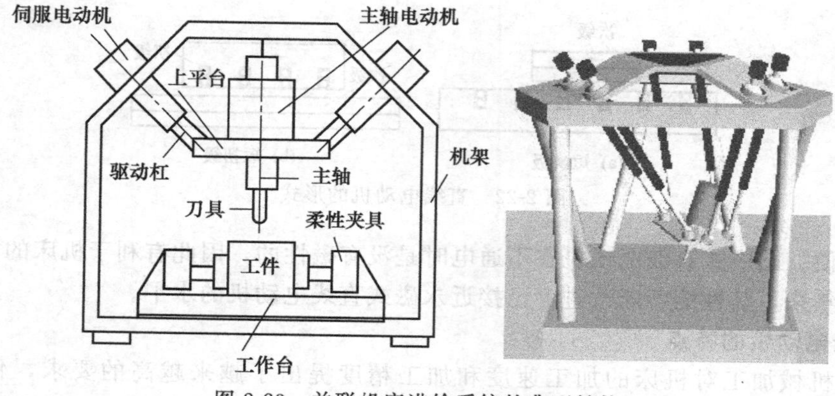

图 2-23　并联机床进给系统的典型结构

中包括沿 3 个线性虚拟轴 $X$、$Y$、$Z$ 的平移运动和沿 3 个转动虚拟轴 $A$、$B$、$C$ 的旋转运动。

将并联机床的进给系统与常规机床进行对比，可以发现，这种新型进给系统具有以下适用于高速加工的优点。

(1) 采用工件固定而由 6 驱动杆带动电主轴相对于工件作进给运动，可以有较小的质量，有利于获得高的进给加速度。

(2) 进给机构为空间并联机构，在驱动电动机速度相同的条件下，可以获得比采用串联结构的常规数控机床更高的进给速度，有利于满足高速、高效加工对进给速度的要求。

(3) 并联结构可将传动与支承功能集成为一体，驱动杆既是机床的传动部件，又兼作主轴单元的支承部件，这将有效减少工件—机床—刀具链中的诸多环节，从而消除了这些环节带来的受力变形和热变形，并可减少连接和传动间隙，提高接触刚度，有利于提高机床的综合精度。

(4) 进给系统的主体为并联闭链系统，消除了常规机床中的悬臂结构，经过合理设计，可使各驱动杆和有关部件只承受拉力和压力而不受弯曲力矩，因而使机床总体刚度进一步提高（可比一般数控铣床高 5 倍左右）。如果在传动与控制上处理得当，还可以使新型机床达到比常规机床更高的加工精度和加工质量。

(5) 抛弃了传统的固定导轨的刀具导向方式，机床上不存在沿固定导轨运动的直线和旋转工作台以及支承工作台所需的其他部件，因此，消除了由于导轨中的摩擦而产生的阻力，有利于提高进给速度。

(6) 刀具相对于工件的进给运动是六根驱动杆（6 套伺服系统）的共同贡献，而常规机床的进给运动取决于单个伺服系统，因此基于并联机构的进给系统可以获得更大的驱动力，有利于提高加工效率。

由于并联进给系统具有上述显著优点，使得由其构成的并联机床正在成为高速、高效、高柔性加工设备的一个新的发展方向。但是，实现任何的坐标运动，牵动电主轴的 6 根轴都必须运动，因此计算极其复杂，只有在 CNC 技术高度发展的今天，这种并联机床的应用才成为可能。6 根杆的伸缩既可以用滚珠丝杠，也可以用直线电动机。由于 6 根杆的长度较大，其热变形对机床的加工精度影响比较严重，因此目前这种机床的加工精度还不够高。此外，其加工的有效空间与机床本身体积的比例也不相称。这种新型机床现在还处于研制和试验阶段，要被工程技术界接受和在生产上广泛应用，尚需时日，但也不失为一种有发展潜力的高速进给机构。它的研究、开发和应用不仅对机床技术本身的发展具有重要的理论与实际意义，而且对制造技术及相关产业的发展将产生深远的影响。因此，必须予以充分重视。

# 第三节　数控机床的导轨

## 一、数控机床对导轨的基本要求

机床上的直线运动部件都是沿着它的床身、立柱、横梁等支承件上的导轨进行运动的，导轨的作用概括地说是对运动部件起导向和支承作用，导轨的制造精度及精度保持性对机床加工精度有着重要的影响。数控机床对导轨的主要要求如下。

### 1. 导向精度高

导向精度是指机床的动导轨沿支承导轨运动的直线度（对直线运动导轨）或圆度（对圆周运动导轨）。无论空载还是加工，导轨都应具有足够的导向精度，这是对导轨的基本要求。各种机床对于导轨本身的精度都有具体的规定或标准，以保证导轨的导向精度。

### 2. 精度保持性好

精度保持性是指导轨能否长期保持原始精度。影响精度保持性的主要因素是导轨的磨损，此外，还与导轨的结构形式及支承件（如床身）的材料有关。数控机床的精度保持性要求比普通机床高，应采用摩擦因数小的滚动导轨、塑料导轨或静压导轨。

### 3. 足够的刚度

机床各运动部件所受的外力，最后都由导轨面来承受。若导轨受力后变形过大，不仅破坏了导向精度，而且恶化了导轨的工作条件。导轨的刚度主要决定于导轨类型、结构形式和尺寸大小、导轨与床身的连接方式、导轨材料和表面加工质量等。数控机床的导轨截面积通常较大，有时还需要在主导轨外添加辅助导轨来提高刚度。

### 4. 良好的摩擦特性

数控机床导轨的摩擦因数要小，而且动、静摩擦因数应尽量接近以减小摩擦阻力和导轨热变形，使运动轻便平稳，低速无爬行。此外，导轨结构工艺性要好，便于制造和装配，便于检验、调整和维修，而且有合理的导轨防护和润滑措施等。

## 二、数控机床导轨的类型与特点

导轨按接触面的摩擦性质可以分为滑动导轨、滚动导轨和静压导轨三种，其中，数控机床最常用的是镶粘塑料滑动导轨和滚动导轨。

### 1. 滑动导轨

滑动导轨具有结构简单、制造方便、刚度好、抗振性高等优点，是机床上使用最广泛的导轨形式。但普通的铸铁-铸铁、铸铁-淬火钢导轨，存在的缺点是静摩擦因数大，而且动摩擦因数随速度变化而变化，摩擦损失大，低速（1～60mm/min）时易出现爬行现象，降低了运动部件的定位精度。

通过选用合适的导轨材料和采用相应的热处理及加工方法，可以提高滑动导轨的耐磨性及改善其摩擦特性。例如，采用优质铸铁、合金耐磨铸铁或镶淬火钢导轨，进行导轨表面滚轧强化、表面淬硬、涂铬、涂钼工艺处理等。

镶粘塑料导轨不仅可以满足机床对导轨的低摩擦、耐磨、无爬行、高刚度的要求，同时又具有生产成本低、应用工艺简单、经济效益显著等特点。因此，在数控机床上得到了广泛的应用。

镶粘塑料导轨是通过在滑动导轨面上镶粘一层由多种成分复合的塑料导轨软带，来达到改善导轨性能的目的。这种导轨的共同特点是：摩擦因数小，且动、静摩擦因数差很小，能防止低速爬行现象；耐磨性、抗撕伤能力强；加工性和化学稳定性好，工艺简单，成本低，并有良好的自润滑和抗振性。塑料导轨多与铸铁导轨或淬硬钢导轨相配使用。

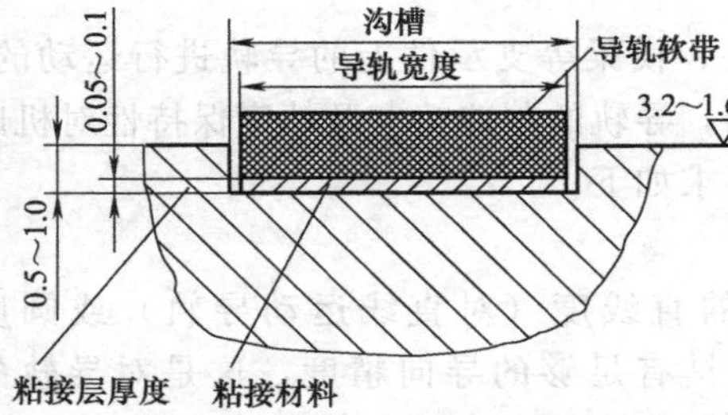

图 2-24　镶粘塑料导轨的结构示意图

常用的塑料导轨软带主要有以下几种。

(1) 以聚四氟乙烯（PTFY）为基体，通过添加不同的填充料构成的高分子复合材料。聚四氟乙烯是现有材料中摩擦因数（0.04）最小的一种，但纯聚四氟乙烯不耐磨，因而需要添加663青铜粉、石墨、$MoS_2$、铅粉等填充料增加耐磨性。这种导轨软带具有良好的抗磨、减摩、吸振、消声性能；适用的工作温度范围广（−200～280℃）；动、静摩擦因数小，且两者之差很小；还可以在干摩擦下应用；并且能吸收外界进入导轨面的硬粒，使导轨不致拉伤和磨损。这种材料常被做成厚度为0.1～2.5mm的塑料软带形式，粘接在导轨基面上，图2-24所示为镶粘塑料导轨的结构示意图。

(2) 以环氧树脂为基体，加入$MoS_2$、胶体石墨$TiO_2$等制成的抗磨涂层材料。这种涂料附着力强，可用涂敷工艺或压注成形工艺涂到预先加工成锯齿形状的导轨上，涂层厚度为1.6～2.5mm。中国已生产的有环氧树脂耐磨涂料（MNT），在它与铸铁组成的导轨副中，摩擦因数$f=0.1\sim0.12$，在无润滑油情况下仍有较好的润滑和防爬行的效果。塑料涂层导轨主要使用在大型和重型机床上。

**2. 滚动导轨**

滚动导轨是在导轨面之间放置滚珠、滚柱、滚针等滚动体，使导轨面之间的滑动摩擦变成滚动摩擦。滚动导轨与滑动导轨相比的优点是：灵敏度高，且其动摩擦因数与静摩擦因数相差甚微，因而运动平稳，低速移动时，不易出现爬行现象；定位精度高，重复定位精度可达0.2μm；摩擦阻力小，移动轻便，磨损小，精度保持性好，寿命长。但滚动导轨的抗振性较差，对防护要求较高。

滚动导轨特别适用于机床的工作部件要求移动均匀，运动灵敏及定位精度高的场合。这是滚动导轨在数控机床上得到广泛应用的原因。

(1) 滚动导轨的结构原理　滚动直线导轨副的结构原理如图2-25所示，它是由导轨、滑块、钢球、反向器、密封端盖及挡板等部分组成。当导轨与滑块作相对运动时，钢球就沿着导轨上经过淬硬并精密磨削加工而成的4条滚道滚动；在滑块端部，钢球通过反向器反向，进入回珠孔后再返回到滚道，钢球就这样周而复始地进行滚动运动。反向器两端装有防尘密封端盖，可有效地防止灰尘、屑末进入滑块内部。

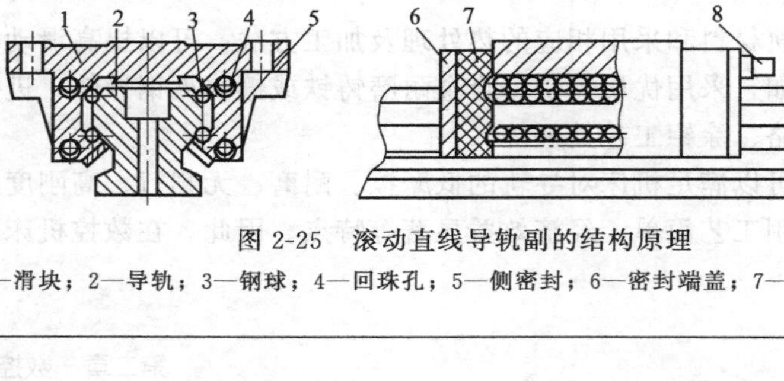

图 2-25　滚动直线导轨副的结构原理

1—滑块；2—导轨；3—钢球；4—回珠孔；5—侧密封；6—密封端盖；7—挡板；8—油杯

(2) 滚动导轨的结构形式　根据滚动体的类型，滚动导轨有下列三种结构形式。

① 滚珠导轨。这种导轨的承载能力小，刚度低。为了避免在导轨面上压出凹坑而丧失精度，一般常采用淬火钢制造导轨面，见图 2-26。

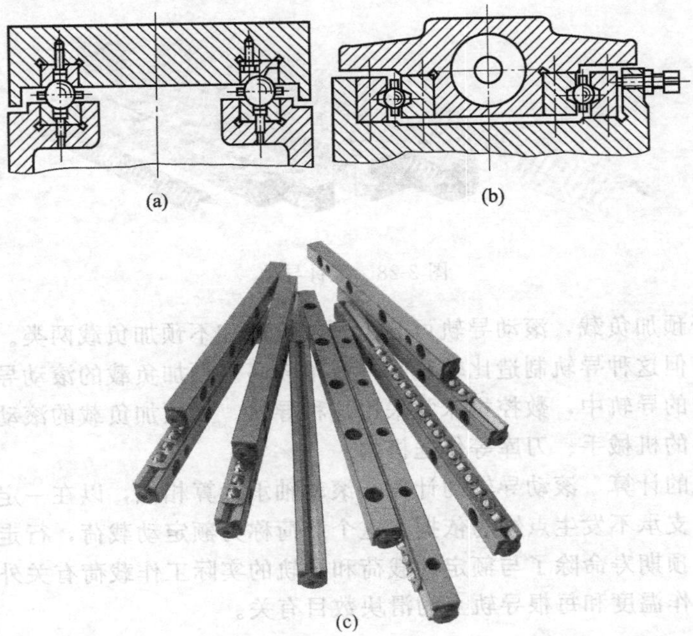

图 2-26　滚珠导轨

滚珠导轨适用于运动的工作部件质量不大（通常为 100～200kg）和切削力不大的机床。如工具磨床工作台导轨、磨床的砂轮修整器导轨及仪器的导轨等。

② 滚柱导轨。这种导轨的承载能力及刚度都比滚珠导轨大。但对于安装的偏斜反应大，支承的轴线与导轨的平行度偏差不大时也会引起偏移和侧向滑动，这样会使导轨磨损加快或降低精度。小滚柱（$\phi$10mm）比大滚柱（大于 $\phi$25mm）对导轨面不平行敏感些，但小滚柱的抗振性高，见图 2-27。

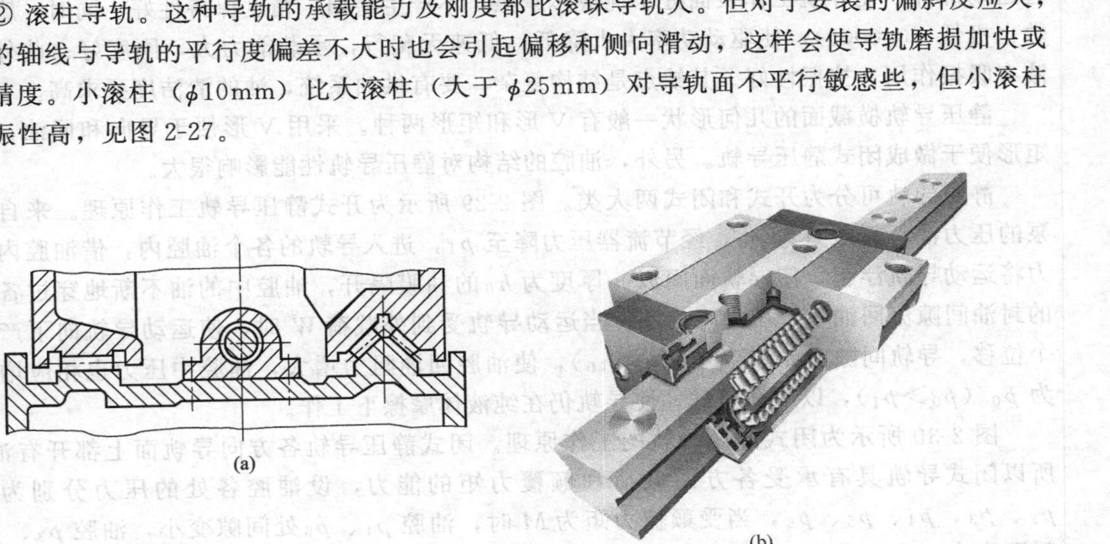

图 2-27　滚柱导轨

目前，数控机床采用滚柱导轨的较多，特别是载荷较大的机床。

③ 滚针导轨。滚针导轨的滚针比滚柱的长径比大，滚针导轨的特点是尺寸小、结构紧

凑。为了提高工作台的移动精度，滚针的尺寸应按直径分组。滚针导轨适用于导轨尺寸受限制的机床上，见图 2-28。

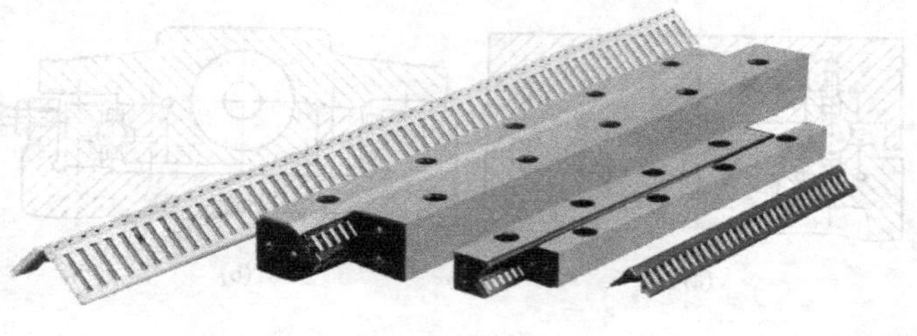

图 2-28　滚针导轨

根据导轨是否预加负载，滚动导轨可分为预加负载和不预加负载两类。预加负载的优点是提高导轨刚度。但这种导轨制造比较复杂，成本较高。预加负载的滚动导轨适用于颠覆力矩较大和垂直方向的导轨中，数控机床常采用这种导轨。无预加负载的滚动导轨常用于数控镗铣床或加工中心的机械手、刀库等传送机构。

（3）滚动导轨的计算　滚动导轨的计算与滚动轴承计算相似，以在一定的载荷下行走一定的距离，90%的支承不发生点蚀为依据，这个载荷称为额定动载荷，行走的距离称为额定寿命。滚动导轨的预期寿命除了与额定动载荷和导轨的实际工作载荷有关外，还与导轨的硬度、滑块部分的工作温度和每根导轨上的滑块数目有关。

**3. 静压导轨**

静压导轨是将具有一定压力的油液，经节流器输送到导轨面上的油腔中，形成承载油膜，将相互接触的导轨表面隔开，实现液体摩擦。这在数控机床上已得到日益广泛的应用。

静压导轨的滑动面之间开有油腔，将一定量的油通过节流输入油腔，形成压力油膜，浮起运动部件，使导轨工作表面处于纯液体摩擦，不产生磨损，精度保持性好。同时，摩擦因数也极低（0.0005），使驱动功率大大降低；低速无爬行，承载能力大，刚度好；此外，油液有吸振作用，抗振性好。其缺点是结构复杂，要有供油系统，油的清洁度要求高。

静压导轨横截面的几何形状一般有 V 形和矩形两种。采用 V 形便于导向和回油，采用矩形便于做成闭式静压导轨。另外，油腔的结构对静压导轨性能影响很大。

静压导轨可分为开式和闭式两大类。图 2-29 所示为开式静压导轨工作原理。来自液压泵的压力油，其压力为 $p_0$，经节流器压力降至 $p_1$，进入导轨的各个油腔内，借油腔内的压力将运动导轨浮起，使导轨面间以一厚度为 $h_0$ 的油膜隔开，油腔中的油不断地穿过各油腔的封油间隙流回油箱，压力降为零。当运动导轨受到外载荷 $W$ 时，使运动导轨向下产生一个位移，导轨间隙由 $h_0$ 降为 $h$（$h<h_0$），使油腔回油阻力增大，油腔中压力也相应增大变为 $p_0$（$p_0>p_1$），以平衡负载，使导轨仍在纯液体摩擦下工作。

图 2-30 所示为闭式静压导轨的工作原理。闭式静压导轨各方向导轨面上都开有油腔，所以闭式导轨具有承受各方面载荷和颠覆力矩的能力，设油腔各处的压力分别为 $p_1$、$p_2$、$p_3$、$p_4$、$p_5$、$p_6$，当受颠覆力矩为 $M$ 时，油腔 $p_1$、$p_6$ 处间隙变小，油腔 $p_3$、$p_4$ 处间隙变大。由于节流器的作用，使 $p_1$、$p_6$ 升高，$p_3$、$p_4$ 降低，从而形成一个与颠覆力矩成反向的力矩，使工作台恢复平衡。当工作台受到垂直载荷作用时，油腔 $p_1$、$p_6$ 处间隙变小，油腔 $p_3$、$p_6$ 处间隙变大，使得 $p_1$、$p_4$ 升高，$p_3$、$p_6$ 降低，所形成的作用力与外载荷相平衡。

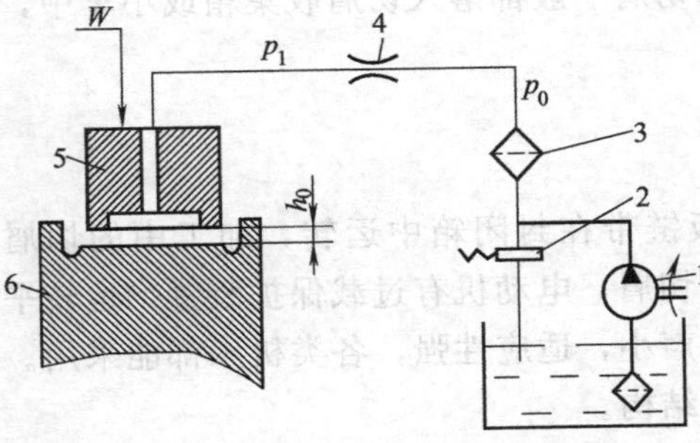


图 2-29　开式静压导轨工作原理

1—液压泵；2—溢流阀；3—过滤器；4—节流器；5—运动导轨；6—床身导轨

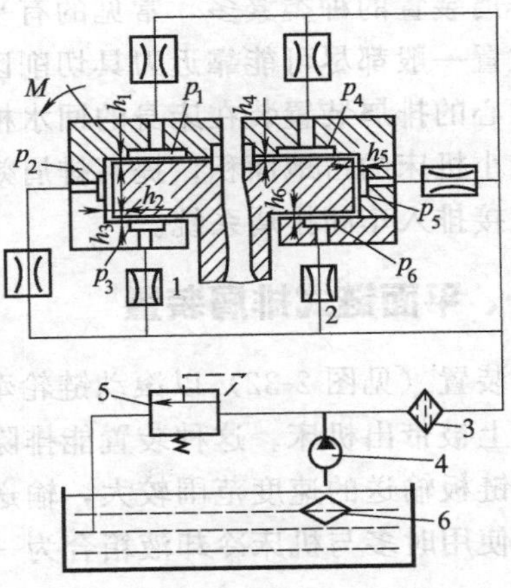


图 2-30　闭式静压导轨工作原理

1—导轨；2—节流器；3,6—过滤器；4—液压泵；5—溢流阀

另外，还有以空气为介质的空气静压导轨，亦称气浮导轨。它不仅摩擦力低，而且还有很好的冷却作用，可减小热变形。

# 第四节　数控机床自动排屑装置

因为单位时间内数控机床的金属切削量大大高于普通机床，而工件上的多余金属在变成切屑后所占的空间将成倍加大。这些切屑堆占加工区域，如果不及时排除，必然会覆盖或缠绕在工件和刀具上，使自动加工无法继续进行，人工清理显然不能满足要求。此外，炽热的切屑向机床或工件发散的热量，会使机床或工件产生变形，影响加工精度。因此迅速、有效的排除切屑对数控机床加工来说是十分重要的，而排屑装置（见图 2-31）正是完成此项工作的一种数控机床的必备附属装置。排屑装置的主要作用是将切屑从加工区域排除数控机床之外。在数控车床和磨床上的切屑中往往混合着切削液，排屑装置从其中分离出切屑，并将它们送入切屑收集箱（车）内，而切削液则被回收到冷却液箱。

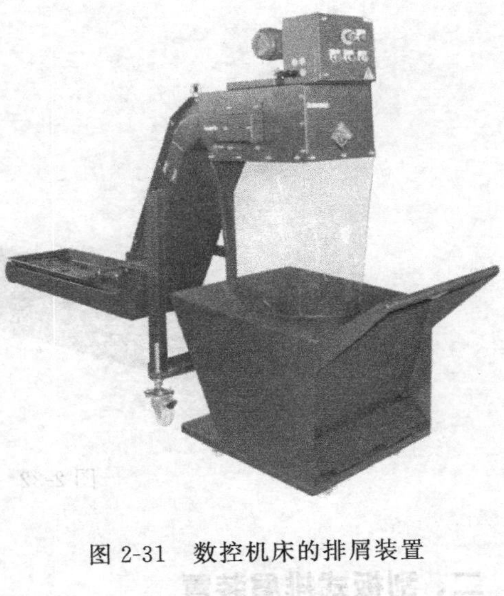

图 2-31　数控机床的排屑装置

排屑装置是一种具有独立功能的附件，它的工作可靠性和自动化程度随着数控机床技术的发展而不断提高。各主要工业国家都已研究开发了各种类型的排屑装置，并广泛应用在各类数控机床上。这些装置已逐步标准化和系统化，并有专业工厂生产。数控机床排屑装置的结构和工作形式应根据机床的种类、规格、加工工艺特点、工件的材质和使用的冷却液种类等来选择。

排屑装置的种类繁多，常见的有平板链式、刮板式、螺旋式、磁性排屑式。排屑装置的安装位置一般都尽可能靠近刀具切削区域。如车床的排屑装置，装在回转工件下方，铣床和加工中心的排屑装置装在床身的回水槽上或工作台边侧位置，以利于简化机床或排屑装置结构，减小机床的占地面积，提高排屑效率。排出的切屑一般都落入切屑收集箱或小车中，有的则直接排入车间排屑系统。

## 一、平面链式排屑装置

该装置（见图 2-32）以滚动链轮牵引钢质平板链带在封闭箱中运转，加工中的切屑落到链带上被带出机床。这种装置能排除各种形状的切屑，电动机有过载保护装置，运转平稳可靠。链板输送的速度范围较大，输送效率高，噪声小，适应性强，各类机床都能采用。在车床上使用时多与机床冷却液箱合为一体，以简化结构。

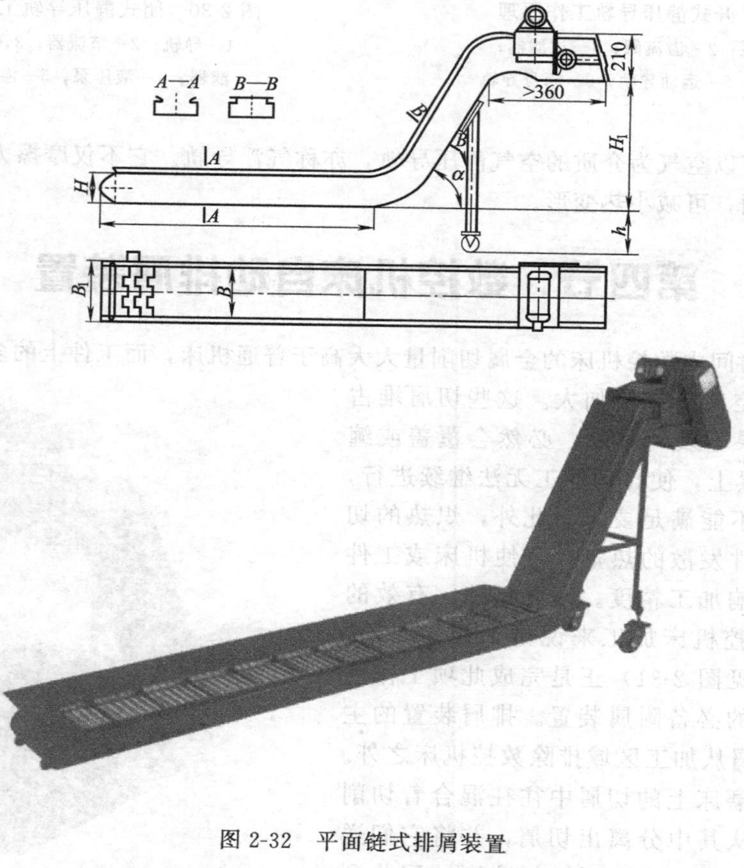


图 2-32　平面链式排屑装置

## 二、刮板式排屑装置

该装置（见图 2-33）传动原理与平板链式的基本相同，只是链板不同，它带有刮板链板。这种装置不受切屑种类限制，对金属、非金属切屑均可适用，有过载保护装置，运转平稳可靠，运动机构为敞开式，保养维修方便，排屑能力较强，因负载大故需采用较大功率的驱动电动机。

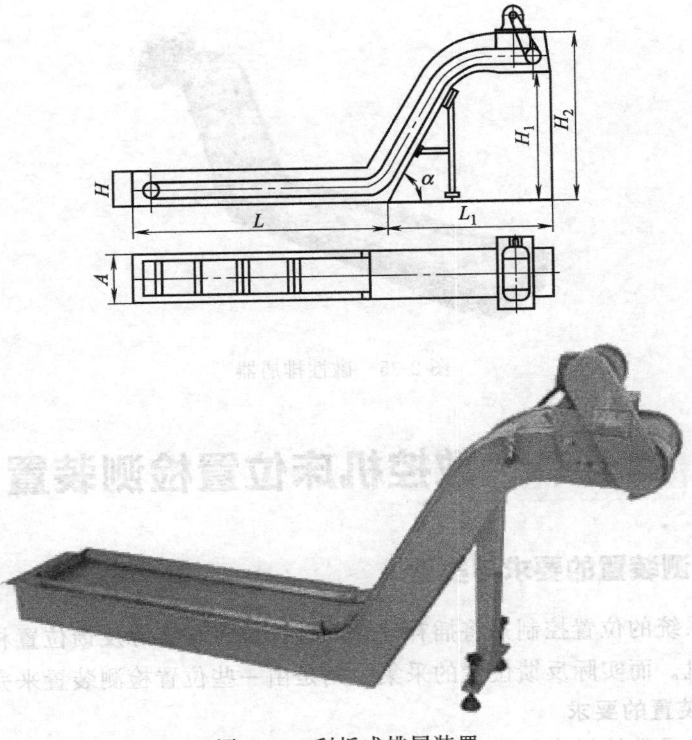


图 2-33　刮板式排屑装置

## 三、螺旋式排屑装置

主要用于机械加工过程中的金属、非金属材料所切削下来的颗粒状、粉状、块状及卷状切屑的输送。可用于数控车床、加工中心或其他机床安装空间比较狭窄的地方，与其他排屑装置联合使用可组成不同结构形状的排屑系统。如图 2-34 所示。该装置是采用电动机经减速装置驱动安装在沟槽中的一个长螺旋杆进行驱动。螺旋杆转动时，沟槽中的切屑即由螺旋杆推动连续向前运动，最终排入切屑收集箱。螺旋杆有两种形式：一种是用扁型钢条卷成螺旋弹簧状，另一种是在轴上焊上螺旋形钢板。螺旋式排屑装置结构简单，排屑性能良好，但只适用于沿水平或小角度倾斜直线方向排运切屑，不能大角度倾斜、提升或转向排屑。

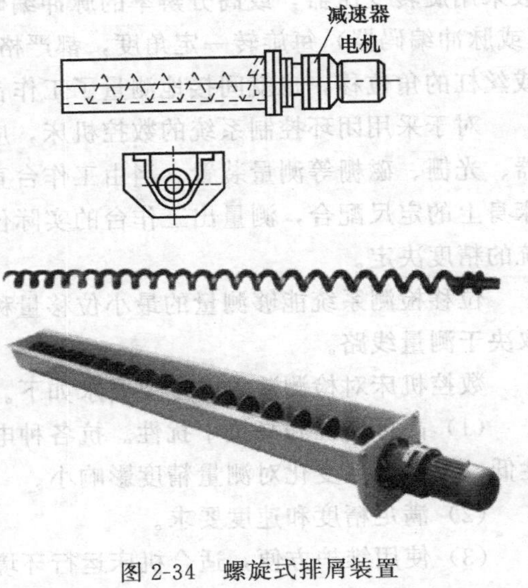


图 2-34　螺旋式排屑装置

## 四、磁性排屑器

利用永磁材料所产生的强磁场的磁力，将吸磁的颗粒状、粉末状和长度小于 150mm 的黑色金属切屑吸附在工作面板上，输送到切屑箱中。如图 2-35 所示。该装置可广泛应用于数控车床、组合机床、自动车床、齿轮车床、铣床、拉床、机铰机床、专用机床、自动线和流水线等的干式加工和湿式加工时的切屑处理。

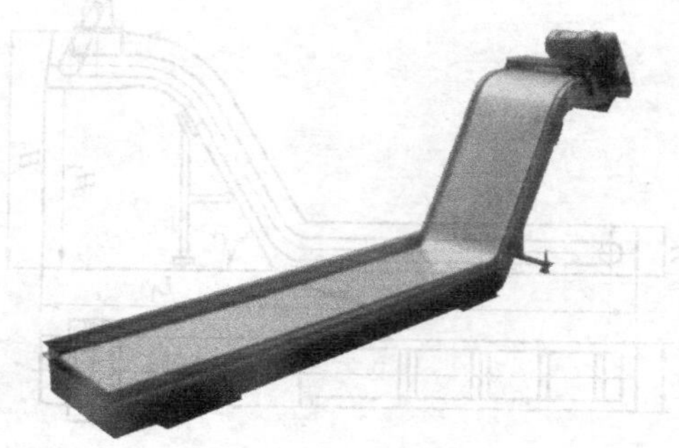

图 2-35 磁性排屑器

# 第五节 数控机床位置检测装置

## 一、位置检测装置的要求与类型

计算机数控系统的位置控制是将插补计算的理论位置与实际反馈位置相比较，用其差值去控制进给电动机。而实际反馈位置的采集，则是由一些位置检测装置来完成的。

### 1. 位置检测装置的要求

位置检测装置是数控机床伺服系统中的重要组成部分，其作用是检测位移和速度，发送反馈信号，构成伺服系统的闭环或半闭环控制。中档数控机床多采用半闭环控制系统，而全功能数控机床则是采用闭环控制系统。

对于采用半闭环控制的数控机床，其环路内不包括机械传动环节，它的位置检测装置一般采用旋转变压器，或高分辨率的脉冲编码器，装在进给电动机或丝杠的端头，旋转变压器（或脉冲编码器）每旋转一定角度，都严格地对应着工作台移动的一定距离。测量了电动机或丝杠的角位移，也就间接地测量了工作台的直线位移。

对于采用闭环控制系统的数控机床，应该直接测量工作台的直线位移，可采用感应同步器、光栅、磁栅等测量装置。当由工作台直接带动感应同步器的滑动尺移动时，与装在机床床身上的定尺配合，测量出工作台的实际位移值。可见，数控机床的加工精度主要由检测系统的精度决定。

位移检测系统能够测量的最小位移量称为分辨率。分辨率不仅取决于检测元件本身，也取决于测量线路。

数控机床对检测装置的主要要求如下。

（1）高可靠性和高抗干扰性。抗各种电磁干扰，抗干扰能力强，基准尺对温、湿度敏感性低，温、湿度变化对测量精度影响小。

（2）满足精度和速度要求。

（3）使用维护方便，适合机床运行环境。

（4）成本低。

### 2. 位置检测装置的分类

对于不同类型的数控机床，根据不同的工作环境和不同的检测要求，应该采用不同的检测方式，见表 2-1。

表 2-1　位置检测装置的分类

| 类型 | 模拟式 | | 数字式 | |
|---|---|---|---|---|
| | 增量式 | 绝对式 | 增量式 | 绝对式 |
| 直线型 | (1)直线型感应同步器<br>(2)磁尺 | (1)三速直线型感应同步器<br>(2)绝对值式磁尺 | (1)计量光栅<br>(2)激光干涉仪 | 多通道透射光栅 |
| 回转型 | (1)旋转变压器<br>(2)圆形感应同步器<br>(3)圆形磁尺 | (1)多极旋转变压器<br>(2)三速圆型感应同步器 | (1)增量式光电脉冲编码器<br>(2)圆光栅 | 绝对式光电脉冲编码器 |

(1) 数字式与模拟式

① 数字式测量方式：是将被测量单位量化为数字形式表示。它的特点如下：

a. 被测量单位量化后转换成脉冲个数，便于显示处理；

b. 测量精度取决于测量单位，与量程基本无关；

c. 检测装置比较简单，脉冲信号抗干扰能力强。

② 模拟式测量方式：是将被测量单位用连续的变量来表示。在大量程内作精确的模拟式检测，在技术上有较高的要求，数控机床中模拟式检测主要用于小量程测量。它的主要特点如下：

a. 直接对被测量单位进行检测，无需量化；

b. 在小量程内可以实现高精度测量；

c. 可用于直接检测和间接检测。

(2) 增量式与绝对式

① 增量式测量方式：只测量位移增量，移动一个测量单位即能发出一个测量信号。其优点是检测装置比较简单，能做到高精度，任何一个对中点均可作为测量起点，其缺点是一旦计数有误，此后结果全错。发生故障时（如断电、断刀等），事故排除后，再也找不到正确位置。

② 绝对式测量方式：被测量的任一点都以一个固定的零点作基准，每一被测点都有一个相应的测量值。这样就避免了增量式检测方式的缺陷，但其结构较为复杂。

(3) 直接测量与间接测量

① 直接测量：对机床的直线位移采用直线型检测装置检测，称为直接测量。直接测量精度主要取决于测量元件的精度，不受机床传动装置的直接影响，但检测装置要与行程等长，这对大型数控机床来说，是一个很大的限制。

② 间接测量：对机床直线位移采用回转型检测元件测量，称为间接测量。间接测量精度取决于检测装置和机床传动链两者的精度，但间接测量无长度限制。

## 二、常用位置检测装置

### 1. 脉冲编码器

脉冲编码器是一种旋转式脉冲发生器，它把机械转角变成电脉冲，是一种常用的角位移传感器。

(1) 脉冲编码器的分类和结构　脉冲编码器分光电式、接触式和电磁感应式三种。光电式的精度与可靠性都优于其他两种，因此数控机床上只使用光电式脉冲编码器。光电式脉冲编码器按每转发出的脉冲数的多少来分，又有多种型号，但数控机床最常用的如表 2-2 所列。根据机床滚珠丝杠螺距来选用相应的脉冲编码器。

**表 2-2　光电式脉冲编码器**

| 脉冲编码器每转产生脉冲数 | 每转脉冲移动量/mm | 每转脉冲移动量/in |
|---|---|---|
| 2000 | 2,3,4,6,8 | 0.1,0.15,0.2,0.3,0.4 |
| 2500 | 5,10 | 0.25,0.5 |
| 3000 | 3,6,12 | 0.15,0.3,0.6 |

为了适应高速、高精度数字伺服系统的需要，先后又发展了高分辨率的脉冲编码器，见表 2-3。

**表 2-3　高分辨率脉冲编码器**

| 脉冲编码器每转产生脉冲数 | 每转脉冲移动量/mm | 每转脉冲移动量/in |
|---|---|---|
| 20000 | 2,3,4,6,8 | 0.1,0.15,0.2,0.3,0.4 |
| 25000 | 5,10 | 0.25,0.5 |
| 30000 | 3,6,12 | 0.15,0.3,0.6 |

增量式光电脉冲编码器如图 2-36 所示，最初的结构就是一种光电盘。在一个圆盘的圆周上分成相等的透明与不透明部分，圆盘与工作轴一起旋转。此外，还有一个固定不动的扇形薄片与圆盘平行放置，并制作有辨向窄缝（或窄缝群），当光线通过这两个作相对运动的透光与不透光部分时，使光电元件接收到的光通量也时大时小地连续变化（近似于正弦信号），经放大、整形电路的变换后变成脉冲信号。通过计量脉冲的数目和频率即可测出工作轴的转角和转速。

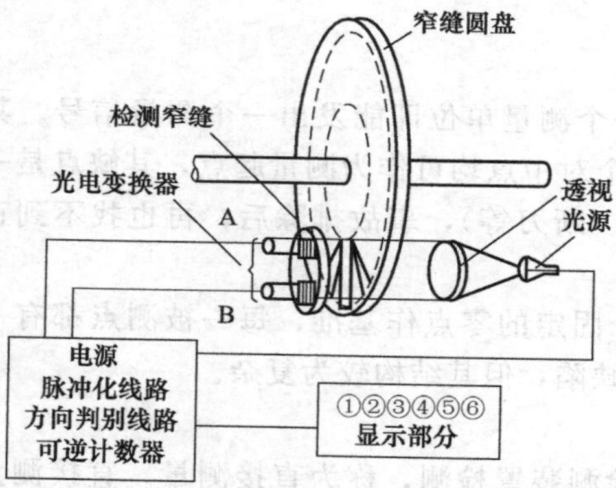

图 2-36　增量式光电脉冲编码器的结构原理

高精度脉冲编码器要求提高光电盘圆周的等分窄缝的密度，实际上变成了圆光栅线纹。它的制作工艺是在一块具有一定直径的玻璃圆盘上，用真空镀膜的方法镀上一层不透光的金属薄膜，再涂上一层均匀的感光材料，然后用精密照相腐蚀工艺，制成沿圆周等距的透光和不透光部分相间的辐射状线纹。一个相邻的透光与不透光线纹构成一个节距 $P$。在圆盘的里圈不透光圆环上还刻有一条不透光条纹 Z，用来产生一转脉冲信号。辨向指示光栅上有两段线纹组 A 和 B，每一组的线纹间的节距与圆光栅相同，而 A 组与 B 组的线纹彼此错开 1/4 节距。指示光栅固定在底座上，与圆光栅的线纹平行放置，两者间保持一个小的节距。当圆光栅旋转时，光线透过这两个光栅的线纹部分，形成明暗相间的条纹，被光电元件接受，并变换成测量脉冲，其分辨率取决于圆光栅的一圈线纹数和测量线路的细分倍数。光电脉冲编码器光栅示意图如图 2-37 所示。

光电脉冲编码器的结构示意图如图 2-38 所示。该编码器通过十字连接头与伺服电动机连接，它的法兰盘固定在电动机端面上，罩上防护罩，构成完整的驱动部件。

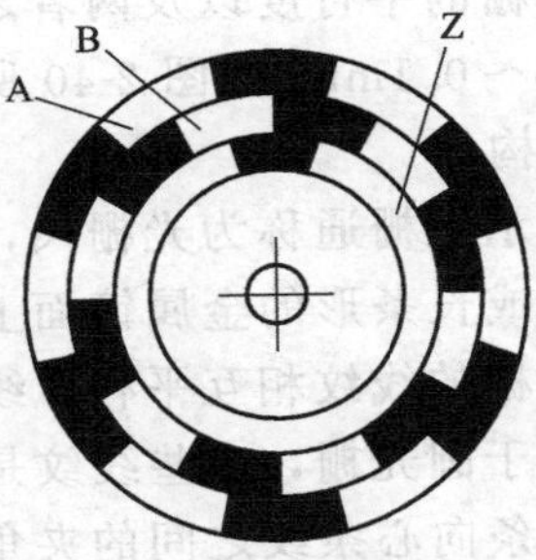


图 2-37 光电脉冲编码器光栅示意图

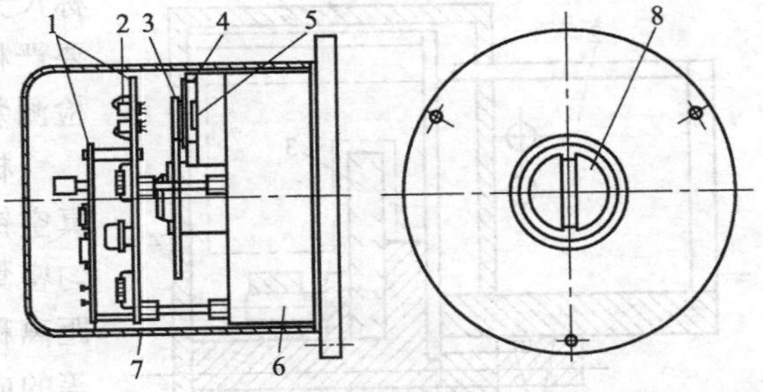


图 2-38 光电脉冲编码器的结构示意图

1—印制电路板；2—光源；3—圆光栅；4—指示光栅；5—光电池组；6—底座；7—护罩；8—轴

(2) 脉冲编码器的工作原理　如上所述，光线透过圆光栅和指示光栅的线纹，在光电元件上形成明暗交替变化的条纹，产生两组近似于正弦波的电流信号A与B，两者的相位相差90°，经放大、整形电路变成方波，如图2-39所示。若A相超前于B相，对应电机作正向旋转；若B相超前于A相，对应电动机作反向旋转。若以该方波的前沿或后沿产生计数脉冲，可以形成代表正向位移和反向位移的脉冲序列。

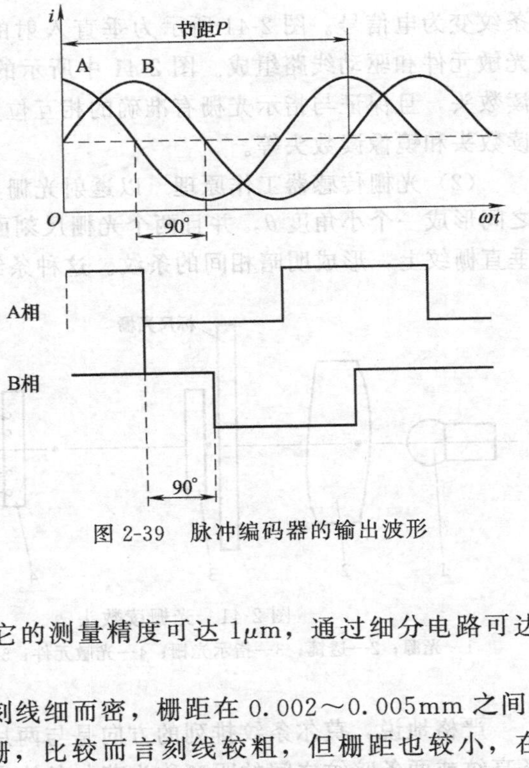


图 2-39 脉冲编码器的输出波形

在进行直线距离测量时，可将光电编码器装到伺服电动机轴上，因伺服电动机轴与滚珠丝杠相连，所以当伺服电动机转动时，由滚珠丝杠带动工作台或刀具移动。这时光电编码器的转角对应直线移动部件的移动量，因此，可根据滚珠丝杠的导程来计算移动部件的位移量。

**2. 光栅位置检测装置**

在数控机床上，光栅测量装置应用较多，它的测量精度可达1μm，通过细分电路可达到0.1μm甚至更高。

光栅分为物理光栅和计量光栅，物理光栅刻线细而密，栅距在0.002～0.005mm之间，常用于光谱分析和光波波长的测定。计量光栅，比较而言刻线较粗，但栅距也较小，在0.004～0.25mm之间，主要用在数字检测系统。光栅传感器为动态测量元件，按运动方式分为长光栅和圆光栅，长光栅用来测量直线位移，圆光栅用来测量角度位移。根据光线在光栅中的运动路径分为透射光栅和反射光栅。一般光栅传感器都是做成增量式的，也可以做成绝对值式。目前光栅传感器应用在高精度数控机床的伺服系统中，其精度仅次于激光式测量。在数控机床上经常使用计量光栅这种精密的检测装置，它具有测量精度高、响应速度快等特点。

(1) 光栅检测装置的结构　长光栅检测装置（直线光栅传感器）是由标尺光栅和光栅读数头两部分组成。标尺光栅一般固定在机床活动部件上（如工作台上），光栅读数头装在机床固定部件上。当光栅读数头相对于标尺光栅移动时，指示光栅便在标尺光栅上相对移动。

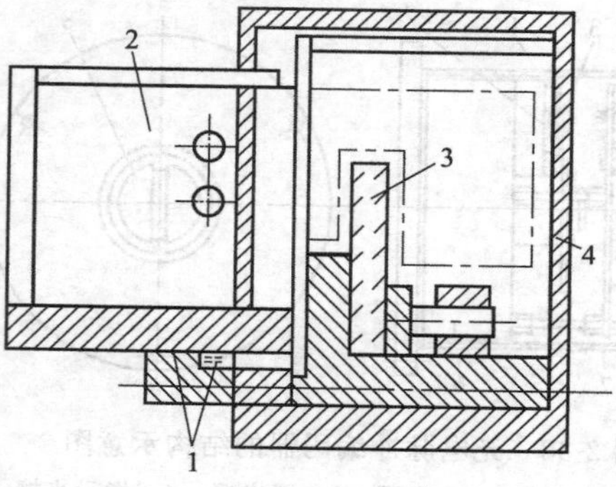

图 2-40　光栅检测装置的安装结构
1—防护垫；2—光栅读数头；
3—标尺光栅；4—防护罩

标尺光栅和指示光栅的平行度以及两者之间的间隙要严格保证（0.05～0.1mm）。图 2-40 所示为光栅检测装置的安装结构。

标尺光栅和指示光栅通称为光栅尺，它们是在真空镀膜的玻璃片或长条形的金属镜面上光刻出均匀密集的线纹。光栅的线纹相互平行，线纹之间的距离称为栅距。对于圆光栅，这些线纹是圆心角相等的向心条纹。两条向心条纹之间的夹角成为栅距角。栅距和栅距角是光栅的重要参数。对于长光栅，金属反射光栅的线纹密度为每毫米有 25～50 个条纹，玻璃透射光栅为每毫米 100～250 个条纹。对于圆光栅，一周内刻有 10800 条线纹。

光栅读数头又称为光电转换器，它把光栅莫尔条纹变为电信号。图 2-41 所示为垂直入射的读数头。读数头是由光源、透镜、指示光栅、光敏元件和驱动线路组成。图 2-41 中所示的标尺光栅不属于光栅读数头，但它要穿过光栅读数头，且保证与指示光栅有准确的相互位置关系。光栅读数头还可分为分光读数头、反射读数头和镜像读数头等。

（2）光栅传感器工作原理　以透射光栅为例，当指示光栅上的线纹和标尺光栅上的线纹之间形成一个小角度 $\theta$，并且两个光栅尺刻面相对平行放置时，在光源的照射下，位于几乎垂直栅纹上，形成明暗相间的条纹。这种条纹称为莫尔条纹，如图 2-42 所示。

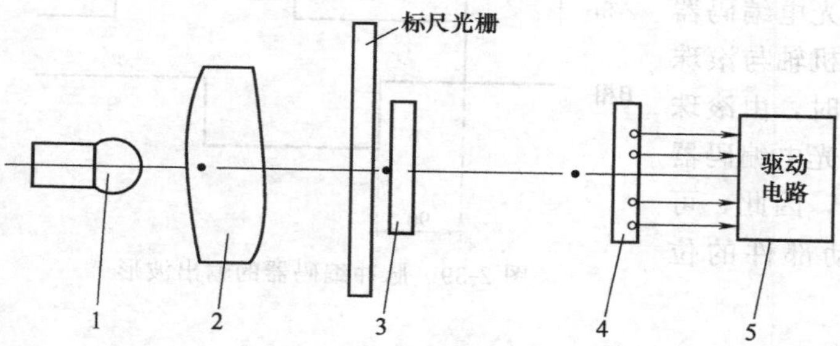

图 2-41　光栅读数头
1—光源；2—透镜；3—指示光栅；4—光敏元件；5—驱动线路

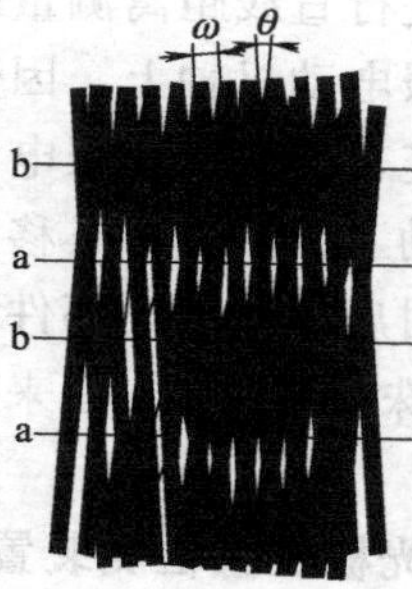

图 2-42　莫尔条纹

严格地说，莫尔条纹排列的方向是与两片光栅线纹夹角的平分线相垂直。莫尔条纹中两条亮纹或两条暗纹之间的距离称为莫尔条纹宽度，以 $W$ 表示。

莫尔条纹具有以下特征。

① 莫尔条纹的移动与栅距成正比。

两片光栅相对移过一个栅距，莫尔条纹移过一个条纹间距。由于光的衍射与干涉作用，莫尔条纹的变化规律近似正（余）弦函数，变化周期数与光栅相对移过的栅距数同步。

② 放大作用。

在两光栅线夹角小的情况下，莫尔条纹宽度 $W$（mm）和光栅栅距 $P$、栅线角 $\theta$（rad）之间有下列关系，即

$$W=P/\sin\theta$$

由于 $\theta$ 角很小，$\sin\theta \approx \theta$

$$W \approx P/\theta \tag{2-1}$$

若 $P=0.01\text{mm}$，$\theta=0.001\text{rad}$，则由式（2-1）可得 $W\approx 10\text{mm}$，则把光栅距转换成放大 1000 倍的莫尔条纹宽度。

③ 均化误差作用。

莫尔条纹是由若干光栅条纹共用形成。例如，每毫米 100 线的光栅，10mm 宽的莫尔条纹就由 1000 条线纹组成，这样栅距之间的相邻误差就被平均化了，消除了由于栅距不均匀、断裂等造成的误差。

④ 光强为正弦变化。

在一个栅距内，光电元件所检测到的光强变化为正弦（或余弦）变化。利用这一点可测出小于 1 个栅距的位移量。

利用莫尔条纹的上述 4 个特点，依光电元件所测得的光强变化，可测出 1 个栅距内的位移量，依光强变化的周期可测出栅距整数倍的位移量。

**3. 磁栅位置检测装置**

磁栅是用电磁方法计算磁波数目的一种位置检测元件，可用作直线和角位移的测量。磁栅与同步感应器、光栅相比，测量精度略低。但具有复制简单及安装方便等一系列优点，特别是在油污、粉尘较多的环境中应用，具有较好的稳定性。因此，磁栅较广泛地应用在数控机床、精密机床和各种测量机上。

磁栅检测装置是将具有一定节距的磁化信号用记录磁头记录在磁性标尺的磁膜上，用来作测量基准。在检测过程中，用拾磁磁头读取磁性标尺上的磁化信号并转换成电信号，然后通过检测电路把磁头相对于磁尺的位置送给伺服控制系统或数字显示装置。

磁栅检测装置由磁性标尺、拾磁磁头和检测电路三部分组成。图 2-43 所示为磁栅检测装置方框图。

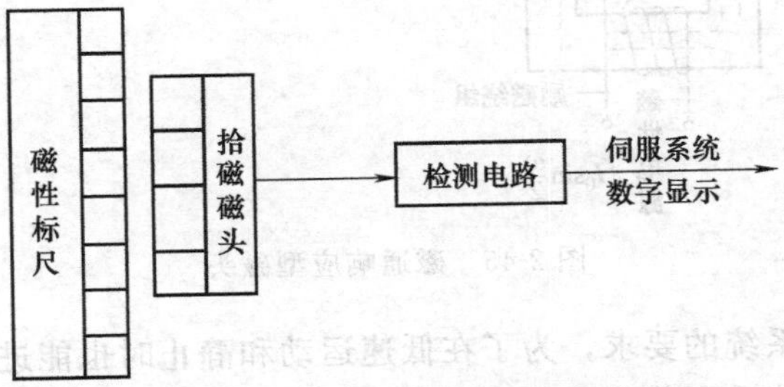


图 2-43 磁栅检测装置方框图

（1）磁性标尺 磁性标尺常采用不导磁材料做基体，在上面镀上一层 10～30$\mu$m 厚的高磁性材料，形成均匀的磁膜。再用记录磁头在磁尺上记录节距相等的周期性变化的磁信号，用于作为测量基准，信号可为正弦波、方波等，节距通常为 0.05$\mu$m、0.1$\mu$m、0.2$\mu$m 等。最后磁尺表面涂上保护层，以防磁头与磁尺频繁接触过程中的磁膜磨损。

磁性标尺按形状可分为用于检测直线位移的平面实体型磁尺、带状磁尺、同轴型线状磁尺、用于检测角位移的回转型磁尺等，如图 2-44 所示。实体型磁尺主要用于精度要求较高的场合，由于其制造长度有限，因此目前应用较少。带状磁尺主要应用在量程较大，安装面不易安排的场合。同轴型磁尺抗干扰能力强，主要用于小型或结构紧凑的测量装置中。

（2）拾磁磁头 拾磁磁头是进行磁电转换的器件，它将磁性标尺上的磁信号检测出来，

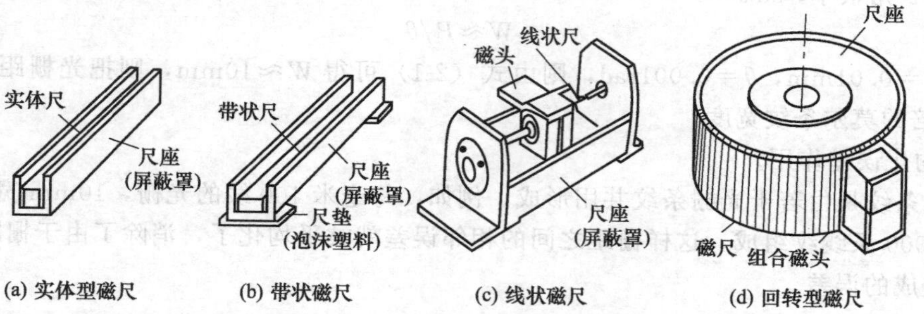


图 2-44　按磁性标尺基体形状分类的各种磁尺

并转换成电信号。磁栅的拾磁磁头与一般录音机上使用的单间隙速度响应式磁头不同，它不仅能在磁头与磁性标尺之间有一定相对速度时拾取信号，而且也能在它们相对静止时拾取信号。这种磁头叫做磁通响应型磁头，其结构如图 2-45 所示。

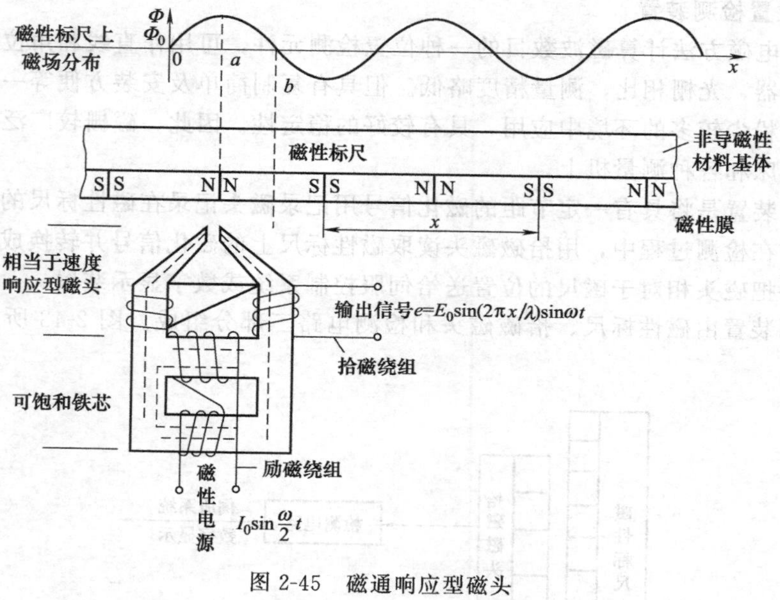


图 2-45　磁通响应型磁头

根据机床数字控制系统的要求，为了在低速运动和静止时也能进行位置检测，必须采用磁通响应型磁头，而不能采用普通录音机上的速度响应型磁头。

磁通响应型磁头带有一个可饱和铁芯的二次谐波调制器，如图 2-45 所示。铁芯由软磁性材料制成，上面有两个绕组：一个励磁绕组；一个输出绕组。一定幅值的高频励磁电流通过励磁绕组，产生磁通 $\Phi_1$，与磁性标尺作用于磁头的直流磁通相叠加成 $\Phi_0$，由于方向不同，各分支路的磁通有的被加强，有的被减弱。

这种调制信号与磁头相对于磁性标尺的相对速度无关。只要计算出输出信号幅值的变化次数，并以写入磁性标尺的磁信号的节距为单位，便可计算出位移量。如磁性标尺写入磁信号的节距为 0.04mm，当把它细分为四等份时，其磁尺的分辨率可达 0.01mm。

4. **旋转变压器**

旋转变压器是一种常用的转角检测元件，由于结构简单，工作可靠，对环境要求低，信号输出幅度大，抗干扰能力强，因此，被广泛应用在半闭环控制的数控机床上。

（1）旋转变压器的结构　旋转变压器可分为有刷式和无刷式，如图 2-46 和图 2-47 所示。它的结构与绕线式异步电动机相似，其定子和转子铁芯由高导磁的铁镍软磁合金或硅铜薄板冲成的带槽芯片叠成，槽中嵌有线圈。定子线圈为变压器的原边，转子线圈为变压器的副边，励磁电压接到原边，频率通常为 400Hz、500Hz、1000Hz、5000Hz 等几种。

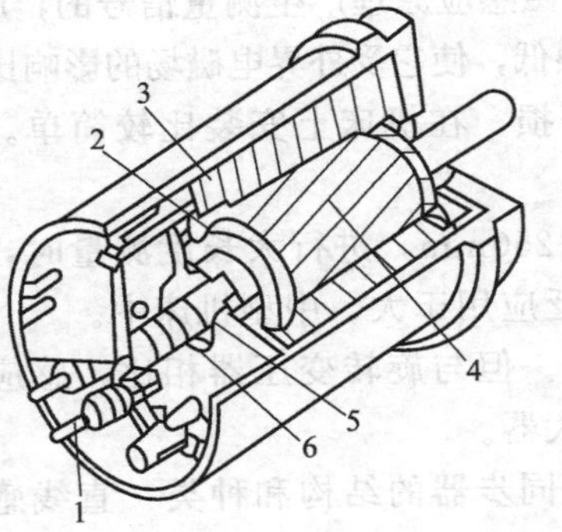


图 2-46　有刷式旋转变压器结构

1—接线柱；2—转子绕组；3—定子绕组；4—转子；5—整流子；6—电刷

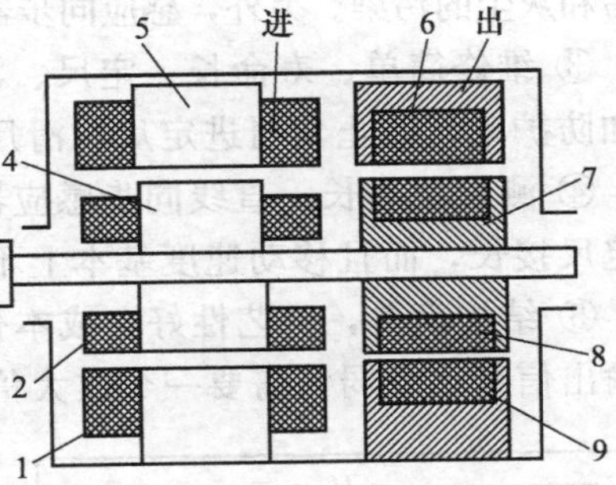


图 2-47　无刷式旋转变压器结构

1—分解器定子线圈；2—分解器转子线圈；3—转子轴；4—分解器转子；5—分解器定子；6—变压器定子；7—变压器转子；8—变压器一次线圈；9—变压器二次线圈

如果励磁电压的频率较高，则旋转变压器的尺寸可以显著减小。特别是转子的转动惯量可以做得很小，适用于加、减速比较大，或与高精度的齿轮、齿条组合使用的场合。有刷式旋转变压器转子绕组接至滑环，输出电压通过电刷引出。无刷式旋转变压器没有电刷和滑环，和有刷式变压器相比，可靠性好，寿命长，更适合于数控机床。无刷式旋转变压器由两部分组成，即左边的分解器和右边的变压器。变压器原边绕组固定在与转子连接于一体的线轴上，可与转子一起旋转。分解器的转子绕组输出信号接到变压器的原边，而输出从变压器副边引出。

常见的旋转变压器一般有两极绕组和四极绕组两种结构形式。两极旋转变压器，定子和转子各有一对磁极。四极绕组各有两对相互垂直的磁极，检测精度高，在数控机床中应用普遍。除此之外，还有一种多极式旋转变压器，用于高精度绝对式检测系统。也可以把一个极对数少的和一个极对数多的两种旋转变压器做在一个磁路上，装在一个机壳内，构成所谓的粗测和精测电气变速双通道检测元件，用于高精度测量和同步系统。

（2）旋转变压器的工作原理　旋转变压器在结构上保证其定子和转子之间气隙内磁通分布符合正弦规律，因此，当励磁电压加到定子绕组上时，通过电磁耦合，转子绕组产生感应电动势。

**5. 感应同步器**

感应同步器可理解为多极旋转变压器的展开形式。它利用两个平面形印刷绕组，其间保持均匀的气隙，相对平行移动时其互感随位置的变化而变化，是一种高精度的检测装置。按其结构可分为直线感应同步器和圆形感应同步器两种，直线感应同步器用于测量直线位移，而圆形感应同步器用于检测角位移。直线感应同步器由定尺和滑尺两部分组成；而圆形感应同步器由定子和转子组成。感应同步器的这两部分绕组相当于旋转变压器的初级和次级线圈，它们都是利用交变磁场和互感原理工作的。

（1）感应同步器的特点　感应同步器作为检测元件有如下优点。

① 检测精度高。感应同步器可直接对机床位移进行测量，不经过任何机械传动装置，所以测量结果只受本身精度的限制。此外，感应同步器的极对数多，其输出电压是许多对极的平均值。因此，元件本身在制造中所造成的微小误差由于取平均值而得到补偿，而平均效应所得到的测量精度要比元件本身的制造精度高得多。

② 工作可靠、抗干扰能力强。感应同步器是利用电磁感应原理产生测量信号的，所以不怕油污和灰尘的污染。另外，感应同步器平面绕组的阻抗很低，使它受外界电磁场的影响比较小。

③ 维修简单、寿命长。定尺、滑尺之间无接触磨损，在机床上安装比较简单。使用时需加防护罩，防止切屑进定尺和滑尺之间划伤导片。

④ 测量距离长。直线同步感应器的每根定尺长为250mm，进行大长度测量时，可用多根定尺接长，而且移动速度基本上不影响测量，故广泛应用于大、中型机床中。

⑤ 结构简单，工艺性好，成本低，便于成批生产。但与旋转变压器相比，感应同步器的输出信号比较弱，需要一个放大倍数很高的前置放大器。

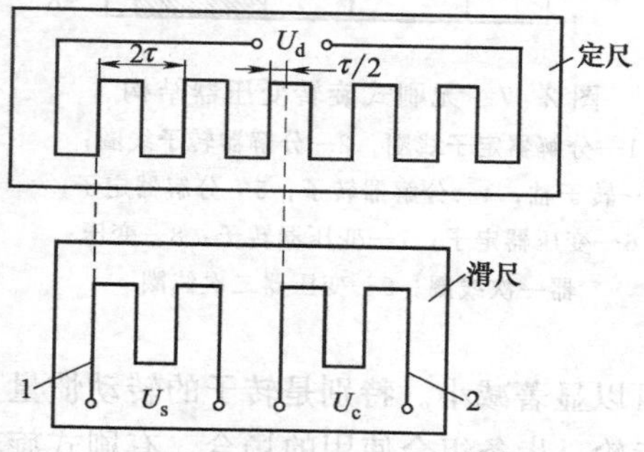

图 2-48 直线感应同步器的结构
1—正弦励磁绕组；2—余弦励磁绕组

(2) 感应同步器的结构和种类 直线感应同步器由定尺和滑尺两部分组成，绕组结构如图 2-48 所示。

滑尺上制有两个绕组，即正弦绕组和余弦绕组，它们相对于定尺绕组在空间错开 1/4 节距。标准感应同步器的定尺与滑尺之间有均匀的气隙，在全程上保持（0.25 ± 0.05）mm，标准定尺长250mm，表面上制有连续平面绕组，绕组节距一般为 $2\tau=2$mm。直线感应同步器的定尺和滑尺的基板通常采用与机床床身材料的线胀系数相近的钢板，用绝缘黏结剂把铜箔粘在钢板上，经精密的照相腐蚀工艺制成印刷绕组，再在尺子表面涂一层保护层。滑尺表面有时还贴一层带绝缘的铝箔，以防静电感应。直线感应同步器除标准型外，还有窄型和带状两种，标准型是直线感应同步器中精度最高的一种，应用最广泛。

圆型感应同步器按直径大小可分为302mm、178mm、76mm 和 50mm 四种类型。其直径的极数有 360 极、720 极和 1080 极。在极数相同的条件下，圆型感应同步器的直径越大，则精度越高。

(3) 感应同步器的工作原理 如图 2-49 所示，滑尺上具有在空间上相差 1/4 节距的正弦绕组和余弦绕组，且定尺与滑尺节距相同。当滑尺励磁绕组与定尺感应绕组间发生相对位移时，由于电磁耦合的作用，感应绕组中的感应电压随位移的变化而呈周期性地变化，感应同步器就是利用这一特点来检测滑尺相对定尺的位置的。

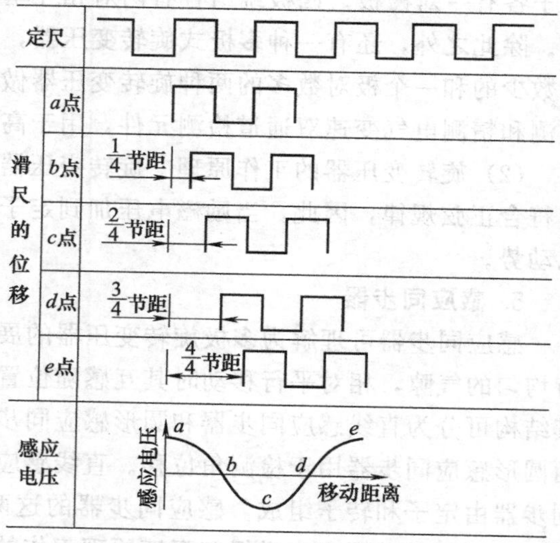

图 2-49 感应同步器的工作原理

### 6. 激光干涉检测仪

在高精度的数控机床上，要求有高精度

的机床位置检测装置及定位系统，此时经常使用双频激光干涉仪作为机床的测量装置，而在精密数控机床上，高精度的双频激光干涉测量系统是精密位置测量的决定因素。双频激光干涉仪是利用光的干涉原理和多普勒效应来进行位置检测的。

光的干涉原理表明：两列具有固定相位差，具有相同的频率、相同的振动方向或振动方向之间的夹角很小的光互相交叠，将会产生干涉。激光干涉仪中的干涉现象如图 2-50 所示。由激光器发出的激光经分光镜 A 分成反射光束 $S_1$ 和透射光束 $S_2$，$S_1$ 由固定反射镜 $M_1$ 反射，$S_2$ 由可动反射镜 $M_2$ 反射，反射回来的光在分光镜处汇合成相干光束。激光干涉仪利用这一原理使激光束产生明暗相间的干涉条纹，由光电转换元件接收并转换为电信号，经处理后由计数器计数，从而实现对位移量的检测。

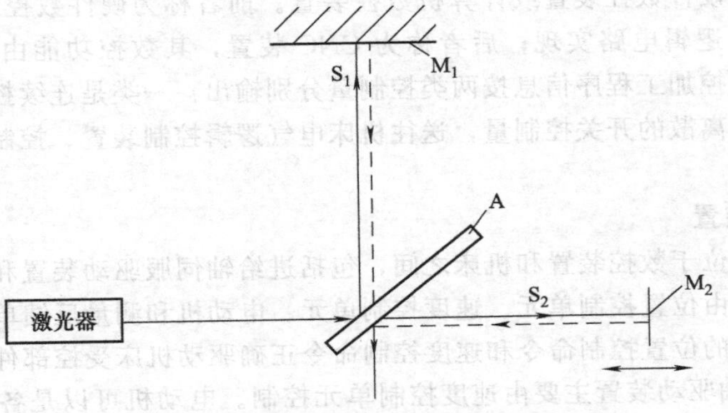


图 2-50　激光干涉仪中的干涉现象

# 第六节　数控系统

数控系统与被控机床本体的结合体称为数控机床。它集机械制造、计算机、微电子、现代控制及精密测量等多种技术为一体，使传统的机械加工工艺发生了质的变化。这个变化的本质就在于用数控系统实现了加工过程的自动化。

## 一、数控系统的组成

数控系统一般由输入/输出装置、数控装置、驱动控制装置、机床电气逻辑控制装置四部分组成，机床本体为被控对象，如图 2-51 所示。

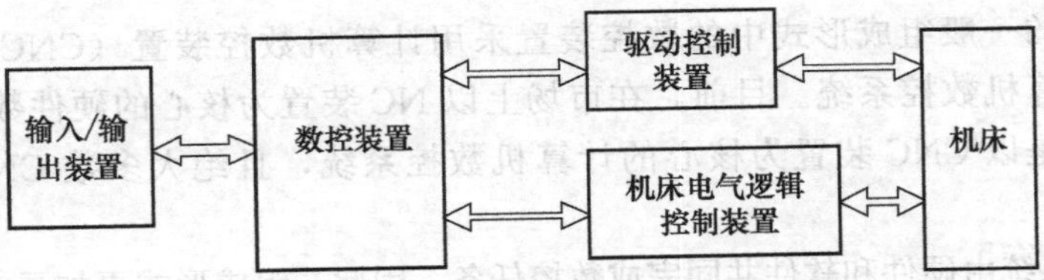


图 2-51　数控系统组成的一般形式

数控系统是严格按照外部输入的程序对工件进行自动加工的。数控加工程序按零件加工顺序记载机床加工所需的各种信息，有零件加工的轨迹信息（如几何形状和几何尺寸等）、工艺信息（如进给速度和主轴转速等）及开关命令（如换刀、冷却液开/关和工件装/卸等）。

加工程序常常记录在各种信息载体上，通过各种输入装置，信息载体上的数控加工程序将被数控装置所接收。

**1. 输入/输出装置**

输入装置将数控加工程序等各种信息输入数控装置，输入内容及数控系统的工作状态可以通过输出装置观察。常用的输入/输出装置有键盘、纸带阅读机、磁盘驱动器、CRT及各种显示器件。

**2. 数控装置**

数控装置是数控系统的核心。它的主要功能是：正确识别和解释数控加工程序，对解释结果进行各种数据计算和逻辑判断处理，完成各种输入、输出任务。其形式可以是由数字逻辑电路构成的专用硬件数控装置或计算机数控装置。前者称为硬件数控装置，或NC装置，其数控功能由硬件逻辑电路实现；后者称为CNC装置，其数控功能由硬件和软件共同完成。数控装置将数控加工程序信息按两类控制量分别输出：一类是连续控制量，送往驱动控制装置；另一类是离散的开关控制量，送往机床电气逻辑控制装置。控制机床各组成部分实现各种数控功能。

**3. 驱动控制装置**

驱动控制装置位于数控装置和机床之间，包括进给轴伺服驱动装置和主轴驱动装置，进给轴伺服驱动装置由位置控制单元、速度控制单元、电动机和测量反馈单元等部分组成，它按照数控装置发出的位置控制命令和速度控制命令正确驱动机床受控部件（如机床移动部件和主轴头等）。主轴驱动装置主要由速度控制单元控制。电动机可以是各种步进电动机、直流电动机或交流电动机。

**4. 机床电气逻辑控制装置**

机床电气逻辑控制装置也位于数控装置和机床之间，接受数控装置发出的开关命令，主要完成机床主轴选速、启停和方向控制功能，换刀功能，工件装夹功能，冷却、液压、气动、润滑系统控制功能及其他机床辅助功能。其形式可以是继电器控制线路或可编程控制器(PLC)。

**5. 机床本体**

根据不同的加工方式，机床本体可以是车床、铣床、钻床、镗床、磨床、加工中心及电加工机床等。与传统的普通机床相比，数控机床本体的外部造型、整体布局、传动系统、刀具系统及操作机构等方面都应该符合数控的要求。

## 二、数控装置的构成

当数控系统的一般组成形式中的数控装置采用计算机数控装置（CNC装置）时，该数控系统就称为计算机数控系统。目前，在市场上以NC装置为核心的硬件数控系统已日益减少，取而代之的是以CNC装置为核心的计算机数控系统，且绝大多数CNC装置都采用微型计算机装置。

计算机数控系统由硬件和软件共同完成数控任务，因此，组成形式更加灵活，其基本组成如图2-52所示。它具有数控系统一般组成形式的各个部分，此外，现代数控装置不仅能通过读取信息载体方式，还可以通过其他方式获得数控加工程序。例如，通过键盘方式输入和编辑数控加工程序；通过通信方式输入其他计算机程序编辑器、自动编程器、CAD/CAM系统或上位机所提供的数控加工程序。高档的数控装置本身已包含一套自动编程系统或CAD/CAM系统，只需采用键盘输入相应的信息，数控装置本身就能自动生成数控加工程序。

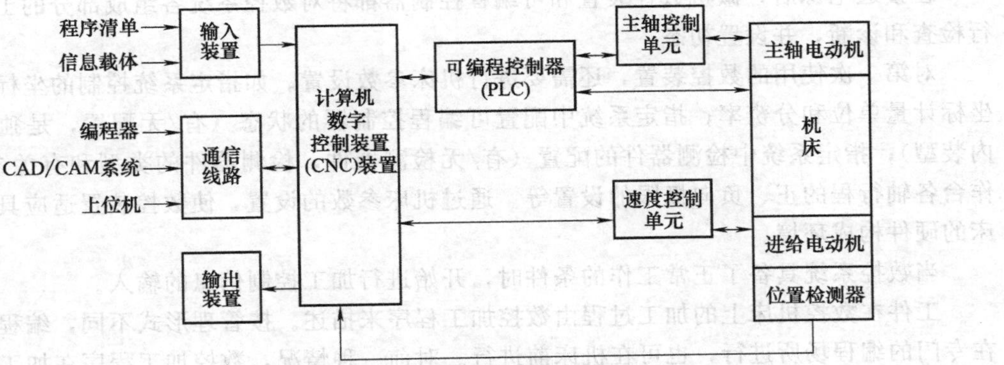


图 2-52　计算机数控系统的组成

微机数控装置在软件作用下，可以实现各种硬件数控装置所不能完成的功能，如图形显示、系统诊断、各种复杂的轨迹控制算法和补偿算法的实现、智能控制的实现、通信及联网功能等。

现代数控系统采用可编程控制器取代了传统的机床电器逻辑控制装置，用可编程控制程序实现数控机床的各种继电器控制逻辑。可编程控制器可位于数控装置之外，称独立型可编程控制器；可以与数控装置合为一体，称内装型可编程控制器。

## 三、数控系统的主要工作过程

数控系统的主要任务是对刀具和工件之间相对运动进行控制，图 2-53 初步描绘了数控系统的主要工作过程。

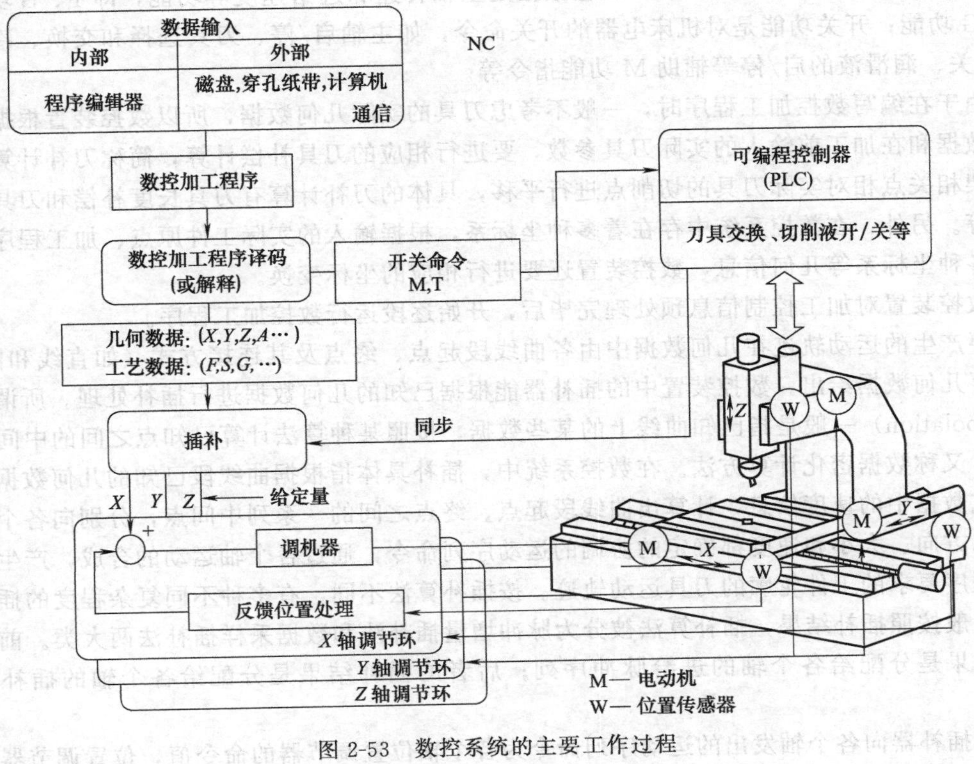


图 2-53　数控系统的主要工作过程

在接通电源后，微机数控装置和可编程控制器都将对数控系统各组成部分的工作状态进行检查和诊断，并设置初态。

对第一次使用的数控装置，还需要进行机床参数设置。如指定系统控制的坐标轴；指定坐标计量单位和分辨率；指定系统中配置可编程控制器的状态（有/无配置，是独立型还是内装型）；指定系统中检测器件的配置（有/无检测器件，检测器件的类型和有关参数）；工作台各轴行程的正、负向极限的设置等。通过机床参数的设置，使数控装置适应具体数控机床的硬件构成环境。

当数控系统具备了正常工作的条件时，开始进行加工控制信息的输入。

工件在数控机床上的加工过程由数控加工程序来描述。按管理形式不同，编程工作可以在专门的编程场所进行，也可在机床前进行。对前一种情况，数控加工程序在加工准备阶段利用专门的编程系统产生，保存到控制介质（如纸带、磁带或磁盘）上，再输入数控装置，或者采用通信方式直接传输到数控装置，操作员可按需要，通过数控面板对读入的数控加工程序进行修改；对后一种情况，操作员直接利用数控装置本身的程序编辑器进行数控加工程序的编写和修改。

输入给数控装置的加工程序必须适应实际的工件和刀具位置，因此在加工前还要输入实际使用刀具的参数，及实际工件原点相对机床原点的坐标位置。

加工控制信息输入后，可选择一种加工方式（手动方式或自动方式的单段方式和连续方式），启动加工运行，此时，数控装置在系统控制程序的作用下，对输入的加工控制信息进行预处理，即进行译码和预计算（刀补计算、坐标变换等）。

系统进行数控加工程序译码（或解释）时，将其区分成几何数据、工艺数据和开关功能。几何数据是刀具相对工件的运动路径数据，如有关 G 功能和坐标指定等，利用这些数据可加工出要求的工件几何形状；工艺数据是主轴转速和进给速度等功能，即 F、S 功能和部分 G 功能；开关功能是对机床电器的开关命令，如主轴启/停、刀具选择和交换、冷却液的开/关、润滑液的启/停等辅助 M 功能指令等。

由于在编写数控加工程序时，一般不考虑刀具的实际几何数据，所以数控装置根据工件几何数据和在加工前输入的实际刀具参数，要进行相应的刀具补偿计算，简称刀补计算，即使刀架相关点相对实际刀具的切削点进行平移，具体的刀补计算有刀具长度补偿和刀具半径补偿等。另外，在数控系统中存在着多种坐标系，根据输入的实际工件原点、加工程序所采用的各种坐标系等几何信息，数控装置还要进行相应的坐标变换。

数控装置对加工控制信息预处理完毕后，开始逐段运行数控加工程序。

要产生的运动轨迹在几何数据中由各曲线段起点、终点及其连接方式（如直线和圆弧）等主要几何数据给出，数控装置中的插补器能根据已知的几何数据进行插补处理。所谓插补（interpolation）一般是指已知曲线上的某些数据，按照某种算法计算已知点之间的中间点的方法，又称数据密化计算方法。在数控系统中，插补具体指根据曲线段已知的几何数据及相应工艺数据中的速度信息，计算出曲线段起点、终点之间的一系列中间点，分别向各个坐标轴发出方向、大小和速度都确定的协调的运动序列命令，通过各个轴运动的合成，产生数控加工程序要求的工件轮廓的刀具运动轨迹。按插补算法不同，有多种不同复杂程度的插补处理。一般按照插补结果，插补算法被分为脉冲增量插补法和数据采样插补法两大类。前者的插补结果是分配给各个轴的进给脉冲序列；后者的插补结果是分配给各个轴的插补数据序列。

由插补器向各个轴发出的运动序列命令为各个轴位置调节器的命令值，位置调节器将其与机床上位置检测元件测得的实际位置相比较，经过调节，输出相应的位置和速度控制信号，控制各轴伺服系统，使刀具相对工件正确运动，加工出要求的工件轮廓。

由数控装置发出的开关命令由系统程序控制，在各加工程序段插补处理开始前或完成后，适时输出给机床控制器。在机床控制器中，开关命令和由机床反馈的当前状态信号一起被处理和转换，作为对机床开关设备的控制命令。在现代的数控系统中，多数机床控制器都由可编程控制器取而代之，使大多数机床控制电路都用可编程控制器中可靠的开关实现，从而避免相互矛盾的、对机床和操作者有危险的现象（如在主轴还没有旋转之前的“进给允许”）出现。

在机床的运行过程中，数控系统要随时监视数控机床的工作状态，通过显示部件及时向操作者提供系统工作状态和故障情况。此外，数控系统还要对机床操作面板进行监控，因为机床操作面板的开关状态可以影响加工的状态，需及时处理有关信号。

# 第七节 可编程控制器

数控系统内部处理的信息大致可分为两类：一类是控制坐标轴运动的连续数字信息；另一类是控制刀具更换、主轴启停、换向变速、零件装卸、冷却液开关和控制面板输入输出的逻辑离散信息，如图 2-54 所示。对于前一类数据的处理过程前面已经作了介绍，这里主要介绍后一类数据的处理过程。

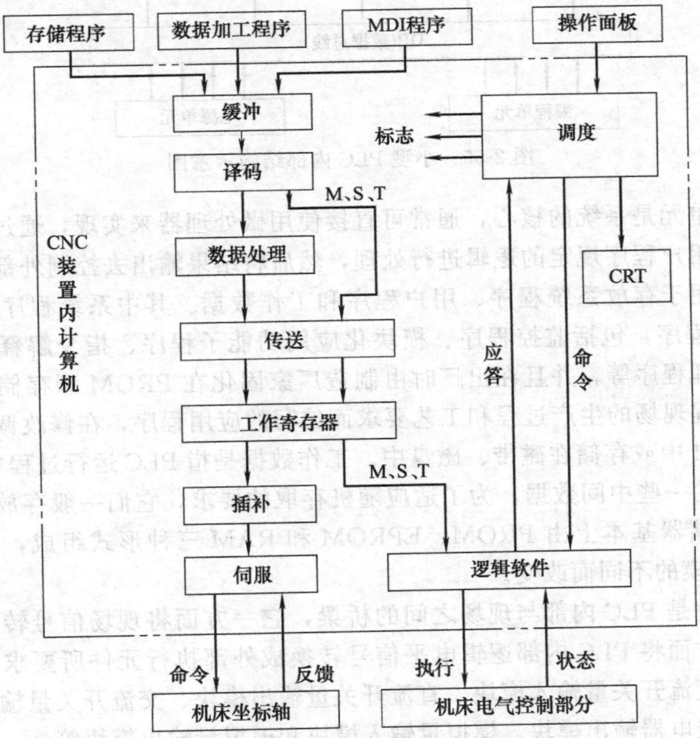


图 2-54 CNC 装置内部信息流

早期机床中有关顺序逻辑和开关信息的处理大部分采用继电器逻辑来实现。大约在 20 世纪 70 年代以后，开始采用可编程逻辑代替继电器逻辑，起初称之为可编程逻辑控制器

(PLC)。随着计算机的发展和渗透，PLC技术也在不断发展和完善，成为功能齐全、性能可靠、使用方便的可编程控制器（PC）。由于PC的速度快、可靠性高，并且易于编程、修改、使用，很快成为数控系统中一个重要的组成部分。另外，为了防止可编程控制器（Programmable Controller，PC）与个人计算机（Personal Computer，PC）相混淆，仍沿用以前的习惯名称——PLC。

## 一、PLC的结构

从原理上讲，PLC实际上也是一种计算机控制系统，它的特点是面向工业现场，具有更多、功能更强的I/O接口和面向电气工程技术人员的编程语言。

图2-55所示为一个小型PLC内部结构示意图。它由中央处理器（CPU）、存储器、输入输出单元、编程器、电源和外部设备等组成，并且内部通过总线相连。

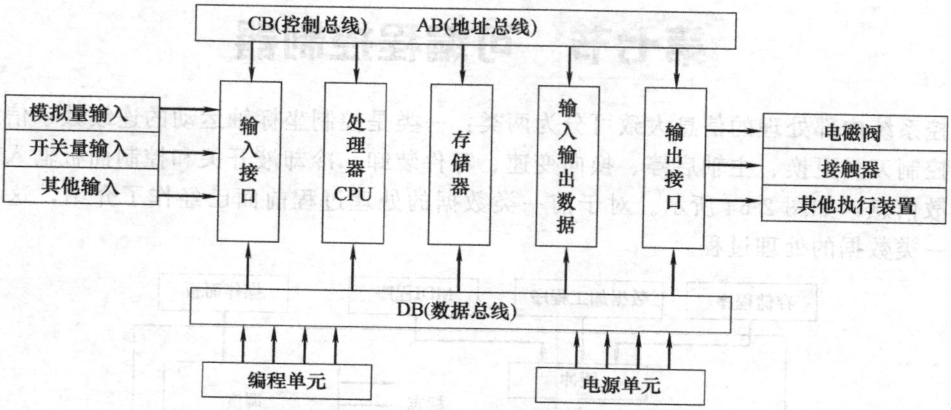


图2-55 小型PLC内部结构示意图

中央处理器单元是系统的核心，通常可直接使用微处理器来实现，通过输入模块将现场信息采入，并按用户程序规定的逻辑进行处理，然后将结果输出去控制外部设备。

存储器主要用于存放系统程序、用户程序和工作数据。其中系统程序是指控制和完成PLC各种功能的程序，包括监控程序、模块化应用功能子程序、指令解释程序、故障自诊断程序和各种管理程序等，并且在出厂时由制造厂家固化在PROM型存储器中。用户程序是指用户根据工程现场的生产过程和工艺要求而编写的应用程序，在修改调试完成后可由用户固化在EPROM中或存储在磁带、磁盘中。工作数据是指PLC运行过程中需要经常存取，并且会随时改变的一些中间数据，为了适应随机存取的要求，它们一般存放在RAM中。可见，PLC所用存储器基本上由PROM、EPROM和RAM三种形式组成，而存储器总容量随PLC类型或规模的不同而改变。

输入输出模块是PLC内部与现场之间的桥梁，它一方面将现场信号转换成标准的逻辑电平信号，另一方面将PLC内部逻辑电平信号转换成外部执行元件所要求的信号。根据信号特点又可分为直流开关量输入模块、直流开关量输出模块、交流开关量输入模块、交流开关量输出模块、继电器输出模块、模拟量输入模块和模拟量输出模块等。

编程器是用来开发、调试、运行应用程序的特殊工具，一般由键盘、显示屏、智能处理器、外部设备（如硬盘/软盘驱动器等）组成，通过通信接口与PLC相连。

电源单元的作用是将外部提供的交流电转换为可编程控制器内部所需要的直流电源，有的还提供了DC 24V输出。一般来讲，电源单元有三路输出：一路供给CPU模块使用；

一路供给编程器接口使用；还有一路供给各种接口模板使用。对电源单元的要求是很高的，不但要具有较好的电磁兼容性能，而且还要工作稳定并具有过电流过电压保护功能。另外，电源单元一般还装有后备电池（如锂电池），用于掉电时能及时保护RAM区中的信息和标志。

此外，在大、中型PLC中大多还配置有扩展接口和智能I/O模板。所谓扩展接口主要用于连接扩展PLC单元，从而扩大PLC的规模。所谓智能I/O模板就是它本身含有单独的CPU，能够独立完成某种专用的功能，由于它和主PLC是并行工作的，从而大大提高了PLC的运行速度和效率。这类智能I/O模块有计数和位置编码器模块、温度控制模块、阀控制模块、闭环控制模块等。

PLC在上述硬件环境下，还必须要有相应的执行软件配合工作。PLC基本软件包括系统软件和用户应用软件。系统软件一般包括操作系统、语言编译系统、各种功能软件等。其中操作系统管理PLC的各种资源，协调系统各部分之间、系统与用户之间的关系，为用户应用软件提供了一系列管理手段，以使用户程序能正确地进入系统正常工作。用户应用软件是用户根据电气控制线路图采用梯形图语言编写的逻辑处理软件。

## 二、PLC的工作原理

PLC内部一般采用循环扫描工作方式，在大、中型PLC中还增加了中断工作方式。当用户将应用软件设计、调试完成后，用编程器写入PLC的用户程序存储器中，并将现场的输入信号和被控制的执行元件相应地连接在输入模板的输入端和输出模板的输出端上，然后通过PLC的控制开关使其处于运行工作方式，接着PLC以循环顺序扫描的方式进行工作。在输入信号和用户程序的控制下，产生相应的输出信号，完成预定的控制任务。从图2-56所示PLC的典型循环顺序扫描工作流程可以看出，它在一个扫描周期中要完成如下六个模块的处理过程。

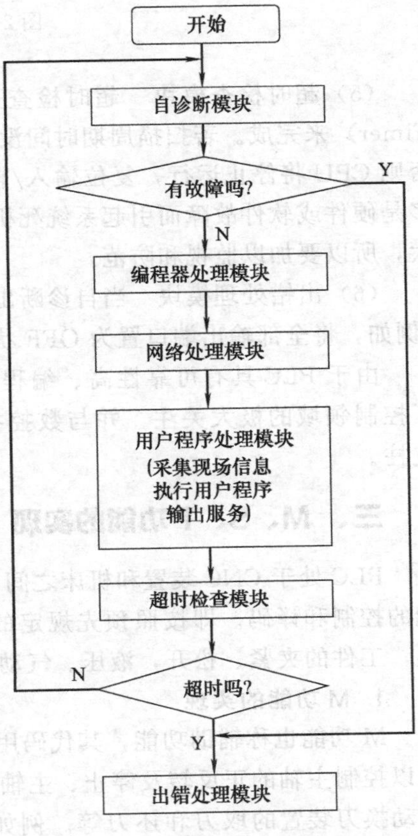

图2-56　PLC循环顺序扫描工作流程

（1）自诊断模块　在PLC的每个扫描周期内首先要执行自诊断程序，其中主要包括软件系统的校验、硬件RAM的测试、CPU的测试、总线的动态测试等。如果发现异常现象，PLC在作出相应保护处理后停止运行，并显示出错信息。否则将继续顺序执行下面的模块功能。

（2）编程器处理模块　该模块主要完成与编程器进行信息交换的扫描过程。如果PLC工作方式设置为编程工作方式，则当CPU执行到这里时马上将总线控制权交给编程器。这时用户可以通过编程器进行在线监视和修改内存中用户程序，启动或停止CPU，读出CPU状态，封锁或开放输入/输出，对逻辑变量和数字变量进行读写等。当编程器完成处理工作或达到所规定的信息交换时间后，CPU将重新获得总线控制权。

（3）网络处理模块　该模块主要完成与网络进行信息交换的扫描过程。只有当PLC配置了网络功能时，才执行该扫描过程，它主要用于PLC之间、PLC与磁带机或PLC与计算机之间进行信息交换。

（4）用户程序处理模块　在该模块过程中，PLC中的CPU采用查询方式，首先通过输入模块采样现场的状态数据，并传送到输入映像区。在PLC按照梯形图（用户程序）先左后右、先上后下的顺序执行用户程序的过程中，根据需要可在输入映像区中提取有关现场信息，在输出映像区中提取有关的历史信息，并在处理后可将其结果存入输出映像区，供下次使用或者以备输出。在用户程序执行完成后就进入输出服务扫描过程，CPU将输出映像区中要输出的状态值按顺序传送到输出数据寄存器，然后再通过输出模块的转换后送去控制现场的有关执行元件。扫描过程如图2-57所示。

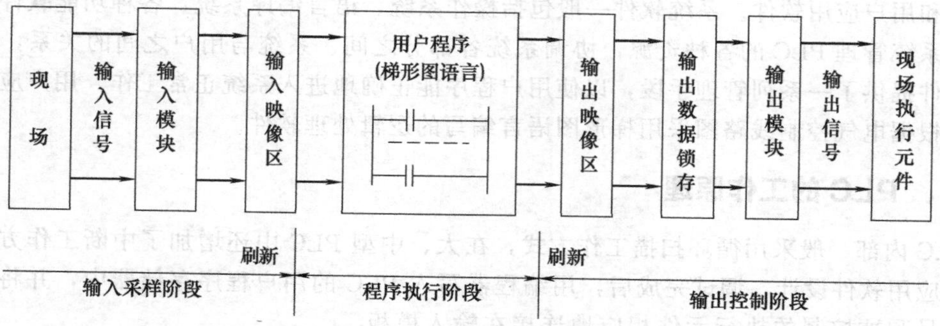


图2-57　PLC用户程序扫描过程

（5）超时检查模块　超时检查过程是由PLC内部的看门狗定时器WDT（Watch Dog Timer）来完成。若扫描周期时间没有超过WDT的设定时间，则继续执行下一个扫描周期；否则CPU将停止运行，复位输入/输出，并在进行报警后转入停机扫描过程。由于超时大多是硬件或软件故障而引起系统死机，或者是用户程序执行时间过长而造成，它的危害性很大，所以要加以监视和防范。

（6）出错处理模块　当自诊断出错或超时出错时，进行报警，出错显示，并作相应处理（例如，将全部输出端口置为OFF状态，保留目前执行状态等），然后停止扫描过程。

由于PLC具有可靠性高、编程简单、使用方便、灵活性好等优点，自从出现就引起了控制领域的极大关注，并与数控技术和工业机器人一起组成了机械工业自动化的三大支柱。

## 三、M、S、T功能的实现

PLC处于CNC装置和机床之间，用PLC程序代替以往的继电器线路实现M、S、T功能的控制和译码。即按照预先规定的逻辑顺序对诸如主轴的启停、转向、转数，刀具的更换，工件的夹紧、松开，液压、气动、冷却、润滑系统的运行等进行控制。

### 1. M功能的实现

M功能也称辅助功能，其代码用字母"M"后跟随2位数字表示。根据M代码的编程，可以控制主轴的正反转及停止、主轴齿轮箱的变速、冷却液的开关、卡盘的夹紧和松开以及自动换刀装置的取刀和还刀等。例如，某数控系统设计的基本辅助功能动作类型如表2-4所示。

表 2-4 基本辅助功能动作类型

| 辅助功能代码 | 功能 | 类型 | 辅助功能代码 | 功能 | 类型 |
|---|---|---|---|---|---|
| M00 | 程序停 | A | M07 | 液状冷却 | I |
| M01 | 选择停 | A | M08 | 雾状冷却 | I |
| M02 | 程序结束 | A | M09 | 关冷却液 | A |
| M03 | 主轴顺时针旋转 | I | M10 | 夹紧 | H |
| M04 | 主轴逆时针旋转 | I | M11 | 松开 | H |
| M05 | 主轴停 | A | M12 | 程序结束并倒带 | A |
| M06 | 换刀准备 | C | | | |

表 2-4 中辅助功能的执行条件是不完全相同的。有的辅助功能在经过译码处理传送到工作寄存器后就立即起作用，故称为段前辅助功能，记为 I 类，如 M03、M04 等；有些辅助功能要等到它们所在程序段中的坐标轴运动完成之后才起作用，故称为段后辅助功能，记为 A 类，如 M05、M09 等；有些辅助功能只在本程序段内起作用，当后续程序段到来时便失效，记为 C 类，如 M06 等；还有一些辅助功能一旦被编入执行后便一直有效，直至被注销或取代为止，记为 H 类，如 M10、M11 等。根据这些辅助功能动作类型的不同，在译码后的处理方法也有所差异。

在数控加工程序被译码处理后，CNC 系统控制软件就将辅助功能的有关编码信息通过 PLC 输入接口传送到 PLC 中相应寄存器中，然后供 PLC 的逻辑处理软件扫描采样，并输出处理结果，用来控制有关的执行元件。

2. S 功能的实现

S 功能主要完成主轴转速的控制，并且常用 S2 位代码形式和 S4 位代码形式来进行编程。所谓 S2 位代码编程是指 S 代码后跟随 2 位十进制数字来指定主轴转速，共有 100 级（S00～S99）分度，并且按等比级数递增，其公比为 $\sqrt[20]{10}=1.12$，即后一级速度比前一级速度增加约 12%。这样根据主轴转速的上、下限和上述等比关系就可以获得一个 S2 位代码与主轴转速（BCD 码）的表格，它用于 S2 位代码的译码。图 2-58 所示为 S2 位代码在 PLC 中的处理框图，图中“译 S 代码”和“数据转换”实际上就是针对 S2 代码查出主轴转速的大小，然后将其转换成二进制数，并经上、下限幅处理后，将得到的数字量进行 D/A 转换，输出一个 0～10V 或 0～5V 或 −10～+10V 的直流控制电压给主轴控制系统或主轴变频器，从而保证了主轴按要求速度旋转。

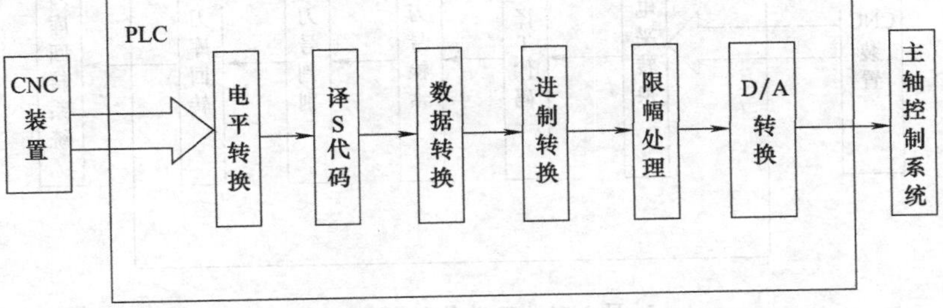


图 2-58 S 功能处理框图

所谓 S4 位代码编程是指 S 代码后跟随 4 位十进制数字用来直接指定主轴转速，如 S1500 表示主轴转速为 1500r/min，可见 S4 位代码表示的转速范围为 0～9999r/min。显然，它的处理过程相对于 S2 代码形式要简单一些，也就是它不需要图 2-56 中“译 S 代码”和“数据转换”两个环节。另外，图中上、下限幅处理的目的实质上是为了保证主轴转速处于一个安全范围内，如将其限制在 20～3000r/min 范围内，这样一旦给定超过上下边界时，则取相应边界值作为输出即可。

在有的系统中为了提高主轴转速的稳定性，保证低速时的切削力，还增设了一级齿轮箱变速，并且可以通过辅助功能代码来进行换挡选择。例如，使用 M38 代码可将主轴转速变换成 20～600r/min 范围，用 M39 代码可将主轴转速变换成 600～3000r/min 范围。

在这里还要指出的是，D/A 转换接口电路既可安排在 PLC 单元内，也可安排在 CNC 单元内；既可以由 CNC 或 PLC 单独完成控制任务，也可以由两者配合完成。

**3. T 功能的实现**

T 功能即为刀具功能，T 代码后跟随 2～5 位数字，表示要求的刀具号和刀具补偿号。数控机床根据 T 代码通过 PLC 可以管理刀库，自动更换刀具。也就是说，根据刀具和刀具座的编号，可以简便、可靠地进行选刀和换刀控制。

根据取刀/还刀位置是否固定可将换刀分为随机存取换刀控制和固定存取换刀控制。在随机存取换刀控制中，取刀和还刀与刀具座编号无关，还刀位置是随机变动的。在执行换刀的过程中，当取出所需的刀具后，刀库不需转动，而是在原地立即存入换下来的刀具。这时，取刀、换刀、存刀一次完成，缩短了换刀时间，提高了生产效率，但刀具控制和管理要复杂一些。在固定存取换刀控制中，被取刀具和被还刀具的位置都是固定的，也就是说换下的刀具必须放回预先安排好的固定位置。显然，后者增加了换刀时间，但其控制要简单些。

图 2-59 所示为采用固定存取换刀控制方式的 T 功能处理框图。加工程序中有关 T 代码的指令经译码处理后，由 CNC 系统控制软件将有关信息传送给 PLC，在 PLC 中进一步经过译码并在刀具数据表内检索，找到 T 代码指定刀号对应的刀具编号（即地址），然后与目前使用的刀号相比较。如果相同，则说明 T 代码所指定的刀具就是目前正在使用的刀具，当然不必再进行换刀操作，而返回原入口处。若不相同，则要求进行更换刀具操作，即首先将主轴上的现行刀具归还到它自己的固定刀座号上，然后回转刀库，直至新的刀具位置为止，最后取出所需刀具装在刀架上。至此才完成了整个换刀过程。据此可以写出处理 T 功能的软件流程，如图 2-60 所示。

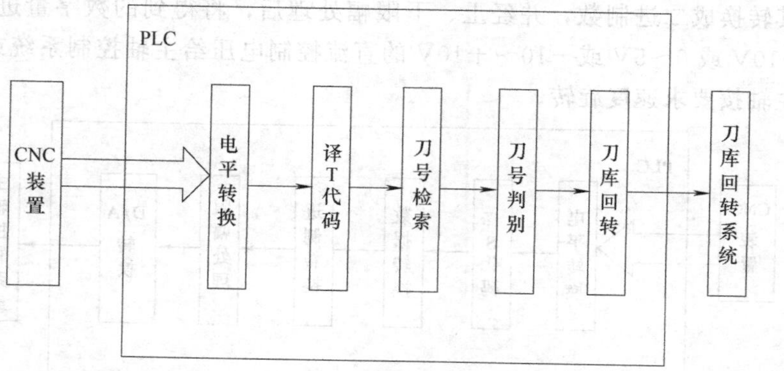


图 2-59　T 功能处理框图

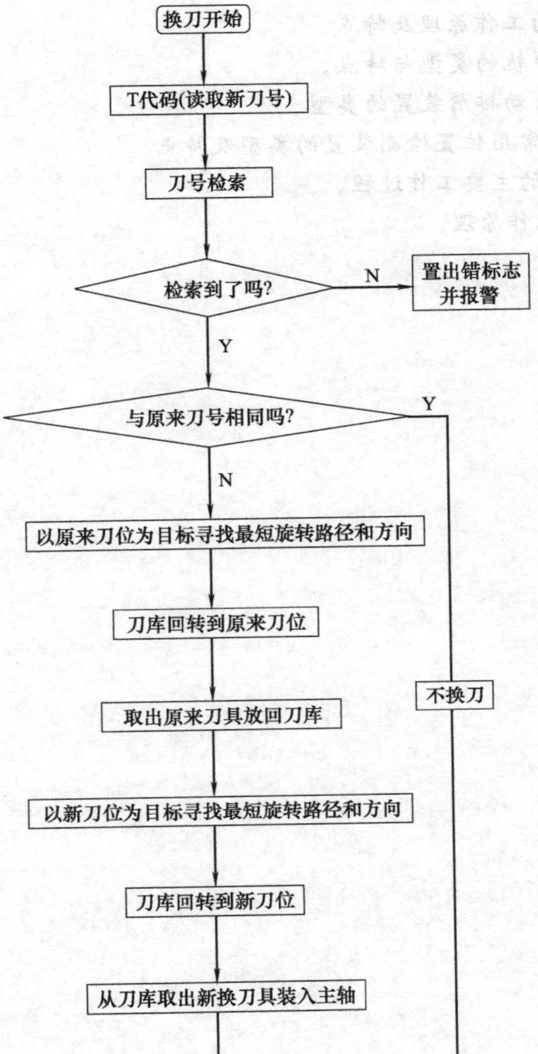


图 2-60 处理 T 功能的软件流程

## 思考与练习

1. 简述数控机床主传动系统的变速方式。
2. 简述数控机床伺服进给系统的组成。
3. 简述滚珠丝杠螺母副的工作原理。
4. 简述内循环及外循环滚珠丝杠的特点。
5. 简述滚珠丝杠螺母副消除间隙的方法。
6. 简述传动齿轮间隙消除机构的工作原理。

7. 简述直线电机的工作原理及特点。
8. 简述数控机床导轨的类型与特点。
9. 简述数控机床自动排屑装置的类型。
10. 简述数控机床常用位置检测装置的类型及特点。
11. 简述数控系统的主要工作过程。
12. 简述 PLC 的工作原理。

# 第三章

# 数控车床

学习任务书

| | |
|---|---|
| 学习目标 | 1. 能够叙述数控车床的分类、功能、组成及特点<br>2. 能够说明数控车床的布局形式<br>3. 能够分析数控车床的传动系统、典型机械结构 |
| 学习内容 | 1. 数控车床的组成及特点<br>2. 数控车床的布局<br>3. 数控车床的功能与分类<br>4. 数控车床的自动换刀装置<br>5. MJ-50 数控车床结构分析 |
| 重点、难点 | 数控车床的功能与分类、组成及特点、数控车床的主传动系统 |
| 教学场所 | 多媒体教室、实训车间 |
| 教学资源 | 教科书、课程标准、电子课件、数控车床 |

## 第一节 数控车床的组成

### 一、数控车床的工艺用途

数控车床主要用于对各种回转表面进行车削加工。在数控车床上可以进行内外圆柱面、圆锥面、成形回转面、螺纹面、高精度的曲面以及端面螺纹的加工。数控车床上所使用刀具有车刀、钻头、铰刀、镗刀及螺纹刀具等孔加工刀具。数控车床加工零件的尺寸精度可达 IT5～IT6，表面粗糙度 $Ra$ 值可达 0.4$\mu$m 以下。

### 二、数控车床的组成

数控车床一般由输入输出设备、计算机数控装置、可编程控制器（PLC）、伺服单元、驱动装置、测量装置和机床主机等组成，如图 3-1 所示。

1. 操作面板

它是操作人员与数控装置进行信息交流的工具、数控机床特有的部件，由按钮站、状态

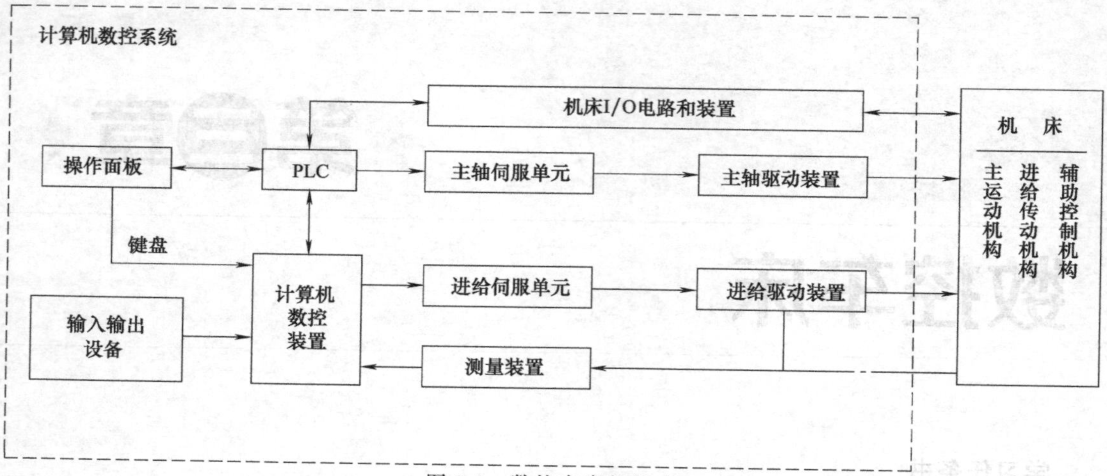


图 3-1　数控车床的组成

灯、按键阵列（功能与计算机键盘一样）和显示器组成，如图 3-2 所示。

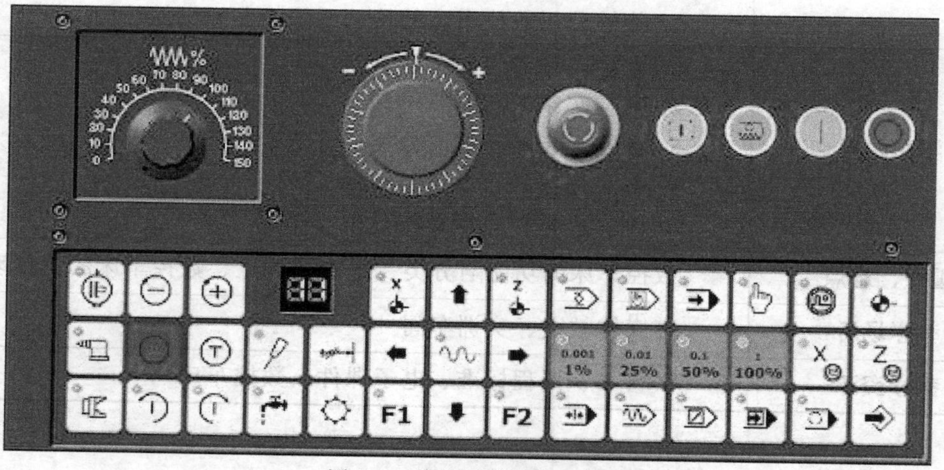

图 3-2　数控机床操作面板

**2. 输入输出设备**

输入输出设备是 CNC（Computer Numerical Control）系统与外部设备进行交互的装置。交互的信息通常是零件加工程序。即将编制好的记录在控制介质上的零件加工程序输入 CNC 系统，或将调试好的零件加工程序通过输出设备存放或记录在相应的控制介质上。

**3. CNC 装置**（CNC 单元）

（1）组成　计算机系统、位置控制板、PLC 接口板、通信接口板、特殊功能模块以及相应的控制软件。

（2）作用　根据输入的零件加工程序进行相应的处理（如运动轨迹处理、机床输入输出处理等），然后输出控制命令到相应的执行部件（伺服单元、驱动装置和 PLC 等），所有这些工作是由 CNC 装置内的硬件和软件协调配合，合理组织，使整个系统有条不紊地进行工作的。CNC 装置是 CNC 系统的核心。

**4. 伺服单元、驱动装置和测量装置**

（1）组成　伺服单元、驱动装置包括：主轴伺服驱动装置和主轴电动机、进给伺服驱动装置和进给电动机。测量装置包括：位置和速度测量装置，以实现进给伺服系统的闭环控制。

（2）作用　保证灵敏、准确地跟踪 CNC 装置指令。

5. PLC、机床 I/O 电路和装置

（1）组成

① PLC（Programmable Logic Controller）：用于完成与逻辑运算有关顺序动作的 I/O 控制，它由硬件和软件组成。

② 机床 I/O 电路和装置：实现 I/O 控制的执行部件（由继电器、电磁阀、行程开关、接触器等组成的逻辑电路）。

（2）作用

① 接受 CNC 的 M、S、T 指令，对其进行译码并转换成对应的控制信号，控制辅助装置完成机床相应的开关动作。

② 接受操作面板和机床侧的 I/O 信号，送给 CNC 装置，经其处理后，输出指令控制 CNC 系统的工作状态和机床的动作。

6. 机床主机

（1）组成　由主运动部件、进给运动部件（工作台、拖板以及相应的传动机构）、支承件（立柱、床身等）以及特殊装置（刀具自动交换系统、工件自动交换系统）和辅助装置（如排屑装置等）组成。

（2）作用　数控机床的主体，是实现制造加工的执行部件。

## 第二节　数控车床的布局

### 一、影响车床布局形式的因素

数控车床布局形式受到工件尺寸、质量和形状、机床生产率、机床精度、操作方便运行要求和安全与环境保护的要求的影响。数控车床的布局有卧式车床、单柱立式车床、双柱立式车床和龙门移动式立式车床等，如图 3-3 所示。

根据生产率要求的不同，数控车床的布局有单主轴单刀架、单主轴双刀架、双主轴双刀架等形式。

### 二、主轴箱和尾座的布局形式

数控车床的主轴箱和尾座相对于床身的布局形式与卧式车床基本一致。数控卧式车床主轴箱布置在车床的左端，用于传动力并支承主轴部件；尾座布置在车床的右端，用于支承工件或安装刀具。

### 三、床身和导轨的布局形式

床身和导轨的布局形式对机床的性能影响很大。床身是机床的主要承载部件，是机床的主体。按照床身导轨面与水平面的相对位置，床身的布局形式有水平床身配置水平滑板、倾斜床身配置倾斜滑板、水平床身配置倾斜滑板以及直立床身配置直立滑板等多种形式，如图 3-4 所示。

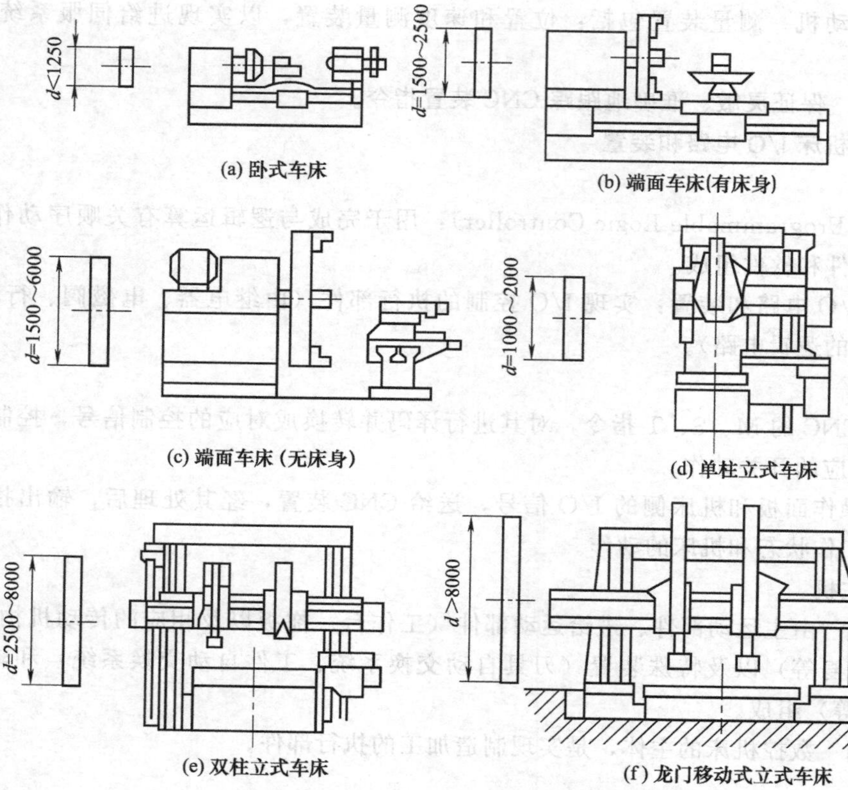


(a) 卧式车床　(b) 端面车床(有床身)　(c) 端面车床（无床身）　(d) 单柱立式车床　(e) 双柱立式车床　(f) 龙门移动式立式车床

图 3-3　工件的尺寸、质量对车床的影响

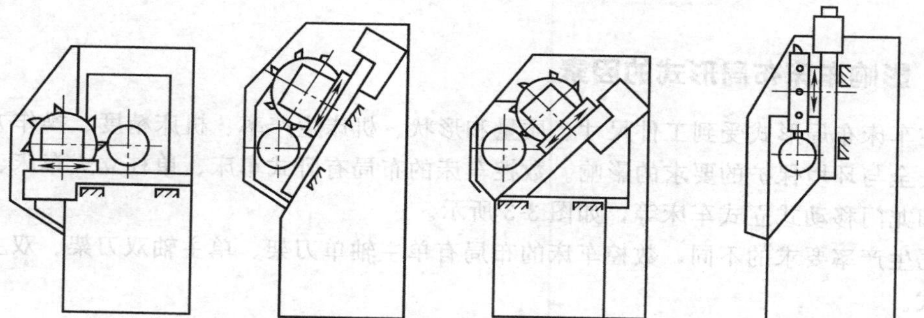

(a) 水平床身配置水平滑板　(b) 倾斜床身配置倾斜滑板　(c) 水平床身配置倾斜滑板　(d) 直立床身配置直立滑板

图 3-4　数控车床的布局形式

### 1. 水平床身配置水平滑板

如图 3-4（a）所示，水平床身的工艺性好，便于导轨面的加工。水平床身配上水平放置的刀架可提高刀架的运动精度，一般用于大型数控车床或小型精密数控车床的布局。但是水平床身由于下部空间小，故排屑困难。从结构尺寸来看，刀架水平放置使得滑板模向尺寸较大，从而加大了机床宽度方向的结构尺寸。

### 2. 倾斜床身配置倾斜滑板

如图 3-4（b）所示，这种结构的导轨倾斜角度分别为 30°、45°、60°、75°和 90°，其中 90°的滑板结构称为立床身，如图 3-4（d）所示。倾斜角度小，排屑不便；倾斜角度大，导轨的导向性及受力情况差。导轨倾斜角度的大小还直接影响机床外形尺寸高度和宽度的比例。综合考虑上面的诸因素，中小规格的数控车床，其床身的倾斜度以 60°为宜。

3. **水平床身配置倾斜滑板**

这种结构通常配置有倾斜式的导轨防护罩，如图 3-4（c）所示。这种布局形式一方面具有水平床身工艺性好的特点，另一方面机床宽度方向的尺寸较水平配置滑板的要小，且排屑方便。水平床身配上倾斜放置的滑板和斜床身配置斜滑板布局形式被中、小型数控车床所普遍采用。这是由于这两种布局形式排屑容易，热切屑不会堆积在导轨上，也便于安装自动排屑装置；操作方便，易于安装机械手，以实现单机自动化；机床占地面积小，外形美观，容易实现封闭式防护。

### 四、刀架的布局

数控车床的刀架分为排式刀架和回转式刀架两大类。两坐标联动数控车床多采用回转刀架。回转刀架在机床上的布局有两种形式：一种用于盘类零件的加工，其回转轴线垂直于主轴；另一种用于轴类零件和盘类零件的加工，其回转轴线平行于主轴。

四坐标轴控制的数控车床，床身上安装有两个独立的滑板和回转刀架，称为双刀架四坐标数控车床。其上每个刀架的切削进给量是分别控制的，因此，两刀架可以同时切削同一工件的不同部位，既扩大了加工范围，又提高了加工效率，适合于加工曲轴、飞机零件等形状复杂、批量较大的零件。

## 第三节 数控车床的分类

由于数控技术发展很快，根据使用要求的不同出现了各种不同配置和技术等级的数控车床。这些数控车床在配置、结构和使用上都有其各自的特点。可以从以下几个方面对数控车床进行分类。

### 一、按主轴的配置形式分类

1. **立式数控车床**

立式数控车床简称为数控立车，其车床主轴垂直于水平面，一个直径很大的圆形工作台，用来装夹工件。这类机床主要用于加工径向尺寸大、轴向尺寸相对较小的大型复杂零件。如图 3-5 所示。

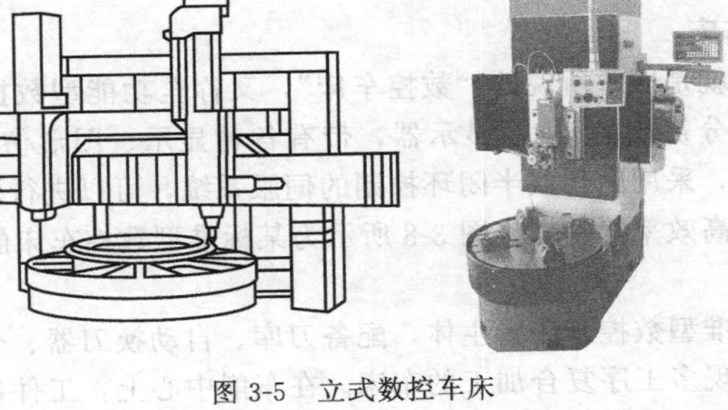

图 3-5 立式数控车床

图 3-6　数控倾斜导轨卧式车床

2. 卧式数控车床

卧式数控车床又分为数控水平导轨卧式车床和数控倾斜导轨卧式车床。其倾斜导轨结构可以使车床具有更大的刚性，并易于排除切屑，档次较高的数控卧车一般都采用倾斜导轨，如图 3-6 所示。

具有两根主轴的车床，称为双轴卧式数控车床或双轴立式数控车床。

## 二、按刀架和主轴数量分类

（1）单刀架单主轴数控车床　数控车床一般都配置有各种形式的单刀架，如四工位卧式转位刀架或多工位转塔式自动转位刀架，只有一个主轴，这是最常用的机床。

（2）双刀架单主轴数控车床　这类车床的双刀架配置平行分布，也可以是相互垂直分布，可以同时加工一个零件的不同部分。

（3）单刀架双主轴数控车床　一般数控车床只有一个主轴，但这种机床配备有一个副主轴，工件在前主轴上加工完毕，副主轴可以前移，将工件交换转移至副主轴上，对工件进行完整加工。

（4）双刀架双主轴数控车床　这种机床有两个独立的主轴和两个独立的刀架，加工方式灵活多样，可以两个刀架同时加工一个主轴上零件的不同部分，提高加工效率；可以两个刀架同时加工两个主轴上相同的零件，相当于两台机床同时工作；也可以正副主轴分别使用独立的刀架对一个工件进行完整加工。

## 三、按数控系统的功能水平分类

### 1. 经济型数控车床

经济型数控车床又称简易型数控车床，一般是以卧式车床的机械结构为基础，经过改进设计而得到，也有对卧式车床进行改造而获得。一般采用由步进电动机驱动的开环伺服系统，其控制部分采用单板机或单片机实现。此类车床的特点是结构简单、价格低廉，但缺少一些诸如刀尖圆弧半径自动补偿和恒表面线速度切削等功能。一般只能进行两个平动坐标（刀架的移动）的控制和联动。同时，由于其使用的是卧式车床的结构或者是通过普通机床改造而成，在机床的精度等方面也有所欠缺。这种车床在中小型企业中应用广泛，多用于一些精度要求不是很高的大批量或中等批量零件的车削加工。图 3-7 所示为某经济型数控车床的外形。

### 2. 标准型数控车床

标准型数控车床就是通常所说的“数控车床”，又称全功能型数控车床。它的控制系统是标准型的，带有高分辨率的 CRT 显示器，带有各种显示、图形仿真、刀具补偿等功能，带有通信或网络接口，采用闭环或半闭环控制的伺服系统，可以进行多个坐标轴的控制，具有高刚度、高精度和高效率等特点。图 3-8 所示为某标准型数控车床的外形。

### 3. 车削中心

车削中心是以标准型数控车床为主体，配备刀库、自动换刀器、分度装置、铣削动力头和机械手等部件，实现多工序复合加工的车床。在车削中心上，工件在一次装夹后，可以完

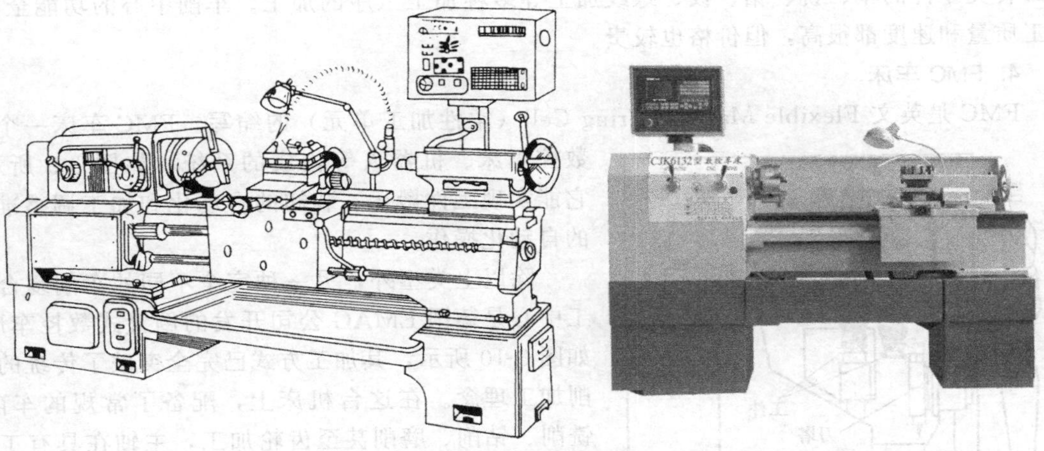

图 3-7　经济型数控车床

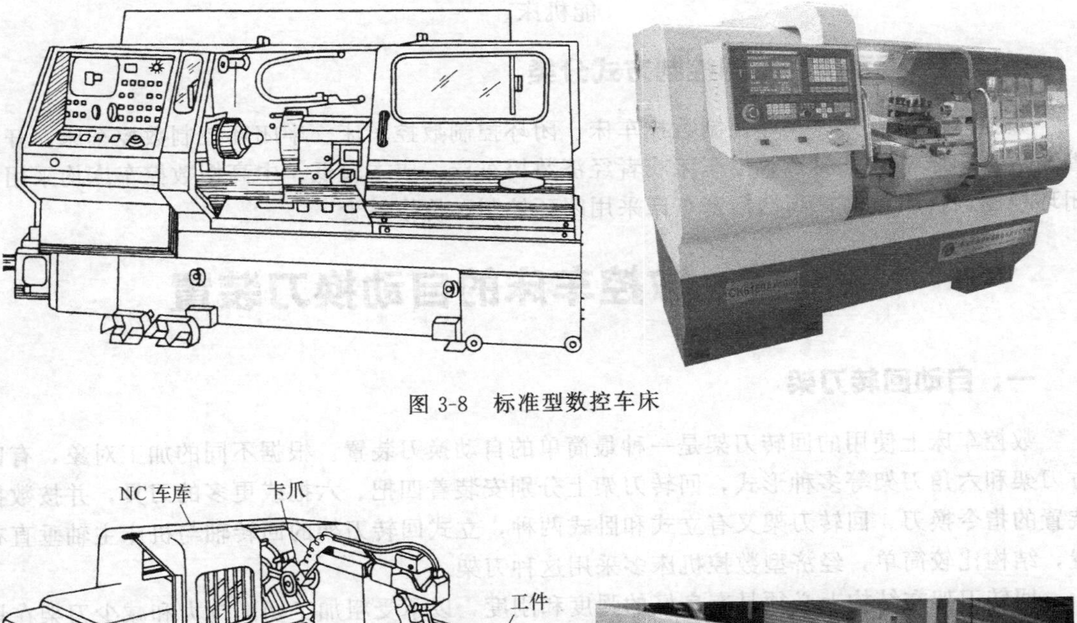

图 3-8　标准型数控车床

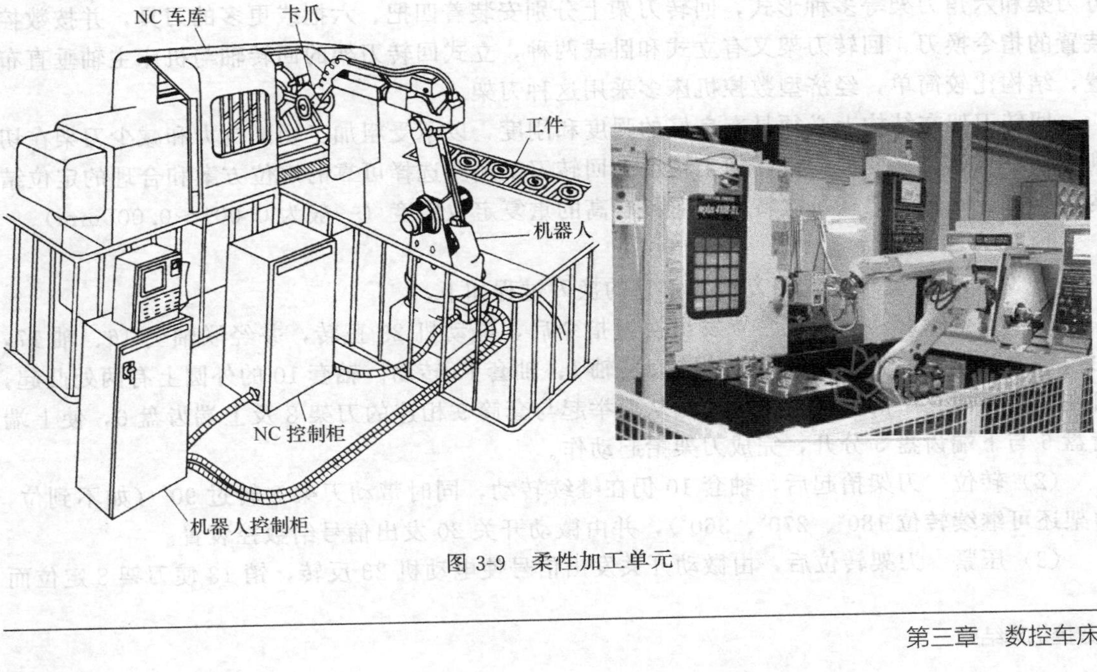


图 3-9　柔性加工单元

成回转类零件的车、铣、钻、铰、螺纹加工等多种加工工序的加工。车削中心的功能全面，加工质量和速度都很高，但价格也较贵。

#### 4. FMC 车床

FMC 是英文 Flexible Manufacturing Cell（柔性加工单元）的缩写。FMC 车床一个由数控车床、机器人等构成的系统，如图 3-9 所示。它能实现工件搬运、装卸的自动化和加工调整准备的自动化操作。

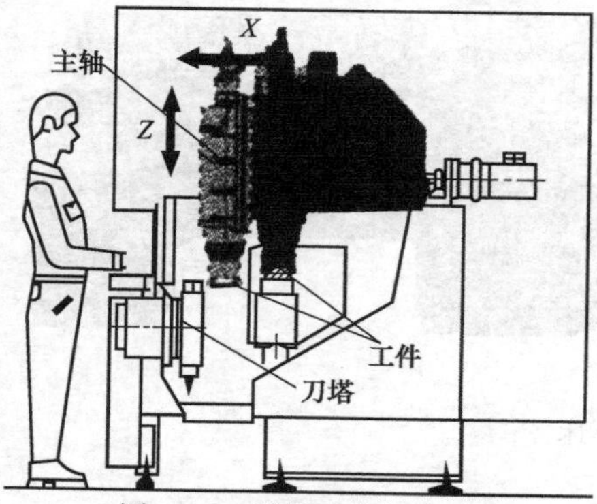

图 3-10 倒置式数控车床

除以上类型外，另一种完全不同的车削复合加工中心是德国 EMAG 公司开发的倒置式数控车床，如图 3-10 所示，其加工方式已完全突破了传统的车削加工理念。在这台机床上，配备了常规的车削、铣削、钻削、磨削甚至齿轮加工，主轴在具有工件上下料功能的同时，还有工件库、测量功能，是一台综合的生产型复合加工机，已经成为真正的多功能机床。

### 四、按数控系统的不同控制方式分类

数控车床可以分为开环控制数控车床、闭环控制数控车床、半闭环控制数控车床。开环控制数控车床一般是简易数控车床或者经济数控车床，成本较低；中高档数控车床均采用半闭环控制，价格偏高；高档精密车床采用闭环控制，价格昂贵。

## 第四节 数控车床的自动换刀装置

### 一、自动回转刀架

数控车床上使用的回转刀架是一种最简单的自动换刀装置。根据不同的加工对象，有四方刀架和六角刀架等多种形式，回转刀架上分别安装着四把、六把或更多的刀具，并按数控装置的指令换刀。回转刀架又有立式和卧式两种，立式回转刀架的回转轴与机床主轴垂直布置，结构比较简单，经济型数控机床多采用这种刀架。

回转刀架在结构上必须具有良好的强度和刚度，以承受粗加工切削抗力和减少刀架在切削力作用下和位移变形，提高加工精度。回转刀架还要选择可靠的定位方案和合理的定位结构，以保证回转刀架在每次转位之后具有高的重复定位精度（一般为 0.001～0.005mm）。

#### 1. 四方回转刀架

图 3-11 为螺旋升降式四方刀架，它的换刀过程如下。

（1）刀架抬起　当数控装置发出换刀指令后，电动机 23 正转，并经联轴套 16、轴 17，由滑键（或花键）带动蜗杆 19、蜗轮 2、轴 1、轴套 10 转动。轴套 10 的外圆上有两处凸起，可在套筒 9 内孔中的螺旋槽内滑动，从而举起与套筒 9 相连的刀架 8 及上端齿盘 6，使上端齿盘 6 与下端齿盘 5 分开，完成刀架抬起动作。

（2）转位　刀架抬起后，轴套 10 仍在继续转动，同时带动刀架 8 转过 90°（如不到位，刀架还可继续转位 180°、270°、360°），并由微动开关 20 发出信号给数控装置。

（3）压紧　刀架转位后，由微动开关发出信号使电动机 23 反转，销 13 使刀架 8 定位而

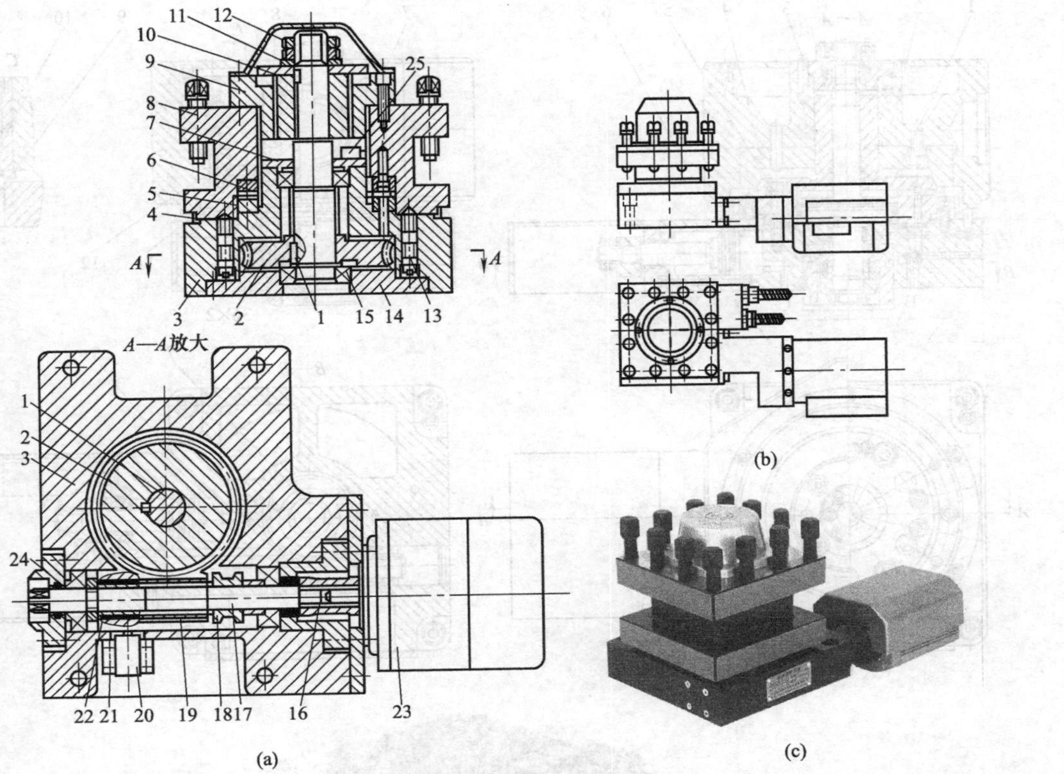


图 3-11　四方刀架结构

1,17—轴；2—蜗轮；3—刀座；4—密封圈；5,6—齿盘；7,24—压盖；8—刀架；9,21—套筒；
10—轴套；11—垫圈；12—螺母；13—销；14—底盘；15—轴承；16—联轴套；
18—套；19—蜗杆；20,25—开关；22—弹簧；23—电动机

不随轴套 10 回转，于是刀架 8 向下移动，上下端齿盘合笼压紧。蜗杆 19 继续转动则产生轴向位移，压缩弹簧 22，套筒 21 的外圆曲面压缩开关 20 使电动机 23 停止旋转，从而完成一次转位。

### 2. 六角回转刀架

图 3-12 所示为数控机床的六角回转刀架，它适用于盘类零件加工。在加工轴类零件时，可以换成四方架。由于两者底部的安装尺寸相同，更换刀架十分方便。

六角回转刀架的全部动作由液压系统通过电磁换向阀和顺序阀进行控制。它的动作分成四个步骤。

(1) 抬起　当数控装置发出换刀指令后，压力油从 A 孔进入压紧液压缸的下腔，活塞 1 上升，刀架体 2 抬起使定位活动插销 10 与固定插销 9 开脱。同时，活塞杆下端的端齿离合器与空套齿轮 5 结合。

(2) 刀架转位　当刀架抬起之后，压力油从 C 孔转入液压缸左腔，活塞 6 向右移动通过连接板带动齿条 8 移动，使空套齿轮 5 作逆时针方向转动，通过齿轮离合器使刀架转过 60°。活塞的行程应等于齿轮 5 节圆周长的 1/6，并由限位开关控制。

(3) 刀架压紧　刀架转位之后，压力油从 B 孔进入压紧液压缸的上腔，活塞 1 带动刀架体 2 下降。轴套 3 的底盘上精确地安装着六个带斜楔的活动插销 10 消除定位销与空之间的间隙，实现可靠定位。刀架体 2 下降时，定位活动插销 10 与一个固定插销 9 卡紧，同时轴套 3 与圆

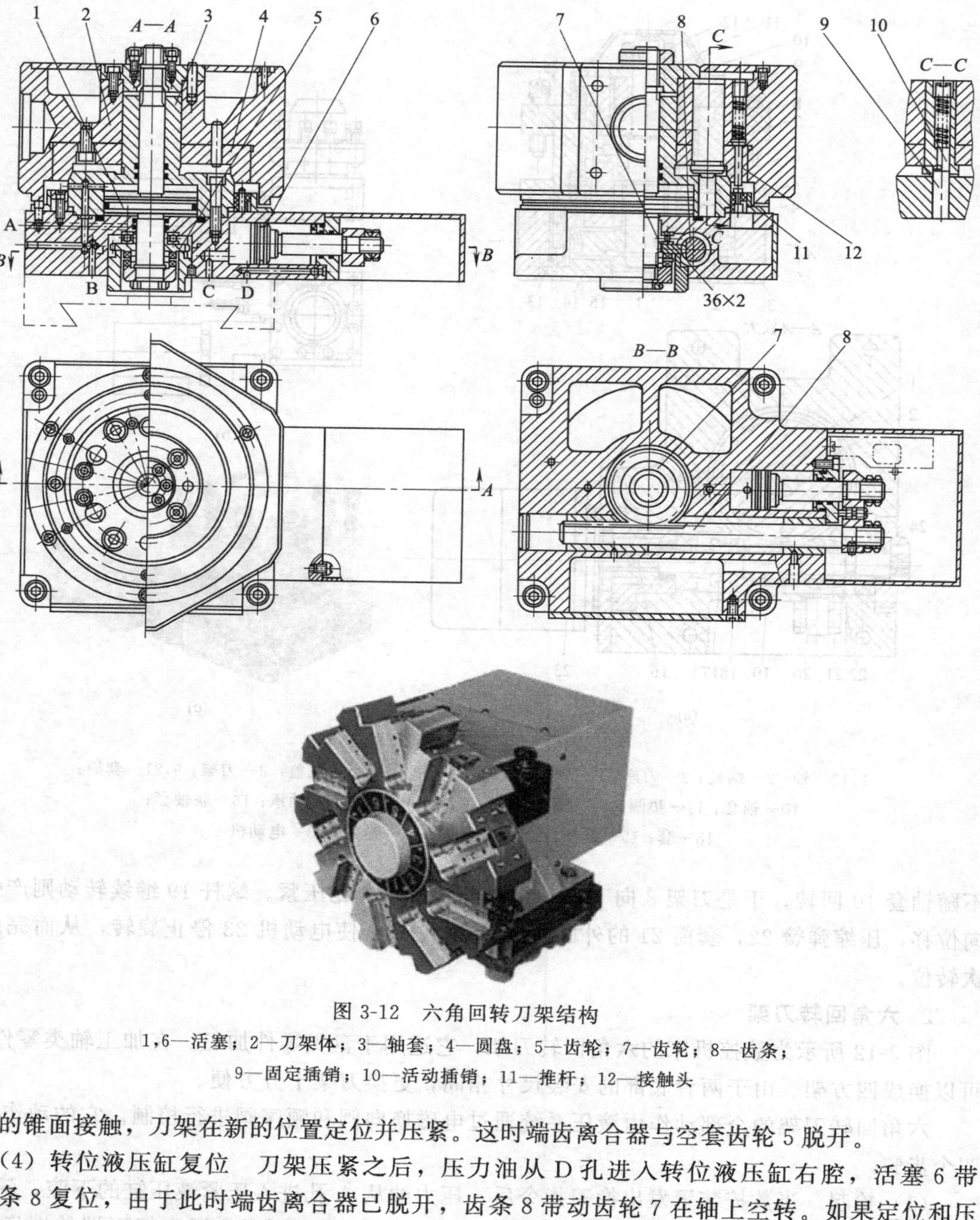


图 3-12　六角回转刀架结构

1，6—活塞；2—刀架体；3—轴套；4—圆盘；5—齿轮；7—齿轮；8—齿条；
9—固定插销；10—活动插销；11—推杆；12—接触头

盘 4 的锥面接触，刀架在新的位置定位并压紧。这时端齿离合器与空套齿轮 5 脱开。

（4）转位液压缸复位　刀架压紧之后，压力油从 D 孔进入转位液压缸右腔，活塞 6 带动齿条 8 复位，由于此时端齿离合器已脱开，齿条 8 带动齿轮 7 在轴上空转。如果定位和压紧动作正常，推杆 11 与响应的接触头 12 接触，发出信号表示换刀过程已结束，可以继续进行切削加工。回转刀架除了采用液压缸驱动转位和定位销定外，还可以采用电动机-十字槽轮机构转位和鼠牙盘定位，以及其他转位和定位机构。

## 二、多主轴转塔头换刀装置

带有旋转刀具的数控机床常采用转塔头式换刀装置，如数控钻镗床的多轴塔头等。在转塔头上装有几个主轴，每个主轴上均装一把刀具，加工过程中转塔头可自动转位实现自动换刀。主轴转塔头就相当于一个转塔刀库，但储存刀具的数量较少，其优点是结构简单，换刀时间短，仅为 2s 左右。由于受空间位置的限制，主轴数目不能太多，主轴部件结构不能设计得十分坚实，影响了主轴系统的刚度，通常只适用于工序较少，精度要求不太高的机床，如数控钻床、铣床等。近年来出现了一种用机械手和转塔头配合刀库进行换刀的自动换刀装置，如图 3-13 所示。它实际上是转塔头换刀装置和刀库换刀装置的结合。工作原理如下：转塔头 5 上有两个刀具主轴 3 和 4，当有一个刀具主轴上的刀具进行加工时，可由换刀机械手 2 将下一步需要的刀具换至不工作的主轴上，待本工序完成后，转塔头回转 180°，完成换刀。因其换刀时间大部分和机加工时间重合，只需转塔头转位的时间，所以换刀时间很短。转塔头上的主轴数目较少，有利于提高主轴的结构刚性，但很难保证精镗加工所需要的主轴刚度，因此，这种换刀方式主要用于钻床，也可用于铣镗床和数控组合机床。

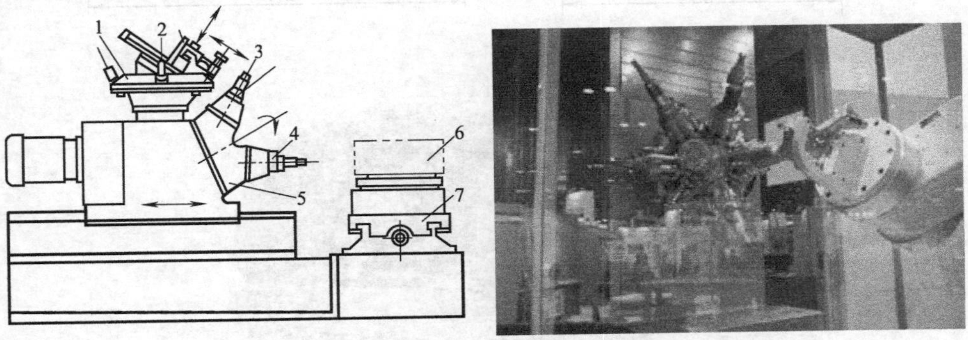


图 3-13 机械手和转塔头配合刀库换刀的自动换刀装置

1—刀库；2—换刀机械手；3,4—刀具主轴；5—转塔头；6—工件；7—工作台

## 三、带刀库的自动换刀装置

由于回转刀架、转塔头式换刀装置的刀具数量不能太多，满足不了复杂零件的加工需要，自动换刀数控机床多采用带刀库的自动换刀装置。带刀库的自动换刀系统由刀库和刀具变换机构组成，换刀过程比较复杂。首先，要把加工过程中使用的全部刀具分别安装在标准刀柄上，在机外进行尺寸预调整后，按一定的方式放入刀库。换刀时，先在刀库中选刀，然后由刀具交换装置从刀库或主轴（或是刀架）取出刀具，进行交换，将新刀装入主轴（或刀架），把旧刀放回刀库。刀库具有较大的容量，既可安装在主轴箱的侧面和上方，也可作为单独部件安装到机床以外，并由搬运装置运送刀具。

由于带刀库的自动换刀装置的数控机床的主轴箱内只有一根主轴，设计主轴部件时能充分增强它的刚度，可满足精度加工要求。此外，刀库可以存放数量很大的刀具（可多达 100 把以上），因而能够进行复杂零件的多工序加工，大大提高机床适应性和加工效率。因此特别适用于数控钻床、数控镗铣床和加工中心。缺点是整个换刀过程动作较多，换刀时间较长，系统复杂，可靠性较差。

# 第五节 MJ-50 数控车床

MJ-50 数控车床是由济南第一机床厂（现更名为济南一机床集团有限公司）生产，主要由主轴箱、床鞍、尾座、刀架、对刀仪、液压系统、润滑系统、气动系统以及数控装置等构成。其外形尺寸为：长 2995mm，宽 1367mm，高 1796mm，如图 3-14 所示。

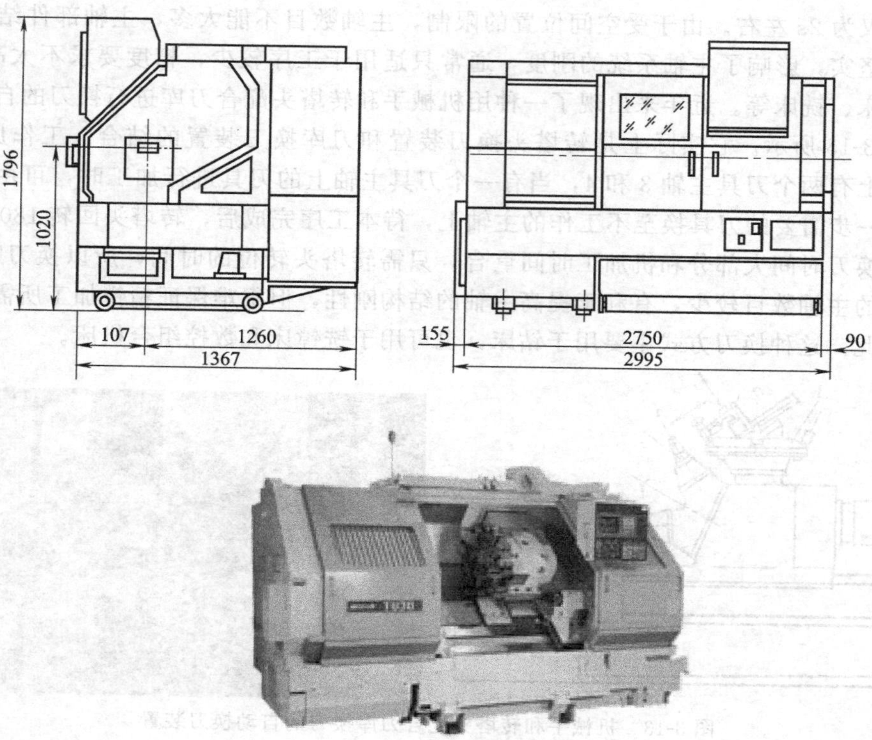


图 3-14　MJ-50 数控车床外观

## 一、机床的主要技术参数

### 1. 机床主体部分主要技术参数

允许最大工件回转直径：500mm

最大车削直径：310mm

极限车削直径（调整刀具）：350mm

最大加工长度：650mm

主轴驱动电动机：AC11/15kW（连续/30min）

床鞍有效行程：*X* 方向 182mm；*Z* 方向 675mm

床鞍快速移动速度：*X* 方向 10m/min；*Z* 方向 15m/min

床鞍定位精度：*X* 方向 0.015/100mm；*Z* 方向 0.025/300mm

床鞍重复定位精度：*X* 方向±0.003mm；*Z* 方向±0.005mm

刀架装刀数：10 把

刀架转位数：10 位

刀架分度重复定位精度：*X* 方向±0.003mm；*Z* 方向±0.005mm

### 2. 数控装置

本机床采用 FANUC 0TE MODEL A-2 系统。数控系统的主要性能如下。

控制轴数：2 轴

同时控制轴数：2 轴

最小指令增量：*X* 方向 0.005mm/*P*；*Z* 方向 0.001mm/*P*

最大编程尺寸：9999.999mm
直线插补
全象限圆弧插补
进给功能
主轴功能
刀具功能
刀具补偿
辅助功能
编程功能
安全功能
手动数据输入（MDI）：键盘式
数据显示：CRT
自诊断功能

## 二、机床的传动链

### 1. 主运动传动链

图 3-15 所示为标准型 MJ-50 数控车床的传动系统图。其中主运动传动系统由功率为 11/15kW 的交流伺服电动机驱动，经一级速比为 1∶1 的弧齿同步齿形带轮传动，直接带动主轴旋转。主轴在 35～3500r/min 的转速范围内实现无级调速。由于主轴的调速范围不是很大，所以在主轴箱内省去了齿轮传动变速机构，因此减少了齿轮传动对主轴精度的影响。

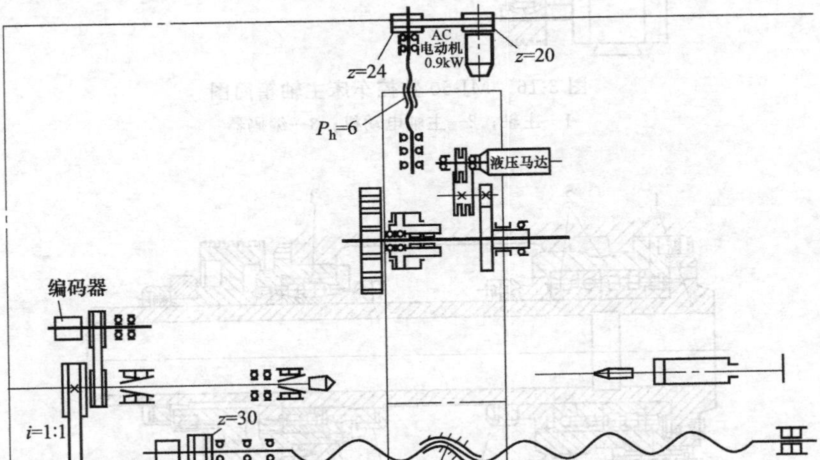


图 3-15　MJ-50 数控车床的传动系统图

### 2. 纵、横向送给运动传动链

纵向进给系统由功率为 1.8kW 的交流伺服电动机驱动，经一级速比为 1∶1.25 弧齿同步齿形带轮传动，带动导程 $P=10$mm 的滚珠丝杠旋转，将电动机的回转运动转化成床鞍的直线纵向运动。横向进给系统由功率为0.9kW的交流伺服电动机驱动，经一级速比为1∶1.2的弧齿同步齿形带轮带传动，带动导程 $P=6mm$ 的滚珠丝杠旋转，将电动机的回转运动转化成滑板的直线横向运动。

3. 回转刀架传动链

数控车床换刀时，需要刀架作回转分度运动，刀架回转的角度取决于装刀数目。MJ-50数控车床共有10把刀具，分度角以36°为单位。回转刀架的动力源为液压马达，通过起分度作用的平板共轭分度凸轮，将分度运动传递给一对齿轮副，进而带动刀架回转。

## 三、主轴箱

主轴箱是机床结构中最重要的部件之一，如图3-16、图3-17所示，主轴箱是由主轴箱体、轴承座、主轴、主轴轴承、轴承调整螺母、光电编码器及弧齿同步齿形带轮副等组成。

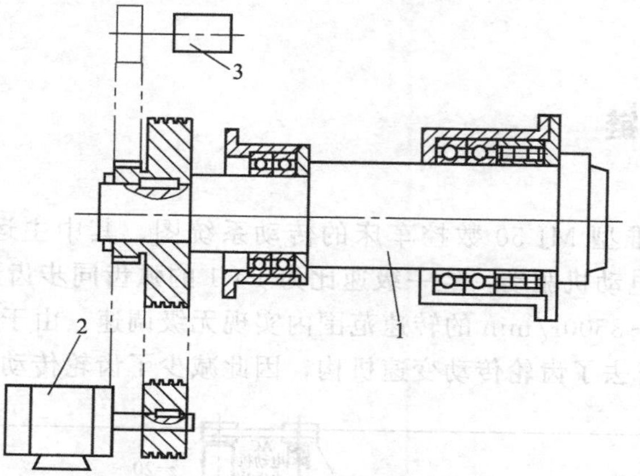


图3-16　MJ-50数控车床主轴箱简图

1—主轴；2—主轴电动机；3—编码器

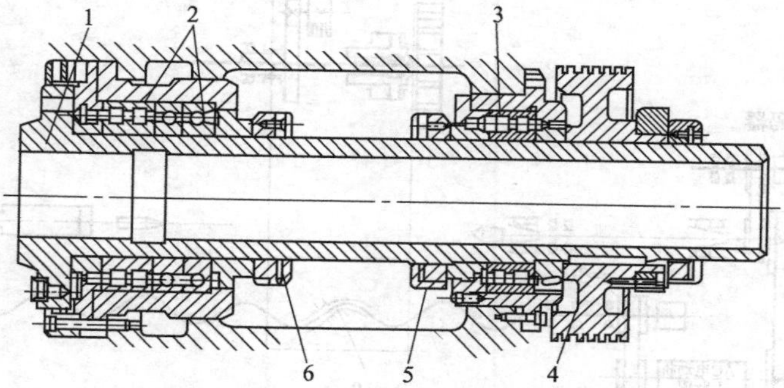


图3-17　MJ-50数控车床主轴箱结构

1—主轴；2—前轴承；3—后轴承；4—带轮；5,6—调整螺母

AC主轴电动机通过弧齿同步齿形带轮副直接驱动主轴，由于采用了强力型AC主轴电动机，所以主轴有高的输出转矩。主轴采用两点支承结构，适宜高转速的要求。前轴承采用高精度双列圆柱轴承和高精度双列组合角接触球轴承，后轴承采用高精度双列圆柱轴承。主轴轴承采用油脂润滑，靠非接触式迷宫套密封。润滑脂的封入量对主轴轴承寿命和运转的温升有很大的影响，机床说明书对油脂牌号和封入量均有规定。

## 四、纵向送给传动装置

MJ-50 数控车床纵向（$Z$ 向）进给传动装置简图如图 3-18 所示。AC 伺服电动机 14 经同步带轮 12 和 2 传动到滚珠丝杠 5，由工作螺母 4 带动滑板连同刀架沿床身 13 的导轨移动，实现 $Z$ 轴的进给运动。如图 3-18（b）所示，电动机轴与同步带轮 12 之间用锥环无键连接，局部放大视图中 19 和 20 是锥面相互配合的内、外锥环，当拧紧螺钉 17 时，法兰 18 的端面压迫外锥环 20，使其向外膨胀，内锥环 19 受力后向电动机收缩，从而使电动机轴与同步带轮连接在一起。这种连接方式无需在被连接件上开键槽，而且两锥环的内外圆锥面压紧后，使连接配合面无间隙，对中性较好。选用锥环对数的多少，取决于所传递转矩的大小。

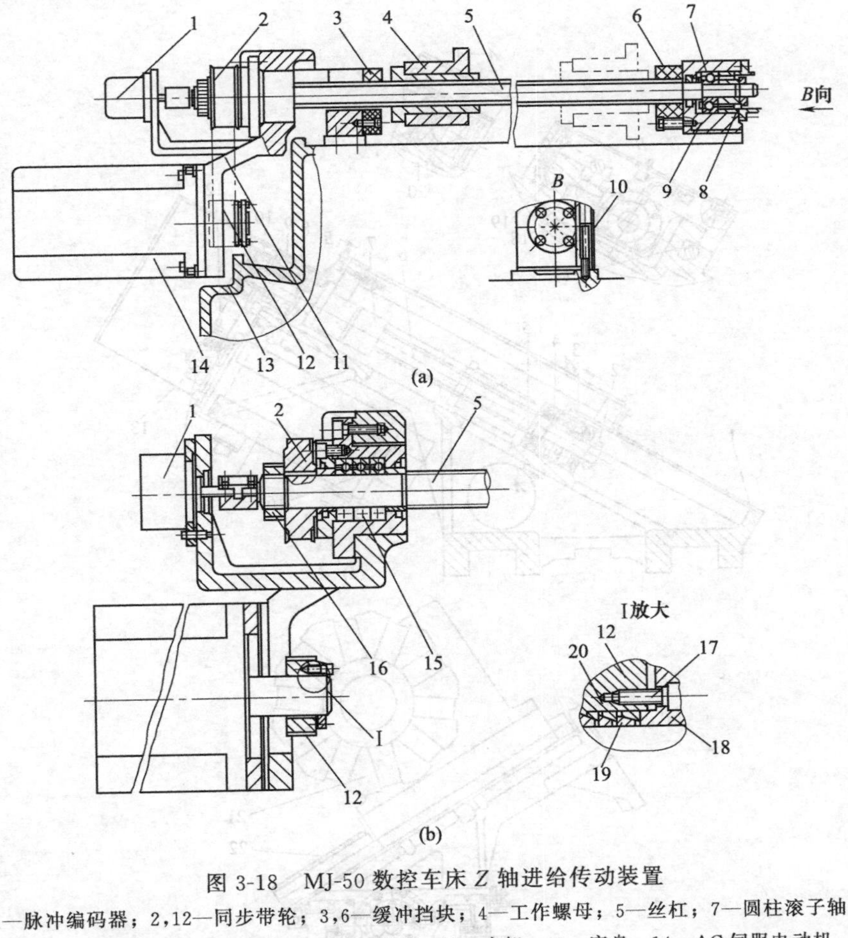


图 3-18　MJ-50 数控车床 $Z$ 轴进给传动装置

1—脉冲编码器；2,12—同步带轮；3,6—缓冲挡块；4—工作螺母；5—丝杠；7—圆柱滚子轴承；8,16—调整螺母；9—右支承座；10—螺钉；11—支架；13—床身；14—AC 伺服电动机；15—角接触球轴承；17—螺钉；18—法兰；19—内锥环；20—外锥环

滚珠丝杠的左支承由三个角接触球轴承 15 组成。其中右边两个轴承与左边一个轴承的大口相对位置，由调整螺母 16 进行预紧。如图 3-18（a）所示，滚珠丝杠的右支承 7 为一个圆柱滚子轴承，只用于承受径向载荷，轴承间隙用调整螺母 8 来调整。滚珠丝杠的支承形式为左端固定，右端浮动，留有丝杠受热膨胀后轴向伸长的余地。3 和 6 为缓冲挡块，起超程保护作用。$B$ 向视图中的螺钉 10 将滚珠丝杠的右支承座 9 固定在床身 13 上。如图 3-18（b）

所示，$Z$ 轴进给装置的脉冲编码器 1 与滚珠丝杠 5 相连接，直接检测丝杠的回转角度，从而提高系统对 $Z$ 向进给的精度控制。滚珠丝杠螺母轴向间隙可通过预紧方法消除，预紧载荷以能有效地减小弹性变形所带来的轴向位移为度，过大的预紧力将增加摩擦阻力，降低传动效率，并使寿命大为缩短。所以，一般要经过几次仔细调整才能保证机床在最大轴向载荷下，既消除间隙，又能灵活运转。目前，丝杠螺母副已由专业厂家生产，其预紧力由制造厂调好供用户使用。

## 五、横向进给传动装置

MJ-50 数控车床横向（$X$ 向）进给传动装置简图如图 3-19 所示。AC 伺服电动机 15 经同步带轮 14 和 10 以及同步带轮 12 带动滚珠丝杠 6 回转，其上工作螺母 7 带动刀架 21 沿滑

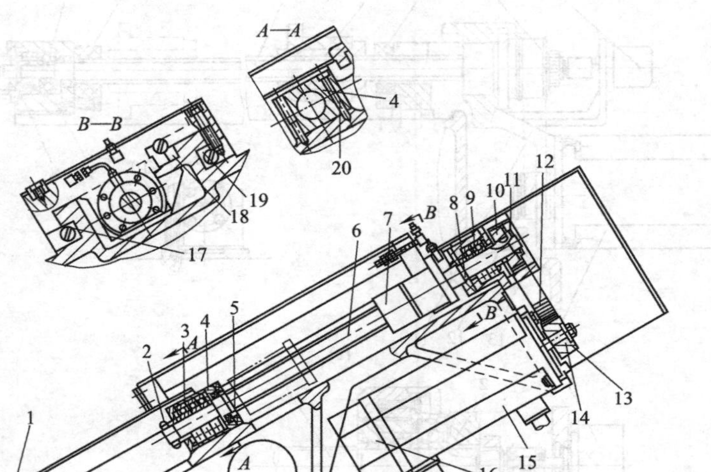

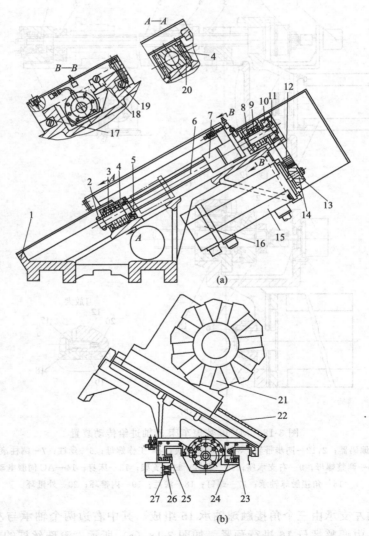


图 3-19　MJ-50 数控车床 $X$ 轴进给传动装置

1—滑板；2,11—锁紧螺母；3—前支承；4—轴承座；5,8—缓冲块；6—丝杠；7—工作螺母；9—后支承；10,12,14—同步带轮；13—键；15—AC 伺服电动机；16—脉冲编码器；17,18,19,23,24,25—镶条；20—螺钉；21—刀架；22—导轨护板；26—限位开关；27—撞块

板 1 的导轨移动，实现 $X$ 轴的进给运动。电动机轴与同步带轮 14 用键 13 连接。滚珠丝杠有前后两个支承。前支承 3 由三个角接触球轴承组成，其中一个轴承大口向前，两个轴承大口向后，分别承受双向的轴向载荷。前支承的轴承由锁紧螺母 2 进行预紧。其后支承 9 为一对角接触球轴承，轴承大口相背放置，由锁紧螺母 11 进行预紧。这种丝杠采用两端固定的支承形式，其结构和工艺都较复杂，但可以保证和提高丝杠的轴向刚度。脉冲编码器 16 安装在伺服电动机的尾部。图中 5 和 8 是缓冲块，在出现意外碰撞时起保护作用。$A—A$ 剖面图表示滚珠丝杠前支承的轴承座 4 用螺钉 20 固定在滑板上。滑板导轨如 $B—B$ 剖视图所示为矩形导轨，镶条 17、18、19 用来调整刀架与滑板导轨的间隙。图 3-19（b）中 22 为导轨护板，26、27 为机床参考点的限位开关和撞块。镶条 23、24、25 用于调整滑板与床身导轨的间隙。因为滑板顶面导轨与水平面倾斜 30°，回转刀架的自身重力使其下滑，滚珠丝杠和螺母不能以自锁阻止其下滑，故机床依靠 AC 伺服电动机的电磁制动来实现自锁。

## 六、卧式回转刀架

MJ-50 数控车床采用卧式回转刀架。卧式回转刀架的回转轴与机床主轴平行，可在刀盘的径向和轴向安装刀具。径向刀具多用作外圆柱面及端面加工；轴向刀具多用作内孔加工。回转刀架的工位数最多可达 20 个，常用的有 8、10、12、14 四种工位。刀架回转及松开夹紧的动力采用全电动、全液压、电动回转松开碟形弹簧夹紧、电动回转液压松开夹紧等。刀位记数采用光电编码器。回转刀架机械结构复杂，使用中故障率相对较高，因此在选用及使用维护中要给予足够重视。

图 3-20 所示为 MJ-50 数控车床的卧式回转刀架结构简图，其转位换刀过程如下。

### 1. 刀盘脱开

接收到数控系统的换刀指令→活塞 9 右腔进油→活塞推动轴承 12 同刀架主轴 6 左移→动、静鼠牙盘脱开，刀盘解除定位、夹紧。

### 2. 刀盘转位

液压马达 2 启动→推动平板共轭分度凸轮→推动齿轮 5、4→刀架主轴 6 连同刀盘旋转，刀盘转位。

### 3. 刀盘定位夹紧

活塞 9 左腔进油→刀架主轴 6 右移→动、静鼠牙盘啮合，实现定位夹紧。

该回转刀架的夹紧与松开、刀盘的转位均由液压系统驱动、PLC 顺序控制来实现。11 是安装刀具的刀盘，它与刀架主轴 6 固定连接。当刀架主轴 6 带动刀盘旋转时，其上的鼠牙盘 13 和固定在刀架上的鼠牙盘 10 脱开，旋转到指定刀位后，刀盘的定位由鼠牙盘的啮合来完成。

活塞 9 支承在一对推力球轴承 7 和 12 及双列滚针轴承 8 上，它可带动刀架主轴移动。当接到换刀指令时，活塞 9 及刀架主轴 6 在压力油推动下向左移动，使鼠牙盘 13 与 10 脱开，液压马达 2 启动带动平板共轭分度凸轮 1 转动，经齿轮 5 和 4 带动刀架主轴及刀盘旋转。刀盘旋转的准确位置，通过开关 PRS1、PRS2、PRS3、PRS4 的通断组合来检测确认。当刀盘旋转到指定的刀位后，开关 PRS7 通电，向数控系统发出信号，指令液压马达停转，这时压力油推动活塞 9 向右移动，使鼠牙盘 10 和 13 啮合，刀盘被定位夹紧。开关 PRS6 确认夹紧并向数控系统发出信号，于是刀架的转位换刀循环完成。

## 七、平板共轭分度凸轮机构

在数控车床的回转刀架装置中，采用了平板共轭分度凸轮机构，该机构将液压马达的连

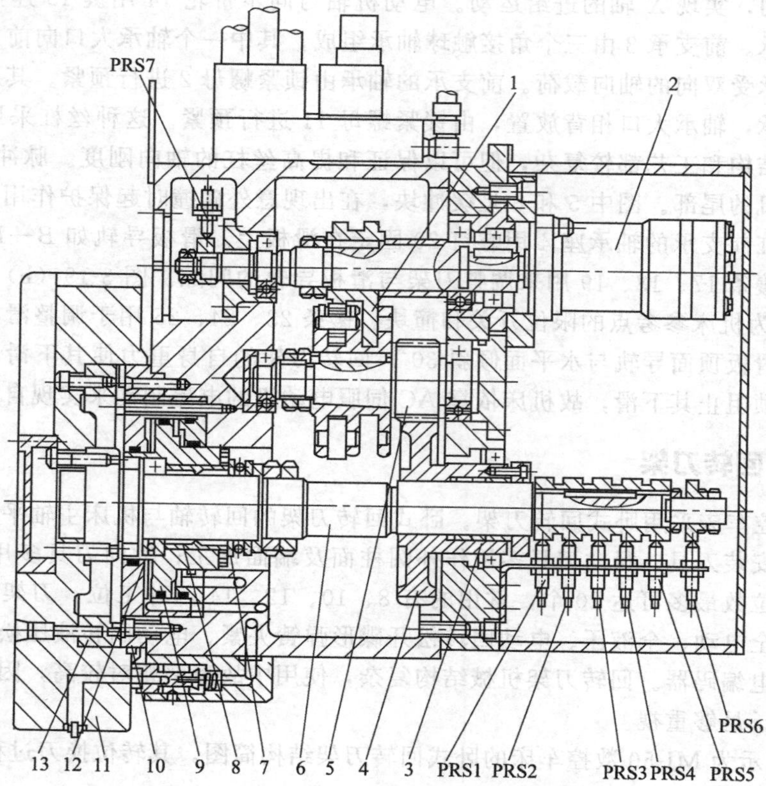


图 3-20　MJ-50 数控车床的卧式回转刀架结构简图

1—平板共轭分度凸轮；2—液压马达；3—锥环；4,5—齿轮；6—刀架主轴；
7,12—推力球轴承；8—滚针轴承；9—活塞；10,13—动、静鼠牙盘；11—刀盘

续回转运动转换成刀盘的分度运动。

图 3-21 所示为平板共轭分度凸轮的工作原理。平板共轭分度凸轮副的主动件由轮廓形

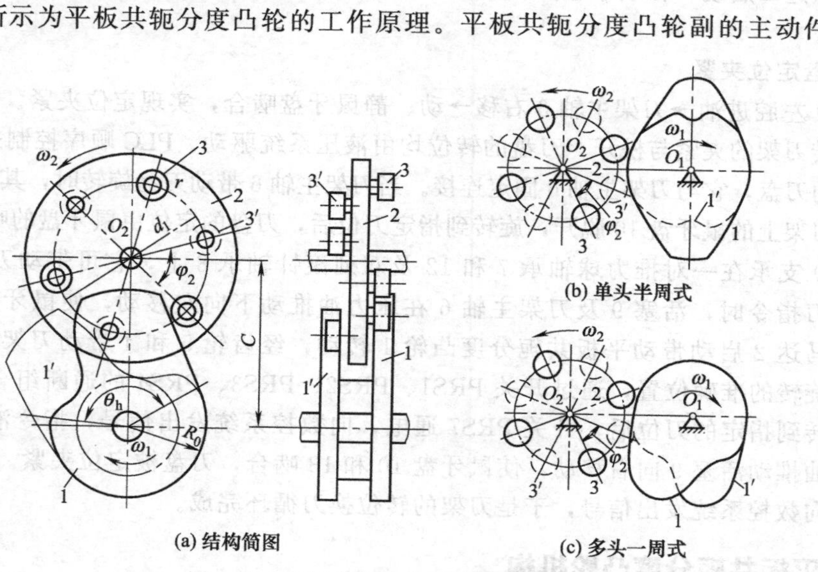


图 3-21　平板共轭分度凸轮结构简图

1,1′—主动凸轮；2—从动转盘；3,3′—滚子

状完全相同的前后两片盘形凸轮 1 和 1′构成，且互相错开一定的相位角安装，在从动转盘 2 的两端面上，沿周向均布有几个滚子 3 和 3′。

当凸轮旋转时，两凸轮轮廓线分别与相应的滚子接触，相继推动转盘分度转位，或抵住滚子起限位作用。当凸轮转到圆弧形轮廓时，转盘停止不动，由于两凸轮是按要求同时控制从动转盘，使得凸轮与滚子间能保持良好的封闭性。可按要求设计好凸轮的形状，完成旋转机构的间歇运动。

平板共轭盘形分度凸轮机构主要有两种类型，即单头半周式和多头一周式。图中为单头半周式，凸轮每转半周，从动转盘分度转位一次，每次转位时，从动转盘转过一个滚子中心角 $\varphi_2$。在机床工作状态下，当指定了换刀的刀号后，数控系统可以通过内部的运算判断，实现刀盘就近转位换刀，即刀盘可正转也可反转。但当手动操作机床时，从刀盘方向观察，只允许刀盘顺时针转动换刀。

## 八、自动定心卡盘

为减少工件装夹辅助时间和减轻劳动强度，适应自动化和半自动加工的需要，数控车床多采用动力卡盘装夹工件，目前使用较多的是自动定心液压或气动动力卡盘。图 3-22 所示为数控车床上常采用的一种液压驱动动力自定心卡盘，卡盘 3 用螺丝钉固定在主轴前端，液压缸 5 固定在主轴后端，改变液压缸左右腔的通油状态，活塞杆 4 带动卡盘内的驱动爪 1 驱动卡爪 2，夹紧或松开工件，并通过行程开关 6 和 7 发出相应信号。

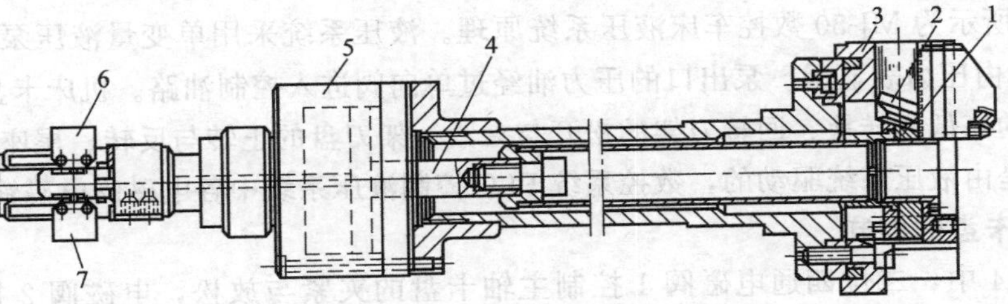


图 3-22　液压驱动动力自定心卡盘

1—驱动爪；2—卡爪；3—卡盘；4—活塞杆；5—液压缸；6,7—行程开关

## 九、机床尾座

MJ-50 数控车床出厂时配置标准尾座，图 3-23 所示为尾座结构简图。

尾座体的移动由滑板带动实现。尾座体移动后，由手动控制的液压缸将其锁紧在床身上。在调整机床时，可以手动控制尾座套筒移动。顶尖 1 与尾座套筒 2 用锥孔连接，尾座套筒可带动顶尖一起移动。在机床自动工作循环中，可通过加工程序由数控系统控制尾座套筒的移动。当数控系统发出尾座套筒伸出的指令后，液压电磁阀动作，压力油通过活塞杯 4 的内孔进入尾座套筒 2 液压缸的左腔，推动尾座套筒伸出。当数控系统指令其退回时，压力油进入套筒液压缸的右腔，从而使尾座套筒退回。尾座套筒移动的行程，靠调整套筒外部连接的行程杆 10 上面的移动挡块 6 来完成。图中所示移动挡块的位置在右端极限位置时，套筒的行程最长。当套筒伸出到位时，行程杆上的移动挡块 6 压下行程开关 9，向数控系统发出尾座套筒到位信号。当套筒退回时，行程杆上的固定挡块 7 压下行程开关 8，向数控系统发出套筒退回的确认信号。

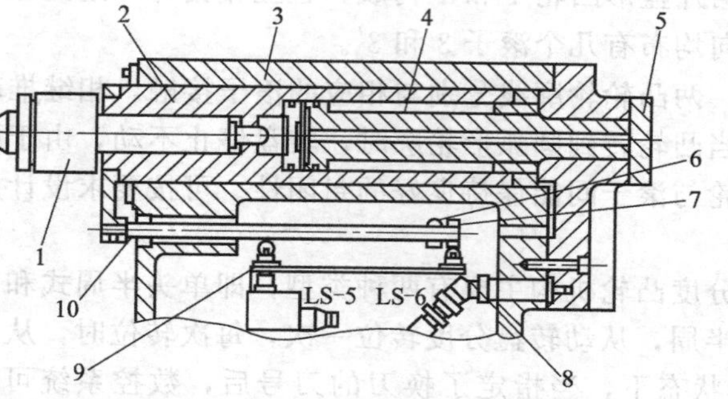


图 3-23　MJ-50 数控车床尾座结构简图

1—顶尖；2—尾座套筒；3—支座；4—活塞杯；5—连接板；6—移动挡块；
7—固定挡块；8,9—行程开关；10—行程杆

## 十、MJ-50 数控车床液压传动系统及换刀控制

MJ-50 数控车床卡盘的夹紧与松开、卡盘夹紧力的高低压转换、回转刀架的松开夹紧、刀架刀盘的正转与反转、尾座套筒的伸出与退回都是由液压系统驱动的，液压统中各电磁阀电磁铁的动作是由数控系统中的 PLC 控制实现的。

### 1. 液压传动系统

图 3-24 所示为 MJ-50 数控车床液压系统原理。液压系统采用单变量液压泵，系统压力调整至 4MPa，由压力表显示。泵出口的压力油经过单向阀进入控制油路。机床卡盘夹紧与松开、卡盘夹紧力的高低压转换、回转刀架的松开与夹紧、架刀盘的正转与反转、尾座套筒的伸出与退回动作都是由液压系统驱动的，数控系统 PLC 控制液压系统中各电磁阀电磁铁的动作。

### 2. 主轴卡盘的控制

在图 3-24 中，二位四通电磁阀 1 控制主轴卡盘的夹紧与放松，电磁阀 2 控制卡盘的高

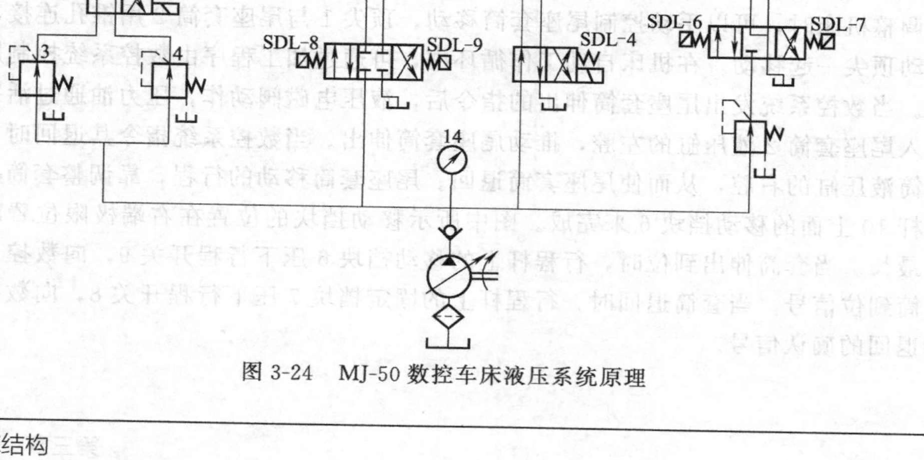

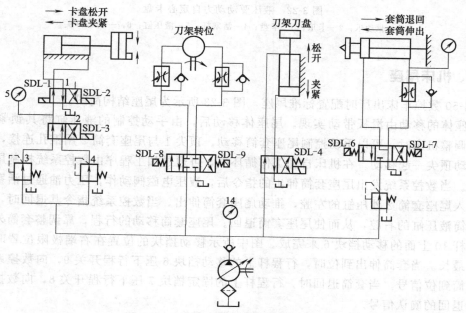


图 3-24　MJ-50 数控车床液压系统原理

压夹紧与低压夹紧的转换。

(1) 卡盘正卡高压夹紧　当卡盘处于正卡（也称外卡）且在高压夹紧状态下时，高压夹紧力由减压阀 3 调整，由压力表 5 显示卡盘压力。系统压力油经减压阀 3→电磁阀 2（左位）→电磁阀 1（左位）→液压缸右腔→活塞杆左移→卡盘夹紧。这时液压缸左腔的油液经电磁阀 1（左位）直接回流油箱。

(2) 卡盘正卡低压夹紧　当卡盘处于正卡（也称外卡）且在低压夹紧状态下时，低压夹紧力由减压阀 4 调整。系统压力油经减压阀 4→电磁阀 2（右位）→电磁阀 1（左位）→液压缸右腔→活塞杆左移→卡盘夹紧。这时液压缸左腔的油液仍经电磁阀 1（左位）直接回流油箱。

(3) 卡盘正卡高压松开　系统压力油经减压阀 3→电磁阀 2（左位）→电磁阀 1（右位）→液压缸左腔→活塞杆右移→卡盘松开。这时液压缸右腔的油液经电磁阀 1（右位）直接回流油箱。

(4) 卡盘正卡低压松开　系统压力油经减压阀 4→电磁阀 2（右位）→电磁阀 1（右位）→液压缸左腔→活塞杆右移→卡盘松开。这时液压缸左腔的油液仍经电磁阀 1（右位）直接回流油箱。

卡盘的正卡高/低压夹紧过程即为卡盘的反夹（也称内卡）高/低压松开过程，卡盘的正卡高/低压松开过程即为卡盘的反夹高/低压夹紧过程。

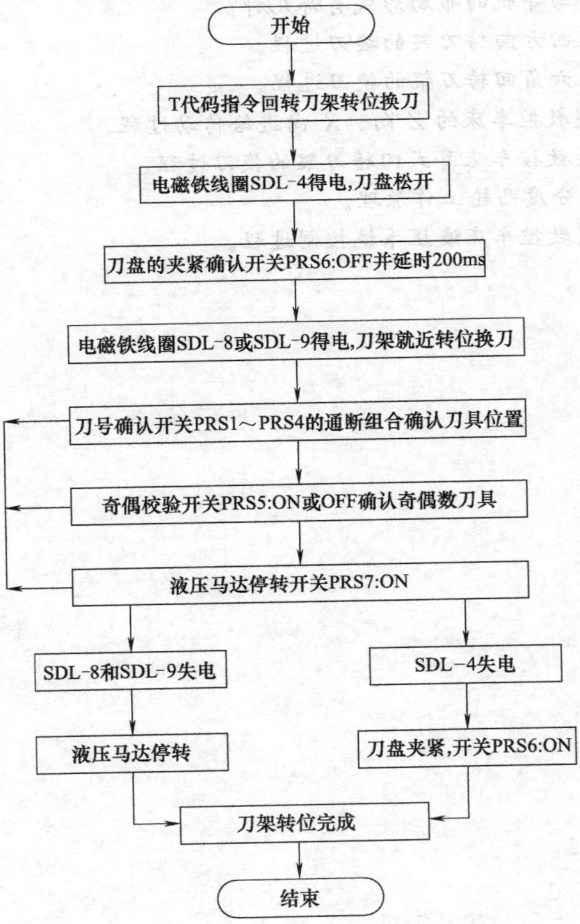


图 3-25　回转刀架转位换刀的流程图

3. **回转刀架转位换刀的控制**

回转刀架的自动转位换刀是由 PLC 顺序控制实现的。在机床自动加工过程中，当完成一个工步需要换刀时，加工程序中的 T 代码指令回转刀架转位换刀。这时由 PLC 输出执行信号，首先使电磁铁线圈 SDL-4 得电动作，刀盘松开，同时刀盘的夹紧确认开关 PRS6 断电，并延时 200ms。之后根据 T 代码指定的刀具号，由液压马达驱动刀盘，就近转位选刀。若 SDL-8 得电则刀架正转，若 SDL-9 得电则刀架反转。刀架转位后是否到达 T 代码指定的刀具位置，由一组刀号确认开关 PRS1～PRS4 并与奇偶校验开关 PRS5 来确认。如果指令的刀具到位，开关 PRS7 通电，发出液压马达停转信号，使电磁铁线圈 SDL-8 和 SDL-9 失电，液压马达停转。同时，SDL-4 失电，刀盘夹紧，即完成了回转刀架的一次转位换刀动作。这时，开关 PRS6 通电，确认刀盘已夹紧，机床可以进行下一个动作。回转刀架转位换刀的流程图如图 3-25 所示。

## 思考与练习

1. 简述数控车床的组成及作用。
2. 简述数控车床的分类及特点。
3. 数控车床床身与导轨的布局形式有哪几种?
4. 简述数控车床四方回转刀架的换刀过程。
5. 简述数控车床六角回转刀架的换刀过程。
6. 简述 MJ-50 型数控车床的 $Z$ 向、$X$ 向进给传动过程。
7. 简述 MJ-50 型数控车床卧式回转刀架的换刀过程。
8. 简述平板共轭分度凸轮工作原理。
9. 简述 MJ-50 型数控车床液压系统控制过程。

第四章

# 数控铣床

学习任务书

| | |
|---|---|
| 学习目标 | 1. 能够描述数控铣床的特点和分类<br>2. 能够说明数控铣床的结构特征与加工对象<br>3. 能够分析数控铣床的结构组成和布局形式<br>4. 认识 XKA5750 型数控铣床 |
| 学习内容 | 1. 数控铣床的特点和分类<br>2. 数控铣床的结构组成<br>3. 数控铣床的布局形式<br>4. 数控铣床的机械结构<br>5. XKA5750 型数控铣床 |
| 重点、难点 | 数控铣床的特点与分类、结构组成、布局形式 |
| 教学场所 | 多媒体教室、实训车间 |
| 教学资源 | 教科书、课程标准、电子课件、数控机床 |

## 第一节 概 述

数控铣床是一种加工功能很强的数控机床，用途十分广泛，不仅可以加工各种平面、沟槽、螺旋槽、成形表面和孔，而且还能加工各种平面曲线和空间曲线等复杂型面，适合于各种模具、凸轮、板类及箱体类零件的加工。目前迅速发展起来的加工中心、柔性加工单元等都是在数控铣床、数控镗床的基础上产生的，两者都离不开铣削方式。由于数控铣削工艺最复杂，需要解决的技术问题也最多，因此，目前人们在研究和开发数控系统及自动编程语言的软件时，也一直把铣削加工作为重点。

### 一、数控铣床的组成

数控铣床与一般的数控机床一样，是由控制介质、输入装置、数控装置、辅助控制装置、检测装置和机床本体组成。图 4-1 所示为数控铣床的组成。

（1）控制介质　数控机床工作时，不是像传统的机床那样由工人去操作数控机床。要对

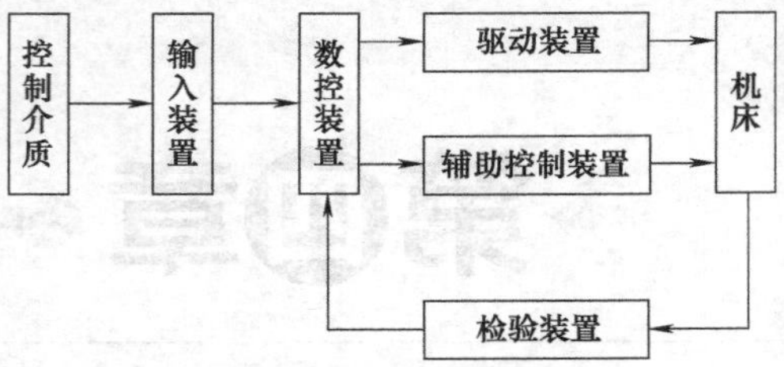

图 4-1　数控铣床的组成

数控机床进行控制，必须编制加工程序。加工程序上存储着加工零件所需的全部操作信息和刀具相对工件的位移信息等。加工程序可存储在控制介质（也称信息载体）上，常用的控制介质有穿孔带、磁带和磁盘等。信息是以代码的形式按规定的格式存储的。代码分别表示十进制的数字、字母或符号。

数控机床加工程序的编制简称数控编程。数控编程就是根据被加工零件图纸要求的形状、尺寸、精度、材料及其他技术要求等，确定零件加工的工艺过程、工艺参数（包括加工顺序、切削用量和位移数据等），然后根据编程手册规定的代码和程序格式编写零件加工程序单。对于较简单的零件，通常采用手工编程；对于形状复杂的零件，则要在专用的编程机或通用计算机上进行自动编程。

(2) 输入装置　输入装置的作用是将控制介质（信息载体）上的数控代码传递并存入数控系统内。根据控制介质的不同，输入装置可以是光电阅读机、磁带机或软盘驱动器等。数控加工程序也可通过键盘，用手工方式直接输入数控系统。数控加工程序还可由编程计算机用 RS232C 或采用网络通信方式传送到数控系统中。

零件加工程序输入过程有两种不同的方式：一种是边读入边加工，另一种是一次将零件加工程序全部读入数控装置内部的存储器，加工时再从存储器中逐段调出进行加工。

(3) 数控装置　数控装置是数控机床的中枢。在普通数控铣床中一般由输入装置、存储器、控制器、运算器和输出装置组成。数控装置从内部存储器中取出或接受输入装置送来的一段或几段数控加工程序，经过数控装置的逻辑电路或系统软件进行编译、运算和逻辑处理后，输出各种控制信息和指令，控制机床各部分的工作，使其进行规定的有序运动和动作。

零件的轮廓图形往往由直线、圆弧或其他非圆弧曲线组成，刀具在加工过程中必须按零件形状和尺寸的要求进行运动，即按图形轨迹移动。但输入的零件加工程序只能是各线段轨迹的起点和终点坐标值等数据，不能满足要求。因此要进行轨迹插补，也就是在线段的起点和终点坐标值之间进行“数据点的密化”，求出一系列中间点的坐标值，并向相应坐标输出脉冲信号，控制各坐标轴（即进给运动各执行部件）的进给速度、进给方向和进给位移量等。

(4) 驱动装置和检测装置　驱动装置接受来自数控装置的指令信息，经功率放大后，严格按照指令信息的要求驱动机床的移动部件，以加工出符合图样要求的零件。因此，它的伺服精度和动态响应性能是影响数控机床加工精度、表面质量和生产率的重要因素之一。驱动装置包括控制器（含功率放大器）和执行机构两大部分。目前大都采用交流伺服电动机作为执行机构。

检测装置将数控机床各坐标轴的实际位移量检测出来，经反馈系统输入到机床的数控装置中。数控装置将反馈回来的实际位移量值与设定值进行比较，控制驱动装置按指令设定值运动。

(5) 辅助控制装置　辅助控制装置的主要作用是接收数控装置输出的开关量指令信号，经过编译、逻辑判别和运算，再经功率放大后驱动相应的电器，带动机床的机械、液压、气动等辅助装置完成指令规定的开关量动作。这些控制包括主轴运动部件的变速、换向和启停指令，刀具的选择和交换指令，冷却、润滑装置的启停，工件和机床部件的松开、夹紧，分度工作台转位分度等开关辅助动作。

由于可编程逻辑控制器（PLC）具有响应快，性能可靠，易于使用、编程和修改程序并可直接驱动机床电器等特点，现已广泛用作数控机床的辅助控制装置。

（6）机床本体　机床主机是数控铣床的主体，它包括床身、底座、立柱、横梁、滑座、工作台、主轴箱、进给机构、刀架等机械部件。它是在数控铣床上自动地完成各种切削加工的机械部分。

数控铣床中的机床本体，在开始阶段使用通用机床，只是在自动变速、刀架或工作台自动转位和手柄等方面作些改变。实践证明，数控铣床除了由于切削用量大、连续加工发热多等影响工件精度外，还由于是自动控制，在加工中不能像在通用机床上那样可以随时由人工进行干预，所以其设计要求比通用机床更严格，制造要求更精密。因而在后来的数控铣床设计时，采用了许多新的加强刚性、减小热变形、提高精度等方面的措施，使得数控铣床的外部造型、整体布局、传动系统及刀具系统等方面都发生了很大的变化。

数控铣床本体的主要结构特点如下。

① 采用具有高刚度、高抗振性及较小热变形的机床新结构。通常用提高结构系统的静刚度、增加阻尼、调整结构件质量和固有频率等方法来提高机床本体的刚度和抗振性，使机床本体能适应数控铣床连续自动地进行切削加工的需要。采取改善机床结构布局、减少发热、控制温升及采用热位移补偿等措施，可减少热变形对机床本体的影响。

② 现代数控铣床广泛采用高性能的主轴伺服驱动和进给伺服驱动装置，使数控铣床的传动链缩短，可简化机床机械传动系统的结构。

③ 采用高传动效率、高精度、无间隙的传动装置和传动元件，如滚珠丝杠螺母副、塑料滑动导轨、直线滚动导轨、静压导轨等传动元件。

④ 另外，数控铣床还应包括辅助装置。辅助装置作为数控铣床的配套部件，是保证充分发挥数控铣床功能所必需的。常用的辅助装置包括气动、液压装置，排屑装置，冷却、润滑装置，回转工作台和数控分度头，防护、照明等各种辅助装置。

气动、液压装置是应用气动、液压系统，使机床完成自动换刀所需的动作，实现运动部件的制动和滑移齿轮变速移动，完成工作台的自动夹紧、松开，工件、刀具定位表面的自动吹屑等辅助功能。

排屑装置的作用是将切屑从加工区域排出。迅速有效地排除切屑是保证数控铣床高效率自动进行切削加工的一种必备的辅助装置。

回转工作台和数控分度头，能按照数控装置发出的指令信号作连续的回转进给运动或回转分度运动，是加工中心、数控铣床中常用的辅助装置。

## 二、数控铣床的工作原理

数控铣床工作前，要预先根据被加工零件的要求，确定零件加工工艺过程、工艺参数，并按一定的规则形成数控系统能理解的数控加工程序。即将被加工零件的几何信息和工艺信息数字化，按规定的代码和格式编制成数控加工程序。然后用适当的方式将此加工程序输入到数控铣床的数控装置中。此时，即可启动机床运行数控加工程序。在运行数控加工程序的过程中，数控装置会根据数控加工程序的内容，发出各种控制命令，如启动主轴电动机、打开冷却液，并进行刀具轨迹计算，同时向特殊的执行单元发出数字位移脉冲并进行进给速度控制，正常情况下可直到程序运行结束，零件加工完毕为止。具体而言，数控铣床的工作过程，即加工零件的过程，如图 4-2 所示。其主要步骤如下。

（1）根据被加工零件图中所规定的零件形状、尺寸、材料及技术要求等，制定工件加工的工艺过程，刀具相对工件的运动轨迹、切削参数及辅助动作顺序等，进行零件加工的程序设计。

（2）用规定的代码和程序格式编写零件加工程序单。

（3）按照程序单上的代码制作控制介质。

（4）通过输入装置把加工程序输入给数控装置。

（5）启动机床后，数控装置根据输入的信息进行一系列的运算和控制处理，将结果以脉冲形式送往机床的伺服系统（如步进电动机、直流伺服电动机、电液脉冲马达等）。

（6）伺服系统驱动机床的运动部件，使机床按程序预定的轨迹运动，从而加工出合格的零件。

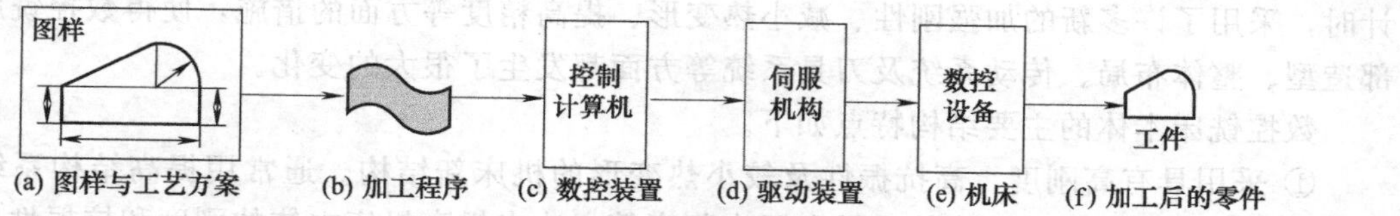


图 4-2　数控铣床加工过程

## 第二节　数控铣床的分类和应用

数控铣床是一种功能很强的数控机床，它加工范围广、工艺复杂、涉及的技术问题多。目前，迅速发展的加工中心、柔性制造系统等都是在数控铣床的基础上产生和发展起来的。

### 一、数控铣床的分类

按主轴的布局形式分为以下几类。

**1. 立式数控铣床**

立式数控铣床主轴和工作台垂直，主要用于加工水平面内的型面。一般规格较小的升降台数控铣床，其工作台宽度多在 400mm 以下，采用工作台移动、升降，主轴不动的方式，与普通立式升降台铣床差不多。中型立式数控铣床一般采用纵向和横向工作台移动方式，主轴沿垂向溜板上下运动。规格较大的数控铣床，如工作台宽度在 500mm 以上，往往采用龙门架移动式，这主要是考虑了扩大行程、缩小占地面积及刚性等技术问题的缘故。其主轴可以在龙门架的横向和垂向溜板上运动，而龙门架则沿床身作纵向运动，该类数控铣床的功能已逐渐向加工中心靠近，进而演变成柔性加工单元。

立式数控铣床多为三坐标联动机床，即可以同时控制三个坐标轴运动，如图 4-3 所示。也有一些立式数控铣床只能同时控制三个坐标中的两个坐标联动，第三个坐标轴只能沿一个方向作等距离的周期移动，这种立式数控铣床称为两轴半控制铣床。此外，还有机床主轴可以绕 $X$、$Y$、$Z$ 坐标轴中的其中一个或两个轴作数控摆角运动的四坐标和五坐标立式数控铣床。一般情况下，数控铣床上控制的坐标轴越多，机床的功能、加工范围及可选择的加工对象也越多，机床的结构更复杂，对数控系统的要求更高，编程的难度更大，设备价格也更高。

立式数控铣床在布局上也可以附加数控转盘。转盘水平时，可增加一个 $C$ 轴；垂直放置时，可增加一个 $A$ 轴或 $B$ 轴；如果是万能数控转盘，则可以一次增加两个转动轴。

为了提高生产率，一般采用数控自动交换工作台，以减少零件装卸的生产准备时间或增加主轴数量。还可以增加靠模装置，以扩大加工范围，或采用气动或液压夹具来实现自动化

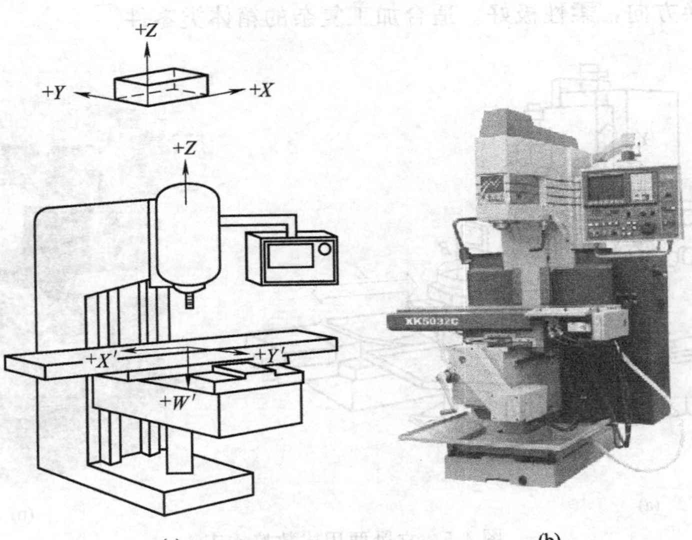

(a) (b)

图 4-3 立式数控铣床

装夹，以提高生产率。

立式数控铣床一般适用于加工平面凸轮、样板、形状复杂的平面或立体零件，以及模具的内、外型腔等。

**2. 卧式数控铣床**

主轴轴线平行于水平面，为了扩大加工范围、扩充功能，常采用增加数控转盘或万能数控转盘来实现 4、5 坐标加工，可以省去很多专用夹具或专用角度成形铣刀，适合加工箱体类零件及在一次安装中改变工位的零件，如图 4-4 所示。

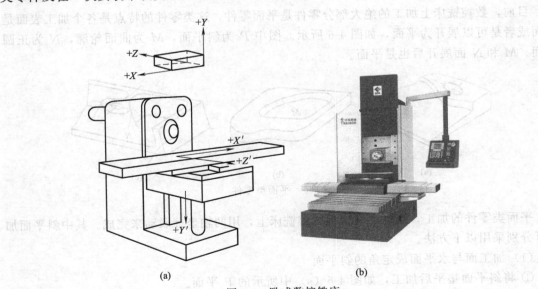

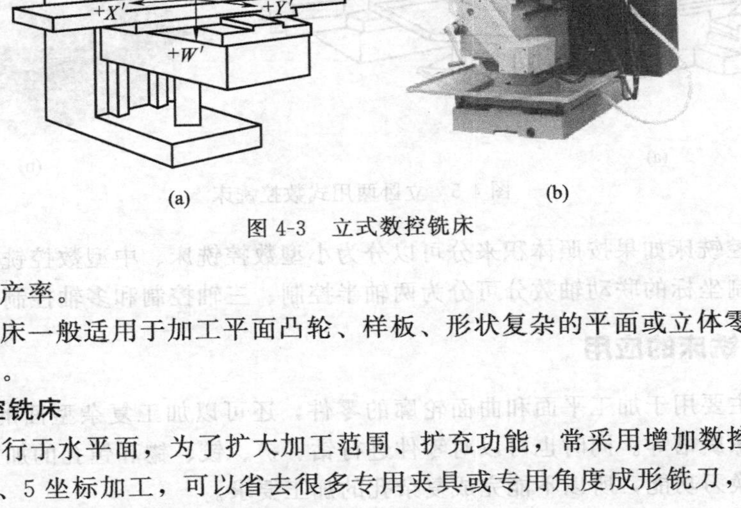

(a) (b)

图 4-4 卧式数控铣床

**3. 立卧两用式数控铣床**

主轴方向可以更换或作 90°旋转，在一台机床上既能进行立式加工，又能进行卧式加工，如图 4-5 所示。主轴方向的更换方法有手动和自动两种，可以配上数控万能主轴头，主轴头可以任意转换方向，柔性极好。适合加工复杂的箱体类零件。

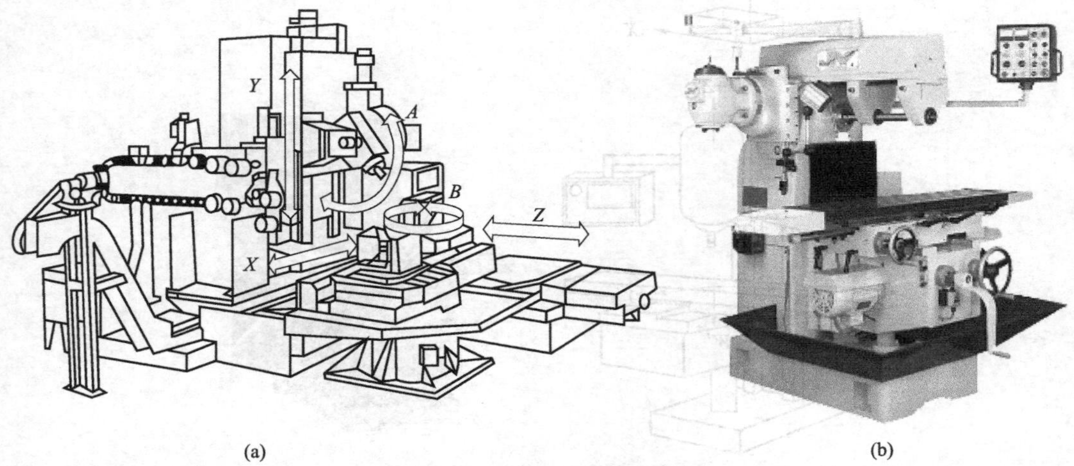


图 4-5　立卧两用式数控铣床

另外，数控铣床如果按照体积来分可以分为小型数控铣床、中型数控铣床和大型数控铣床。如果按控制坐标的联动轴数分可分为两轴半控制、三轴控制和多轴控制数控铣床。

## 二、数控铣床的应用

数控铣床主要用于加工平面和曲面轮廓的零件，还可以加工复杂型面的零件，如凸轮、样板、模具、螺旋槽等。同时也可以对零件进行钻、扩、铰、锪和镗孔的加工，但因数控铣床不具备自动换刀功能，所以不能完成复杂孔的加工要求。

### 1. 平面类零件的加工

目前，数控铣床上加工的绝大部分零件是平面零件，这类零件的特点是各个加工表面是平面或者是可以展开为平面，如图 4-6 所示。图中 $P$ 为斜平面，$M$ 为曲面轮廓，$N$ 为正圆台面。$M$ 和 $N$ 面展开后也是平面。

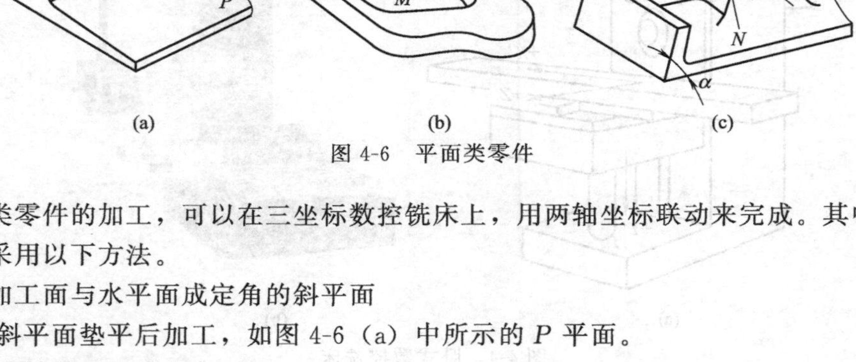


图 4-6　平面类零件

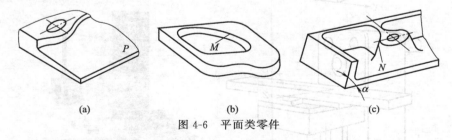

平面类零件的加工，可以在三坐标数控铣床上，用两轴坐标联动来完成。其中斜平面加工可分别采用以下方法。

(1) 加工面与水平面成定角的斜平面

① 将斜平面垫平后加工，如图 4-6 (a) 中所示的 $P$ 平面。

② 将主轴转过适当定角后加工。

③ 采用专用角度成形铣刀加工，如图 4-6 (c) 中所示的 $N$ 平面。

(2) 加工面与水平面夹角连续变化的斜平面（变斜角） 可利用数控铣床的摆角加工功能进行加工。

2. 曲面类零件的加工

加工面为空间曲面的零件称为曲面零件。这类零件的特点是其加工面不仅不能展开为平面，而且它的加工面与铣刀始终是点接触。加工中常用球铣刀。常用的加工方法如下。

(1) 在三坐标数控铣床上，用两轴半坐标联动加工曲面，如图 4-7 所示。这种加工方法用于较简单的空间曲面加工。

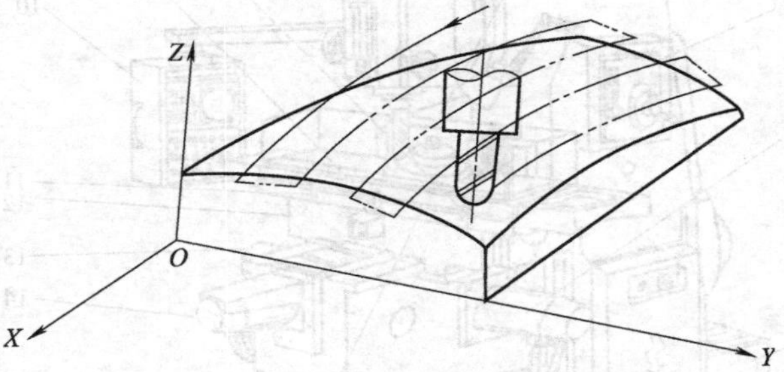

图 4-7　两轴半坐标联动加工

(2) 在三坐标或多坐标数控铣床上，用三轴坐标联动或多轴坐标联动加工曲面。这种加工方法适用于发动机、模具、螺旋桨等复杂空间曲面的加工。

## 第三节　数控铣床的组成与布局

数控铣床是机械和电子技术相结合的产物，它的机械结构随着电子控制技术在铣床上的普及应用，以及对铣床性能提出的技术要求，而逐步发展变化。

### 一、数控铣床的结构组成

数控铣床的机械结构主要由以下几部分组成。

(1) 主传动系统　它包括动力源、传动件及主运动执行件（主轴）等，其功用是将驱动装置的运动及动力传给执行件，以实现主切削运动。

(2) 进给传动系统　它包括动力源、传动件及进给运动执行件（工作台、刀架）等，其功用是将伺服驱动装置的运动与动力传给执行件，以实现进给切削运动。

(3) 基础支承件　它是指床身、立柱、导轨、滑座、工作台等，它支承机床的各主要部件，并使它们在静止或运动中保持相对正确的位置。

(4) 辅助装置　辅助装置视数控机床的不同而异，如自动换刀系统、液压气动系统、润滑冷却装置等。

图 4-8 所示为 XK5040A 型数控铣床的外形。床身 6 固定在底座 1 上，用于安装与支承机床各部件；操纵台 10 上有显示器、机床操作按钮和各种开关及指示灯；纵向工作台 16、横向溜板 12 安装在升降台 15 上，通过纵向进给伺服电动机 13、横向进给伺服电动机 14 和垂直升降进给伺服电动机 4 的驱动，完成 $X$、$Y$、$Z$ 坐标进给；强电柜 2 中装有机床电气部分的接触器、继电器等；变压器箱 3 安装在床身立柱的后面；数控柜 7 内装有机床数控系统；保护开关 8、11 可控制纵向行程限位；挡铁 9 为纵向参考点设定挡铁；主轴变速手柄和按钮板 5 用于手动调整主轴的正转、反转、停止及切削液开停等。

### 二、卧式数控铣床的布局形式

卧式数控镗铣床的布局形式种类较多，其主要区别在于立柱的结构形式和 $X$、$Z$ 坐标轴的移动方式上（$Y$ 轴移动方式无区别）。常用的立柱有单立柱和框架结构双立柱两种形

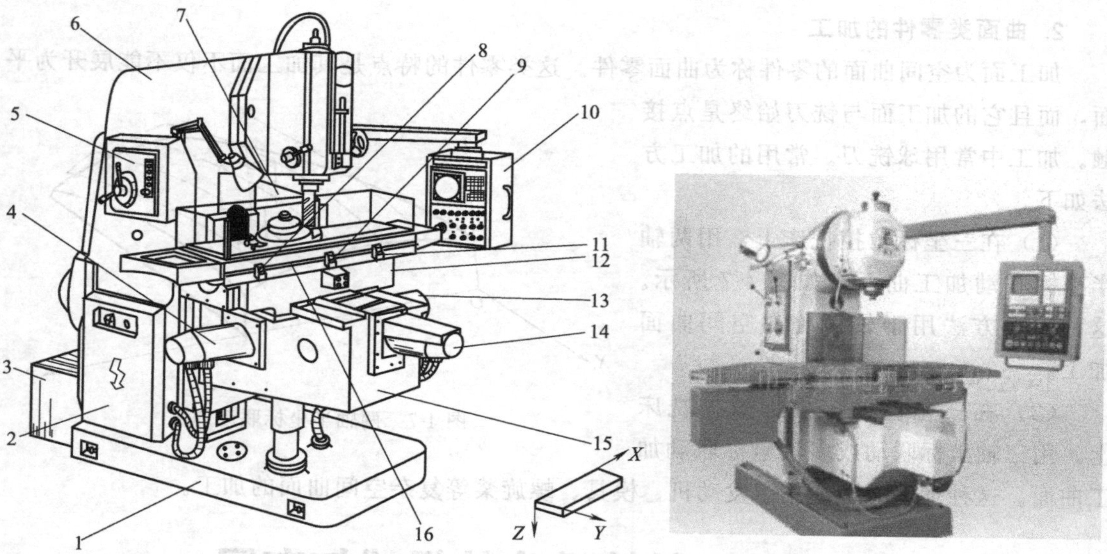


(a) (b)

图 4-8　XK5040A 型数控铣床的外形

1—底座；2—强电柜；3—变压器箱；4—垂直升降进给伺服电动机；5—主轴变速手柄和按钮板；6—床身；7—数控柜；8，11—保护开关；9—挡铁；10—操纵台；12—横向溜板；13—纵向进给伺服电动机；14—横向进给伺服电动机；15—升降台；16—纵向工作台

式，如图 4-9（a）、（b）所示。$Z$ 坐标轴的移动方式有两种：工作台移动式，如图 4-9（a）、（b）所示；立柱移动式，如图 4-9（c）所示。以上基本形式通过不同组合，还可以派生其他多种变形，如 $X$、$Z$ 两轴都采用立柱移动，工作台完全固定的结构形式；或 $X$ 轴为立柱移动、$Z$ 轴为工作台移动的结构形式等。

在图 4-9 所示的三种中、小规格卧式数控镗铣床常见的布局形式中，图 4-9（a）结构形式和传统的卧式镗床相同，多见于早期的数控机床或数控化改造的机床；图 4-9（b）采用了框架结构双立柱、$Z$ 轴工作台移动式布局，是中、小规格卧式数控机床常用的结构形式；图 4-9（c）采用 T 形床身、框架结构双立柱、立柱移动式（$Z$ 轴）布局，是卧式数控铣床的典型结构。

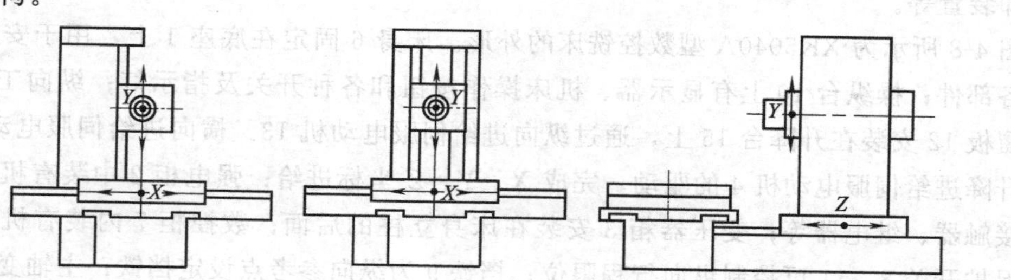


(a) (b) (c)

图 4-9　卧式数控铣床常见的布局形式

框架结构双立柱采用了对称结构，主轴箱在两立柱中间上、下运动，与传统的主轴箱侧挂式结构相比，大大提高了结构刚度。另外，主轴箱是从左、右两导轨的内侧进行定位，热变形产生的主轴中心变位被限制在垂直方向上，因此，可以通过对 $Y$ 轴的补偿，减小热变

形的影响。

T形床身布局可以使工作台沿床身作 $X$ 向移动时，在全行程范围内，工作台和工件完全支承在床身上，因此，机床刚性好，工作台承载能力强，加工精度容易得到保证。而且，这种结构可以很方便地增加 $X$ 轴行程，便于机床品种的系列化、零部件的通用化和标准化。

立柱移动式结构的优点是：首先，这种形式减少了机床的结构层次，使床身上只有回转工作台和工作台，共三层结构，它比传统的四层十字工作台，更容易保证大件结构刚性；同时又降低了工件的装卸高度，提高了操作性能。其次，$Z$ 轴的移动在后床身上进行，进给力与轴向切削力在同一平面内，承受的扭曲力小，镗孔和铣削精度高。此外，由于 $Z$ 轴导轨的承重是固定不变的，它不随工件质量改变而改变，所以有利于提高 $Z$ 轴的定位精度和精度的稳定性。但是，由于 $Z$ 轴承载较重，对提高 $Z$ 轴的快速性不利，这是其不足之处。

## 三、立式数控铣床的布局形式

立式数控铣床是数控铣床中数量最多的一种，应用范围也最为广泛。小型数控铣床一般都采用工作台移动、升降及主轴转动方式，与普通立式升降台铣床结构相似；中型立式数控铣床一般采用纵向和横向工作台移动方式，且主轴沿垂直溜板上下运动；大型立式数控铣床，因要考虑到扩大行程、缩小占地面积及刚性等技术问题，往往采用龙门架移动式，其主轴可以在龙门架的横向与垂直溜板上运动，而龙门架则沿床身作纵向运动。

从机床数控系统控制的坐标数量来看，目前3坐标立式数控铣床仍占大多数。一般可进行3坐标联动加工，但也有部分机床只能进行3坐标中的任意2个坐标联动加工（常称为 $2\frac{1}{2}$ 坐标加工）。此外，还有机床主轴可以绕 $X$、$Y$、$Z$ 坐标轴中其中一个或两个轴作数控摆角运动的4坐标和5坐标立式数控铣床。一般来说，机床控制的坐标轴越多，特别是要求联动的坐标轴越多，机床的功能、加工范围及可选择的加工对象也越多。但随之而来的是机床的结构更复杂，对数控系统的要求更高，编程的难度更大，设备的价格也更高。图4-10所示为立式数控铣床常见的三种布局形式。由溜板和工作台来实现平面上 $X$、$Y$ 两个坐标轴的移动，主轴箱沿立柱导轨上下实现 $Z$ 坐标移动。

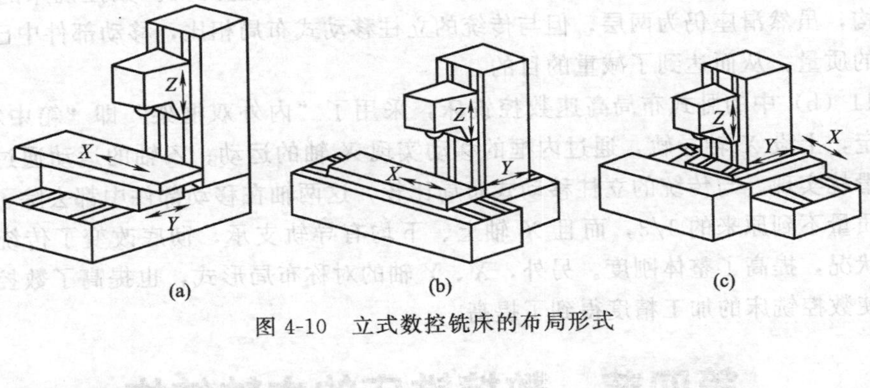

图 4-10 立式数控铣床的布局形式

## 四、高速数控机床的布局形式

高速加工是提高机床加工效率最有效的方法之一。近年来，高速加工机床已成为机床制造业的主要发展方向，高速加工机床的性能，已成为衡量机床制造厂家产品性能水平的主要标志之一。

高速加工机床需要同时满足高移动速度、高加速度、高主轴转速及高精度加工的要求，因而在结构布局上需要集高速、高精度和高刚度于一体。在机床总体布局上必须考虑到高速加工机床的特殊性。

图 4-11 所示为两种高速加工数控铣床的布局形式。图 4-11（a）为立式数控铣床采用固定门式立柱的布局形式，图 4-11（b）为卧式数控铣床采用“内外双框架”即“箱中箱”（box in box）结构的布局形式。

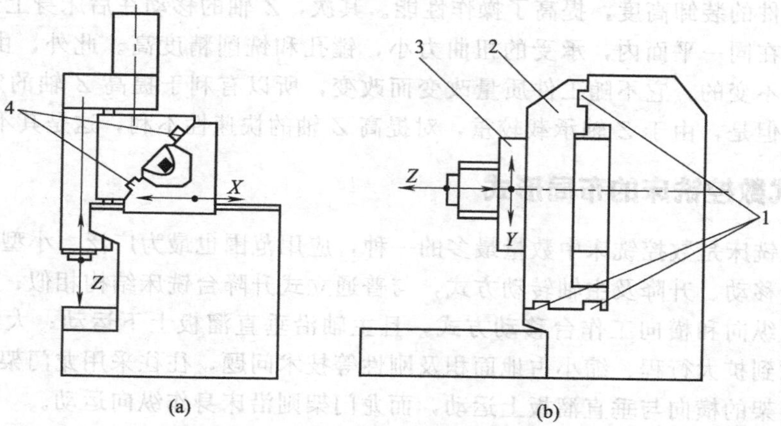


图 4-11 高速加工数控铣床的布局形式

1—轴导轨；2—内框；3—主轴箱；4—Y 轴导轨

这两种布局形式在总体上的共同特点是：运动部件质量轻，结构刚性好，机床进给系统的结构全部或部分移出工作台外，以最大限度减轻移动部件的质量和惯量。这些是高速加工机床结构布局设计的总原则。

图 4-11（a）中的立式数控铣床采用了固定门式立柱的布局形式，但它已脱离传统的门式结构仅仅为了满足大行程或重型加工需要的理念，目的是为了提高机床的整体刚性和快速性以满足高速加工的要求。它通过在上面架设 $X$ 轴导轨，利用滑座实现 $X$ 轴移动，从而降低了运动部件的质量，而且运动部件的质量和加工工件的质量无关。数控铣床的 $Y$ 轴采用上置式结构，虽然滑座仍为两层，但与传统的立柱移动式布局相比，移动部件中已经去除了立柱本身的质量，从而达到了减重的目的。

图 4-11（b）中的卧式布局高速数控铣床，采用了“内外双框架”即“箱中箱”结构。外框架固定，上设 $X$ 轴导轨，通过内框的移动实现 $X$ 轴的运动；$Z$ 轴的运动通过安装在主轴箱内的滑枕实现。与传统的立柱移动式布局比较，这两轴在移动部件中都去除了立柱本身的质量，质量不到原来的 1/3，而且 $X$ 轴上、下均有导轨支承，彻底改变了传统立柱悬臂式弯曲的状况，提高了整体刚度。另外，$X$、$Y$ 轴的对称布局形式，也提高了数控铣床的热稳定性，使数控铣床的加工精度得到了提高。

# 第四节 数控铣床的主轴结构

## 一、刀具自动装卸及切屑清除装置

主轴部件除具有较高的精度和刚度外，还带有刀具自动装卸装置和主轴孔内的切屑清除装置，如图 4-12 所示。

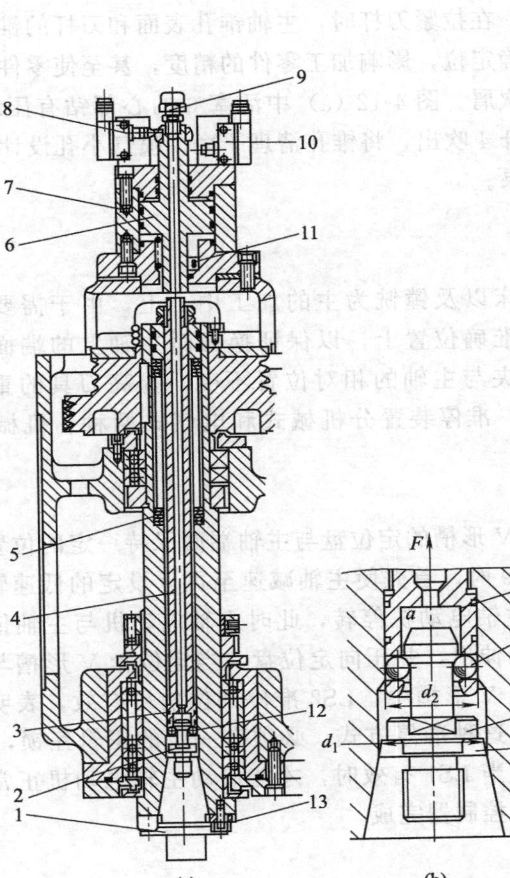


图 4-12　数控铣床主轴部件

1—刀架；2—拉钉；3—主轴；4—拉杆；5—碟形弹簧；6—活塞；
7—液压缸；8,10—行程开关；9—压缩空气管接头；
11—弹簧；12—钢球；13—端面键

主轴前端有 7：24 的锥孔，用于装夹锥柄刀具。端面键 13 既作刀具定位用，又可通过它传递转矩。为了实现刀具的自动装卸，主轴内设有刀具自动夹紧装置。从图中可以看出，该机床是由拉紧机构拉紧锥柄刀夹尾端的轴颈来实现刀夹的定位及夹紧的。夹紧刀夹时，液压缸上腔接通回油，弹簧 11 推活塞 6 上移，处于图示位置，拉杆 4 在碟形弹簧 5 的作用下向上移动。由于此时装在拉杆前端径向孔中的 4 个钢球 12 进入主轴孔中直径较小的 $d_2$处，见图 4-12（b），被迫径向收拢而卡进拉钉 2 的环形凹槽内，因而刀杆被拉杆拉紧，依靠摩擦力紧固在主轴上。换刀前需将刀夹松开时，压力油进入液压缸上腔，活塞 6 推动拉杆 4 向下移动，碟形弹簧被压缩；当钢球 12 随拉杆一起下移至进入主轴孔中直径较大的 $d_1$处时，它就不再能约束拉钉的头部，紧接着拉杆前端内孔的台肩端面碰到拉钉，把刀夹顶松。此时行程开关 10 发出信号，换刀机械手随即将刀夹取下。与此同时，压缩空气由管接头 9 经活塞和拉杆的中心通孔吹入主轴装刀孔内，把切屑或脏物清除干净，以保证刀具的装夹精度。机械手把新刀装上主轴后，液压缸 7 接通回油，碟形弹簧又拉紧刀夹。刀夹拉紧后，行程开关 8 发出信号。

自动清除主轴孔中的切屑和尘埃是换刀操作中的一个不容忽视的问题。如果在主轴锥孔中掉进了切屑或其他污物，在拉紧刀杆时，主轴锥孔表面和刀杆的锥柄就会被划伤，使刀杆发生偏斜，破坏刀具的正确定位，影响加工零件的精度，甚至使零件报废。为了保证主轴锥孔的清洁，常用压缩空气吹屑。图 4-12（a）中活塞 6 的心部钻有压缩空气通道，当活塞向下移动时，压缩空气经拉杆 4 吹出，将锥孔清理干净。喷气小孔设计有合理的喷射角度，并均匀分布，以提高吹屑效果。

## 二、主轴准停装置

在数控镗床、数控铣床以及镗铣为主的加工中心上，由于需要进行自动换刀，要求主轴每次停在一个固定的准确位置上，以保证换刀时主轴上的端面键能对准刀夹上的键槽，同时使每次装刀时刀夹与主轴的相对位置不变，提高刀具的重复安装精度，从而提高孔加工时孔径的一致性。准停装置分机械式和电气式两种。机械准停装置比较准确可靠，但结构较复杂。

### 1. 机械准停控制

如图 4-13 所示，带有 V 形槽的定位盘与主轴端面保持一定的位置关系，以确定定位位置。当指令为准停控制 M19 时，首先使主轴减速至可以设定的低速转动，当检测到无触点开关有效信号后，立即使主轴电动机停转，此时主轴电动机与主轴传动件依靠惯性继续空转，同时准停液压缸定位销伸出，并压向定位盘。当定位盘 V 形槽与定位销正对时，由于液压缸的压力，定位销插入 V 形槽中，LS2 准停到位信号有效，表明准停动作完成。这里 LS1 为准停释放信号。采用这种准停方式，必须有一定的逻辑互锁，即当 LS2 有效时，才能进行换刀等动作。而只有当 LS1 有效时，才能启动主轴电动机正常运转。上述准停功能通常由数控系统的可编程序控制器完成。

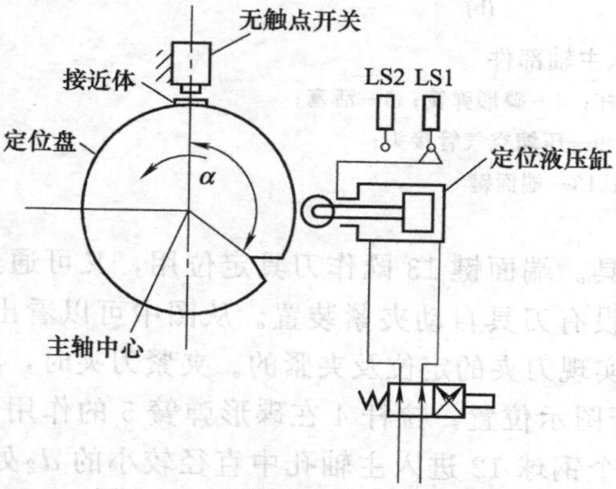

图 4-13　V 形槽定位盘准停结构

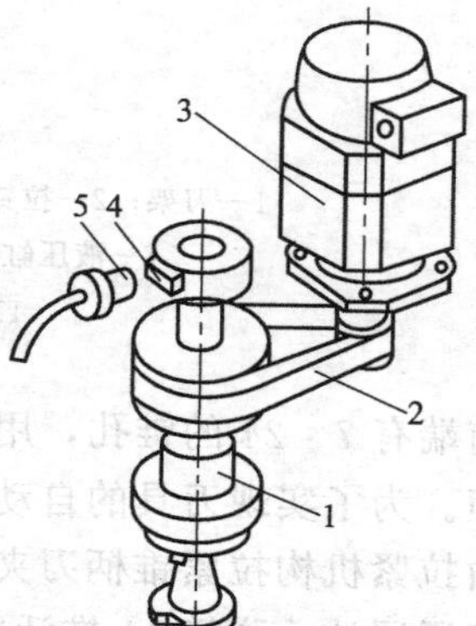

图 4-14　主轴准停装置结构
1—主轴；2—同步带；3—主轴电动机；
4—永久磁铁；5—磁传感器

机械准停还有其他方式，如端面螺旋凸轮准停等，但它们的基本原理是一样的。

### 2. 电气准停控制

现代的数控铣床一般都采用电气式主轴准停装置，利用磁力传感器检测定向。只要数控系统发出指令信号，主轴就可以准确地定向。其装置结构如图 4-14 所示。

在主轴上安装的永久磁铁 4 与主轴一起旋转，在距离永久磁铁 4 旋转轨迹外 1～2mm 处固定有一个磁传感器 5，当铣床主轴需要停车换刀时，数控装置发出主轴停转的指令，主轴电动机 3 立即降速，使主轴以很低的转速回转，当永久磁铁 4 对准磁传感器 5 时，磁传感器发出准停信号，此信号经放大后，由定向电路使电动机准确地停止在规定的周向位置上。这种准停装置机械结构简单，发磁体与磁传感器间没有接触摩擦，准停的定位精度可达±1°，能满足一般换刀要求。而且定向时间短，可靠性较高。

## 第五节 数控铣床的辅助装置

目前，数控铣床已成为机械制造的主要工具机，特别是数控铣床在朝高速度、大功率、高精度的方向上发展，其可靠性已成为衡量其性能的重要指标。要保证数控铣床可靠稳定地工作，除了在机械结构和数控系统等方面要达到一定的要求之外，良好的冷却、润滑、温控和排屑装置也是不可忽视的部分，它们对延长数控铣床的使用寿命和周期、提高切削加工效率、保证数控铣床正常运行具有重要的意义。

### 一、数控铣床回转工作台

数控铣床是一种高效率的加工设备，当零件被装夹在工作台上以后，为了尽可能完成较多工艺内容，除了要求机床有沿 $X$、$Y$、$Z$ 三个坐标轴的直线运动之外，还要求工作台在圆周方向有进给运动和分度运动。这些运动通常用回转工作台实现。

数控回转工作台的主要功能有两个：一是实现工作台的进给分度运动，即在非切削时，装有工件的工作台在整个圆周（360°范围内）进行分度旋转；二是实现工作台圆周方向的进给运动，即在进行切削时，与 $X$、$Y$、$Z$ 三个坐标轴进行联动，加工复杂的空间曲面。

图 4-15 所示为 JCS-013 型卧式数控镗铣床的数控回转工作台。该数控回转工作台由传动系统、间隙消除装置及蜗轮夹紧装置等组成。

当数控回转工作台接到数控系统的指令后，首先把蜗轮 10 松开，然后启动电液脉冲马达 1，按指令脉冲来确定工作台的回转方向、回转速度及回转角度大小等参数。工作台的运动由电液脉冲马达 1 驱动，经齿轮 2 和 4 带动蜗杆 9，通过蜗轮 10 使工作台回转。为了尽量消除传动间隙和反向间隙，齿轮 2 和 4 相啮合的侧隙是靠调整偏心环 3 来消除的。齿轮 4 与蜗杆 9 是靠楔形拉紧圆柱销 5（$A$—$A$ 剖面）来连接的，这种连接方式能消除轴与套的配合间隙。为了消除蜗杆副的传动间隙，采用了双螺距渐厚蜗杆，通过移动蜗杆的轴向位置来调整间隙。这种蜗杆的左右两侧面具有不同的螺距，因此蜗杆齿厚从一端向另一端逐渐增厚。但由于同一侧的螺距是相同的，所以仍然保持着正常的啮合。调整时先松开螺母 7 上的锁紧螺钉 8，使压块 6 与调整套 11 松开，同时将楔形拉紧圆柱销 5 松开。然后转动调整套 11，带动蜗杆 9 作轴向移动。根据设计要求，蜗杆有 10mm 的轴向移动调整量，这时蜗杆副的侧隙可调整 0.2mm。调整后锁紧调整套 11 和楔形拉紧圆柱销 5。蜗杆的左右两端都由双列滚针轴承支承。左端为自由端，可以伸长以消除温度变化的影响；右端装有双列推力轴承，能轴向定位。

当工作台静止时必须处于锁紧状态。工作台面用沿其圆周方向分布的 8 个夹紧液压缸进行夹紧。当工作台不回转时，夹紧液压缸 14 的上腔进压力油，使活塞 15 向下运动，通过钢球 17、夹紧瓦 13 及 12 将蜗轮 10 夹紧；当工作台需要回转时，数控系统发出指令，使夹紧液压缸 14 上腔的油流回油箱。在弹簧 16 的作用下，钢球 17 抬起，夹紧瓦 12 及 13 松开蜗轮 10，然后由电液脉冲马达 1 通过传动装置，使蜗轮和回转工作台按照控制系统的指令作回转运动。

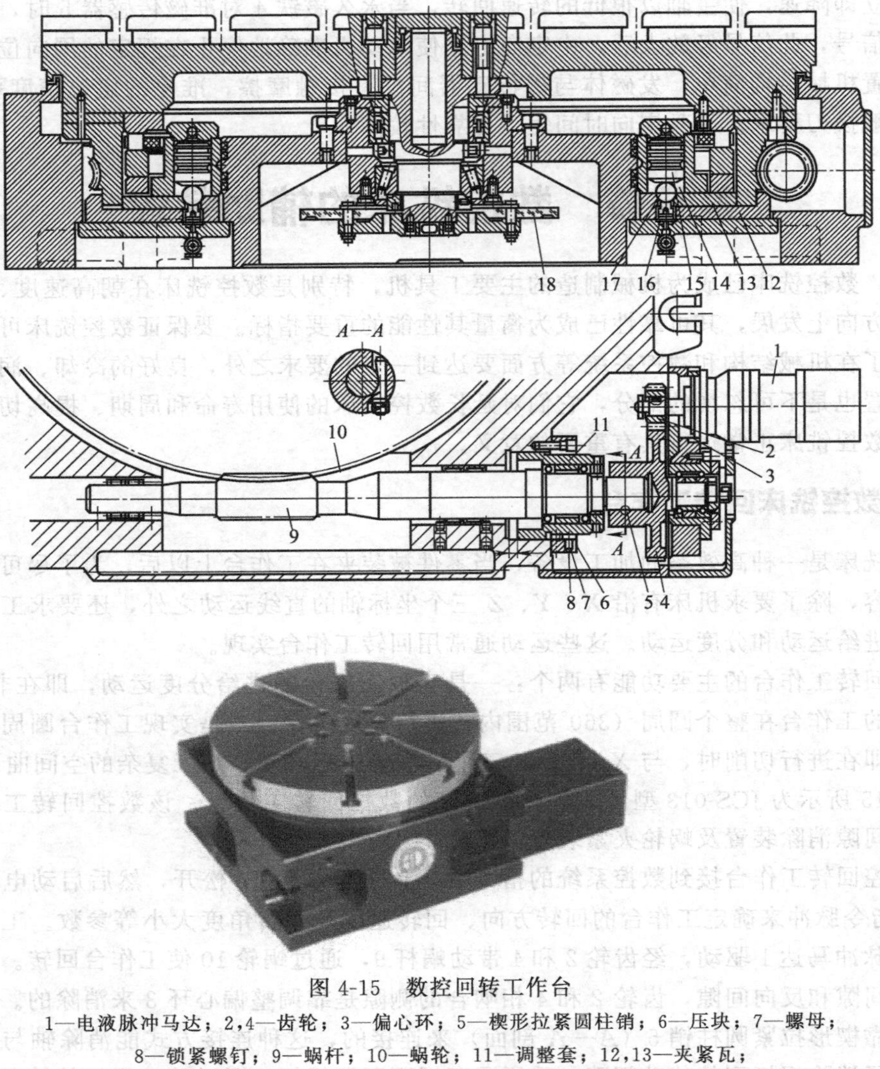


图 4-15　数控回转工作台

1—电液脉冲马达；2,4—齿轮；3—偏心环；5—楔形拉紧圆柱销；6—压块；7—螺母；
8—锁紧螺钉；9—蜗杆；10—蜗轮；11—调整套；12,13—夹紧瓦；
14—夹紧液压缸；15—活塞；16—弹簧；17—钢球；18—光栅

数控回转工作台设有零点，当它作返回零点运动时，首先由安装在蜗轮上的撞块碰撞限位开关，使工作台减速；再通过感应块和无触点开关，使工作台准确地停在零点位置上。

该数控回转工作台可作任意角度的回转和分度，由光栅 18 进行读数控制。光栅 18 在圆周上有 21600 条刻线，通过 6 倍频电路，使刻度分辨能力为 10″，因此，工作台的分度精度可达±10″。

## 二、分度工作台

分度工作台只能完成分度运动，而不能实现圆周进给运动。由于结构上的原因，通常分度工作台的分度运动只限于完成规定的角度（如 45°、60°或 90°等），即在需要分度时，按照数控系统的指令，将工作台及其工件回转规定的角度，以改变工件相对于主轴的位置，完成工件各个表面的加工。

分度工作台按其定位机构的不同分为定位销式和鼠牙盘式两类。前者的定位分度主要靠工作台的定位销和定位孔来实现，分度的角度取决于定位孔在圆周上分布的数量。鼠牙盘式分度工作台是利用一对上下啮合的齿盘，通过上下齿盘的相对旋转来实现工作台的分度，分度的角度范围依据齿盘的齿数而定。

图 4-16 所示为定位销式分度工作台。这种工作台的定位分度主要靠定位销和定位孔来实现。分度工作台 1 嵌在长方工作台 10 之中。在不单独使用分度工作台时，两个工作台可以作为一个整体使用。在分度工作台 1 的底部均匀分布着 8 个圆柱定位销 7，在底座 21 上有一个定位孔衬套 6 及供定位销移动的环形槽。其中只有一个圆柱定位销 7 进入定位孔衬套 6 中，其他 7 个圆柱定位销则都在环形槽中。因为圆柱定位销之间的分布角度为 45°，故只能实现 45°等分的分度运动。

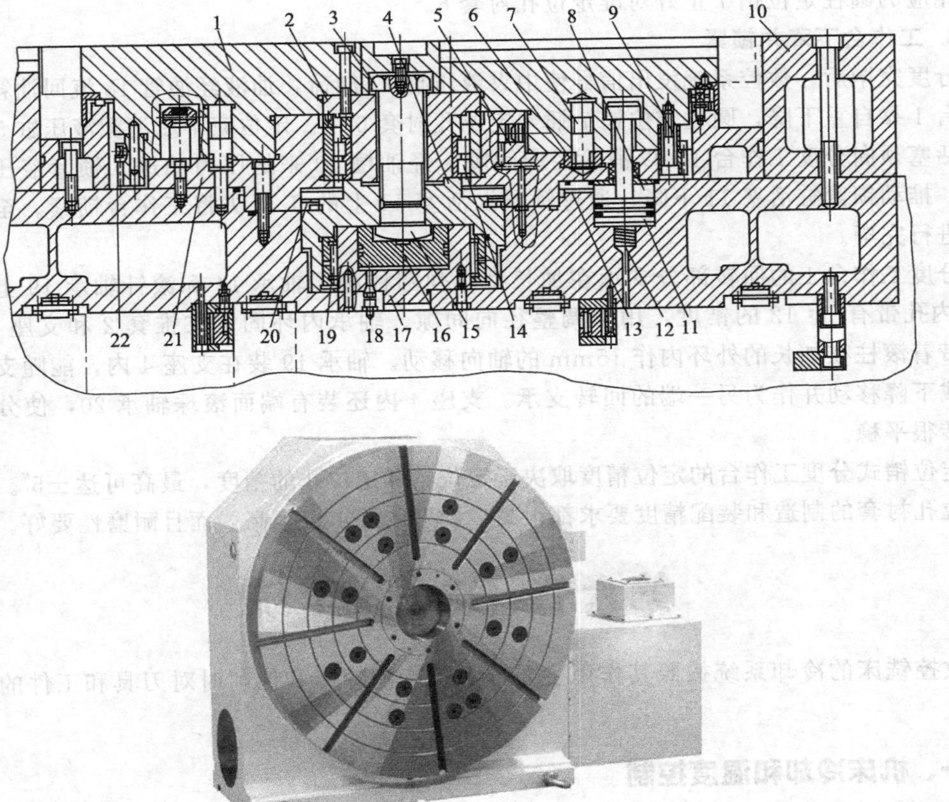


图 4-16 定位销式分度工作台的结构

1—分度工作台；2—锥套；3—螺钉；4—支座；5—消隙液压缸；6—定位孔衬套；7—圆柱定位销；8—锁紧液压缸；9—大齿轮；10—长方工作台；11—锁紧缸活塞；12—弹簧；13—油槽；14,19,20—轴承；15—螺栓；16—活塞；17—中央液压缸；18—油管；21—底座；22—挡块

定位销式分度工作台作分度运动时，其工作过程分为三个步骤。

### 1. 松开锁紧机构并拔出定位销

分度时机床的数控系统发出指令，由电气控制的液压缸使 6 个均布的锁紧液压缸 8（图 4-16 中只示出一个）中的压力油，经环形油槽 13 流回油箱，锁紧缸活塞 11 被弹簧 12 顶起，分度工作台 1 处于松开状态。同时消隙液压缸 5 也卸荷，液压缸中的压力油经回油路流回油箱。油管 18 中的压力油进入中央液压缸 17，使活塞 16 上升，并通过螺栓 15、支座 4 把推力轴承 20 向上抬起 15mm，顶在底座 21 上。分度工作台 1 用 4 个螺钉与锥套 2 相连，而锥套 2 用六角头螺钉 3 固定在支座 4 上，所以当支座 4 上移时，通过锥套 2 使分度工作台 1 抬高 15mm，固定在工作台面上的圆柱定位销 7 从定位孔衬套 6 中拔出。

**2. 工作台回转分度**

当工作台抬起之后发出信号，使液压马达驱动减速齿轮（图 4-16 中未示出），带动固定在分度工作台 1 下面的大齿轮 9 转动，进行分度运动。分度工作台的回转速度由液压马达和液压系统中的单向节流阀来调节，分度初作快速转动，在将要到达规定位置前减速，减速信号由固定在大齿轮 9 上的挡块 22（共 8 个周向均布）碰撞限位开关发出。挡块碰撞第一个限位开关时，发出信号使工作台降速，碰撞第二个限位开关时，分度工作台停止转动。此时，相应的圆柱定位销 7 正好对准定位孔衬套 6。

**3. 工作台下降并锁紧**

分度完毕后，数控系统发出信号使中央液压缸 17 卸荷，油液经油管 18 流回油箱，分度工作台 1 靠自重下降，圆柱定位销 7 插入定位孔衬套 6 中。定位完毕后消隙液压缸 5 通压力油，活塞顶向分度工作台 1，以消除径向间隙。经油槽 13 来的压力油进入锁紧液压缸 8 的上腔，推动锁紧缸活塞 11 下降，通过锁紧缸活塞 11 上的 T 形头将工作台锁紧。至此分度工作进行完毕。

分度工作台 1 的回转部分支承在加长型双列圆柱滚子轴承 14 和滚针轴承 19 上，轴承 14 的内孔带有 1∶12 的锥度，用来调整径向间隙。轴承内环固定在锥套 2 和支座 4 之间，并可带着滚柱在加长的外环内作 15mm 的轴向移动。轴承 19 装在支座 4 内，能随支座 4 作上升或下降移动并作为另一端的回转支承。支座 4 内还装有端面滚珠轴承 20，使分度工作台回转很平稳。

定位销式分度工作台的定位精度取决于定位销和定位孔的精度，最高可达±5″。定位销和定位孔衬套的制造和装配精度要求都很高，硬度的要求也很高，而且耐磨性要好。

## 第六节 冷却系统

数控铣床的冷却系统按照其作用主要分为机床的冷却和切削时对刀具和工件的冷却两部分。

### 一、机床冷却和温度控制

数控铣床属于高精度、高效率、高成本投入的机床，所以，在工厂中为了尽早地收回成本，充分发挥其作用，一般要求采取 24h 不停机连续工作制，为了保证长时间工作机床加工精度的一致性、电气及控制系统的工作稳定性和机床的使用寿命，数控铣床对环境温度和各部分的发热、冷却及温度控制均有相应的要求。

环境温度对数控铣床加工精度及工作稳定性有不可忽视的影响。对精度要求较高和整批零件尺寸一致性要求较高的加工，应保持数控铣床工作环境的恒温。一般数控铣床（半闭环控制，最小分辨率在 0.001mm 级）对工作环境温度的要求为 0～45℃，环境温度变化不大于 1.1℃/min。

数控铣床的电控系统是整台机床的控制核心，其工作时的可靠性及稳定性对数控铣床的正常工作起着决定性作用，并且电控系统中间的绝大部分元器件在通电工作时均会产生热量，如果没有充分适当的散热，容易造成整个系统的温度过高，影响其可靠性、稳定性及元器件的寿命。数控铣床的电控系统一般采用在发热量大的元器件上加装散热片与采用风扇强制循环通风的方式进行热量的扩散，降低整个电控系统的温度。但该方式具有灰尘易进入控制箱、温度控制稳定性差、湿空气易进入的缺点。所以，在一些较高档的数控铣床上一般采用专门的电控箱冷气机进行电控系统的温、湿度调节。

在数控铣床的机械本体部分，主轴部件及传动机构为最主要的发热源。对主轴轴承和传动齿轮等零件，特别是中等以上预紧的主轴轴承，如果工作时温度过高很容易产生润滑油黏度降低、轴承胶合磨损破坏等后果，所以数控铣床的主轴部件及传动装置通常设有工作温度控制装置。

图 4-17 所示为一数控铣床采用专用的主轴温控机对主轴的工作温度进行控制。图 4-17（a）所示为主轴温控机的工作原理图，循环液压泵 2 将主轴头内的润滑油（L-AN32 机油）通过管道抽出，经过过滤器 4 过滤送入主轴头内，温度传感器 5 检测润滑油液的温度，并将温度信号传给温控机控制系统，控制系统根据操作人员在温控机上的预设值，来控制冷却器的开停。冷却润滑系统的工作状态由压力继电器 3 检测，并将此信号传送到数控系统的 PLC。数控系统把主轴传动系统及主轴的正常润滑作为主轴系统工作的充要条件，如果压力继电器 3 无信号发出，则数控系统 PLC 发出报警信号，且禁止主轴启动。图 4-17（b）所示为温控机操作面板。操作人员可以设定油温和室温的差值，温控机根据此差值进行控制，面板上设置有循环液压泵，冷却机工作、故障等多个指示灯，供操作人员识别温控机的工作状态。主轴头内高负荷工作的主轴传动系统与主轴同时得到冷却。

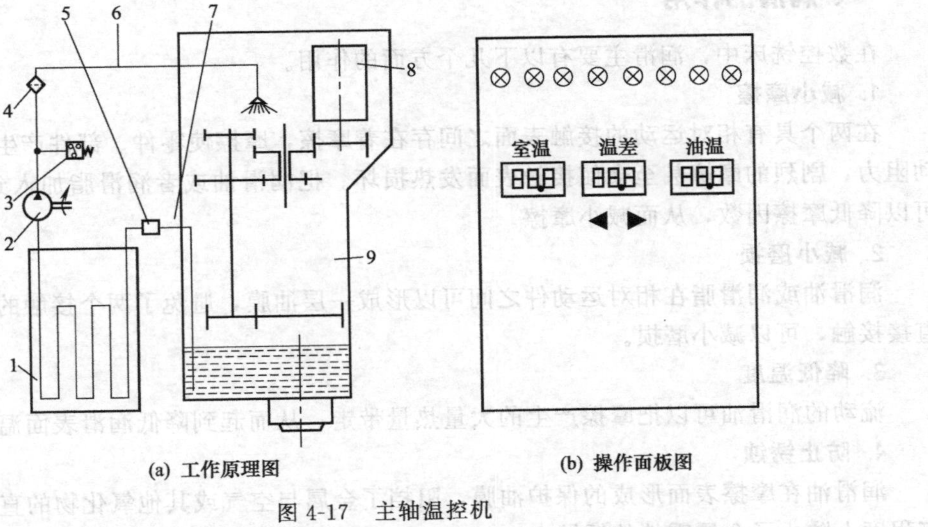


图 4-17　主轴温控机

1—冷却器；2—循环液压泵；3—压力继电器；4—过滤器；5—温度传感器；6—出油管；7—进油管；8—主轴电动机；9—主轴头

## 二、工件切削冷却

数控铣床在进行高速大功率切削时伴随大量的切削热产生，使刀具、工件和机床的温度上升，进而影响刀具的寿命、工件加工质量和机床的精度。所以，在数控铣床中，良好的工件切削冷却具有重要的意义，切削液不仅具有对刀具、工件、机床的冷却作用，还起到在刀具

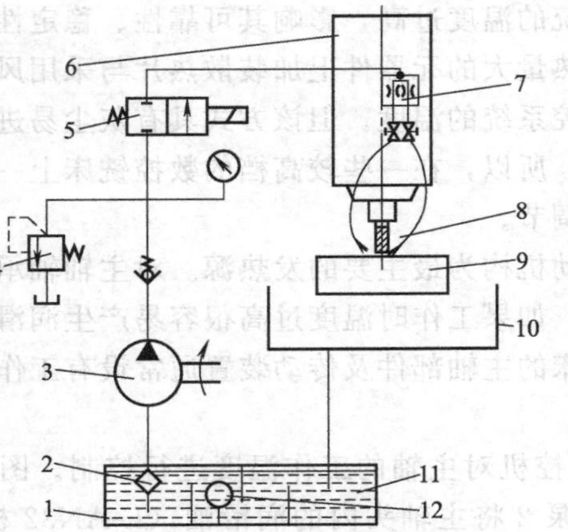


图 4-18 数控铣床切削冷却系统原理

1—冷却液箱；2—过滤器；3—液压泵；4—溢流阀；5—电磁阀；6—主轴部件；7—分流阀；8—冷却液喷嘴；9—工件；10—冷却液收集装置；11—冷却液；12—液位指示计

与工件之间的润滑、排屑清理、防锈等作用。

图 4-18 所示为某数控铣床切削冷却系统原理。机床在工作过程中可以根据加工程序的要求，由两条管道喷射切削液，不需要切削液时，可通过切削液开/停按钮关闭切削液。通常在 CAM 生成的程序代码中会自动加入切削液开关指令。手动加工时机床操作面板上的切削液开/停按钮可启动切削液电动机，送出切削液。

为了充分提高冷却效果，在一些数控铣床上还采用了主轴中央通水和使用内冷却刀具的方式进行主轴和刀具的冷却。这种方式对提高刀具寿命、发挥数控铣床良好的切削性能、切屑的顺利排出等方面具有较好的作用，特别是在加工深孔时效果尤为突出，所以目前应用越来越广泛。

# 第七节 润滑系统

## 一、润滑的作用

在数控铣床中，润滑主要有以下几个方面的作用。

### 1. 减小摩擦

在两个具有相对运动的接触表面之间存在着摩擦，摩擦使零件、部件产生磨损，增大运动阻力，剧烈的摩擦甚至会使接触表面发热损坏。把润滑油或者润滑脂加入到摩擦表面后，可以降低摩擦因数，从而减小摩擦。

### 2. 减小磨损

润滑油或润滑脂在相对运动件之间可以形成一层油膜，避免了两个接触的相对运动件的直接接触，可以减小磨损。

### 3. 降低温度

流动的润滑油可以把摩擦产生的大量热量带走，从而起到降低润滑表面温度的作用。

### 4. 防止锈蚀

润滑油在摩擦表面形成的保护油膜，阻挡了金属与空气或其他氧化物的直接接触，在一定程度上防止了金属零件的锈蚀。

### 5. 形成密封

润滑脂除具有主要的润滑作用外，还具有防止润滑剂的流出和外界尘屑进入摩擦表面的作用，避免了摩擦、磨损的加剧。

## 二、润滑系统的类型和应用

数控铣床的润滑按照其工作方法一般分为分散润滑和集中润滑两种。分散润滑是指在数控铣床的各个润滑点用独立、分散的润滑装置进行润滑；集中润滑是指利用一个统一的润滑系统对多个润滑点进行润滑。按照润滑介质的不同，机床上的润滑又可以分为油润滑和脂润滑两种，其中油润滑又分为滴油润滑、油浴润滑（包括溅油润滑和油池润滑）、油雾润滑、循环油润滑及油气润滑等。

数控铣床良好的润滑对提高各相对运动件的寿命、保持良好的动态性能和运动精度等具有较大的意义。在数控铣床的运动部件中，既有高速的相对运动，也有低速的相对运动，既有重载的部位，也有轻载的部位，所以在数控铣床中通常采用分散润滑与集中润滑、油润滑与脂润滑相结合的综合润滑方式对数控铣床的各个需要润滑部位进行润滑。数控铣床中润滑系统主要包括主轴传动部分、轴承、丝杠和导轨等部件的润滑。

在数控铣床的主轴传动部分中，齿轮和主轴轴承等零件由于转速较高、负载较大，温升剧烈，所以一般采用润滑油强制循环的方式，对这些零件进行润滑的同时完成对主轴系统的冷却。这些润滑和冷却兼具的系统对油的过滤要求较为严格，否则容易影响齿轮、轴承等零件的使用寿命，一般在此系统中采用沉淀、过滤、磁性精过滤等手段保持油的洁净，并要求经过规定的时间后进行油的清理更换。

轴承、丝杠和导轨是决定数控铣床各个坐标轴运动精度的主要部件。为了维持它们的运动精度并减小摩擦及磨损，必须采用适当的润滑。具体采用何种润滑方式取决于数控铣床的工作状况及结构要求。对负载不大、极限转速或移动速度不高的数控铣床一般采用脂润滑，采用脂润滑可以减少设置专门的润滑系统，避免润滑油的泄漏污染和废油的处理，而且脂润滑具有一定的密封作用，降低外部灰尘、水汽等对轴承、丝杠和导轨副的影响。对一些负载较大、极限转速或移动速度较高的数控铣床一般采用油润滑，采用油润滑既能起到对相对运动件之间的润滑作用，又可以起到一定的冷却作用。在数控铣床的轴承、丝杠和导轨部位，无论是采用油润滑还是脂润滑，都必须保持润滑介质的洁净无污染，按照相应润滑介质要求和工况定期地清理润滑元件，更换或补充润滑介质。

## 第八节　典型数控铣床

XKA5750 数控立式铣床是北京第一机床厂生产的带有万能铣头的立卧两用数控铣床，可以实现三坐标联动，能够铣削具有复杂曲线轮廓的零件，如凸轮、模具、样板、叶片、弧形槽等零件。

### 一、机床的基本构成及基本运动

图 4-19 所示为 XKA5750 数控立式铣床的外形图，该机床由机床本体部分和控制分构成。

在图 4-19 所示的坐标系中，数控铣床存在以下三种运动：工作台 12 由伺服电动机 14 带动在升降滑座 15 上作纵向移动（$X$ 轴方向）；伺服电动机 2 带动升降滑座 15 作垂直升降运动（$Z$ 轴方向）；滑枕 7 作横向送给运动（$Y$ 轴方向）。

XKA5750 数控立式铣床是立卧两用的数控铣床，其万能铣头不仅可以将铣头主轴调整到立式或卧式位置，而且还可以在前半球面内使主轴中心线处于任意空间角度。万能铣头立卧两个加工位置如图 4-20 所示。

### 二、机床的主要技术参数

工作面积（宽×长）　　500mm×1600mm

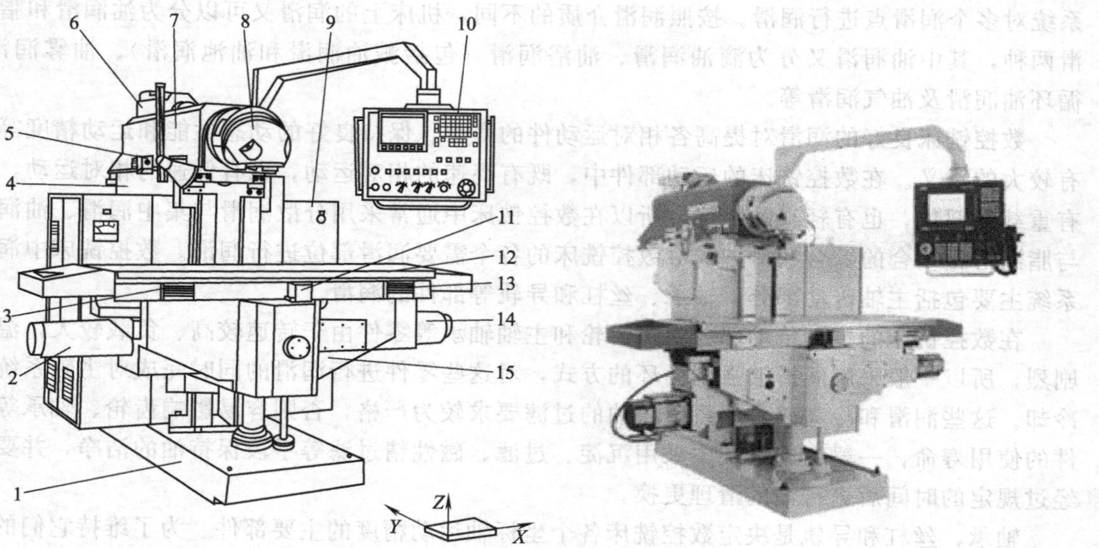


图 4-19 XKA5750 数控立式铣床

1—底座；2,13,14—伺服电动机；3,4—床身；5—横向限位开关；
6—后壳体；7—滑枕；8—万能铣头；9—数控柜；10—操作面板；
11—纵向限位开关；12—工作台；15—升降滑座

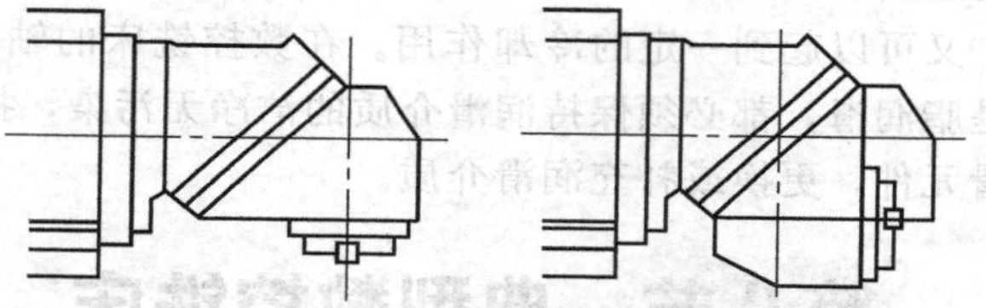

图 4-20 万能铣头立卧两个加工位置

| | |
|---|---|
| 工作台纵向行程 | 1200mm |
| 滑枕横向行程 | 700mm |
| 工作台垂直行程 | 500mm |
| 主轴锥孔 | ISO 50 |
| 主轴端面到工作台面距离 | 50～550mm |
| 主轴中心线到床身立导轨面距离 | 28～728mm |
| 主轴转速 | 50～2500r/min |
| 进给速度：纵向（$X$ 向） | 6～3000mm/min |
| 横向（$Y$ 向） | 6～3000mm/min |
| 垂向（$Z$ 向） | 3～1500mm/min |
| 快速移动速度：纵向、横向 | 6000mm/min |
| 垂向 | 3000mm/min |
| 主轴电动机功率 | 11kW |
| 进给电动机转矩：纵向、横向 | 9.3N·m |
| 垂向 | 13N·m |
| 润滑电动机功率 | 60W |

| | |
|---|---|
| 冷却电动机功率 | 125W |
| 机床外形尺寸（长×宽×高） | 2393mm×2264mm×2180mm |
| 控制轴数 | 3（可选 4 轴） |
| 最大同时控制轴数 | 3 |
| 最小设定单位 | 0.001mm/0.0001in |
| 插补功能 | 直线/圆弧 |
| 编程功能 | 多种固定循环、用户定程序 |
| 程序容量 | 64K |
| 显示方法 | 9 英寸单色 CRT |

## 三、机床的传动系统

### 1. 主传动系统

图 4-21 所示为 XKA5750 数控铣床的传动链示意图。主运动是铣床主轴的旋转运动，由装在滑枕后部的交流主轴伺服电动机驱动，电动机的运动通过速比为 1∶2.4 的一对弧齿同步齿形带轮传到滑枕的水平轴Ⅰ上，再经过万能铣头的两对弧齿锥齿轮副（33/34、26/25）将运动传到主轴Ⅳ，主轴的转速范围为 50～2500r/min（电动机转速范围 120～6000r/min），主轴转速在 625r/min（电动机转速在 1500r/min）以下是为恒转矩输出；主轴转速在 625～1875r/min 内为恒功率输出；超过 1875r/min 后输出功率下降，转速到 2500r/min 时，输出功率下降到额定功率的 1/3。

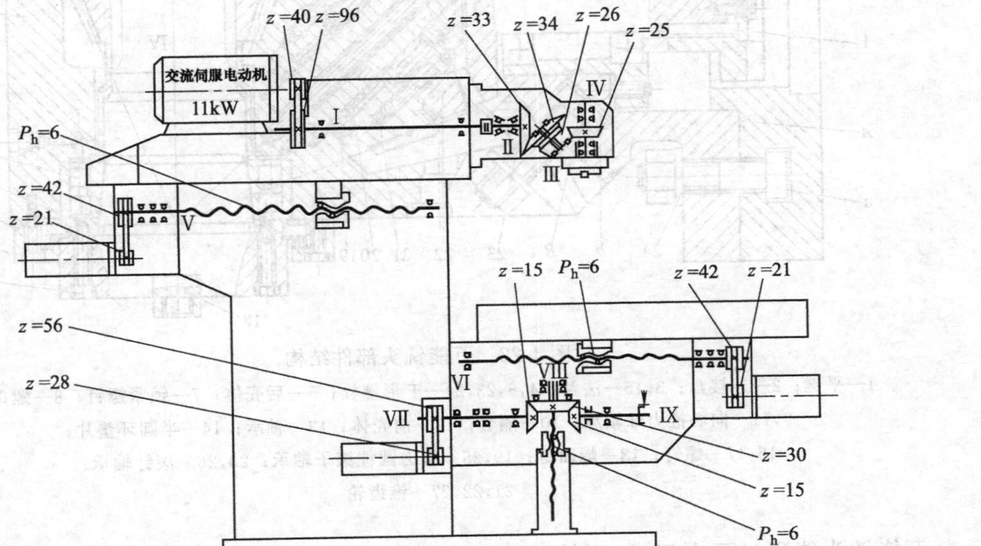


图 4-21　XKA5750 数控铣床的传动链示意图

### 2. 送给传动系统

工作台的纵向（$X$ 向）进给和滑枕的横向（$Y$ 向）进给传动系统，都是由交流伺服电动机通过速比为 1∶2 的一对同步圆弧齿形带轮，将运动传动至导程为 6mm 的滚珠丝杠。升降台的垂直（$Z$ 向）进给运动为交流伺服电动机通过速比为 1∶2 的一对同步齿形带轮将运动传到轴Ⅶ，再经过一对弧齿锥齿轮传到垂直滚珠丝杠上，带动升降台运动。垂直滚珠丝杠上的弧齿锥齿轮还带动轴Ⅸ上的锥齿轮，经单向超越离合器与自锁器相连，防止升降台因自重而下滑。

## 四、典型部件结构

### 1. 万能铣头部件

万能铣头部件结构如图 4-22 所示，主要由前、后壳体 12、5，法兰 3，传动轴Ⅱ、Ⅲ，主轴Ⅳ及两对弧齿锥齿轮组成。万能铣头用螺栓和定位销安装在滑枕前端。铣削主运动由滑枕上的传动轴Ⅰ（见图 4-21）的端面键传到轴Ⅱ，端面键与连接盘 2 的径向槽相配合，连接盘与轴Ⅱ之间由两个平键 1 传递运动。轴Ⅱ右端为弧齿锥齿轮，通过轴Ⅲ上的两个锥齿轮 22、21 和用花键连接方式装在主轴Ⅳ上的锥齿轮 27，将运动传到主轴上。主轴为空心轴，前端有 7∶24 的内锥孔，用于刀具或刀具心轴的定心；通孔用于安装拉紧刀具的拉杆通过。主轴端面有径向槽，并装有两个端面键 18，用于主轴向刀具传递转矩。

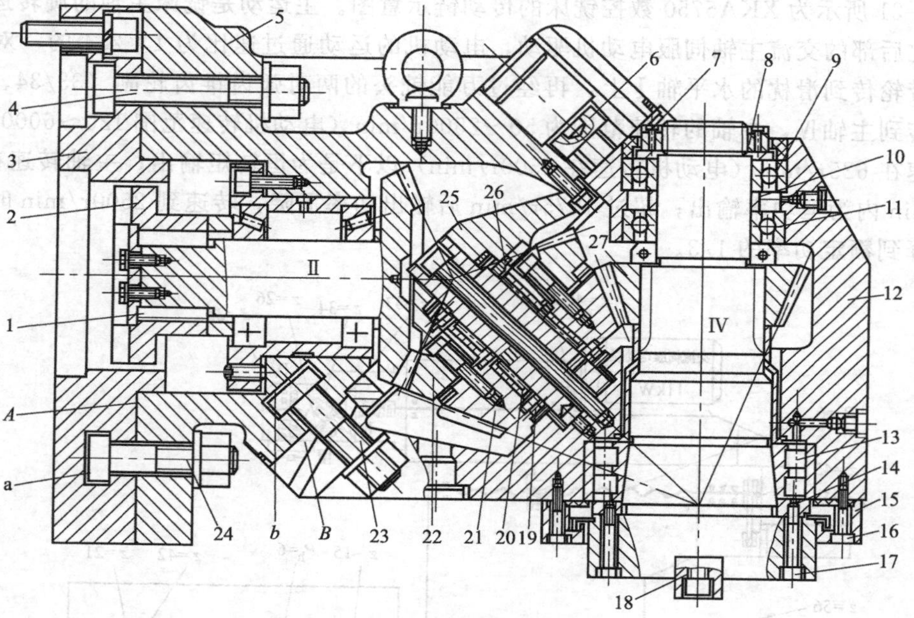


图 4-22　万能铣头部件结构

1—平键；2—连接盘；3,15—法兰；4,6,23,24—T 形螺栓；5—后壳体；7—锁紧螺钉；8—螺母；9,11—向心推力球轴承；10—隔套；12—前壳体；13—轴承；14—半圆环垫片；16,17—螺钉；18—端面键；19,25—推力圆柱滚子轴承；20,26—滚针轴承；21,22,27—锥齿轮

万能铣头能通过两个互成 45°的回转面 $A$ 和 $B$ 调节主轴Ⅳ的方位，在法兰 3 的回转面 $A$ 上开有 T 形圆环槽 a，松开 T 形螺栓 4 和 24，可使铣头绕水平轴Ⅱ转动，调整到要求位置时将 T 形螺栓拧紧即可；在万能铣头后壳体 5 的回转面 $B$ 内，也开有 T 形圆环槽。松开 T 形螺栓 6，可使铣头主轴绕与水平轴线成 45°夹角的轴Ⅲ转动。绕两个轴线转动的综合结果，可使主轴轴线处于前半球面的任意角度。

万能铣头作为直接带动刀具的运动部件，不仅要能传递较大的功率，更要具有足够的旋转精度、刚度和抗振性。万能铣头除在零件结构、制造和装配精度要求较高外，要选用承载力和旋转精度都较高的轴承。两个传动轴都选用了 D 级精度的轴承，轴上为一对 D7029 型圆锥滚子轴承，一对 D6354906 型向心滚针轴承 20、26，承受径向载荷，轴向载荷由两个型号分别为 D9107 和 D9106 的推力圆柱滚子轴承 19 和 25 承受。主轴上前后支承均为 C 级精度轴承，前支承是 C3182117 型双列圆柱滚子轴承，只承受径向载荷；后支承为两个 C36210 型向心推力球轴承 9 和 11，既承受径向载荷，也承受轴向载荷。为了保证旋转精度，主轴轴承不仅要消除间隙，而且要有预紧力，轴承磨损后也要进行间隙调整。前轴承消除间隙和预紧的调整是靠改变轴承内圈在锥形颈上位置，使内圈外胀实现的。调整时，先拧下四个螺钉 16，卸下法兰 15，再松开螺母 8 上的锁紧螺钉 7，拧松螺母 8 将主轴Ⅳ向前推动 2mm 左右，然后拧下两个螺钉，将半圆环垫片 14 取出，根据间隙大小磨薄垫片，最后将上述零件重新装好。后支承的两个向心推力球轴承开口向背（轴承 9 开口朝上，轴承 11 开口朝下），作消隙和预紧调整时，两轴承外圈不动，内圈的端面距离相对减小的办法实现。具体是通过控制两轴承内圈隔套 10 的尺寸，调整时取下隔套 10，修磨到合适尺寸，重新装好后，用螺母 8 顶紧轴承内圈及隔套即可。最后要拧紧锁紧螺钉 7。

## 2. 工作台纵向传动机构

工作台纵向传动机构如图 4-23 所示。交流伺服电动机 20 的轴上装有圆弧同步齿形带轮 19，通过同步齿形带 14 和装在丝杠右端的同步齿形带轮 11 带动丝杠旋转，使底部装有螺母 1 的工作台 4 移动。装在伺服电动机中的编码器将检测到的位移量反馈给数控系统，形成半闭环控制。同步齿形带轮与电动机轴之间，都是采用锥环无键的连接方式，这种连接方法不需要开键槽，而且配合无间隙，对中性好。滚珠丝杠两端采用角接触球轴承支承，右端支承采用三个 7602030TN/P4TFTA 轴承，精度等级 P4，径向载荷由三个轴承分担。两个开口向右的轴承 6、7 承受向左的轴向载荷，开口向左的轴承 8 承受向右的轴向载荷。轴承的预紧力，由两个轴承 7、8 的内、外圈轴向尺寸差实现，当用螺母 10 通过隔套将轴承内圈压紧时，外圈因为比内圈轴向尺寸稍短，仍有微量间隙，用螺钉 9 通过法兰盘 12 压紧轴承外圈时，就会产生预紧力。调整时修磨垫片 13 厚度尺寸即可。丝杠左端的角接触球轴承（7602025TN/P4），除承受径向载荷外，还通过螺母 3 的调整，使丝杠产生预拉伸，以提高丝杠的刚度和减小丝杠的热变形。5 为工作台纵向移动时的限位行程挡铁。

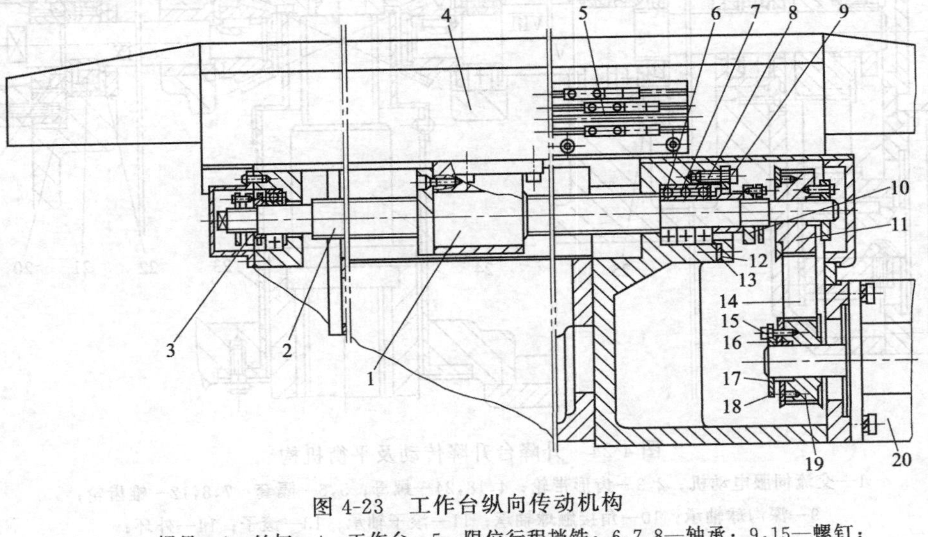


图 4-23　工作台纵向传动机构

1,3,10—螺母；2—丝杠；4—工作台；5—限位行程挡铁；6,7,8—轴承；9,15—螺钉；
11,19—同步齿形带轮；12—法兰盘；13—垫片；14—同步齿形带；16—外锥环；
17—内锥环；18—端盖；20—交流伺服电动机

### 3. 升降台传动机构及自动平衡机构

升降台升降传动及平衡机构如图 4-24 所示，交流伺服电动机 1 经一对齿形带轮 2、3 将运动传到传动轴Ⅶ，轴Ⅶ右端的弧齿锥齿轮 7 带动锥齿轮 8 使垂直滚珠丝杠Ⅷ旋转，升降台上升下降。传动轴Ⅶ有左、中、右三点支承，轴向定位由中间支承的一对角接触球轴承来保证，由螺母 4 锁定轴承与传动轴的轴向位置，并对轴承预紧，预紧量用修磨两轴承的内外圈之间的隔套 5、6 厚度来保证。传动轴的轴向定位由螺钉 25 调节。垂直滚珠丝杠螺母副的螺母 24 由支承套 23 固定在机床底座上，丝杠通过锥齿轮 8 与升降台连接，其支承由深沟球轴承 9 和角接触球轴承 10 承受径向载荷；由 D 级精度的推力圆柱滚子轴承 11 承受轴向载荷。图中轴Ⅸ的实际安装位置是在水平面内，与轴Ⅶ的轴线呈 90°相交（图中为展开画法）。其右端为自动平衡机构。因滚珠丝杠无自锁能力，当垂直放置时，在部件自重作用下，移动部件会自动下移。因此除升降台驱动电动机带有制动器外，还在传动机构中装有自动平衡机构，一方面防止升降台因载重下落，另外还可平衡上升下降时的驱动力。本机床其结构由单向超越离合器和自锁器组成。工作原理为：丝杠旋转时，通过锥齿轮 12 和轴Ⅸ带动单向超越离合器的星轮 21 转动。当升降台上升时，星轮转向使滚子 13 与超越离合器的外环 14 脱开，外环 14 不随星轮 21 转动，自锁器不起各用；当升降台下降时，星轮 21 的转向使滚子楔在星轮与外环之间，使外环随轴一起转动，外环与两端固定不动的摩擦环 15、22（由防转销 20 固定）形成相对运动，在碟形弹簧 19 的作用下，产生摩擦力，增加升降台下降时的阻力，起自锁作用，并使上下运动的力量平衡。调整时，先拆下端盖 17，松开螺钉 16，适当旋紧螺母 18，压紧碟形弹簧 19，即可增大自锁力。调整前需用辅助装置支承升降台。

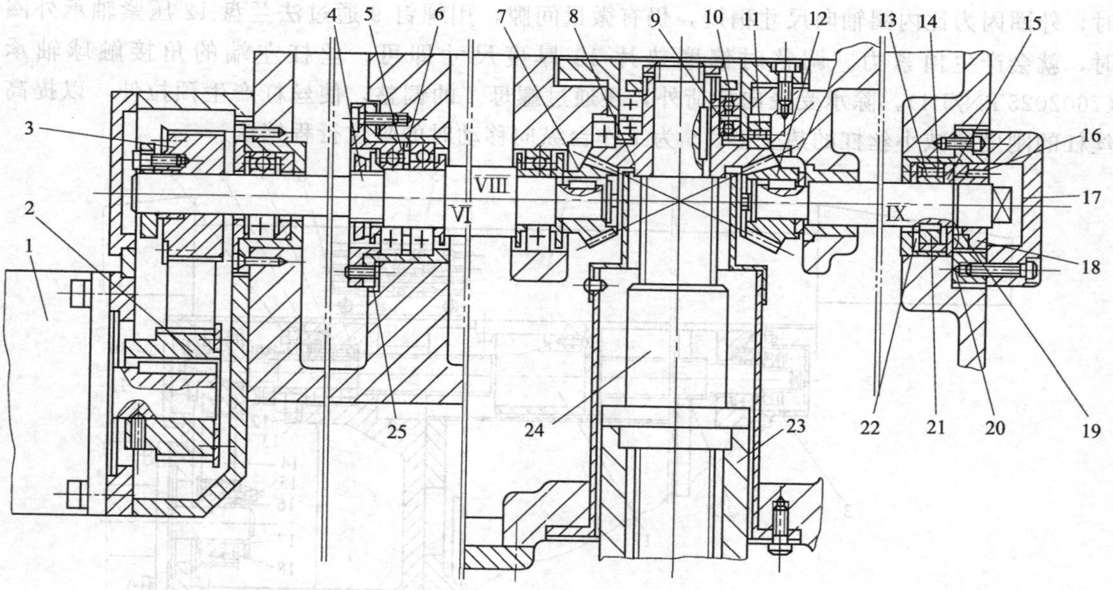


图 4-24　升降台升降传动及平衡机构

1—交流伺服电动机；2,3—齿形带轮；4,18,24—螺母；5,6—隔套；7,8,12—锥齿轮；
9—深沟球轴承；10—角接触球轴承；11—滚子轴承；13—滚子；14—外环；
15,22—摩擦环；16,25—螺钉；17—端盖；19—碟形弹簧；
20—防转销；21—星轮；23—支承套

## 思考与练习

1. 分析 XKA5750 数控铣床的各条传动链。
2. 万能铣头是如何实现任意角度位置的旋转的？
3. 试述工作台纵向传动机构的工作原理，并说明丝杠采用何种支承方式。
4. 试述升降台升降的工作原理，并说明自动平衡机构实现平衡的工作原理。

# 第五章

# 加工中心

学习任务书

| | |
|---|---|
| 学习目标 | 1. 能够阐明加工中心的基本特征，加工中心的用途、机床组成<br>2. 能够描述加工中心的分类、发展<br>3. 能够叙述立式加工中心和卧式加工中心的布局用途、结构<br>4. 认识 JCS-018A 型数控加工中心 |
| 学习内容 | 1. 加工中心的基本特征、分类、发展<br>2. 加工中心的布局、用途<br>3. JCS-018A 型数控加工中心 |
| 重点、难点 | 数控加工中心的特点与分类、结构组成、布局形式 |
| 教学场所 | 多媒体教室、实训车间 |
| 教学资源 | 教科书、课程标准、电子课件、数控加工中心 |

## 第一节 概　　述

加工中心是在数控铣床的基础上发展起来的。它和数控铣床有很多相似之处，但主要区别在于增加刀库和自动换刀装置，是一种备有刀库并能自动更换刀具对工件进行多工序加工的数控机床。通过在刀库上安装不同用途的刀具，加工中心可在一次装夹中实现零件的铣、钻、镗、铰、攻螺纹等多工序加工。随着工业的发展，加工中心将逐渐取代数控铣床，成为一种主要的加工机床。

加工中心具有以下特点。

### 一、工序高度集中

加工中心备有刀库，能自动换刀，并能对工件进行多工序加工。现代加工中心更大程度地使工件在一次装夹后实现多表面、多特征、多工位的连续、高效、高精度加工，即工序集中。这是加工中心最突出的特点。

### 二、加工精度高

加工中心同其他数控机床一样具有加工精度高的特点，由于加工中心采用工序集中的加工手段，一次安装即可加工出零件上大部分待加工表面，避免了工件多次装夹所产生的装夹误差，在保证高的工件尺寸精度的同时获得各加工表面之间高的相对位置精度。另外，加工中心整个加工过程由程序控制自动执行，避免了人为操作所产生的偶然误差。加上加工中心省去了齿轮、凸轮、靠模等传动部件，最大限度地减少了由于制造及使用磨损所造成的误差，结合加工中心完善的位置补偿功能及高的定位精度和重复定位精度，使工件加工精度更高，加工质量更加稳定。

## 三、适应性强

加工中心对加工对象的适应性强。加工中心加工工件的信息都由一些外部设备提供，比如软盘、光盘、USB接口介质等，或者由计算机直接在线控制（DNC）。当加工对象改变时，除了更换相应的刀具和解决毛坯装夹方式外，只需要重新编制（更换）程序，输入新的程序就能实现对新的零件的加工，缩短了生产准备周期，节约了大量工艺装备费用。这对结构复杂零件的单件、小批量生产及新产品试制带来极大的方便，同时，它还能自动加工普通机床很难加工或无法加工的精密复杂零件。

## 四、生产效率高

零件加工所需要的时间包括机动时间和辅助时间两部分，加工中心能够有效地减少这两部分时间。加工中心主轴转速和进给量的调节范围大，每一道工序都能选用最有利的切削用量，良好的结构刚性允许加工中心进行大切削量的强力切削，有效地节省了机动时间。加工中心移动部件的快速移动和定位均采用了加速和减速措施，选用了很高的空行程运动速度，消耗在快进、快退和定位的时间要比一般机床少得多。同时加工中心更换待加工零件时几乎不需要重新调整机床，零件安装在简单的定位夹紧装置中，用于停机进行零件安装调整的时间可以大大节省。加工中心加工工件时，工序高度集中，减少了大量半成品的周转、搬运和存放时间，进一步提高了生产效率。

## 五、经济效益好

加工中心加工零件时，虽分摊在每个零件上的设备费用较昂贵，但在单件、小批量生产的情况下，可以节省许多其他方面的费用。由于是数控加工，加工中心不必准备专用钻模等工艺装备，加工之前节省了划线工时，零件安装到机床上之后可以减少调整、加工和检验时间。另外，由于加工中心的加工稳定，减少了废品率，使生产成本进一步下降。

## 六、劳动强度低，工作条件好

加工中心的加工零件是按事先编好的程序自动完成的，操作者除了操作键盘、装卸零件、进行关键工序的中间测量以及观察机床的运行之外，不需要进行繁重的重复性手工操作，劳动强度可大为减轻；同时，加工中心的结构均采用全封闭设计，操作者在外部进行监控，切屑、冷却液等对工作环境的影响微乎其微，工作条件较好。

## 七、有利于生产管理的现代化

利用加工中心进行生产，能准确地计算出零件的加工工时，并有效地简化检验、工夹具和半成品的管理工作，这些特点有利于使生产管理现代化。当前有许多大型 CAD/CAM 集成软件已经开发了生产管理模块，实现了计算机辅助生产管理。加工中心使用数字信息与标准代码输入，最适宜计算机联网及管理。当前较为流行的 FMS、CIMS、MRP Ⅱ、ERP 等都离不开加工中心的应用。

当然加工中心的应用也还存在一定的局限性，比如加工中心加工工序高度集中，无时效处理，工件加工后有一定的残余内应力；设备昂贵，初期投入大；设备使用维护费用高，对管理及操作人员专业素质要求较高等。

## 第二节 加工中心的基本构成

加工中心自问世至今世界各国出现了各种类型的加工中心，虽然外形结构各异，但从总体看来主要由以下各部分构成。

### 一、基础部件

由床身、立柱和工作台等大件组成，是加工中心的基础构件，它们可以是铸铁件，也可以是焊接钢结构件，均要承受加工中心的静载荷以及在加工时的切削载荷。所以必须是刚度很高的部件，也是加工中心质量和体积最大的部件。

### 二、主轴组件

它由主轴电动机、主轴箱、主轴和主轴支承等零部件组成。其启动、停止和转动等动作均由数控系统控制，并通过装在主轴上的刀具参与切削运动，是切削加工的功率输出部件。主轴是加工中心的关键部件，其结构优劣对加工中心的性能有很大的影响。

### 三、控制系统

单台加工中心的数控部分是由 CNC 装置、可编程序控制器、伺服驱动装置以及电动机等部分组成。它们是加工中心执行顺序控制动作和完成加工过程中的控制中心。

### 四、伺服系统

伺服系统的作用是把来自数控装置的信号转换为机床移动部件的运动，其性能是决定机床的加工精度、表面质量和生产效率的主要因素之一。加工中心普遍采用半闭环、闭环和混合环三种控制方式。

### 五、自动换刀装置

它由刀库、机械手和驱动机构等部件组成。刀库是存放加工过程所使用的全部刀具的装置。刀库有盘式、鼓式和链式等多种形式，容量从几把到几百把。当需换刀时，根据数控系统指令，由机械手（或通过别的方式）将刀具从刀库取出装入主轴中。机械手的结构根据刀库与主轴的相对位置及结构的不同有多种形式。有的加工中心不用机械手而利用主轴箱或刀库的移动来实现换刀。尽管换刀过程、选刀方式、刀库结构、机械手类型等各不相同，但都是在数控装置及可编程序控制器控制下，由电动机、液压或气动机构驱动刀库和机械手实现刀具的选择与交换。当机构中装入接触式传感器，还可实现对刀具和工件误差的测量。

## 六、自动托盘更换系统

有的加工中心为进一步缩短非切削时间，配有两个自动交换工件托盘，一个安装在工作台上进行加工，另一个则位于工作台外进行装卸工件。当完成一个托盘上的工件加工后，便自动交换托盘，进行新零件的加工，这样可减少辅助时间，提高加工工效。

## 七、辅助系统

包括润滑、冷却、排屑、防护、液压和随机检测系统等部分。辅助系统虽不直接参加切削运动，但对加工中心的加工效率、加工精度和可靠性起到保障作用，因此，也是加工中心不可缺少的部分。

# 第三节 加工中心的分类

## 一、按加工范围分类

按加工范围可分为：车削加工中心、钻削加工中心、镗铣加工中心、磨削加工中心和电火花加工中心等。一般镗铣加工中心简称加工中心，其余种类的加工中心要有前面的定语。

## 二、按加工中心的布局方式分类

### 1. 立式加工中心

立式加工中心是指主轴轴心线为垂直状态设置的加工中心，其结构形式多为固定立柱式，工作台为长方形，无分度回转功能，具有 3 个直线运动坐标（沿 $X$、$Y$、$Z$ 轴方向），

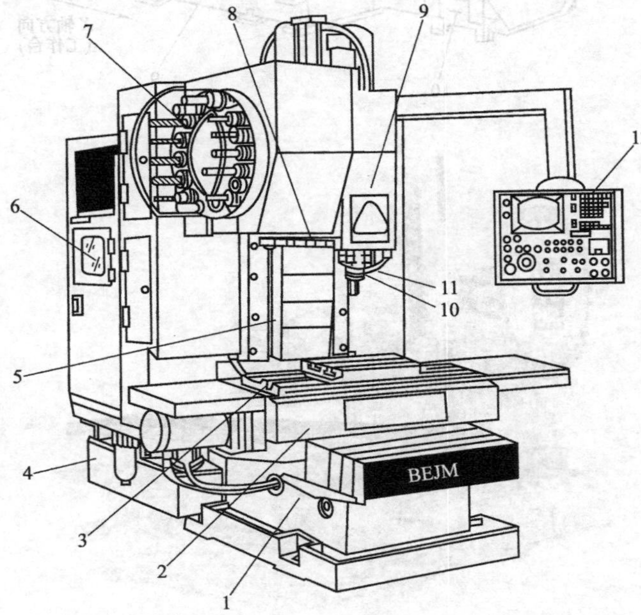


图 5-1 JCS-018A 立式镗铣加工中心外形

1—床身；2—滑座；3—工作台；4—润滑油箱；5—立柱；6—数控柜；7—刀库；8—机械手；9—主轴箱；10—主轴；11—控制柜；12—操作面板

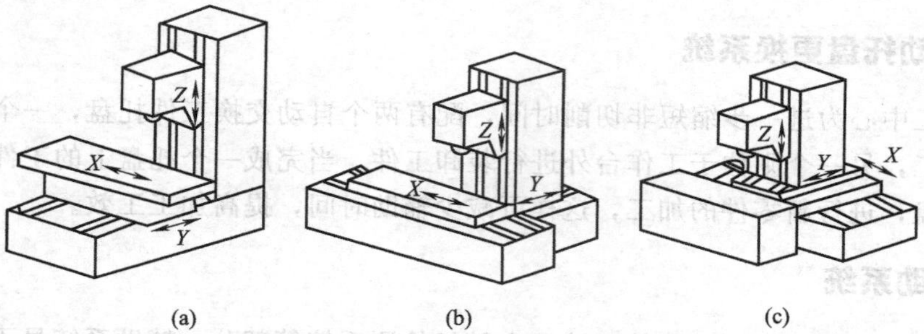


图 5-2　立式加工中心布局

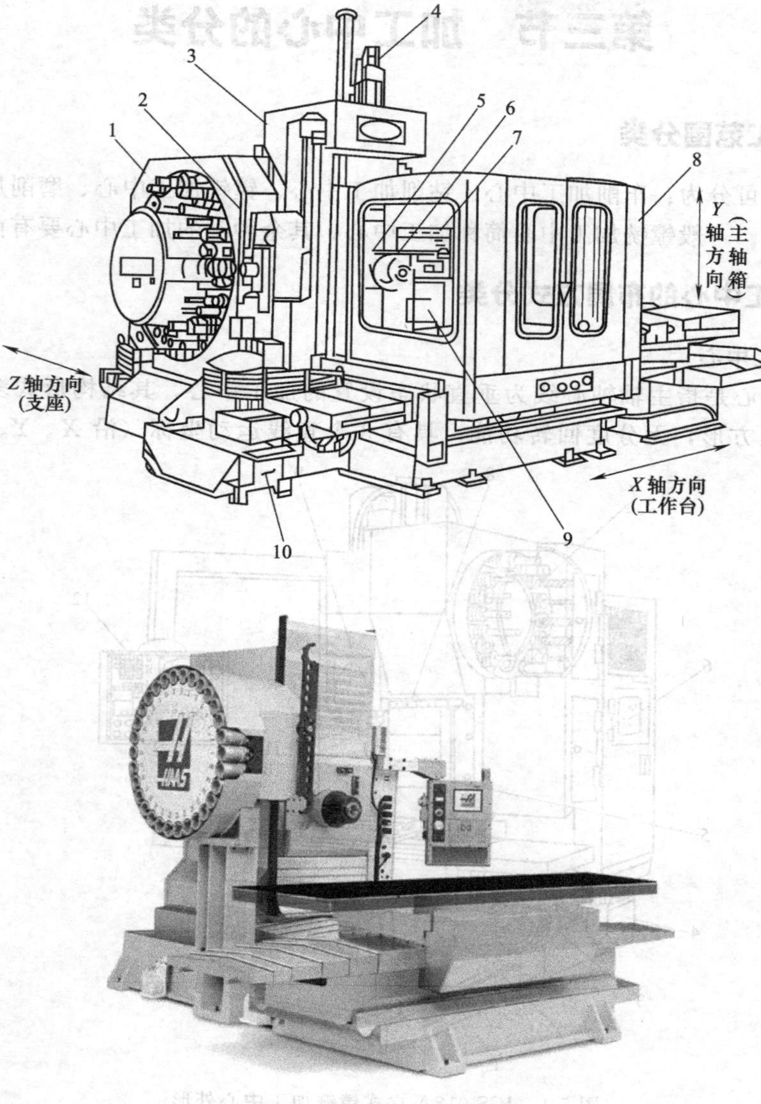


图 5-3　卧式加工中心

1—刀库；2—换刀装置；3—支座；4—Y 轴伺服电机；5—主轴箱；6—主轴；
7—数控装置；8—防溅挡板；9—回转工作台；10—切屑槽

适合加工盘类零件。如在工作台上安装一个水平轴的数控回转台，就可用于加工螺旋线类零件。JCS-018A 立式镗铣加工中心外形如图 5-1 所示。立式加工中心的结构简单、占地面积小、价格低。

图 5-2 所示为立式加工中心的几种布局结构，主轴箱沿立柱导轨上下移动实现 $Z$ 坐标移动。

**2. 卧式加工中心**

卧式加工中心如图 5-3 所示，它是指主轴轴线为水平状态设置的加工中心，通常都带有可进行分度回转运动的正方形分度工作台。卧式加工中心一般具有 3～5 个运动坐标，常见的是 3 个直线运动坐标（沿 $X$、$Y$、$Z$ 轴方向）加一个回转运动坐标（回转工作台），它能够使工件在一次装夹后就能完成除安装面和顶面以外的其余 4 个面的加工，最适合箱体类工件的加工。

卧式加工中心有多种形式，如固定立柱式和固定工作台式。固定立柱式的卧式加工中心的立柱固定不动，主轴箱沿立柱做上下运动，而工作台可在水平面内做前后、左右 4 个方向的移动；固定工作台式的卧式加工中心，安装工件的工作台是固定不动的（不做直线运动），沿坐标轴 3 个方向的直线运动由主轴箱和立柱的移动来实现。与立式加工中心相比，卧式加工中心的结构复杂，占地面积大，重量大，价格也较高。

图 5-4 所示为各坐标运动形式不同组合的几种布局形式。

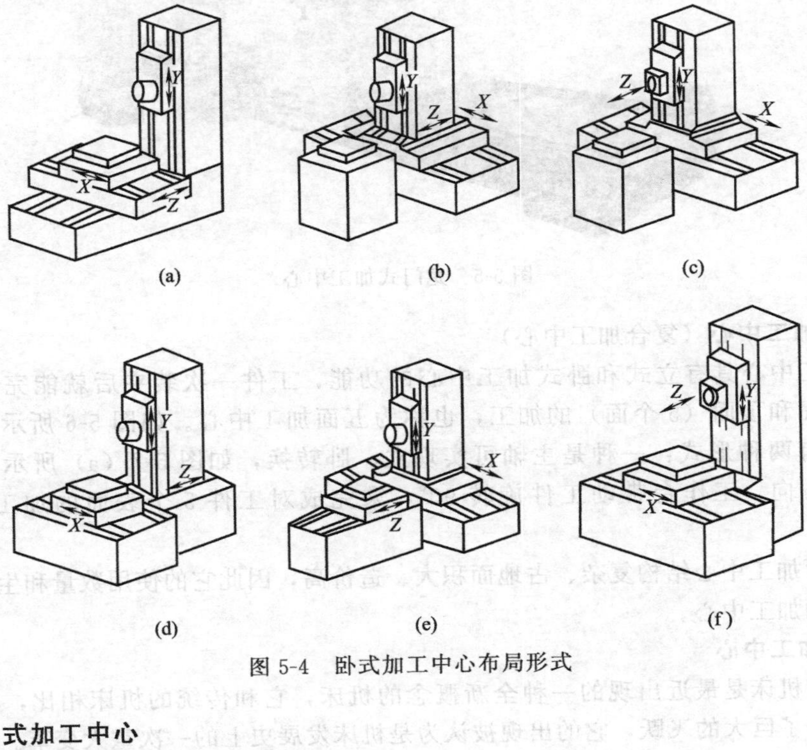


图 5-4 卧式加工中心布局形式

**3. 龙门式加工中心**

龙门式加工中心如图 5-5 所示。

其形状与龙门铣床相似，主轴多为垂直状态设置。它带有自动换刀装置及可更换的主轴头附件，数控装置的软件功能也较齐全，能够一机多用。龙门式布局具有结构刚性好的特点，容易实现热对称性设计，尤其适用于加工大型或形状复杂的工件，如航天工业及大型汽轮机上的某些零件的加工。

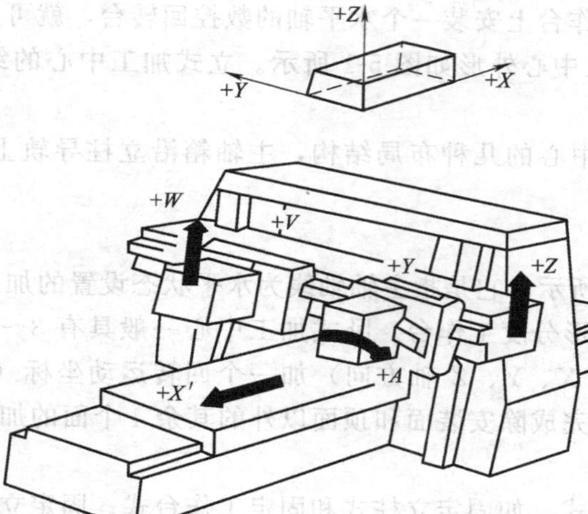


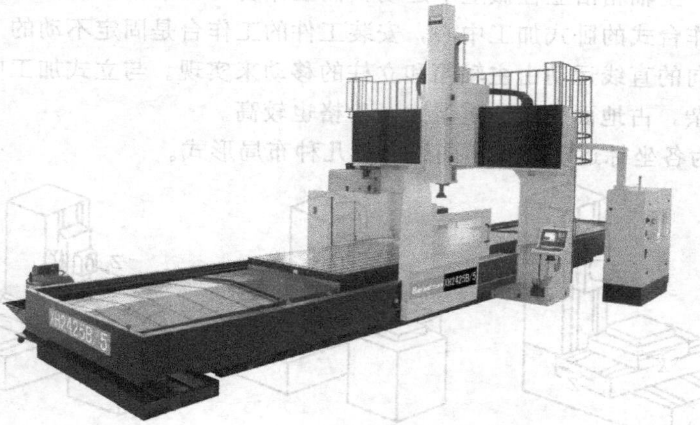

图 5-5　龙门式加工中心

**4. 万能加工中心**（复合加工中心）

万能加工中心具有立式和卧式加工中心的功能，工件一次装夹后就能完成除安装面外的所有侧面和顶面（5 个面）的加工，也称为五面加工中心。如图 5-6 所示。常见的五面加工中心有两种形式：一种是主轴可实现立、卧转换，如图 5-7（a）所示；另一种是主轴不改变方向，工作台带动工件旋转 90°，来完成对工件 5 个表面的加工，如图 5-7（b）所示。

由于五面加工中心结构复杂、占地面积大、造价高，因此它的使用数量和生产数量远不如其他类型的加工中心。

**5. 虚轴加工中心**

虚轴数控机床是最近出现的一种全新概念的机床，它和传统的机床相比，在机床的机构、本质上有了巨大的飞跃，它的出现被认为是机床发展史上的一次重大变革。

（1）传统机床的串联机构　虚轴机床与传统机床相比有许多优异的性能。一般传统机床可看作是一个空间串联机构，如图 5-8 所示，它的横梁、立柱等部件往往承受弯曲载荷，而弯曲载荷一般要比拉压载荷造成更大的应力和变形，所以，为了提高机床刚性，必须采用大截面的构件。另外，当机床运动自由度增多时，需增加相应的串联运动链，机床的机械结构变得十分复杂。

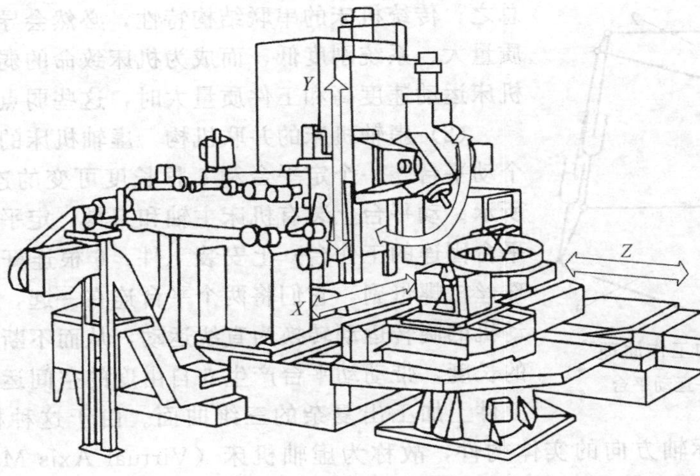


图 5-6　万能加工中心

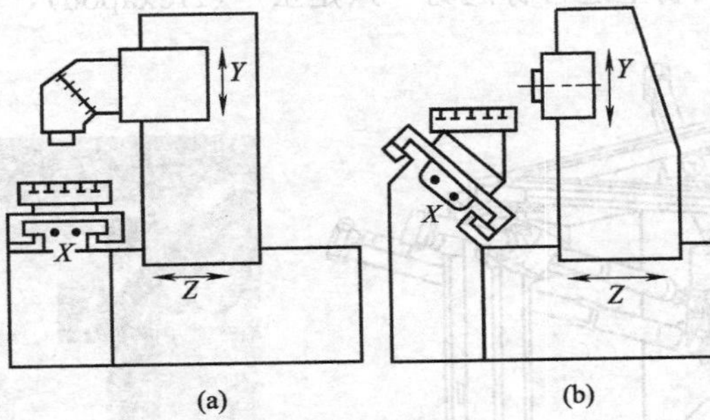


图 5-7　不同形式的万能加工中心

传统的机床［以动立柱立式加工中心为例，如图 5-8（b）所示］从基座（床身）至末端运动部件，是经过床身到滑座（在床身上作 $X$ 轴运动）、滑座到立柱（在滑座上作 $Y$ 轴运动）、立柱到主轴箱（在立柱上作 $Z$ 轴运动）的先后顺序，逐级串联相连接的。因此，当滑座在作 $X$ 轴运动时，滑座上的 $Y$ 轴和立柱上的 $Z$ 轴也作了相应的空间运动，也即后置的轴必须随同前置的轴一起运动。这无疑增加了 $X$ 轴运动部件的质量。

同时，加工时主轴上刀具所受的切削力反力，也依次传递给立柱、滑座，最终传递给床身，也即末端所受的力按顺序依次串联地传至最前端。此外，这些作用力一般是不通过构件重心的，必然会产生弯矩和扭矩，而构件抵抗弯矩和扭矩的变形能力，一般仅为抵抗拉、压变形的 1/6～1/5。因此，前端构件不但要额外负担后端构件的重力，而且还要考虑承受切削力。这样一来，为了达到机床高刚度的要求，每部分结构件都要考虑以上因素，使其具有相应体积和材料。

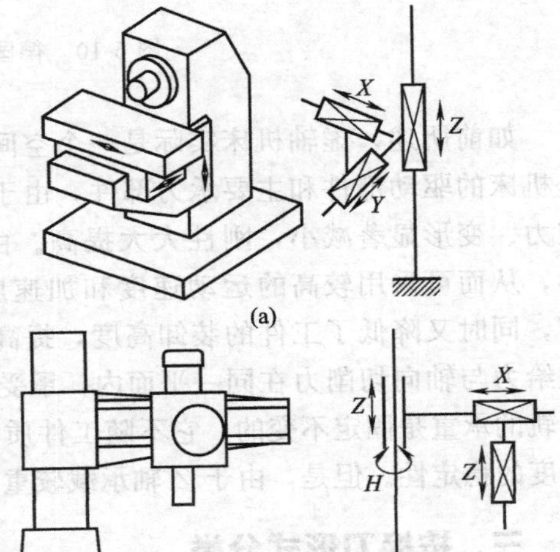


图 5-8　典型传统机床结构

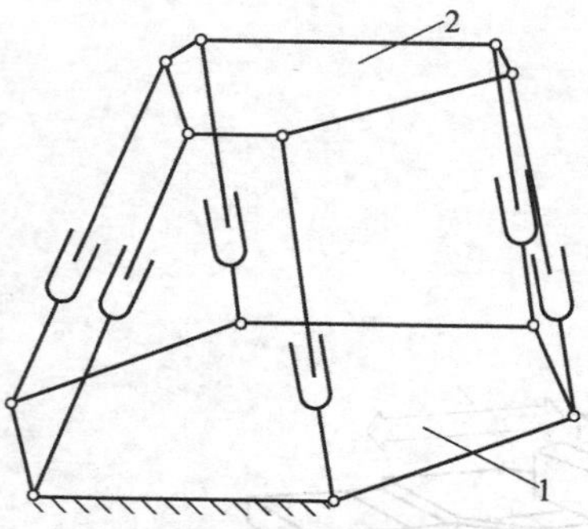


图 5-9　并联机构工作原理

1—固定平台；2—运动平台

总之，传统机床的串联结构特性，必然会导致移动部件的质量大、系统刚度低，而成为机床致命的弱点，特别是当机床运动速度高和工件质量大时，这些弱点更为突出。

（2）虚轴机床的并联机构　虚轴机床的基本结构是一个动平台、一个定平台和 6 根长度可变的连杆，如图 5-9 所示。动平台上装有机床主轴和刀具，定平台（或者与定平台固连的工作台）上安装工件，6 根连杆实际是 6 个滚珠丝杠螺母副，它们将两个平台连在一起，同时将伺服电动机的旋转运动转换为直线运动，从而不断改变 6 根连杆的长度，带动动平台产生 6 自由度的空间运动，使刀具在工件上加工出复杂的三维曲面。由于这种机床上没有导轨、转台等表征坐标轴方向的实体构件，故称为虚轴机床（Virtual Axis Machine Tool）；由于其结构特点，又称为“并联运动机床”（Parallel Kinematic Machine，PKM）；同时，由于其奇异的外形，西方刊物上还常称之为“六足虫”（Hexapod），见图 5-10。

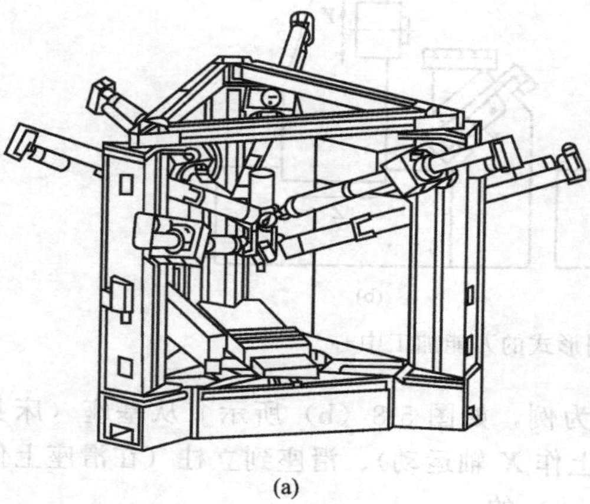

(a)

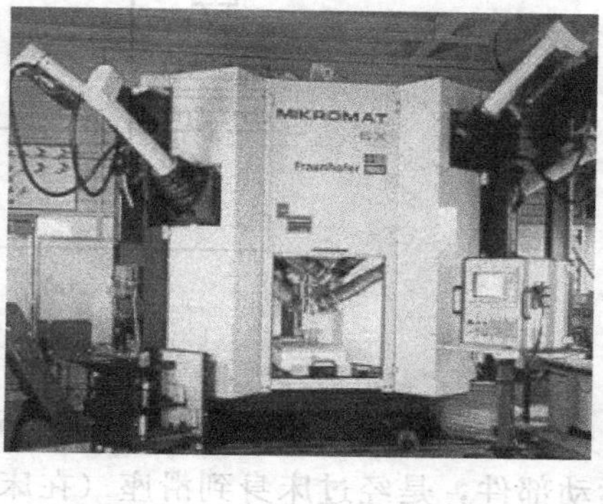


(b)

图 5-10　德国的 Mikromat 公司的 6x 型机床

如前所述，虚轴机床实际是一个空间并联连杆机构，其 6 根杆即为 6 根并联连杆，它们是机床的驱动部件和主要承力部件，由于这 6 根杆均为二力杆，只承受拉、压载荷，所以其应力、变形显著减小，刚性大大提高。由于不必要采用大截面的构件，运动部件的质量减小，从而可采用较高的运动速度和加速度。据介绍，虚轴机床刚性约为传统加工中心的 5 倍，同时又降低了工件的装卸高度，提高了操作性能。其次，$Z$ 轴的移动在后床身上进行，进给力与轴向切削力在同一平面内，承受的扭曲力小，镗孔和铣削精度高。此外，由于 $Z$ 轴导轨的承重是固定不变的，它不随工件质量改变而改变，所以有利于提高 $Z$ 轴的定位精度和精度的稳定性。但是，由于 $Z$ 轴承载较重，对提高 $Z$ 轴的快速性不利，这是其不足之处。

## 三、按换刀形式分类

### 1. 带刀库、机械手的加工中心

该加工中心的换刀装置（Automatic Tool Changer）是由刀库和机械手组成的，并由机械手来完成换刀工作。这是加工中心最普遍采用的形式，JCS-018A 型立式加工中心就属于这一类。

2. 无机械手的加工中心

无机械手的加工中心的换刀是通过刀库和主轴箱的配合动作来完成的，一般是采用把刀库放在主轴箱可以运动到的位置，或者是整个刀库或某一刀位能移动到主轴箱可以到达的位置的办法。刀库中刀具存放位置方向与主轴装刀方向一致。换刀时，主轴运动到刀位上的换刀位置，由主轴直接取走或放回刀具。采用 BT-40 号以下刀柄的小型加工中心多为这种无机械手式的，XH754 型卧式加工中心就是这一类型。

3. 转塔刀库式加工中心

小型立式加工中心一般采用转塔刀库形式，它主要以孔加工为主。ZH5120 型立式钻削加工中心就是转塔刀库式加工中心。

## 四、按加工精度分类

1. 普通加工中心

普通加工中心，分辨率为 1μm，最大进给速度为 15～25m/min，定位精度 10μm 左右。

2. 高精度加工中心

高精度加工中心，分辨率为 0.1μm，最大进给速度为 15～100m/min，定位精度为 2μm 左右。介于 2～10μm 之间的，以 5μm 较多，称为精密级加工中心。

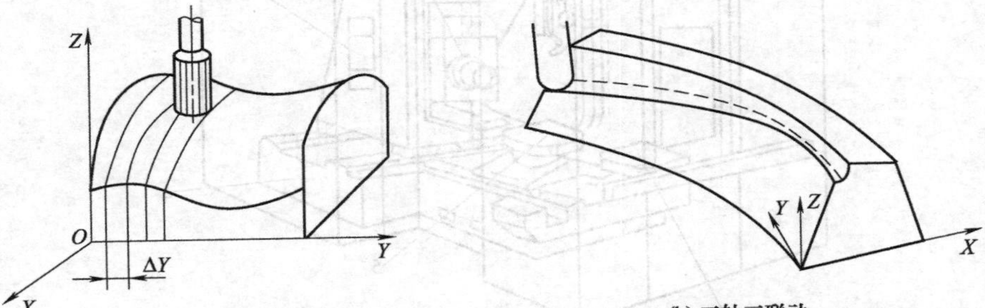


(a) 三轴二联动　(b) 三轴三联动

图 5-11　三轴联动加工中心

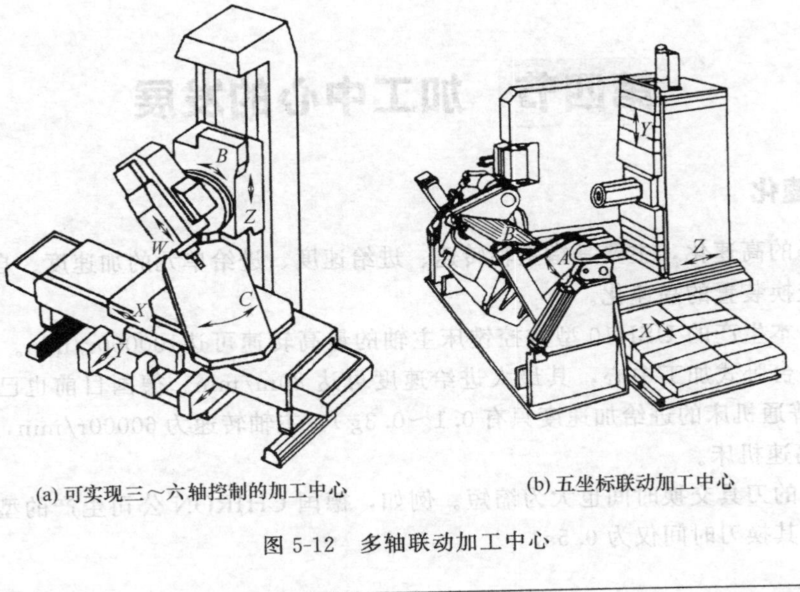


(a) 可实现三～六轴控制的加工中心　(b) 五坐标联动加工中心

图 5-12　多轴联动加工中心

## 五、按数控系统功能分类

加工中心根据数控系统控制功能的不同可分为三轴二联动、三轴三联动、四轴三联动、五轴四联动、六轴五联动等类型，三轴、四轴是指加工中心具有的运动坐标数，联动是指控制系统可以同时控制运动的坐标数。同时可控轴数越多，加工中心的加工和适应能力越强。一般的加工中心为三轴联动，三轴以上的为高档加工中心，价格昂贵。图 5-11 所示为三轴联动加工中心。图 5-12 所示为多轴联动加工中心。

## 六、按工作台的数量和功能分类

按工作台的数量和功能分类有单工作台、双工作台加工中心和多工作台加工中心（见图 5-13）。多工作台加工中心有两个以上可更换的工作台，通过运送轨道可把加工完的工件连同工作台（托盘）一起移出加工部位，然后把装有待加工工件的工作台（托盘）送到加工部位。

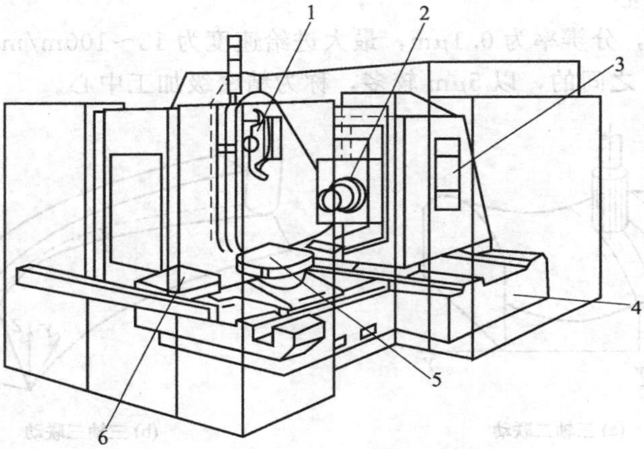


图 5-13　可更换工作台加工中心

1—机械手；2—主轴头；3—操作面板；4—底座；5,6—托盘

# 第四节　加工中心的发展

## 一、高速化

加工中心的高速化，主要是指主轴转速、进给速度、进给单元的加速度、自动换刀装置和自动托盘交换装置的高速化。

目前，日本生产的 USH10 型数控铣床主轴的最高转速可达100000r/min。1996 年日本还研制出了一台卧式加工中心，其最大进给速度可达 80m/min。德国目前也已研制出加速度为 2.5$g$（普通机床的进给加速度只有 0.1～0.3$g$），主轴转速为 60000r/min，进给速度为 60m/min 的高速机床。

加工中心的刀具交换时间也大为缩短。例如，德国 CHIRON 公司生产的型号为 FZ08S 的加工中心，其换刀时间仅为 0.5s。

自动托盘装置在交换时的移动速度最高已达 40m/min，而且其重复定位精度已达 3μm。

## 二、进一步提高精度

进一步提高精度就是使工件加工精度逐渐接近坐标镗床。例如，瑞士迪克西（DIXI）公司的 DIX1280TCA 型精密加工中心，其坐标定位精度已达到每 500mm 行程±0.003mm，*B* 坐标（回转工作台）精度已达到 3″。

## 三、功能的完善

（1）加工中心功能的完善首先表现在愈来愈完善的自诊断功能。为了尽可能地减少加工中的故障，现代加工中心大多配备完善的自诊断功能。例如，位置检测传感器、刀具破损检测装置、切削异常检测功能、适应控制功能、备用刀具选择功能、温度传感器、声传感器和电流传感器等。这些功能和传感器使机床具有一定的人工智能。

（2）加工中心的性能，在很大程度上取决于数控系统的性能，所以不断开发出相对高精度、高速度、高效率要求的数控装置，把控制机器人、测量、上下料等功能纳入到 CNC 内。例如，德国 WERNER 公司的 TC 系列卧式加工中心，它采用了主轴功率监控、切削负荷监控、刀具长度监控和声呐技术检测刀具破损情况等新技术，从而使加工中心的使用更加安全、可靠。

# 第五节　自动换刀机构

## 一、自动换刀装置的分类

加工中心自动换刀装置根据其组成结构可分为：转塔式自动换刀装置、无机械手式自动换刀装置和有机械手式自动换刀装置。其中，转塔式不带刀库，而后两种带刀库。

### 1. 不带刀库的自动换刀装置

转塔式自动换刀装置又分回转刀架式和转塔头式两种。回转刀架式用于各种数控车床和车削中心机床，转塔头式多用于数控钻、镗、铣床。

（1）回转刀架式换刀　回转刀架式换刀是一种简单的自动换刀装置。在回转刀架各刀座安装或夹持着各种不同用途的刀具，通过回转刀架的转位实现换刀。回转刀架可在回转轴的径向和轴向安装刀具。在数控车床和车削中心机床上，回转刀架和其上的刀具布置大致有以下几种类型。

① 一个回转刀架，外圆类、内孔类刀具混合放置。单回转刀架数控车床如图 5-14 所示。

② 两个回转刀架，分别布置外圆和内孔类刀具。双回转刀架数控车床如图 5-15 所示，上刀架的回转轴与主轴平行，用于装外圆类刀具；下刀架的回转轴与主轴垂直，用于装内孔类刀具。

③ 双排回转刀架，外圆类、内孔类刀具分别布置在刀架的一侧面。双排回转刀架外形如图 5-16 所示。回转刀架的回转轴与主轴倾斜，每个刀位上可装两把刀具，用于加工外圆和内孔。

回转刀架的工位数最多可达 20 多个，但最常用的是 8、10、12 和 16 工位 4 种。工位数越多，刀间夹角越小，非加工位置刀具与工件相碰而产生干涉的可能性就越大，因此在刀架布刀时要给予考虑，避免发生干涉现象。

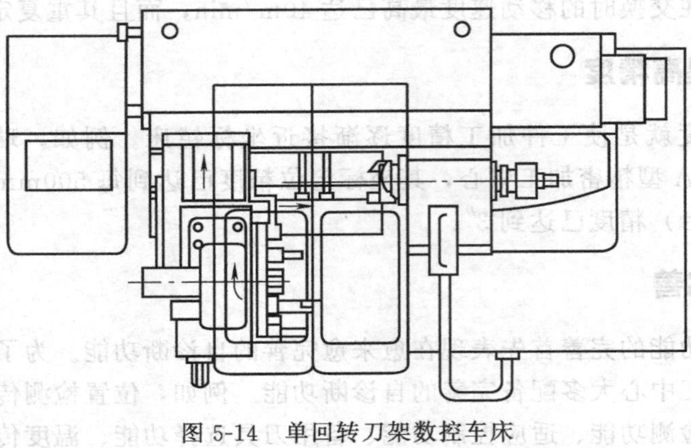

图 5-14　单回转刀架数控车床

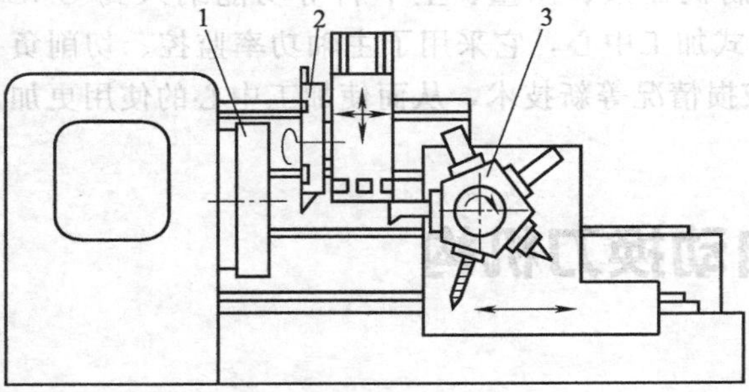


图 5-15　双回转刀架数控车床

1—主轴；2—上刀架；3—下刀架

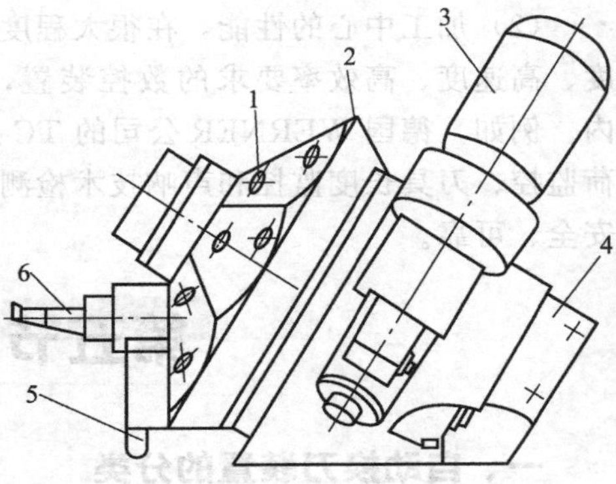


图 5-16　双排回转刀架外形

1—刀类安装孔；2—转塔头；3—驱动电动机；4—底座；5—外圆刀具；6—内孔刀具

回转刀架在结构上必须具有良好的强度和刚度，以承受粗加工时的切削抗力，减小刀架在切削力作用下的位移变形，提高加工精度。回转刀架还要选择可靠的定位方案和定位结构，以保证回转刀架在每次转位之后具有高的重复定位精度。

CK3263 系列数控车床回转刀架结构如图 5-17 所示，回转刀架的升起、转位、夹紧等动作都是由液压驱动的。当数控装置发出换刀指令以后，液压油进入液压缸 1 的右腔，通过活塞推动刀架中心轴 2 将刀盘 3 左移，使定位副端齿盘 4 和 5 脱离啮合状态，为转位做好准备。齿盘处于完全脱开位置时，啮合状态行程开关 ST2 发出转位信号，液压马达带动转位凸轮 6 旋转，凸轮依次推动回转盘 7 上的分度柱销 8 使回转盘通过键带动中心轴及刀盘作分度转动。凸轮每转过一周拨过一个柱销，使刀盘旋转一个工位（$1/n$ 周，$n$ 为刀架工位数，也等于柱销数）。刀架中心轴的尾端固定着一个有 $n$ 个齿的凸轮，每当中心轴转过一个工位时，凸轮压合计数行程开关 ST1 一次，开关将此信号送入控制系统。当刀盘旋转到预定工位时，控制系统发出信号使液压马达刹车，转位凸轮停止运动，刀架处于预定位状态。与此同时，液压缸 1 左腔进油，通过活塞将刀架中心轴和刀盘拉回，端齿盘啮合，刀盘完成精定位和夹紧动作。刀盘夹紧后，刀架中心轴尾部将 ST2 压下，发出转位结束信号。

(2) 转塔头式换刀　在使用转塔头式换刀的数控机床的转塔刀架上装有主轴头，转塔转动时更换主轴头实现自动换刀。在转塔各个主轴头上，预先安装有各工序所需的旋转刀具。

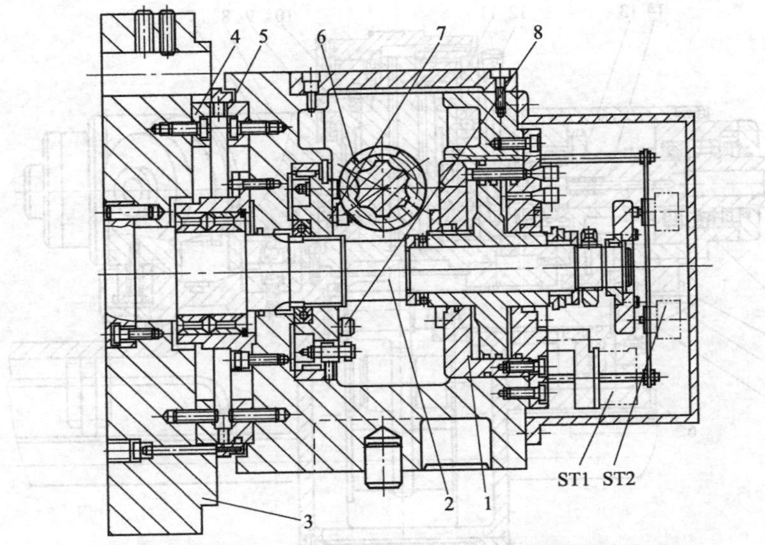


图 5-17　CK3263 系列数控车床回转刀架结构简图

1—液压缸；2—刀架中心轴；3—刀盘；4,5—端齿盘；6—转位凸轮；7—回转盘；8—分度柱销；ST1—计数行程开关；ST2—啮合状态行程开关

图 5-18 所示为数控钻镗铣床，其可绕水平轴转位的转塔自动换刀装置上装有 8 把刀具，但只有处于最下端“工作位置”上的主轴与主传动链接通并转动。待该工步加工完毕，转塔按照指令转过一个或几个位置，待完成自动换刀后，再进入下一步的加工。

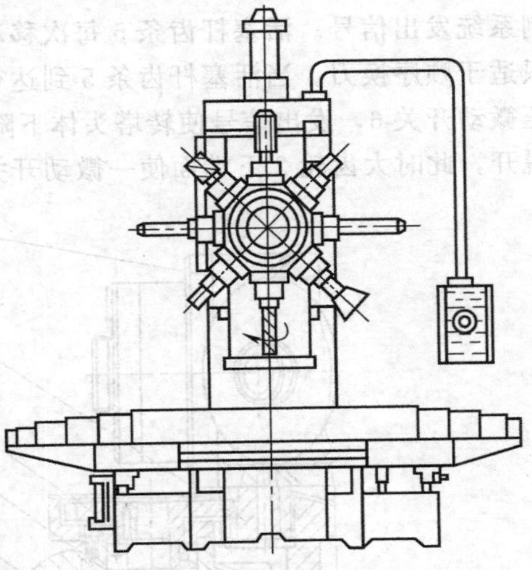

图 5-18　数控钻镗铣床

图 5-19 所示为卧式八轴转塔头结构。转塔头内均布八根刀具主轴，结构完全相同，前轴承座 2 连同主轴 1 作为一个组件整体装卸，便于调整主轴轴承的轴向和径向间隙。按压操纵杆 12，通过顶杆 14 卸下主轴孔内的刀具。由电动机经变速机构、传动齿轮、滑移齿轮 4 到齿轮 13 传动主轴。上齿盘 5 固定在转塔体 8 上，下齿盘 6 则固定在转塔底座上。转塔体 8 由两个推力球轴承 7、9 支承在中心液压缸 11 上，活塞和活塞杆 10 固定在转塔头底座上。当压力油进入油缸下腔时，转塔头即被压紧在底座上。

转塔头的转位过程如图 5-20 所示。首先由液压拨叉（图中未示出）移动滑移齿轮 4（图 5-19），使它脱开齿轮 13（图 5-19），然后压力油经固定活塞杆 10（图 5-19）中的孔进入中心液压缸 11（图 5-19）的上腔，使转塔体 8（图 5-19）抬起，齿盘 5（图 5-19）和齿盘 6（图 5-19）脱开。当转塔头体 1 抬起时，与其连在一起的大齿轮 2 也上移，与轴 4 上的齿轮 3 啮合。当推动转塔头转位液压缸活塞移动时，活塞杆齿条 5 经齿轮传动轴 4，使转塔头转位。

同时，轴 4 下端的小齿轮通过齿轮 8、棘爪 15、棘轮 14、小轴 12 使杠杆 11 转动。当转塔头下一个刀具主轴转到工作位置时，杠杆 11 端部的金属电刷从两同心圆环上的某一组电触点转动，与下一组电触点相接，这样就可识别和记忆转塔头工作主轴的号码，并给机床控

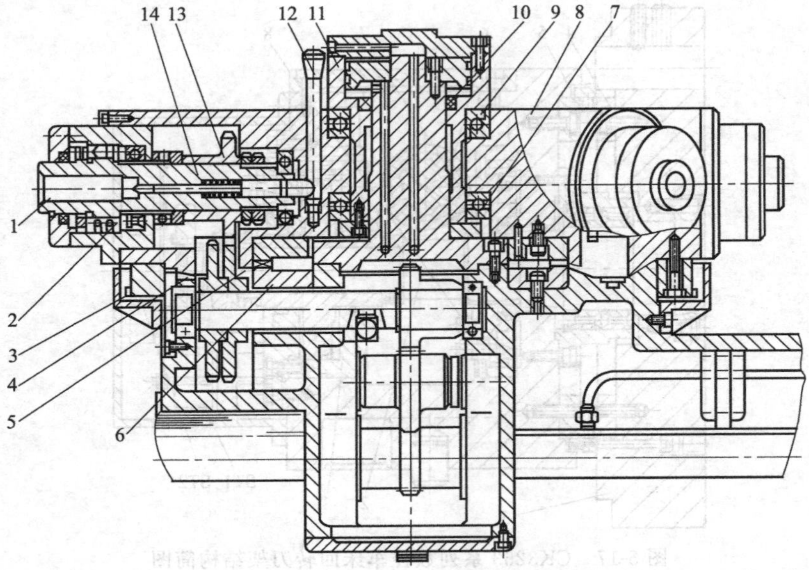


图 5-19　卧式八轴转塔头结构

1—主轴；2—前轴承座；3—大齿轮；4—滑移齿轮；5,6—齿盘；7,9—推力球轴承；8—转塔体；10—活塞杆；11—中心液压缸；12—操纵杆；13—齿轮；14—顶杆

制系统发出信号。活塞杆齿条 5 每次移动，只能使转塔头做一次固定角度的分度运动，因此只适于顺序换刀。当活塞杆齿条 5 到达行程终点时，固定在齿轮 8 上并随之转动的挡杆 7 按压微动开关 6，发出信号使转塔头体下降压紧，转塔头定位夹紧时，大齿轮 2 下降与齿轮 3 脱开，此时大齿轮 2 下端面使一微动开关发出信号，使通向齿条油缸的油路换向，齿条活塞

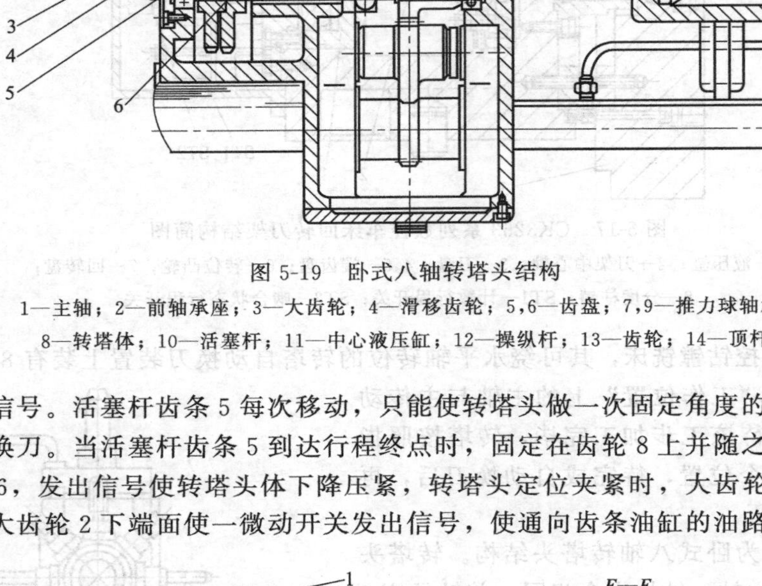

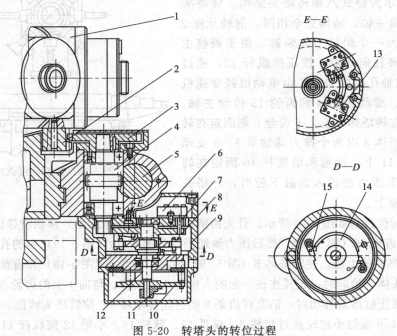


图 5-20　转塔头的转位过程

1—转塔头体；2—大齿轮；3,8—齿轮；4—轴；5—活塞杆齿条；6,13—微动开关；7—挡杆；9—壳体；10—盘；11—杠杆；12—小轴；14—棘轮；15—棘爪

杆复位，这时齿轮 8 上的挡杆 7 按压微动开关 13，发出转塔头转位完毕的信号。液压拨叉重新将滑移齿轮 4（图 5-19）移到与齿轮 13（图 5-19）啮合的位置，使在工作位置的刀具主轴接通主运动链。

**2. 带有刀库的自动换刀装置**

（1）无机械手式自动换刀装置　无机械手式自动换刀装置，一般是把刀库放在主轴箱可以运动到的位置，或整个刀库、某一刀位能移动到主轴箱可以到达的位置。同时刀库中刀具的存放方向一般与主轴箱的装刀方向一致。换刀时，由主轴和刀库的相对运动进行换刀动作，利用主轴取走或放回刀具。图 5-21 所示为几种无机械手式自动换刀装置的立柱不动式卧式加工中心。图 5-22 所示为立柱不动式卧式加工中心无机械手式自动换刀装置的换刀过程。

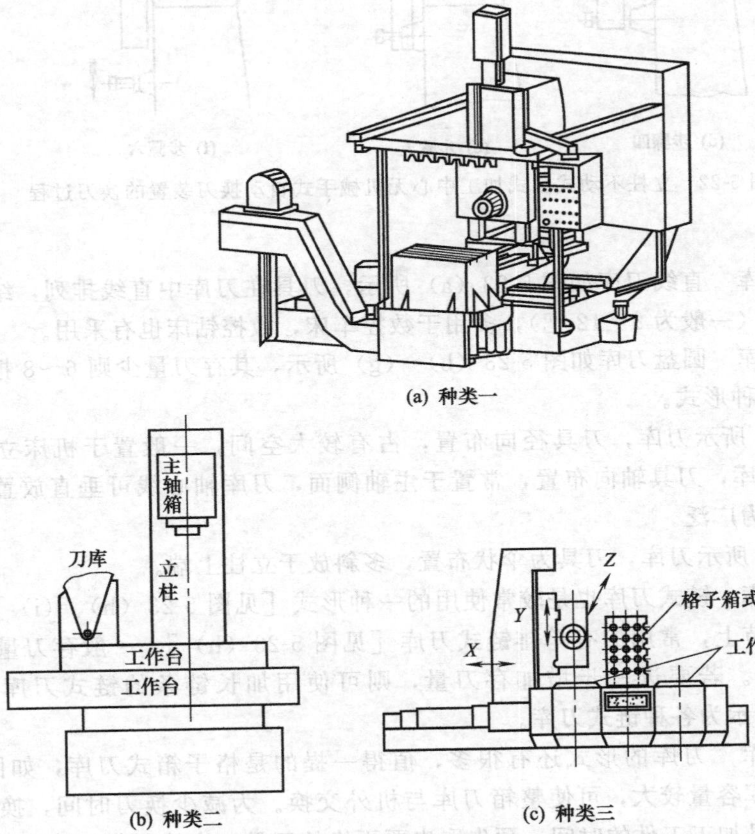

(a) 种类一　(b) 种类二　(c) 种类三

图 5-21　几种无机械手式自动换刀装置的立柱不动式卧式加工中心

（2）有机械手式自动换刀装置　有机械手式自动换刀装置一般由机械手和刀库组成。其刀库的配置、位置及数量的选用要比无机械手的换刀装置灵活得多。它可以根据不同的要求，配置不同形式的机械手，可以是单臂的、双臂的，甚至可以配置一个主机械手和一个辅助机械手的形式。它能够配备多至数百把刀具的刀库。换刀时间可缩短到几秒甚至零点几秒。因此，目前大多数加工中心都装配了有机械手式自动换刀装置。由于刀库位置和机械手换刀动作的不同，其自动换刀装置的结构形式也多种多样。

## 二、刀库

**1. 刀库的类型**

刀库的形式和容量主要是为了满足机床的工艺范围。图 5-23 所示为常见的几种刀库的

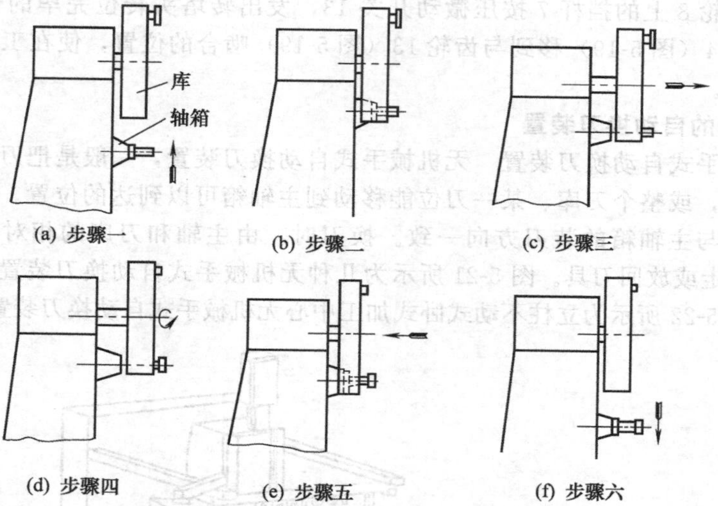


图 5-22 立柱不动式卧式加工中心无机械手式自动换刀装置的换刀过程

结构形式。

（1）直线刀库　直线刀库如图 5-23（a）所示，刀具在刀库中直线排列，结构简单，存放刀具数量有限（一般为 8～12 把），多用于数控车床，数控钻床也有采用。

（2）圆盘刀库　圆盘刀库如图 5-23（b）～（g）所示，其存刀量少则 6～8 把，多则50～60 把，并且有多种形式。

图 5-23（b）所示刀库，刀具径向布置，占有较大空间，一般置于机床立柱上端。图 5-23（c）所示刀库，刀具轴向布置，常置于主轴侧面，刀库轴心线可垂直放置，也可水平放置，其使用较为广泛。

图 5-23（d）所示刀库，刀具为伞状布置，多斜放于立柱上端。

（3）链式刀库　链式刀库也是较常使用的一种形式［见图 5-23（h）、（i）］，这种刀库的刀座固定在链节上，常用的有单排链式刀库［见图 5-23（h）］，一般存刀量小于 30 把，个别能达到 60 把。若要进一步增加存刀量，则可使用加长链条的链式刀库［见图 5-23（i）］。图 5-24 所示为各种链式刀库。

（4）其他刀库　刀库的形式还有很多，值得一提的是格子箱式刀库，如图 5-23（j）、（k）所示，其刀库容量较大，可使整箱刀库与机外交换。为减少换刀时间，换刀机械手通常利用前一把刀具加工工件的时间，预先取出要更换的刀具，当然所配的数控系统应具备该项功能。这种刀库的占地面积小，结构紧凑，在相同的空间内可容纳的刀具数量较多，但选刀和取刀动作复杂，已经很少用于单机加工中心，多用于 FMS（柔性制造系统）的集中供刀系统。图 5-23（j）、（k）所示为分别为单面式和多面式格子箱式刀库。

**2. 刀库的容量**

刀库的容量并不是越大越好，太大反而会增加刀库的尺寸和占地面积，使选刀时间增长。应根据广泛的工业统计，依照该机床大多数工件加工时需要的刀具数量来确定刀库容量。据资料分析，对于钻削加工，用 10 把刀具就能完成 80％的工件加工，用 20 把刀具就能完成 90％的工件加工；对于铣削加工，只需 4 把铣刀就可以完成 90％的铣削工艺；对于车削加工，只需 10 把刀具即可完成 90％的工艺加工。若是从完成被加工工件的全部工序考虑进行统计，得到的结果是大部分（超过 80％）的工件完成其全部加工只需 40 把左右刀具

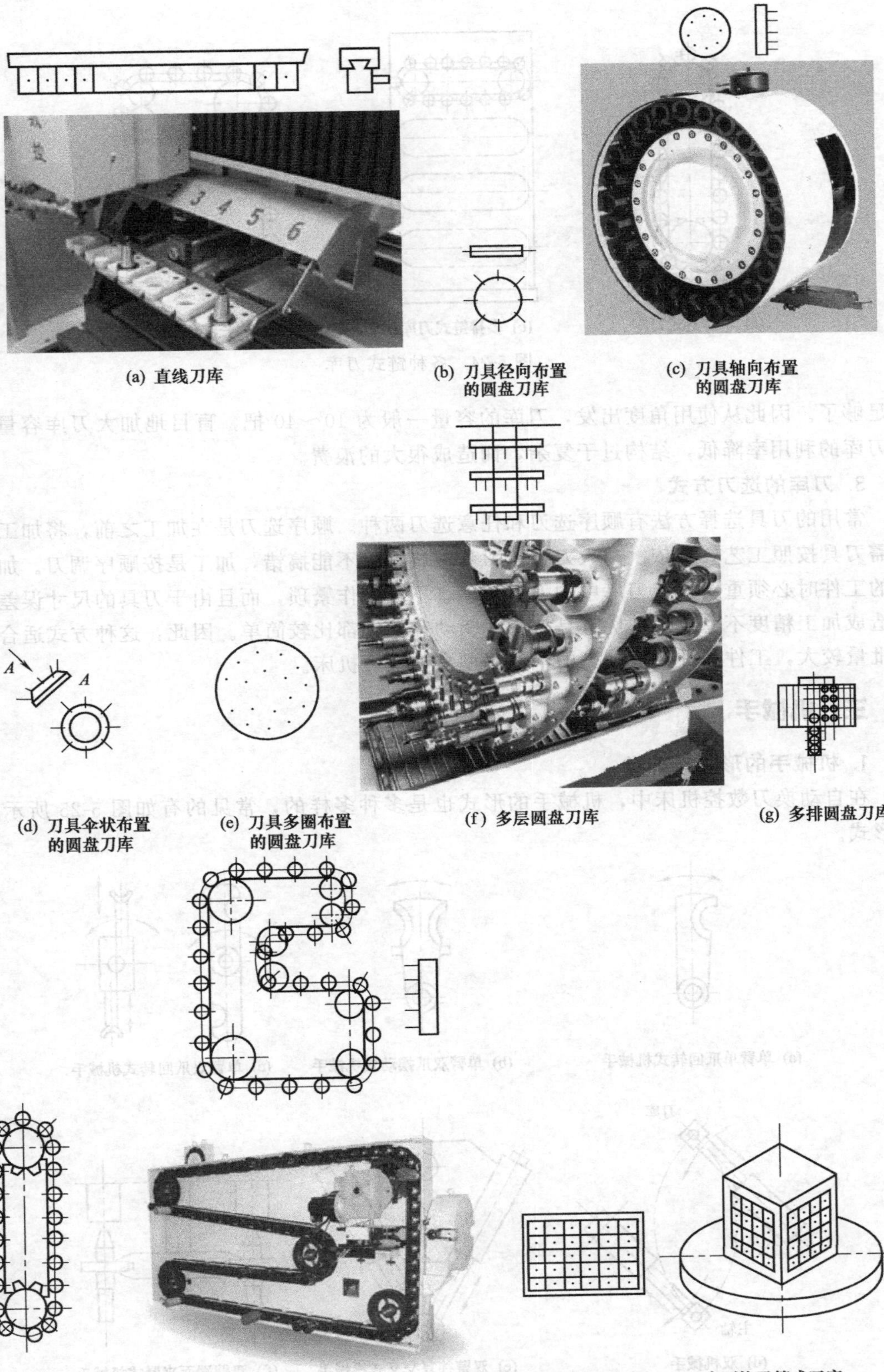

(a) 直线刀库　(b) 刀具径向布置的圆盘刀库　(c) 刀具轴向布置的圆盘刀库

(d) 刀具伞状布置的圆盘刀库　(e) 刀具多圈布置的圆盘刀库　(f) 多层圆盘刀库　(g) 多排圆盘刀库

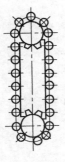

(h) 单排链式刀库　(i) 加长链条的链式刀库　(j) 单面格子箱式刀库　(k) 多面格子箱式刀库

图 5-23　常见的几种刀库的结构形式

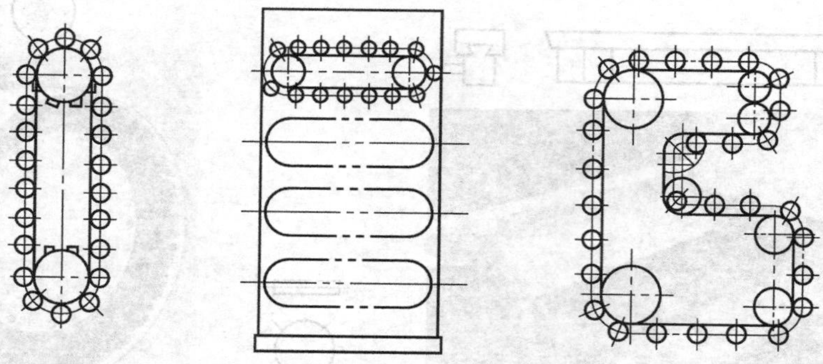

(a) 单排链式刀库　　(b) 多排链式刀库　　(c) 加长链条的链式刀库

图 5-24　各种链式刀库

就足够了。因此从使用角度出发，刀库的容量一般为 10～40 把，盲目地加大刀库容量，会使刀库的利用率降低，结构过于复杂，而造成很大的浪费。

3. **刀库的选刀方式**

常用的刀具选择方法有顺序选刀和任意选刀两种。顺序选刀是在加工之前，将加工零件所需刀具按照工艺要求依次插入刀库的刀套中，顺序不能搞错，加工是按顺序调刀。加工不同的工件时必须重新调整刀库中的刀具顺序，不仅操作繁琐，而且由于刀具的尺寸误差也容易造成加工精度不稳定。其优点是刀库的驱动和控制都比较简单。因此，这种方式适合于加工批量较大，工件品种数量较少的中、小型自动换刀机床。

## 三、机械手

1. **机械手的形式与种类**

在自动换刀数控机床中，机械手的形式也是多种多样的，常见的有如图 5-25 所示的几种形式。

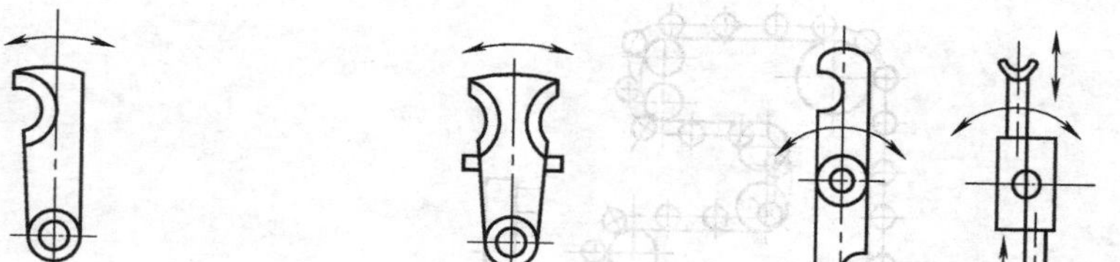

(a) 单臂单爪回转式机械手　　(b) 单臂双爪摆动式机械手　　(c) 单臂双爪回转式机械手

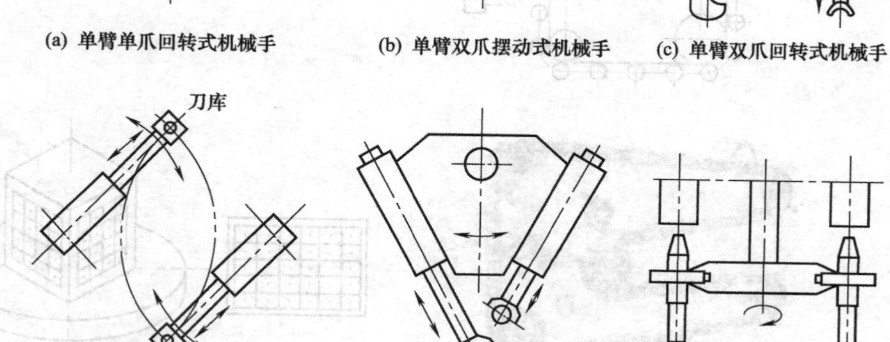


(d) 双机械手　　(e) 双臂往复交叉式机械手　　(f) 双臂端面夹紧式机械手

图 5-25　常见的机械手形式

(1) 单臂单爪回转式机械手［见图 5-25 (a)］ 这种机械手的手臂可以回转不同的角度进行自动换刀，手臂上只有一个夹爪，不论在刀库上或在主轴上，均靠这一个夹爪来装刀及卸刀，因此换刀时间较长。

(2) 单臂双爪摆动式机械手［见图 5-25 (b)］ 这种机械手的手臂上有两个夹爪，两个夹爪有所分工，一个夹爪只执行从主轴上取下“旧刀”送回刀库的任务，另一个夹爪则执行由刀库取出“新刀”送到主轴的任务，其换刀时间较上述单爪回转式机械手要短。

(3) 单臂双爪回转式机械手［见图 5-25 (c)］ 这种机械手的手臂两端各有一个夹爪，两个夹爪可同时抓取刀库及主轴上的刀具，回转 180°后又同时将刀具放回刀库及装入主轴。换刀时间较以上两种单臂机械手均短，是最常用的一种形式。图 5-25 (c) 右边的一种机械手在抓取刀具或将刀具送入刀库及主轴时，两臂可伸缩。

(4) 双机械手［见图 5-25 (d)］ 这种机械手相当于两个单臂单爪机械手，相互配合起来进行自动换刀。其中一个机械手从主轴上取下“旧刀”送回刀库；另一个机械手由刀库中取出“新刀”装入机床主轴。

(5) 双臂往复交叉式机械手［见图 5-25 (e)］ 这种机械手的两手臂可以往复运动，并

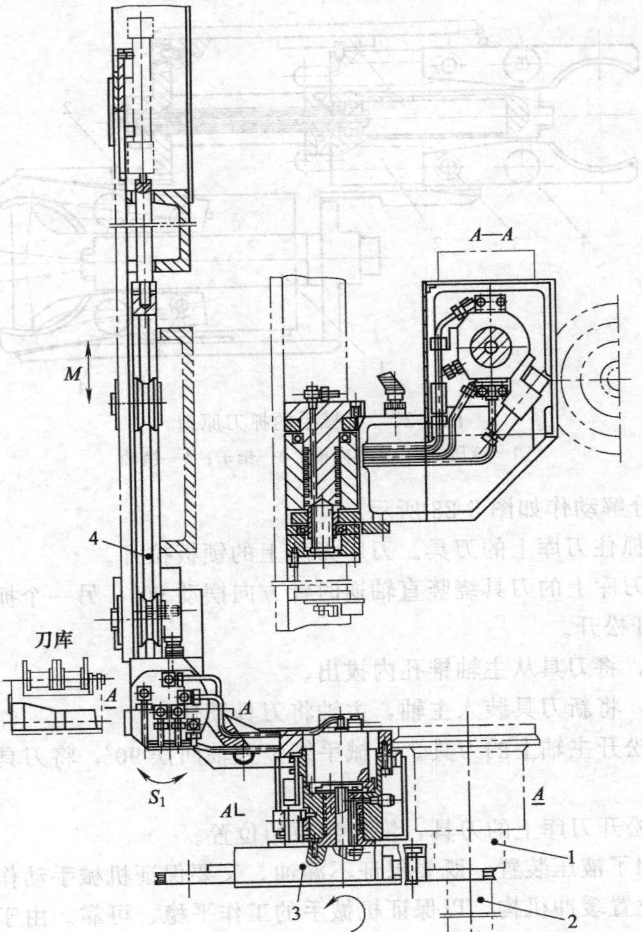


图 5-26 SOLON3-1 卧式加工中心机械手的结构

1—主轴；2—刀具；3—机械手；4—刀库链

交叉成一定的角度。一个手臂从主轴上取下“旧刀”送回刀库，另一个机械手由刀库中取出“新刀”装入主轴。整个机械手可沿某导轨直线移动或绕某个转轴回转，以实现刀库与主轴间的换刀运动。

(6) 双臂端面夹紧式机械手［见图 5-25 (f)］ 这种机械手只是在夹紧部位上与前几种不同。前几种机械手均靠夹紧刀柄的外圆表面以抓取刀具，这种机械手则夹紧刀柄的两个端面。

**2. 常用换刀机械手**

(1) 单臂双爪式机械手 单臂双爪式机械手也叫扁担式机械手，它是目前加工中心上使用较多的一种。这种机械手的拔刀、插刀动作，大都由液压缸来完成。根据结构要求，可以采取液压缸动、活塞固定或活塞动、液压缸固定的结构形式。而手臂的回转动作则通过活塞的运动带动齿条齿轮传动来实现。机械手臂的不同回转角度由活塞的可调行程来保证。如 SOLON3-1 卧式加工中心机械手就是这样的，其结构如图 5-26 所示。

在刀库中存放刀具的轴线与主轴轴线相垂直。机械手有三个自由度：沿主轴轴线方向移动 $M$，实现从主轴拔刀动作；绕竖直轴 90°摆动 $S_1$，实现刀库与主轴之间刀具的传送；绕水平轴 180°摆动 $S_2$，实现刀库与主轴刀具的交换。机械手的抓刀原理如图 5-27 所示。

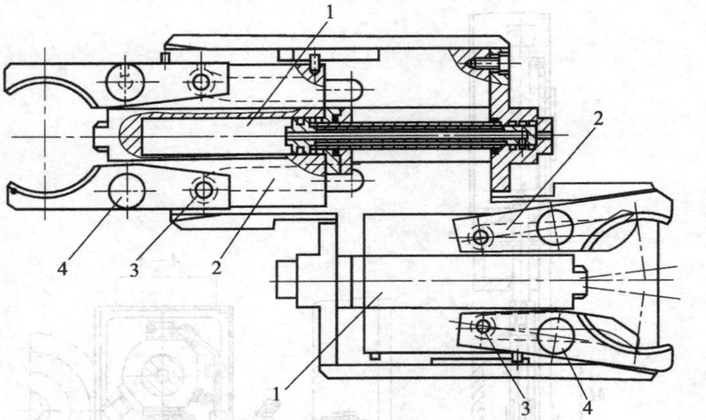


图 5-27 机械手的抓刀原理

1—液压缸；2—导向槽；3—销子；4—销轴

其换刀过程的分解动作如图 5-28 所示。

① 抓爪伸出，抓住刀库上的刀具。刀库刀座上的锁板拉开。

② 机械手带着刀库上的刀具绕竖直轴逆时针方向摆动 90°，另一个抓爪伸出抓住主轴上的刀具，主轴将刀杆松开。

③ 机械手前移，将刀具从主轴锥孔内拔出。

④ 机械手后退，将新刀具装入主轴，主轴将刀具锁住。

⑤ 抓爪回缩，松开主轴上的刀具。机械手绕竖直轴回摆 90°，将刀具放回刀库，刀库刀座上的锁板合上。

⑥ 抓爪缩回，松开刀库上的刀具，恢复到原始位置。

这种机械手采用了液压装置，既要保证不漏油，又要保证机械手动作灵活，而且每个动作结束之前均必须设置缓冲机构，以保证机械手的工作平稳、可靠。由于液压驱动的机械手需要严格地密封，还需较复杂的缓冲机构，又由于控制机械手动作的电磁阀都有一定的时间常数，因而换刀速度慢。近年来，国内外先后研制出凸轮联动式单臂双爪机械手，其工作原理如图 5-29 所示。

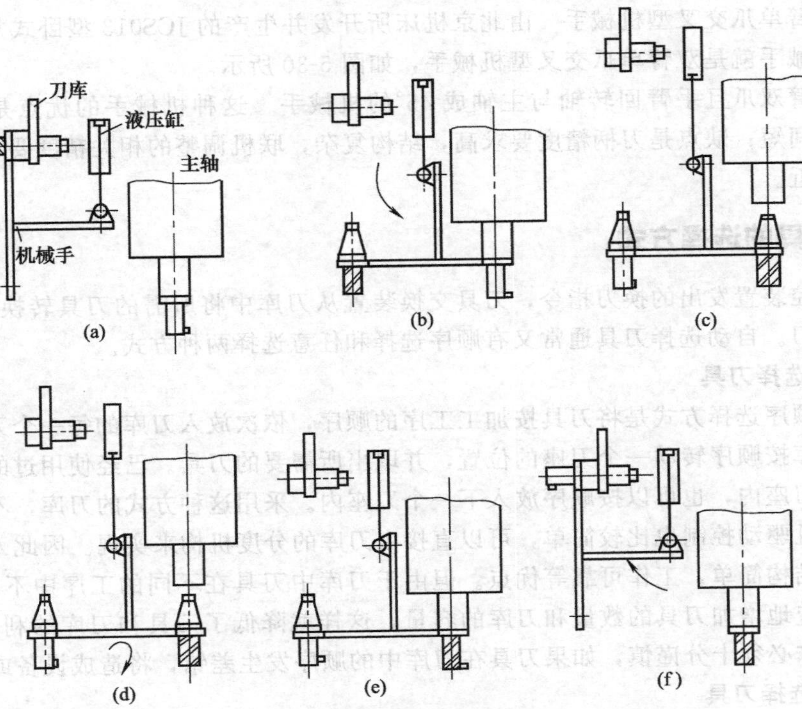


图 5-28　换刀过程的分解动作

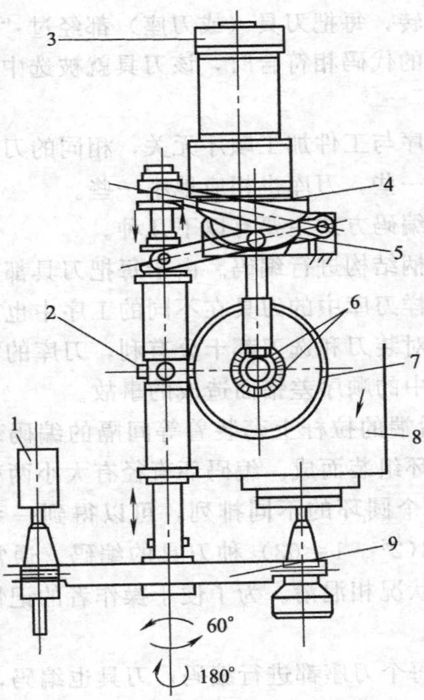


图 5-29　凸轮联动式单臂双爪机械手的工作原理

1—刀套；2—十字轴；3—电动机；4—圆柱槽凸轮；5—杠杆；6—锥齿轮；7—凸轮滚子；8—主轴箱；9—换刀手臂

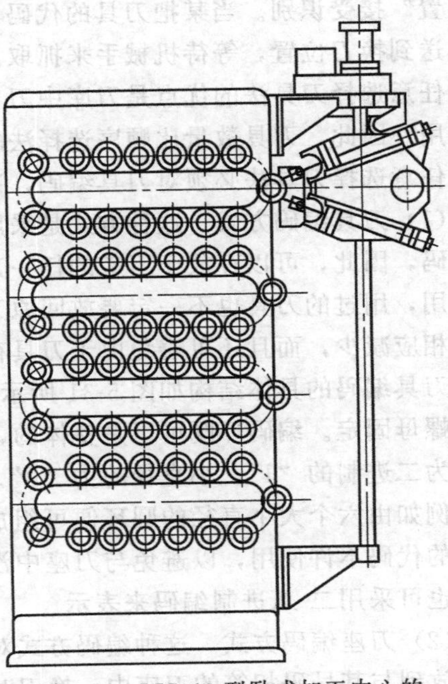

图 5-30　JCS013 型卧式加工中心的双臂单爪交叉型机械手

（2）双臂单爪交叉型机械手　由北京机床所开发并生产的JCS013型卧式加工中心，所用的换刀机械手就是双臂单爪交叉型机械手，如图5-30所示。

（3）单臂双爪且手臂回转轴与主轴成45°的机械手　这种机械手的优点是换刀动作可靠，换刀时间短；缺点是刀柄精度要求高，结构复杂，联机调整的相关精度要求高，机械手离加工区较近。

## 四、刀具的选择方式

根据数控装置发出的换刀指令，刀具交换装置从刀库中将所需的刀具转换到取刀位置，称为自动选刀。自动选择刀具通常又有顺序选择和任意选择两种方式。

### 1. 顺序选择刀具

刀具的顺序选择方式是将刀具按加工工序的顺序，依次放入刀库的每一个刀座内。每次换刀时，刀库按顺序转动一个刀座的位置，并取出所需要的刀具。已经使用过的刀具可以放回到原来的刀座内，也可以按顺序放入下一个刀座内。采用这种方式的刀库，不需要刀具识别装置，而且驱动控制也比较简单，可以直接由刀库的分度机构来实现。因此刀具的顺序选择方式具有结构简单，工作可靠等优点。但由于刀库中刀具在不同的工序中不能重复使用，因而必须相应地增加刀具的数量和刀库的容量，这样就降低了刀具和刀库的利用率。此外，人工装刀操作必须十分谨慎，如果刀具在刀库中的顺序发生差错，将造成设备或质量事故。

### 2. 任意选择刀具

这种方式是根据程序指令的要求来选择所需要的刀具，采用任意选择方式的自动换刀系统中必须有刀具识别装置。刀具在刀库中不必按照工件的加工顺序排列，可任意存放。每把刀具（或刀座）都编上代码，自动换刀时，刀库旋转，每把刀具（或刀座）都经过“刀具识别装置”接受识别。当某把刀具的代码与数控指令的代码相符合时，该刀具就被选中，并将刀具送到换刀位置，等待机械手来抓取。

任意选择刀具法的优点是刀库中刀具的排列顺序与工件加工顺序无关，相同的刀具可重复使用。因此，刀具数量比顺序选择法的刀具可少一些，刀库也相应地小一些。

任意选择刀具法必须对刀具编码，以便识别。编码方式主要有以下几种。

（1）刀具编码方式　这种方式是采用特殊的刀柄结构进行编码。由于每把刀具都有自己的代码，因此，可以存放于刀库的任一刀座中。这样刀库中的刀具在不同的工序中也就可重复使用，用过的刀具也不一定要放回原刀座中，这对装刀和选刀都十分有利，刀库的容量也可以相应减少，而且还可避免由于刀具存放在刀库中的顺序差错而造成的事故。

刀具编码的具体结构如图5-31所示。在刀柄后端的拉杆上套装着等间隔的编码环，由锁紧螺母固定。编码环既可以是整体的，也可由圆环组装而成。编码环直径有大小两种，大直径为二进制的“1”，小直径的为“0”。通过这两个圆环的不同排列，可以得到一系列代码。例如由六个大小直径的圆环便可组成能区别63（$2^6-1=63$）种刀具的编码。通常全部为0的代码不许使用，以避免与刀座中没有刀具的状况相混淆。为了便于操作者的记忆和识别，也可采用二-八进制编码来表示。

（2）刀座编码方式　这种编码方式对刀库中的每个刀座都进行编码，刀具也编码，并将刀具放到与其号码相符的刀座中。换刀时刀库旋转，使各个刀座依次经过识刀器，直至找到规定的刀座，刀座便停止旋转。由于这种编号方式取消了刀柄中的编码环，使刀柄结构大为简化。因此，刀具识别装置的结构不受刀柄尺寸的限制，而且可以放在较适当的位置。另外，在自动换刀过程中，必须将用过的刀具放回原来的刀座中，增加了换刀动作。与顺序选

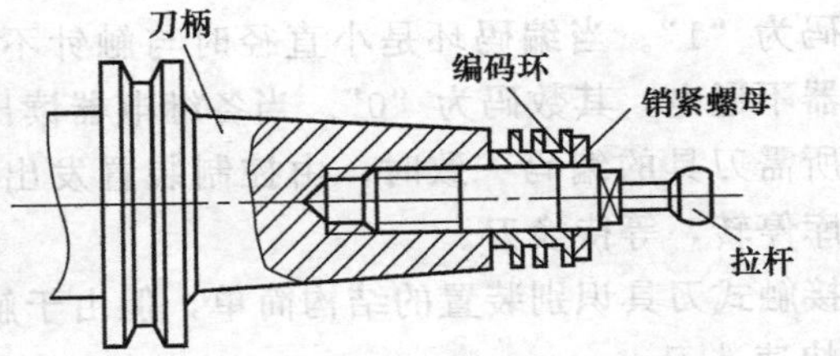

图 5-31　刀具编码的具体结构

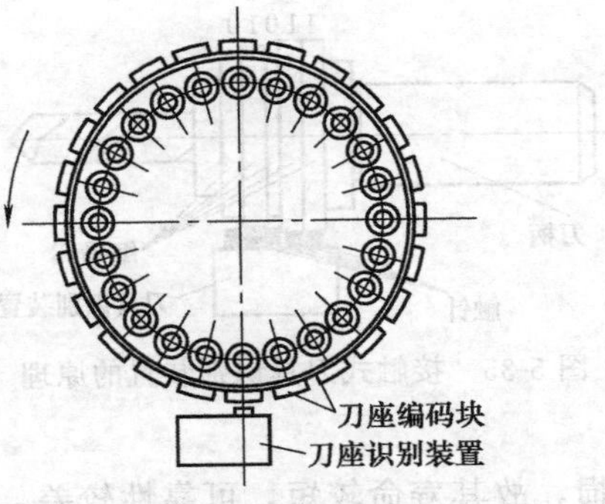

图 5-32　圆盘刀库的刀座编码的结构

择刀具的方式相比，刀座编码方式的突出特点是刀具在加工过程中可以重复使用。

图 5-32 所示为圆盘刀库的刀座编码装置。图中在圆盘的圆周上均布若干个刀座识别装置。刀座编码的识别原理与上述刀具编码原理完全相同。

编码附件方式可分为编码钥匙、编码卡片、编码杆和编码盘等，其中应用最多的是编码钥匙。这种方式是先给各刀具都缚上一把表示该刀具号的编码钥匙，当把各刀具存放到刀库中时，将编码钥匙插进刀座旁边的钥匙孔中，这样就把钥匙的号码转记到刀座中，给刀座编上了号码。识别装置可以通过识别钥匙上的号码来选取该钥匙旁边刀座中的刀具。

编码钥匙的形状如图 5-33 所示，图中钥匙的两边最多可带有 22 个方齿，图中除导向用的两个方齿外，共有 20 个凸出或凹下的位置，可区别 99999 把刀具。

图 5-34 为编码钥匙孔的剖面图，图中钥匙沿着水平方向的钥匙缝插入钥匙孔座，然后顺时针方向旋转 90°，处于钥匙代码突起的第一弹簧接触片被撑起，表示代码“1”；处于代码凹处的第二弹簧接触片保持原状，表示代码“0”。由于钥匙上每个凸凹部分的旁边各有相应的炭刷，故可将钥匙各个凸凹部分识别出来，即识别出相应的刀具。

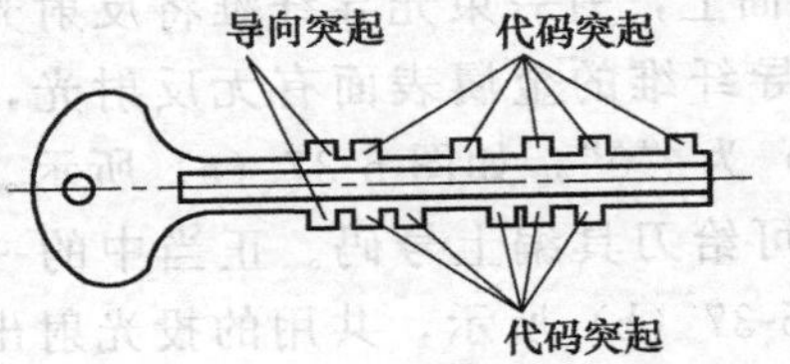

图 5-33　编码钥匙的形状

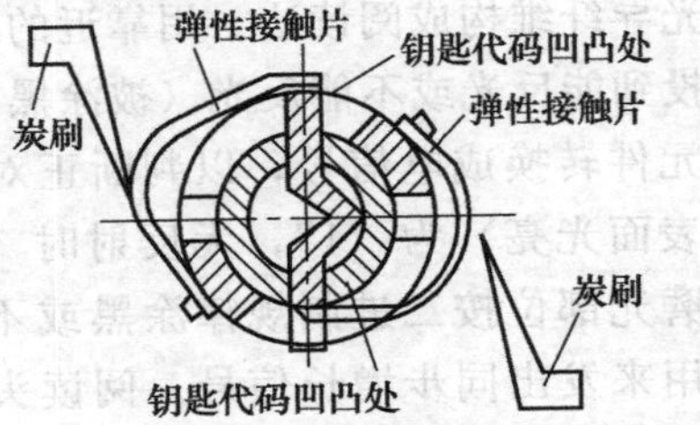

图 5-34　编码钥匙孔的剖面图

这种编码方式称为临时性编码，因为从刀座中取出刀具时，刀座中的编码钥匙也取出，刀座中原来的编码便随之消失。因此，这种方式具有更大的灵活性。采用这种编码方式用过的刀具必须放回原来的刀座中。

## 五、刀具识别装置

刀具（刀座）识别装置是可任意选择刀具的自动换刀系统中的重要组成部分，常用的有以下两种。

### 1. 接触式刀具识别装置

接触式刀具识别装置的原理如图 5-35 所示。在刀柄上装有两种直径不同的编码环，规定大直径的环表示二进制的“1”，小直径的环表示“0”，图中编码环有 5 个，在刀库附近固

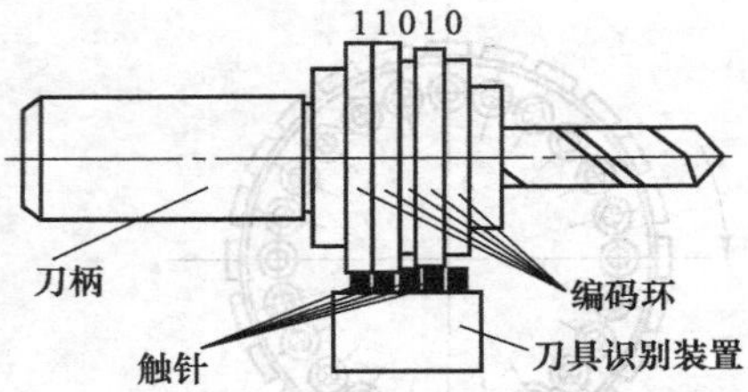

图 5-35　接触式刀具识别装置的原理

定一刀具识别装置，从中伸出几个触针，触针数量与刀柄上的编码环个数相等。每个触针与一个继电器相连，当编码环是大直径时与触针接触，继电器通电，其数码为“1”。当编码环是小直径时与触针不接触，继电器不通电，其数码为“0”。当各继电器读出的数码与所需刀具的编码一致时，由控制装置发出信号，使刀库停转，等待换刀。

接触式刀具识别装置的结构简单，但由于触针有磨损，故其寿命较短，可靠性较差，且难于快速选刀。

**2. 非接触式刀具识别装置**

非接触式刀具识别装置没有机械直接接触，因而无磨损、无噪声、寿命长、反应速度快，适应于高速、换刀频繁的工作场合。常用的识别装置方法有磁性识别法和光电识别法。

(1) 非接触式磁性识别法　磁性识别法是利用磁性材料和非磁性材料的磁感应强弱的不同，通过感应线圈读取代码。其编码环的直径相等，分别由导磁材料（如软钢）和非导磁材料（如黄铜、塑料等）制成，并规定前者编码为“1”，后者编码为“0”。图 5-36 所示为一种用于刀具编码的磁性识别装置。图中刀柄上装有非导磁材料编码环和导磁材料编码环，与编码环相对应的有一组检测线圈组成的非接触式识别装置。在检测线圈的一次线圈中输入交流电压时，如编程环为导磁材料，则磁感应较强，能在二次线圈中产生较大的感应电压。如编程环为非导磁材料，则磁感应较弱，在二次线圈中感应的电压就较弱。利用感应电压的强弱，就能识别刀具的号码。当编码的号码与指令刀号相符时，控制电路便发出信号，使刀库停止运转，等待换刀。

(2) 非接触式光电识别法　非接触式光电识别法是利用光导纤维良好的光传导特性，采用多束光导纤维构成阅读法。用靠近的二束光导纤维来阅读二进制编码的一位时，其中一束将光源投到能反光或不能反光（被涂黑）的金属表面上，另一束光导纤维将反射光送至光电转换元件转换成电信号，以判断正对这二束光导纤维的金属表面有无反射光，有反射光时（表面光亮）为“1”，无反射时（表面涂黑）为“0”，如图 5-37 (a) 所示。在刀具的某个磨光部位按二进制规律涂黑或不涂黑，就可给刀具编上号码。正当中的一小块反光部分用来发出同步增长信号。阅读头端面如图 5-37 (b) 所示，共用的投光射出面为一矩形框，中间嵌进一排共 9 个圆形的受光入射面。当阅读头端面正对刀具编码部位，沿箭头方向相对运动时，在同步信号的作用下，可将刀具编码读入，并与给定的刀具号进行比较而选刀。

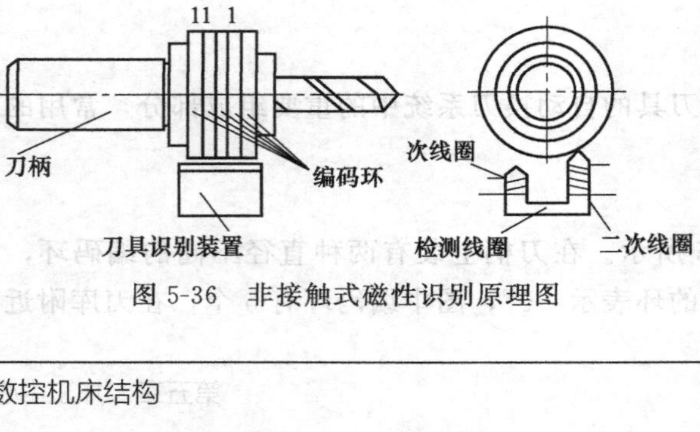

图 5-36　非接触式磁性识别原理图

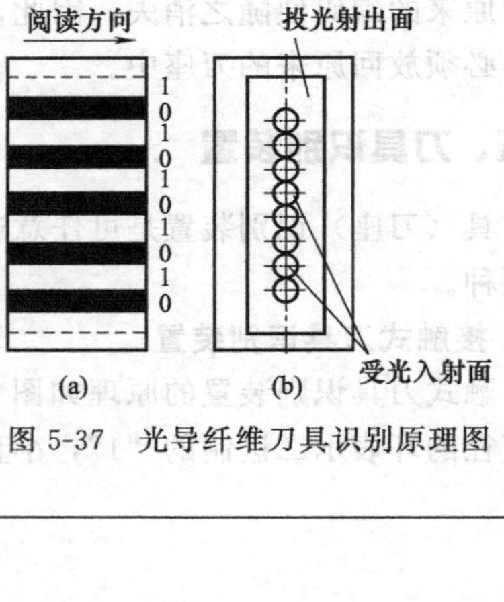

图 5-37　光导纤维刀具识别原理图

# 第六节　JCS-018A 型立式加工中心

## 一、JCS-018A 型立式加工中心简介

JCS-018A 型小型立式加工中心是由北京机床研究所研制，工件一次装夹后，可以自动连续地完成镗、铣、钻、铰、扩、锪和攻螺纹等多种工序的加工。因此，它适合于小型板类、盘类、壳体类和模具等零件的多品种小批量加工。使用该机床加工中、小批量的复杂零件，一方面可以节省在普通机床上加工所需的大量的工艺装备，缩短了生产准备周期；另一方面能够确保工件的加工质量，提高生产率。

JCS-018A 型立式加工中心主要部件及主要运动是（参见主要构成图 5-38）：床身 1、立柱 15 为该机床的基础部件，交流变频调速电动机将运动经主轴箱 5 内的传动件传给主轴，实现旋转主运动。3 个宽调速直流伺服电动机 10、17、13 分别经滚珠丝杠螺母副将运动传给工作台 8、滑座 9，实现 $X$、$Y$ 坐标的进给运动，传给主轴箱 5 使其沿立柱导轨作 $Z$ 坐标的进给运动。立柱左上侧的圆盘形刀库 6 可容纳 16 把刀，由机械手 7 进行自动换刀。立柱的左后部为数控柜 16，左下侧为润滑油箱 18。

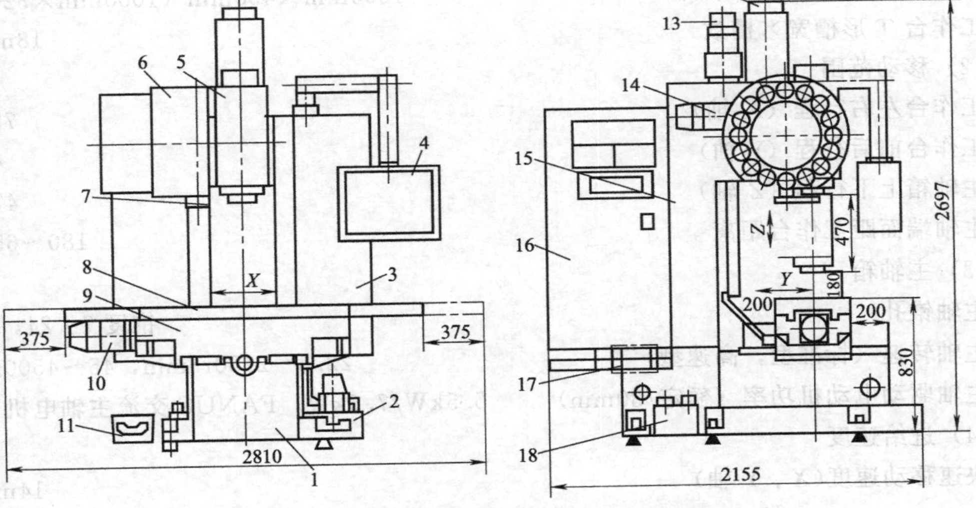


图 5-38　JCS-018A 型立式加工中心主要部件构成

1—床身；2—切削液箱；3—驱动电柜；4—操纵面板；5—主轴箱；6—刀库；7—机械手；8—工作台；9—滑座；10—$X$ 轴伺服电动机；11—切屑箱；12—主轴电动机；13—$Z$ 轴伺服电动机；14—刀库电动机；15—立柱；16—数控柜；17—$Y$ 轴伺服电动机；18—润滑油箱

JCS-018A 型立式加工中心具有如下特点。

（1）强力切削　JCS-018A 型立式加工中心采用的是 FANUC AC 主轴电动机。电动机的运动经一对齿形带轮传到主轴。主轴转速的恒功率范围宽，低转速的转矩大，机床的主要构件刚度高，故可以进行强力切削。因为主轴箱内无齿轮传动，所以主轴运转时噪声低、振动小、热变形小。

（2）高速定位　进给直流伺服电动机的运动经联轴节和滚珠丝杠副，使 $X$ 轴和 $Y$ 轴获得 14m/min，$Z$ 轴获得 10m/min 的快速移动。由于机床基础件刚度高，且各导轨的滑动面

上贴有一层聚四氟乙烯软带，因此，机床在高速移动时振动小，低速移动时无爬行，并有高的精度和稳定性。

（3）随机换刀　驱动刀库的直流伺服电动机经蜗轮副使刀库回转。机械手的回转、取刀和装刀机构均由液压系统驱动。自动换刀装置结构简单，换刀可靠。由于它安装在立柱上，故不影响主轴箱移动精度。随机换刀采用记忆式的任选换刀方式，每次选刀运动时，刀库正转或反转角均不超过 180°。

（4）机电一体化　机床的总体结构，将控制柜、数控柜和润滑装置都安装在立柱和床身上，减少了占地面积，同时也简化了搬运和安装。机床的操作面板集中安置在机床的右前方，以使操作方便，从而体现出机电一体化的设计特点。

（5）计算机控制　机床采用了软件固定型计算机控制的数控系统。控制系统的体积小、故障率低、可靠性高、操作简便。机床外部信号和程序控制器装置内部的运行具有自诊断功能，监控和检查直观、方便。

## 二、主要性能指标

1. 主机

| | |
|---|---|
| （1）工作台 | |
| 工作台外形尺寸（工作面） | 1200mm×450mm（1000mm×320mm） |
| 工作台 T 形槽宽×槽数 | 18mm×3 |
| （2）移动范围 | |
| 工作台左右行程（*X* 轴） | 750mm |
| 工作台前后行程（*Y* 轴） | 40mm |
| 主轴箱上下行程（*Z* 轴） | 470mm |
| 主轴端面距工作台距离 | 180～650mm |
| （3）主轴箱 | |
| 主轴锥孔 | 锥度 7∶24，BT45 |
| 主轴转速（标准型，高速型） | 22.5～2250r/min，45～4500r/min |
| 主轴驱动电动机功率（额定/30min） | 5.5kW/7.5kW，FANUC 交流主轴电机 12 型 |
| （4）进给速度 | |
| 快速移动速度（*X*、*Y* 轴） | 14m/min |
| （*Z* 轴） | 10m/min |
| 进给速度（*X*、*Y*、*Z* 轴） | 1～4000mm/mim |
| 进给驱动电动机功率 | 1.4kW，FANUC-BESK 直流伺服电动机 15 型 |
| （5）自动换刀装置 | |
| 刀库容量 | 16 把 |
| 选刀方式 | 任选 |
| 最大刀具尺寸（直径×长度） | 100mm×300mm |
| 最大刀具质量 | 10kg |
| 刀库电动机功率 | 1.4kW，FANUC-BESK 直流伺服电动机 15 型 |
| （6）精度 | |
| 定位精度 | ±0.012mm/300mm |

| | |
|---|---|
| 重复定位精度 | ±0.006mm |
| (7) 承载能力 | |
| 工作台允许负载 | 500kg |
| 滚珠丝杠尺寸（$X$、$Y$、$Z$ 轴） | $\phi$40mm×10mm |
| 钻孔能力（一次钻出） | $\phi$32mm |
| 攻丝能力 | M24mm |
| 铣削能力 | 100cm$^3$/min |
| (8) 其他 | |
| 气源压强 | 49～68.6Pa（250L/min） |
| 机床质量 | 4.5t |
| 占地面积 | 3500mm×3060mm |
| 2. 数控装置 | |
| 控制轴数 | 3 轴 |
| 同时控制轴数 | 任意 2 轴或 3 轴 |
| 轨迹控制方式 | 直线/圆弧方式或空间直线/螺旋方式 |
| 纸带代码 | EIA/ISO |
| 脉冲当量 | 0.001mm 或 0.0001in |
| 最大指令值 | ±99999.999mm 或±9999.9999in |
| 纸带存储和编辑 | 30m 纸带信息（12KB） |

## 三、JCS-018A 型加工中心的传动系统

JCS-018A 型加工中心的传动系统如图 5-39 所示，它存在五条传动链：主运动传动链，纵向、横向、垂直方向传动链，刀库的旋转运动传动链。分别用来实现刀具的旋转运动，工作台的纵向、横向进给运动，主轴箱的升降运动，以及选择刀具时刀库的旋转运动。

### 1. 主运动传动系统

主轴电动机通过一对同步带轮将运动传给主轴，使主轴在 22.5～2250r/min 的转速范围内可以实现无级调速。

主轴电动机采用了 FANUC AC12 型交流伺服电动机，该电动机 30min 超载时的最大输出功率为 15kW，连续运转时的最大输出功率为 11kW，计算转速为 1500r/min。JCS-018A 型加工中心在主轴电动机的伺服系统中加了功率限制，使电动机的额定输出功率为 7.5kW（30min 超载）和 5.5kW（连续运转），电动机的计算转速为 750r/min，即加大了恒功率区域。

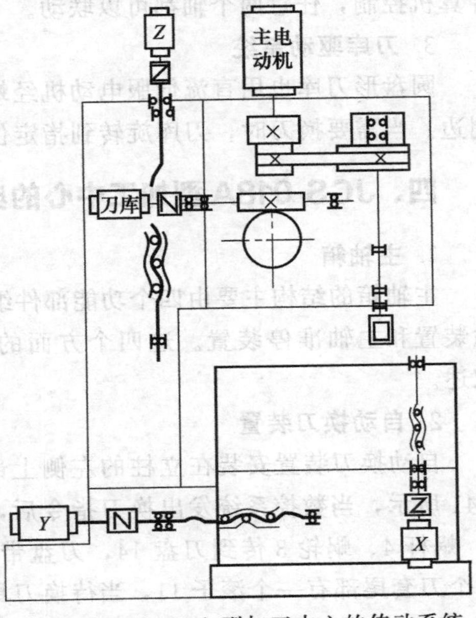

图 5-39　JCS-018A 型加工中心的传动系统

图 5-40 所示为该加工中心的功率、转矩特性曲线，图中实线为电动机的特性，虚线为主轴的特性。其功率特性曲线如图 5-40（a）所示，电动机转速范围为 45～4500r/min，其中在 750～4500r/min 转速范围内为恒功率区域。电

动机的运动经过 1/2 齿形带轮传给主轴，主轴的转速范围为 22.5～2250r/min，主轴的计算转速为 375r/min，转速在 375～2250r/min 的范围内为主轴的恒功率区域，在该区域内，主轴传递电动机的全部功率 5.5kW（连续运转）或 7.5kW（30min 超载）。其转矩特性曲线如图 5-40（b）所示，电动机转速在 45～750r/min 范围内为恒转矩区域，其连续运转的最大输出转矩为 70N・m，电动机 30min 超载时的最大输出转矩为 95.5N・m。主轴恒功率区域的转速范围为 22.5～375r/min，最大输出转矩分别为 140N・m 和 191N・m。

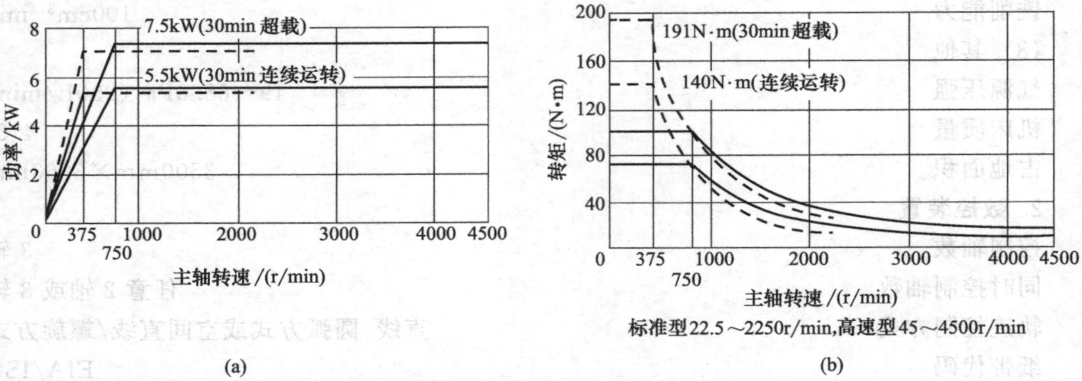


图 5-40 功率、转矩特性曲线

## 2. 进给传动系统

*X*、*Y*、*Z* 三个轴各有一套基本相同的进给伺服系统。脉宽调速直流伺服电动机直接带动滚珠丝杠，功率都为 1.4kW，无级调速。三个轴的进给速度均为 1～400mm/min。快移速度，*X*、*Y* 两轴皆为 15m/min，*Z* 轴为 10m/min。三个伺服电动机分别由数控指令通过计算机控制，任意两个轴都可以联动。

## 3. 刀库驱动系统

圆盘形刀库也用直流伺服电动机经蜗杆蜗轮驱动，装在标准刀柄中的刀具，置于圆盘的周边。当需要换刀时，刀库旋转到指定位置准停，机械手换刀。

# 四、JCS-018A 型加工中心的典型部件结构

## 1. 主轴箱

主轴箱的结构主要由四个功能部件组成，分别是主轴部件、刀具自动夹紧机构、切屑清除装置和主轴准停装置。这四个方面的工作原理在前面章节已有详细的介绍，在此不作叙述。

## 2. 自动换刀装置

自动换刀装置安装在立柱的左侧上部，由刀库和机械手两部分组成。刀库的结构如图 5-41 所示，当数控系统发出换刀指令后，直流伺服电动机 1 接通，其运动经过十字联轴器 2、蜗杆 4、蜗轮 3 传到刀盘 14，刀盘带动其上面的 16 个刀套 13 转动，来完成选刀工作。每个刀套尾部有一个滚子 11，当待换刀具转到换刀位置时，滚子 11 进入拨叉 7 的槽内。同时，汽缸 5 的下腔通压缩空气，活塞杆 6 带动拨叉 7 上升，放开位置开关 9，用以断开相关的电路，防止刀库、主轴等有误动作。如图 5-41（b）所示，拨叉 7 在上升的过程中，带动刀套绕着销轴 12 逆时针向下翻转 90°，从而使刀具轴线与主轴轴线平行。

刀套下转 90°后，拨叉 7 上升到终点，压住定位开关 10，发出信号使机械手抓刀。通过

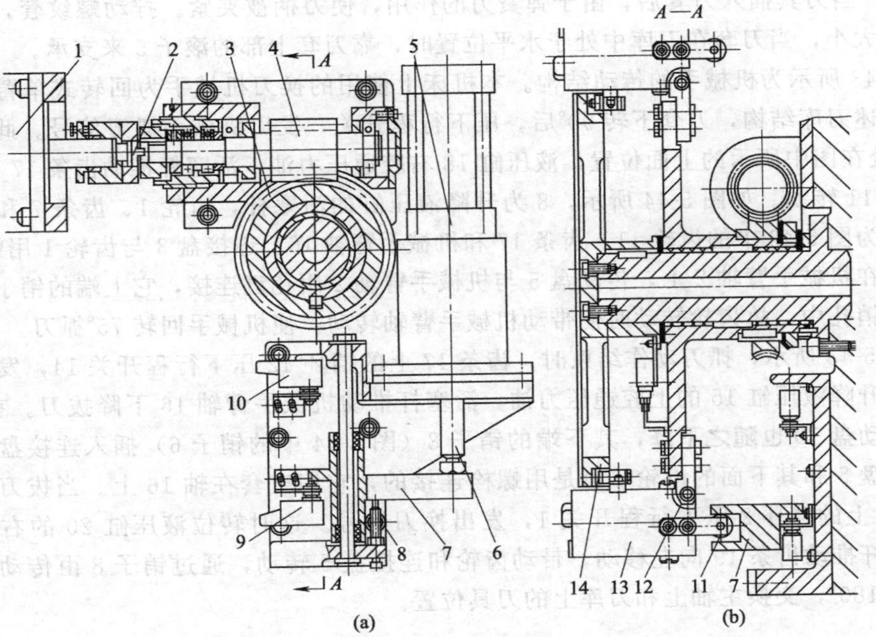


图 5-41　JCS-018A 型立式加工中心刀库结构

1—直流伺服电动机；2—十字联轴器；3—蜗轮；4—蜗杆；5—汽缸；6—活塞杆；7—拨叉；8—螺杆；9—位置开关；10—定位开关；11—滚子；12—销轴；13—刀套；14—刀盘

螺杆 8，可以调整拨叉的行程。拨叉的行程决定刀具轴线相对主轴轴线的位置。刀套的结构如图 5-42 所示，$F—F$ 剖视图中的件 7 即为图 5-41 中的滚子 11，$E—E$ 剖视图中的件 6 即为图 5-41 中的销轴 12。刀套 4 的锥孔尾部有两个球头销钉 3。在螺纹套 2 与球头销之间装

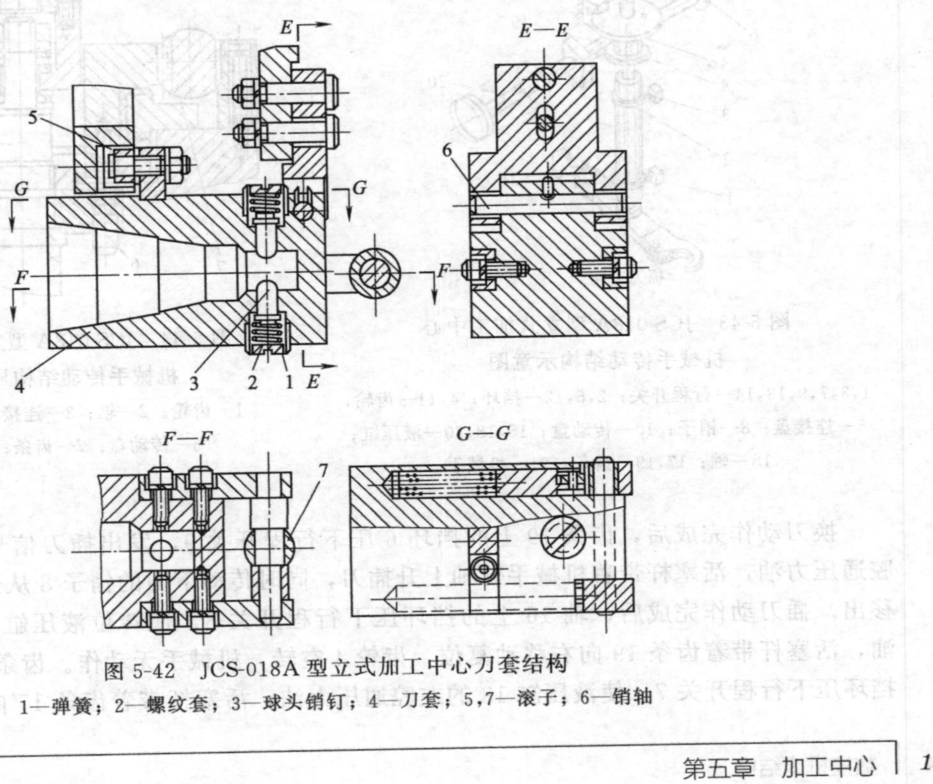


图 5-42　JCS-018A 型立式加工中心刀套结构

1—弹簧；2—螺纹套；3—球头销钉；4—刀套；5,7—滚子；6—销轴

有弹簧 1，当刀具插入刀套后，由于弹簧力的作用，使刀柄被夹紧。拧动螺纹套，可以调整夹紧力的大小，当刀套在刀库中处于水平位置时，靠刀套上部的滚子 5 来支承。

图 5-43 所示为机械手的传动结构。本机床上使用的换刀机械手为回转式单臂双手机械手。如前述刀库结构，刀套下转 90°后，压下行程开关，发出机械手抓刀信号。此时，机械手 21 正处在图中所示的上面位置，液压缸 18 右腔通压力油，活塞杆推动齿条 17 向左移动，带动齿轮 11 转动。如图 5-44 所示，8 为升降液压缸的活塞杆，齿轮 1、齿条 7 和机械手臂轴 2 分别为图 5-43 中的齿轮 11、齿条 17 和机械手臂轴 16。连接盘 3 与齿轮 1 用螺栓连接，它们空套在机械手臂轴 2 上，传动盘 5 与机械手臂轴 2 用花键连接，它上端的销子 4 插入连接盘 3 的销孔中，故齿轮转动时便带动机械手臂轴转动，使机械手回转 75°抓刀。

如图 5-43 所示，抓刀动作结束时，齿条 17 上的挡环 12 压下行程开关 14，发出拔刀信号，于是升降液压缸 15 的上腔通压力油，活塞杆推动机械手臂轴 16 下降拔刀。在轴 16 下降时，传动盘 10 也随之下降，其下端的销子 8（图 5-44 中的销子 6）插入连接盘 5 的销孔中，连接盘 5 和其下面的齿轮 4 也是用螺栓连接的，它们空套在轴 16 上。当拔刀动作完成后，轴 16 上的挡环 2 压下行程开关 1，发出换刀信号。这时转位液压缸 20 的右腔通压力油，活塞杆推动齿条 19 向左移动，带动齿轮和连接盘 5 转动，通过销子 8 由传动盘带动机械手转动 180°，交换主轴上和刀库上的刀具位置。

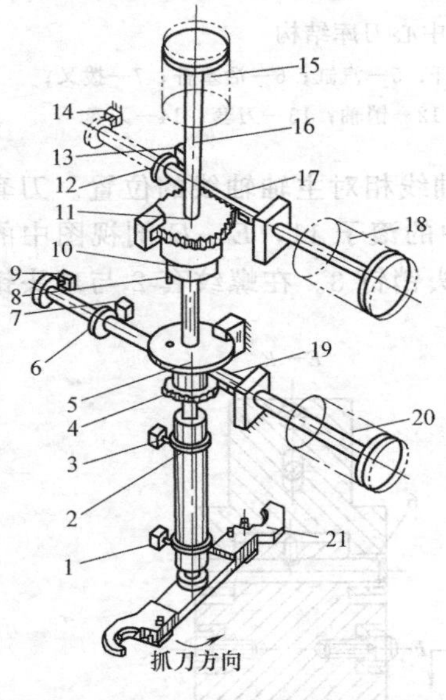


图 5-43　JCS-018A 型立式加工中心机械手传动结构示意图

1,3,7,9,13,14—行程开关；2,6,12—挡环；4,11—齿轮；5—连接盘；8—销子；10—传动盘；15,18,20—液压缸；16—轴；17,19—齿条；21—机械手

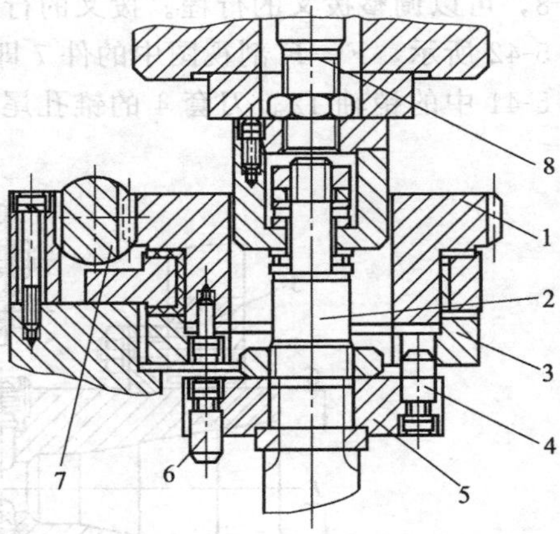


图 5-44　JCS-018A 型立式加工中心机械手传动结构局部视图

1—齿轮；2—轴；3—连接盘；4,6—销子；5—传动盘；7—齿条；8—活塞杆

换刀动作完成后，齿条 19 上的挡环 6 压下行程开关 9，发出插刀信号，使升降油缸下腔通压力油，活塞杆带着机械手臂轴上升插刀，同时传动下面的销子 8 从连接盘 5 的销孔中移出。插刀动作完成后，轴 16 上的挡环压下行程开关 3，使转位液压缸 20 的左腔通压力油，活塞杆带着齿条 19 向右移动复位，齿轮 4 空转，机械手无动作。齿条 19 复位后，其上挡环压下行程开关 7，使液压缸 18 的左腔通压力油，活塞杆带着齿条 17 向右移动，通过齿

轮 11 使机械手反转 75°后复位。机械手复位后，齿条 17 上的挡环压下行程开关 13，发出换刀完成信号，使刀套向上翻转 90°，为下次选刀做好准备，同时机床继续执行后面的操作。换刀过程示意图如图 5-45 所示。

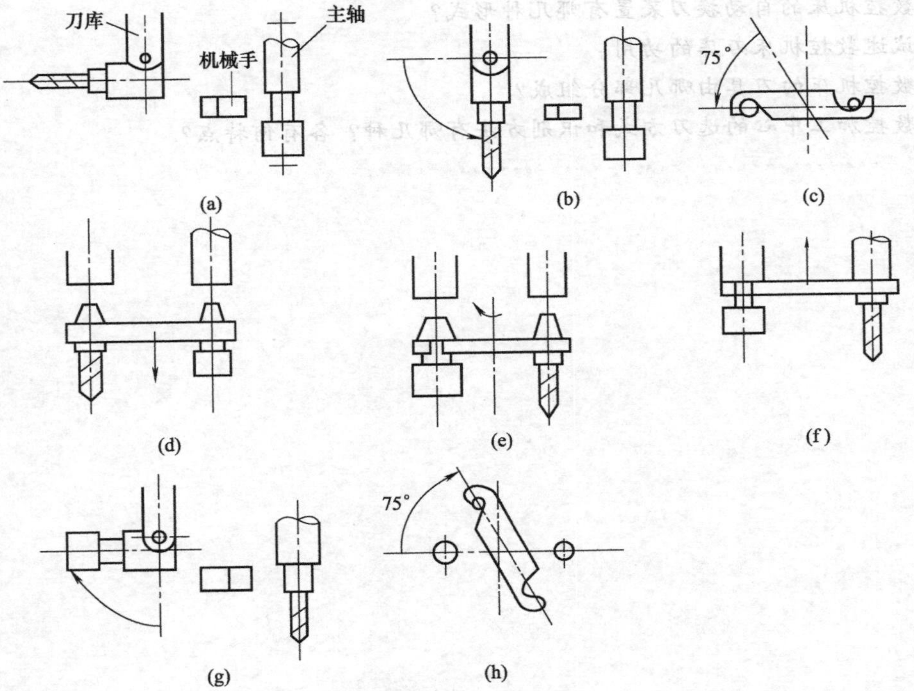


图 5-45　换刀过程示意图

图 5-46 所示为机械手抓刀部分的结构，它主要由手臂 1 和固定其两端的结构完全相同的两个手爪 7 组成。手爪上握刀的圆弧部分有一个锥销 6，机械手抓刀时，该锥销插入刀柄的键槽中。当机械手由原位转 75°抓住刀具时，两手爪上的长销 8 分别被主轴前端面和刀库上的挡块压下，使轴向开有长槽的活动销 5 在弹簧 2 的作用下右移顶住刀具。机械手拔刀时，长销 8 与挡块脱离接触，锁紧销 3 被弹簧 4 弹起，使活动销顶住刀具不能后返，这样机械手在回转 180°时，刀具不会被甩出。当机械手上升插刀时，两长销 8 又分别被两挡块压下，锁紧销从活动销的孔中退出，松开刀具，机械手便可反转 75°复位。

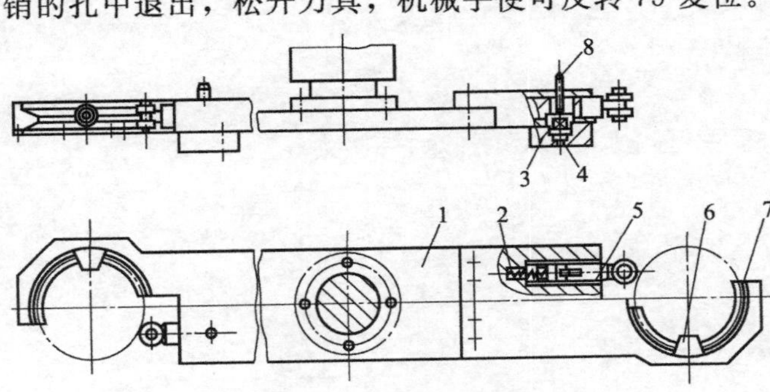


图 5-46　机械手的手臂和手爪

1—手臂；2,4—弹簧；3—锁紧销；5—活动销；6—锥销；7—手爪；8—长销

## 思考与练习

1. 加工中心与一般数控机床有哪些区别？
2. 说明加工中心的基本构成。
3. 数控机床的自动换刀装置有哪几种形式？
4. 试述数控机床刀库的功用。
5. 数控机床的刀具由哪几部分组成？
6. 数控加工中心的选刀方式和识别方法有哪几种？各有何特点？

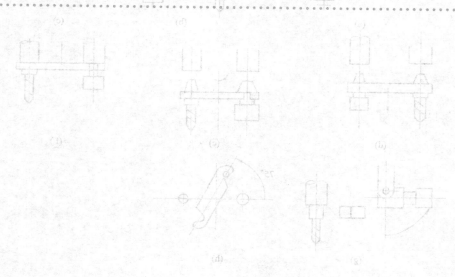

# 第六章

# 数控电加工机床

**学习任务书**

| | |
|---|---|
| 学习目标 | 1. 能够阐明数控电加工机床的原理和用途<br>2. 能够描述数控电火花成形机床的组成部分及应用<br>3. 能够叙述数控电火花线切割机床的分类和基本组成 |
| 学习内容 | 1. 数控电加工机床的原理和用途<br>2. 数控电火花成形机床的组成部分及应用<br>3. 数控电火花线切割机床的分类和基本组成 |
| 重点、难点 | 数控电加工机床的工作原理、结构组成 |
| 教学场所 | 多媒体教室、实训车间 |
| 教学资源 | 教科书、课程标准、电子课件、数控加工中心 |

## 第一节　电火花加工概述

数控电切削加工机床是目前数控加工中的一大类别，应用非常广泛。电切削加工的应用范围包括加工各种类型的型孔、型腔模具、喷油嘴小孔、喷丝板微细异形孔、标准人工缺陷刻划，切割刀具、精密微细缝槽，磨削平面、内外圆、成形样板，加工内外螺纹、卡规、滚刀、螺纹环规等刃量具以及齿轮跑合、电子器件、阀体、叶轮等。

### 一、电火花加工的物理本质

电火花加工基于电火花腐蚀原理，是在工具电极与工件电极相互靠近时，极间形成脉冲性火花放电，在电火花通道中产生瞬时高温，使金属局部熔化，甚至气化，从而将金属蚀除下来。那么两电极表面的金属材料是如何被蚀除下来的呢？这一过程大致分为以下几个阶段(见图 6-1)。

**1. 极间介质的电离、击穿，形成放电通道**［见图 6-1（a)］

工具电极与工件电极缓缓靠近，极间的电场强度增大，由于两电极的微观表面是凹凸不平的，因此在两极间距离最近的 A、B 处电场强度最大。

工具电极与工件电极之间充满着液体介质，液体介质中不可避免地含有杂质及自由电

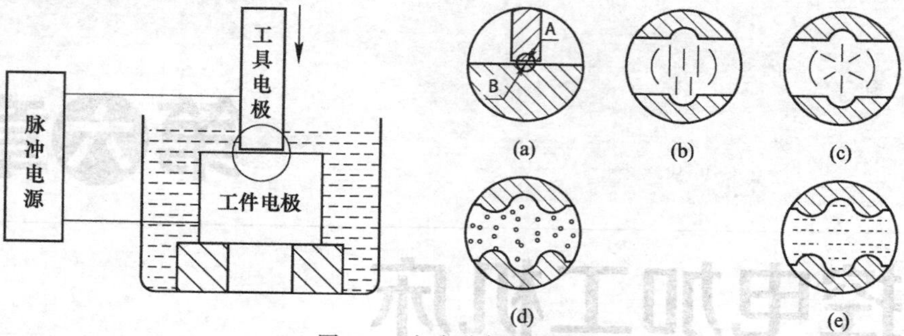

图 6-1　电火花加工原理

子，它们在强大的电场作用下，形成了带负电的粒子和带正电的粒子，电场强度越大，带电粒子就越多，最终导致液体介质电离、击穿，形成放电通道。放电通道是由大量高速运动的带正电和带负电的粒子以及中性粒子组成的。由于通道截面很小，通道内因高温热膨胀形成的压力高达几万帕，高温高压的放电通道急速扩展，产生一个强烈的冲击波向四周传播。在放电的同时还伴随着光效应和声效应，这就形成了肉眼所能看到的电火花。

**2. 电极材料的熔化、气化热膨胀**［见图 6-1（b）、（c）］

液体介质被电离、击穿，形成放电通道后，通道间带负电的粒子奔向正极，带正电的粒子奔向负极，粒子间相互撞击，产生大量的热能，使通道瞬间达到很高的温度。通道高温首先使工作液汽化，进而气化，然后高温向四周扩散，使两电极表面的金属材料开始熔化直至沸腾气化。气化后的工作液和金属蒸气瞬间体积猛增，形成了爆炸的特性。所以在观察电火花加工时，可以看到工件与工具电极间有冒烟现象，并听到轻微的爆炸声。

**3. 电极材料的抛出**［见图 6-1（d）］

正负电极间产生的电火花现象，使放电通道产生高温高压。通道中心的压力最高，工作液和金属气化后不断向外膨胀，形成内外瞬间压力差，高压力处的熔融金属液体和蒸气被排挤，抛出放电通道，大部分被抛入到工作液中。仔细观察电火花加工，可以看到橘红色的火花四溅，这就是被抛出的高温金属熔滴和碎屑。

**4. 极间介质的消电离**［见图 6-1（e）］

加工液流入放电间隙，将电蚀产物及残余的热量带走，并恢复绝缘状态。若电火花放电过程中产生的电蚀产物来不及排除和扩散，产生的热量将不能及时传出，使该处介质局部过热，局部过热的工作液高温分解、积炭，使加工无法继续进行，并烧坏电极。因此，为了保证电火花加工过程的正常进行，在两次放电之间必须有足够的时间间隔让电蚀产物充分排出，恢复放电通道的绝缘性，使工作液介质消电离。

上述步骤 1～4 在 1s 内约数千次甚至数万次地往复式进行，即单个脉冲放电结束，经过一段时间间隔（即脉冲间隔）使工作液恢复绝缘后，第二个脉冲又作用到工具电极和工件上，又会在当时极间距离相对最近或绝缘强度最弱处击穿放电，蚀出另一个小凹坑。这样以相当高的频率连续不断地放电，工件不断地被蚀除，故工件加工表面将由无数个相互重叠的小凹坑组成（见图 6-2）。所以电火花加工是大量的微小放电痕迹逐渐累积而成的去除金属的加工方式。

## 二、工作液介质的作用

从上述电切削的物理过程中可知，工作液介质有如下作用。

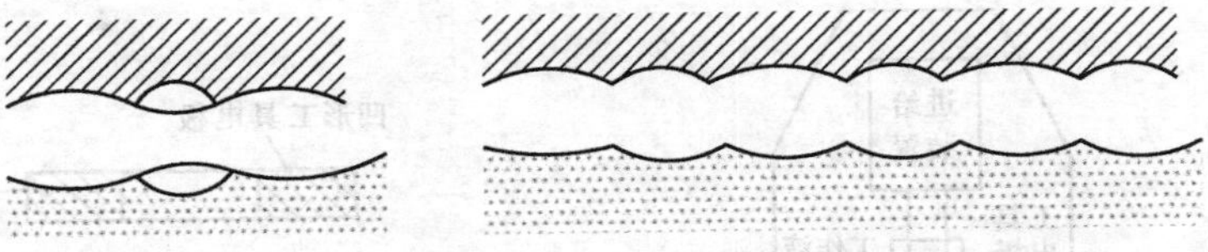

(a) 单脉冲放电凹坑　　(b) 多脉冲放电凹坑

图 6-2　电火花表面局部放大图

(1) 绝缘作用　“电极对”之间必须有绝缘介质（至少应具有一定的绝缘电阻），才能产生火花击穿和脉冲放电，而工作液应容易在较小的电极间隙下击穿。

(2) 压缩放电通道的作用　工作液有助于压缩放电通道，使通道能量更加集中，不仅能提高加工精度，而且也能提高电蚀能力。

(3) 高压作用　在脉冲放电作用下，由于工作液的急剧蒸发和惯性作用，因而产生局部高压，既有利于把熔化的金属微粒从加工区域中排除，并防止两个电极金属相互迁移，还可强迫把溶解在液体金属中的气态电蚀产物重新分解出来，进而使一部分熔化态的金属额外地被抛离出来。

(4) 冷却作用　工作液可以冷却受热的电极，防止放电产生的热扩散到不必要的地方去，有助于保证表面质量和提高电蚀能力。

(5) 消电离作用　工作液有助于减少放电后所残留的离子和避免因弧光放电而烧蚀工具电极。

## 三、数控电切削加工设备组成

电切削加工设备与传统的金属切削机床不同，它主要由以下几部分组成。

(1) 脉冲电源　用以产生加在工件和工具电极上所需要的重复脉冲，使之产生火花放电。

(2) 间隙自动调整装置　用于自动调整工具电极和工件的相对运动，即自动调整工具电极的进给速度，维持一定的放电间隙。一般放电间隙为数微米至数百微米。

(3) 机床本体　包括床身、立柱、主轴头、工作台，用以实现工件和工具电极的装夹、固定和调整其相对位置等机械系统。

(4) 工作液及其循环系统　其作用是压缩火花通道、消电离、冷却以及把电蚀产物等从间隙中排除出去，以实现重复放电的正常进行。

(5) 数控系统　控制工作台的移动。

## 四、数控电切削加工设备类型

### 1. 数控电火花成形机床

主要采用穿孔加工法加工凹模，如图 6-3（a）所示；采用仿形加工法加工凸模，如图 6-3（b）所示。

### 2. 数控线切割机床

数控线切割机床是冲裁模具加工中应用最广的机床。它是利用一根移动着的金属丝（有钼丝、钨丝或铜丝等）作工具电极，在金属丝与工件间通以脉冲电流，使之产生脉冲放电而进行切割加工的。如图 6-4 所示，电极丝穿过工件上预先钻好的小孔（穿丝孔），经导轮由走丝机构带动进行轴向走丝运动。

数控线切割机床又分为高速（快）走丝机床、低速（慢）走丝机床两类。加工特点见表 6-1。

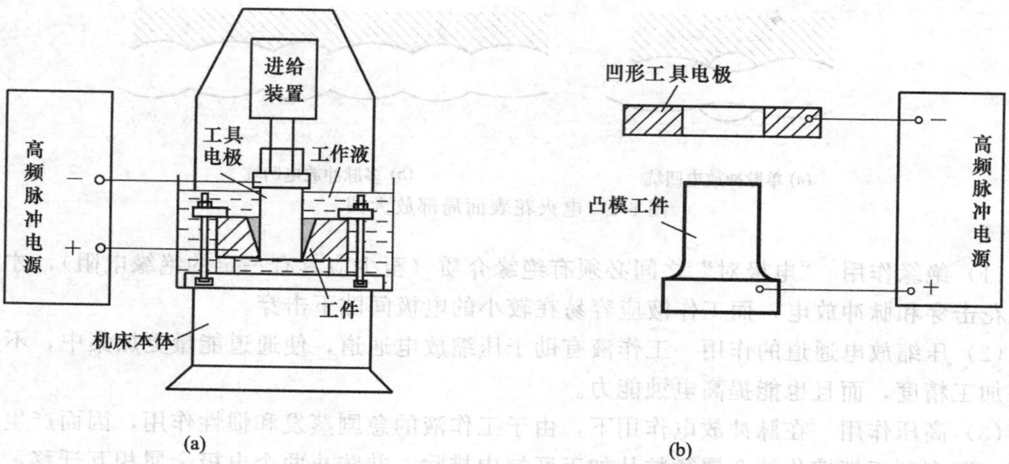

图 6-3 数控电火花成形加工示意图

表 6-1 高速、低速走丝线切割加工特点比较

| 项 目 | 类 型 | |
|---|---|---|
| | 高速走丝 | 低速走丝 |
| 走丝速度 | 2～12m/s | 1～8m/min |
| 电极丝材料 | 钼丝、钨钼丝 | 黄铜丝、铜合金及其镀覆材料 |
| 精度保持 | 丝抖动大，精度较难保持 | 走丝平稳，精度容易保持 |
| 电极丝的工作状态 | 循环重复使用 | 一次性使用 |
| 工作液 | 特制乳化油水溶液 | 去离子水 |
| 工作液绝缘强度/(kΩ·cm) | 0.5～50 | 10～100 |
| 最高切割速度/(mm²/min) | 150 | 300(国外) |
| 最高尺寸精度/mm | 0.01 | 0.002 |
| 最低表面粗糙度 $R_a$/μm | 0.8 | 0.5 |
| 数控装置 | 开环、步进电动机形式 | 闭环、半闭环、伺服电动机 |
| 程序形式 | 3B、4B 程序，5 单位纸带 | 国际 ISO 代码程序，8 单位纸带 |

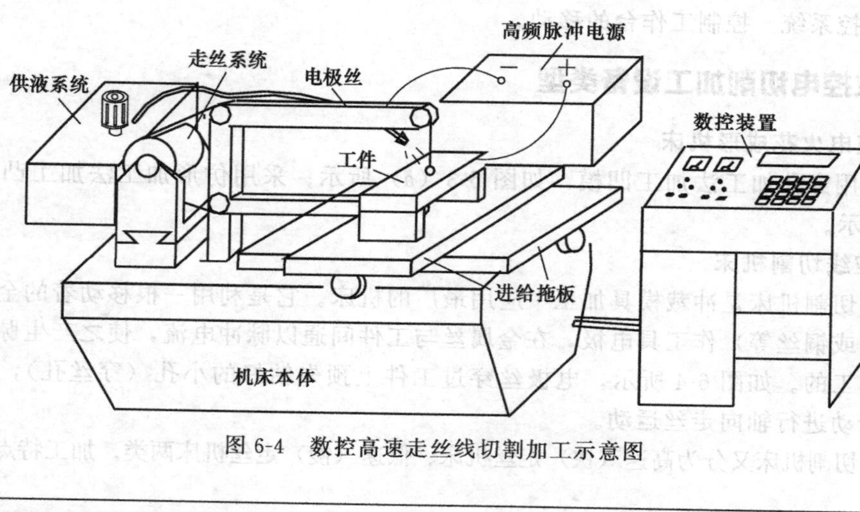

图 6-4 数控高速走丝线切割加工示意图

# 第二节 数控电火花成形机床

## 一、机床的结构形式

### 1. 立柱式

立柱式是大部分数控电火花机床常用的一种结构形式，如图 6-5 所示。这种结构形式在床身上安装了立柱和工作台。床身一般为铸件，对于小型机床，床身内放置工作液箱；大型机床则将工作液箱置于床身外。立柱前端面安装有主轴箱，工作台下是 $X$ 轴和 $Y$ 轴拖板，工作台上安装工作液槽，工作液槽处安装了活动门，门上嵌有密封条，防止工作液外泄。此类机床的刚性比较好，导轨承载均匀，容易制造和装配。

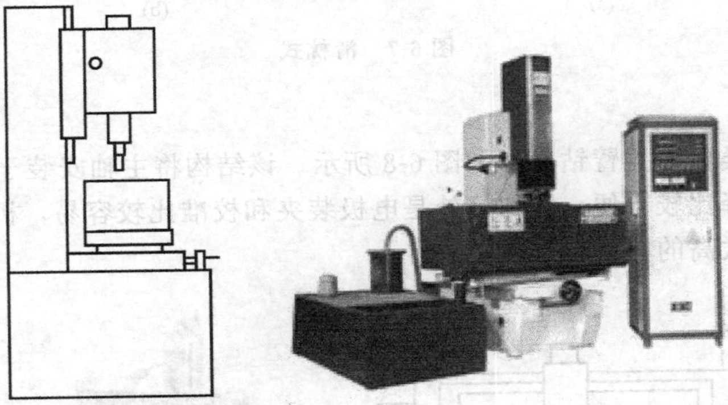

(a)　(b)

图 6-5　立柱式

### 2. 龙门式

这种结构的立柱做成龙门样式，如图 6-6 所示。该结构将主轴安装在 $X$ 轴和 $Z$ 轴两个导轨上，工作液槽采用升降式结构。它的最大特点是机床的刚性特别好，可做成大型电火花机床。

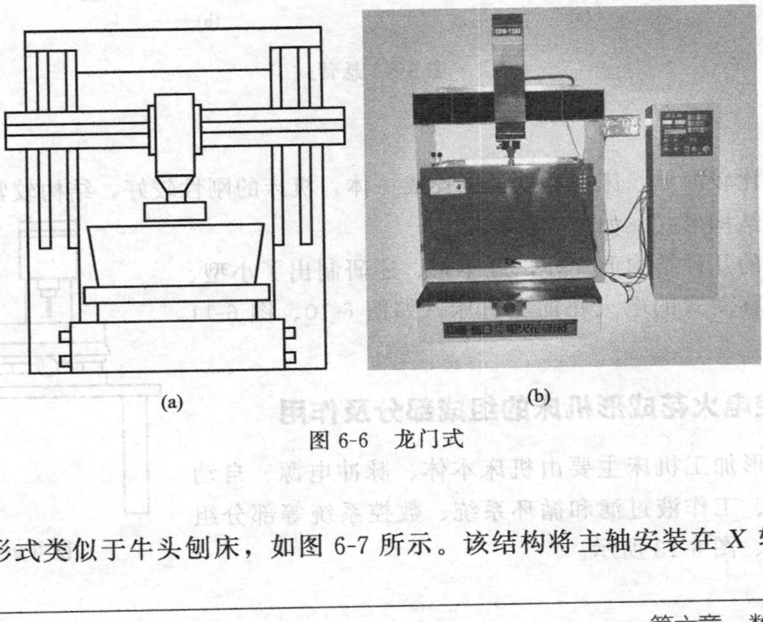

(a)　(b)

图 6-6　龙门式

### 3. 滑枕式

这种结构形式类似于牛头刨床，如图 6-7 所示。该结构将主轴安装在 $X$ 轴和 $Y$ 轴的滑枕上，工作液槽采用升降式结构。机床工作时，工作台不动。此类机床结构比较简单，容易制造，适合于大、中型的电火花机床，不足之处是机床刚度会受主轴行程的影响。

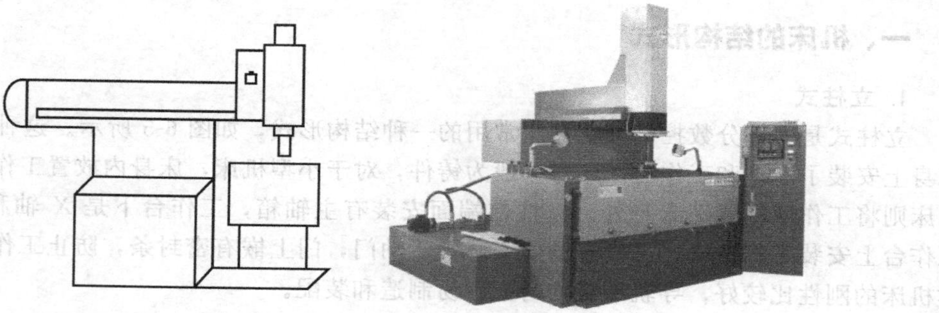

(a) (b)

图 6-7　滑枕式

4. **悬臂式**

这种结构形式类似于摇臂钻床，如图 6-8 所示。该结构将主轴安装于悬臂上，可在悬臂上移动，上、下升降比较方便。它的好处是电极装夹和校准比较容易，机床结构简单，一般应用于精度要求不太高的电火花机床上。

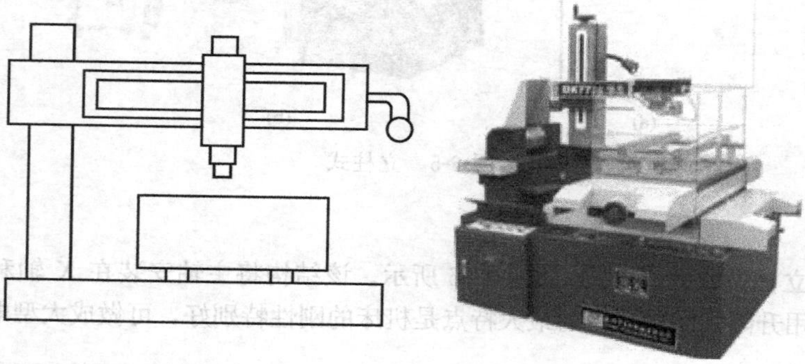

(a) (b)

图 6-8　悬臂式

5. **台式**

这种结构比较简单，床身和立柱可连成一体，机床的刚性较好，结构较紧凑。电火花高速小孔机为此结构形式，如图 6-9 所示。

除了以上的几种结构形式外，近年来，还研制出了小型、便于携带的或移动式的电火花加工机床，如图 6-10、图 6-11 所示。

图 6-9　台式

## 二、数控电火花成形机床的组成部分及作用

电火花成形加工机床主要由机床本体、脉冲电源、自动进给调节系统、工作液过滤和循环系统、数控系统等部分组成，如图 6-12、图 6-13 所示。

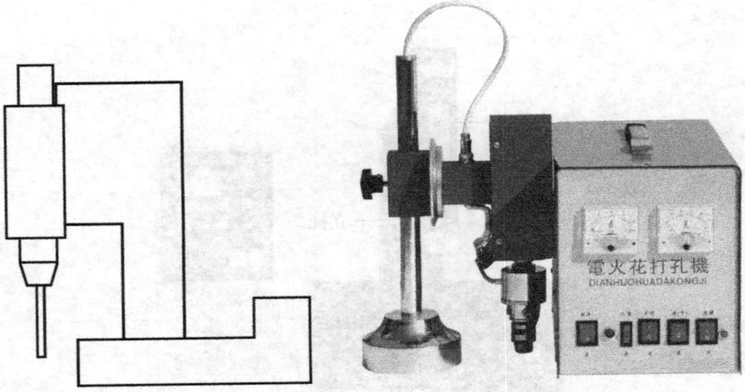


(a) (b)

图 6-10 便携式

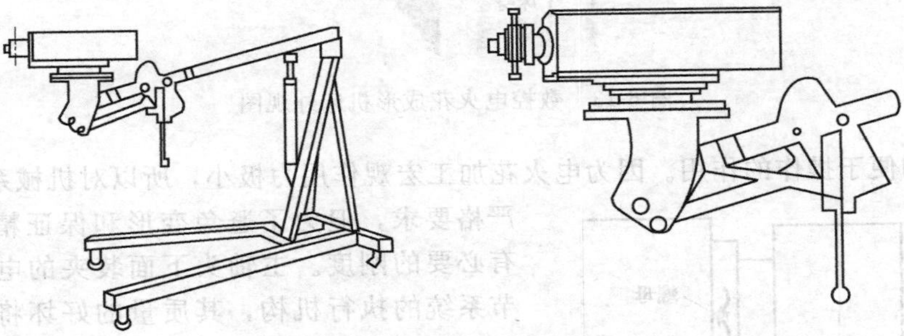

图 6-11 移动式电火花机床

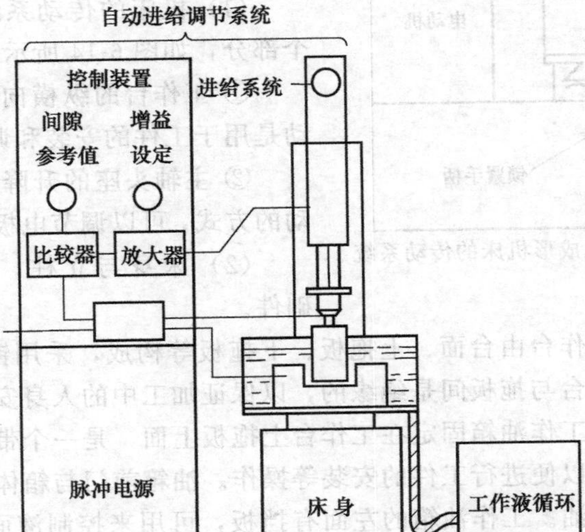


图 6-12 数控电火花成形机床组成图

## 1. 机床本体

机床本体主要由床身、立柱、主轴头及附件、工作台等部分组成，是用以实现工件和工具电极的装夹固定和运动的机械系统。床身、支柱、坐标工作台是电火花机床的骨架，起着

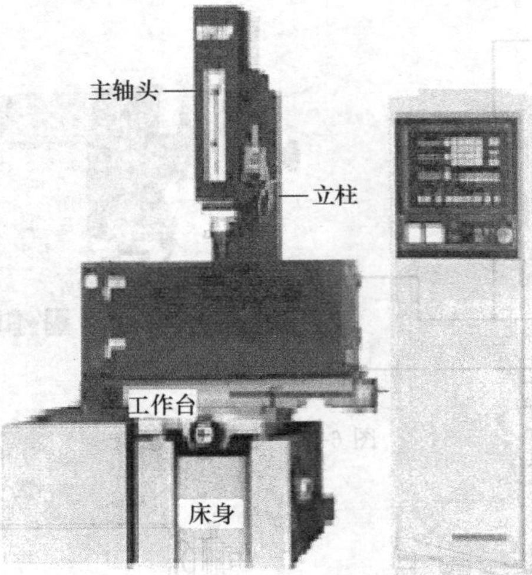

图 6-13　数控电火花成形机床外观图

支承、定位和便于操作的作用。因为电火花加工宏观作用力极小，所以对机械系统的强度无严格要求，但为了避免变形和保证精度，要求具有必要的刚度。主轴头下面装夹的电极是自动调节系统的执行机构，其质量的好坏将影响到进给系统的灵敏度及加工过程的稳定性，进而影响工件的加工精度。

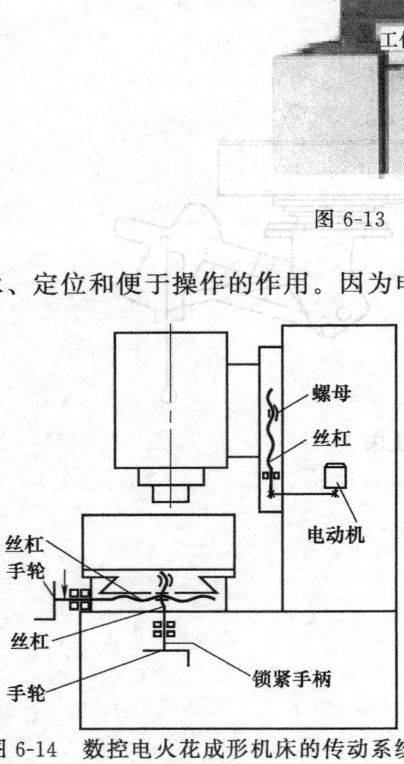

图 6-14　数控电火花成形机床的传动系统

(1) 机床的传动系统　传动系统主要包括两个部分，如图 6-14 所示。

① 工作台的纵横向移动。工作台的纵横向移动是用于工件的安装和调整的。

② 主轴头座的升降。主轴头座的升降采用机动的方式，可以调节电极与工件之间的上下距离。

(2) 床身与立柱　床身与立柱为机床的基础件。

(3) 工作台　工作台由台面、上拖板、下拖板等构成，采用镶钢滚子导轨，运动轻便、灵活、无间隙。工作台与拖板间是绝缘的，以保证加工中的人身安全。

(4) 工作油箱　工作油箱固定在工作台上拖板上面，是一个带门的空箱结构。松开搭攀可将油箱前门打开，以便进行工件的安装等操作。油箱前门与箱体间有耐油橡胶，以防止油箱体与油箱前门间漏油。工作油箱的左面有挡板，可用来控制液面的高度，在加工完成后，可提起挡板，使工作液快速流返油箱。工作油箱的右边有一操作面板，如图 6-15 所示。

(5) 主轴头　主轴头是电火花成形机床的关键部件，如图 6-16 所示。要求主轴头能满足以下几点：

① 保证稳定加工，维持最佳放电间隙，充分发挥脉冲电源的能力；

② 放电加工过程中，发生暂时的短路或拉弧时，要求主轴能迅速抬起，使电弧中断；

③ 为满足精密加工的要求，需保证主轴移动的直线性；

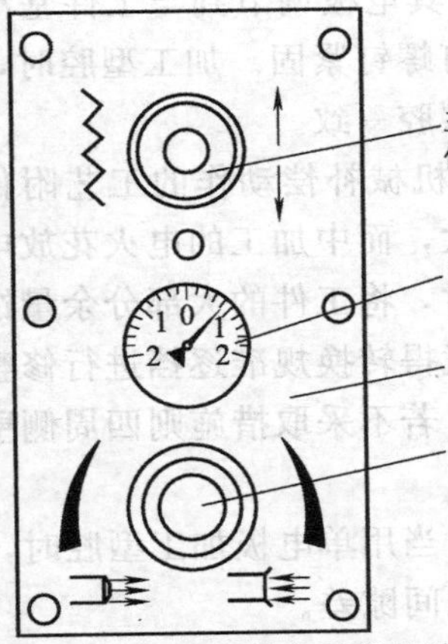


图 6-15 操作面板的结构

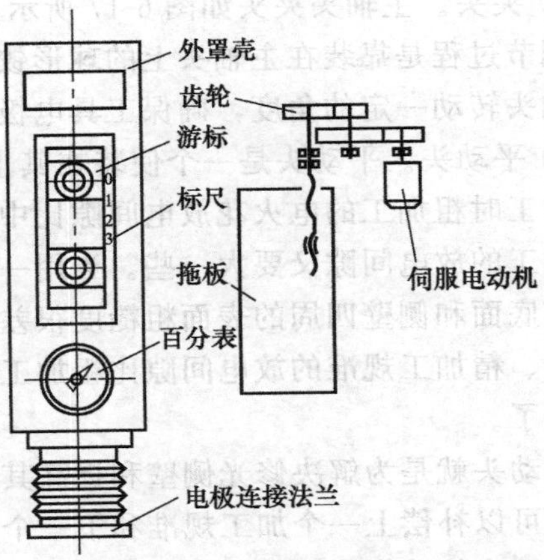


图 6-16 主轴头的结构

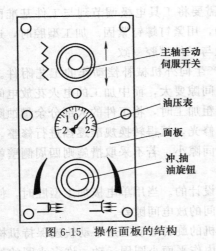

④ 主轴应有足够的刚度，使电极上不均匀分布的工作液喷射力所形成的侧面位移最小；

⑤ 主轴应有均匀的进给而无爬行，在侧向力和偏载力的作用下仍应保持原有的精度和灵敏度。

(6) 附件　机床主轴头和工作台常有一些附件，如可调节工具电极角度的夹头、平动头、油杯等。

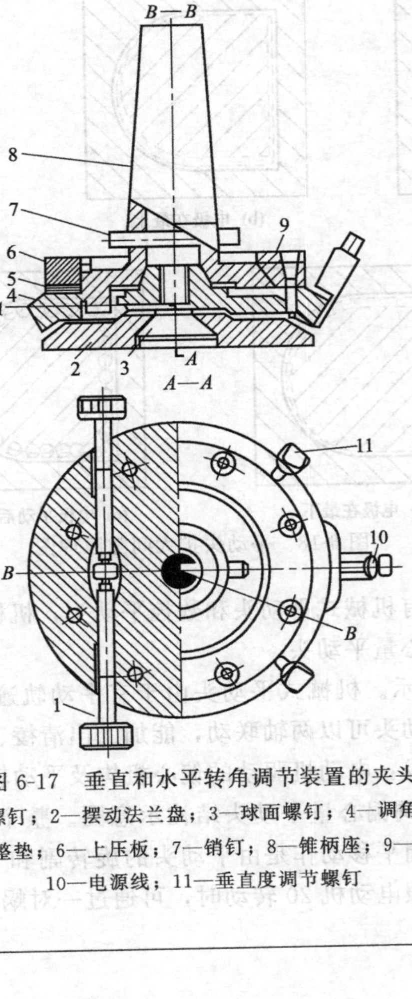


图 6-17 垂直和水平转角调节装置的夹头

1—调节螺钉；2—摆动法兰盘；3—球面螺钉；4—调角校正架；

5—调整垫；6—上压板；7—销钉；8—锥柄座；9—滚球；

10—电源线；11—垂直度调节螺钉

① 夹头。主轴头夹头如图 6-17 所示。加工前，需要将工具电极调节到与工件基准面垂直，调节过程是靠装在主轴头上的球形铰链来实现的，用紧钉螺钉紧固。加工型腔时，还可使主轴头转动一定的角度，确保工具电极的截面形状与工件型腔一致。

② 平动头。平动头是一个使装在其上的电极能产生向外机械补偿动作的工艺附件。电火花加工时粗加工的电火花放电间隙比中加工的放电间隙要大，而中加工的电火花放电间隙比精加工的放电间隙又要大一些。当用一个电极进行粗加工时，将工件的大部分余量蚀除掉后，其底面和侧壁四周的表面粗糙度很差，为了将其修光，就得转换规准逐挡进行修整。但由于中、精加工规准的放电间隙比粗加工规准的放电间隙小，若不采取措施则四周侧壁就无法修光了。

平动头就是为解决修光侧壁和提高其尺寸精度而设计的。当用单电极加工型腔时，使用平动头可以补偿上一个加工规准和下一个加工规准之间的放电间隙差。

平动头的动作原理是：利用偏心机构将伺服电动机的旋转运动通过平动轨迹保持机构转化成电极上每一个质点都能围绕其原始位置在水平面内作平面小圆周运动，许多小圆的外包络线面积就形成加工横截面积，如图 6-18 所示，其中每个质点运动轨迹的半径就称为平动量，其大小可以由零逐渐调大，以补偿粗、中、精加工的电火花放电间隙 $\delta$ 之差，从而达到修光型腔的目的。

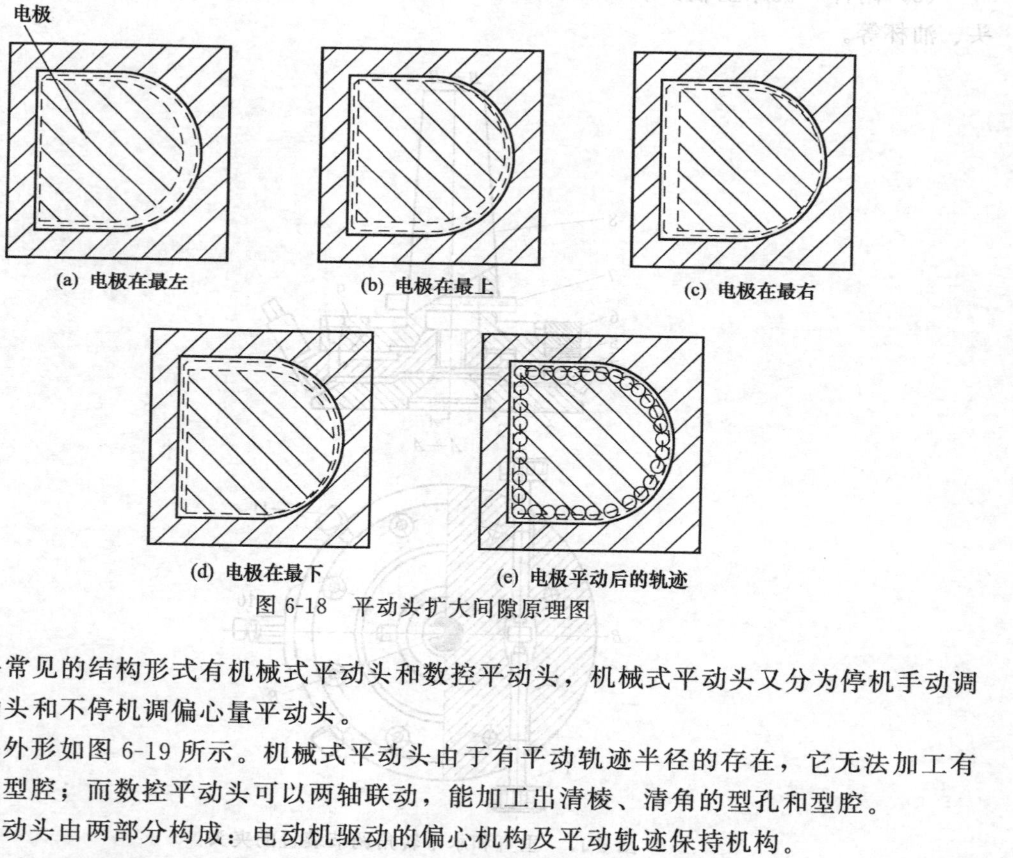

图 6-18　平动头扩大间隙原理图

平动头常见的结构形式有机械式平动头和数控平动头，机械式平动头又分为停机手动调偏心量手动头和不停机调偏心量平动头。

平动头外形如图 6-19 所示。机械式平动头由于有平动轨迹半径的存在，它无法加工有清角要求的型腔；而数控平动头可以两轴联动，能加工出清棱、清角的型孔和型腔。

一般平动头由两部分构成：电动机驱动的偏心机构及平动轨迹保持机构。

图 6-20 所示为停机手动调偏心量平动头结构示意图。整个装置通过壳体 8 用螺钉固定在主轴头上。电极的平面圆周平移动作是由平动头的旋转副和平面圆周平移机构来完成的。当加工间隙的电压信号使伺服电动机 20 转动时，可通过一对蜗杆 10、蜗轮 9 带动偏心套 11

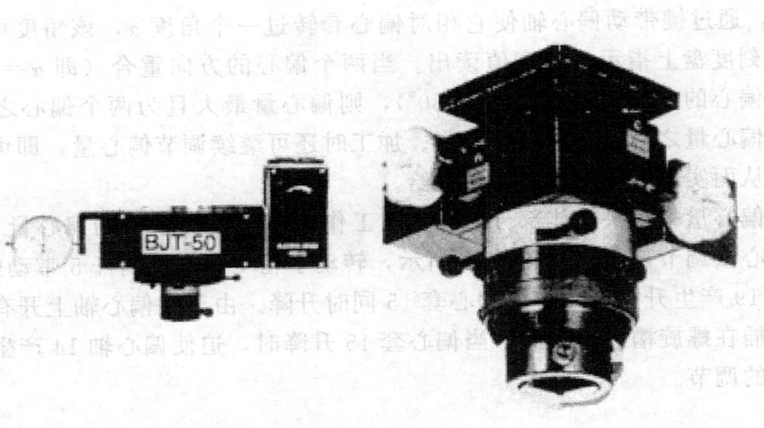


(a) 机械式平动头　　　　(b) 数控平动头

图 6-19　平动头外形

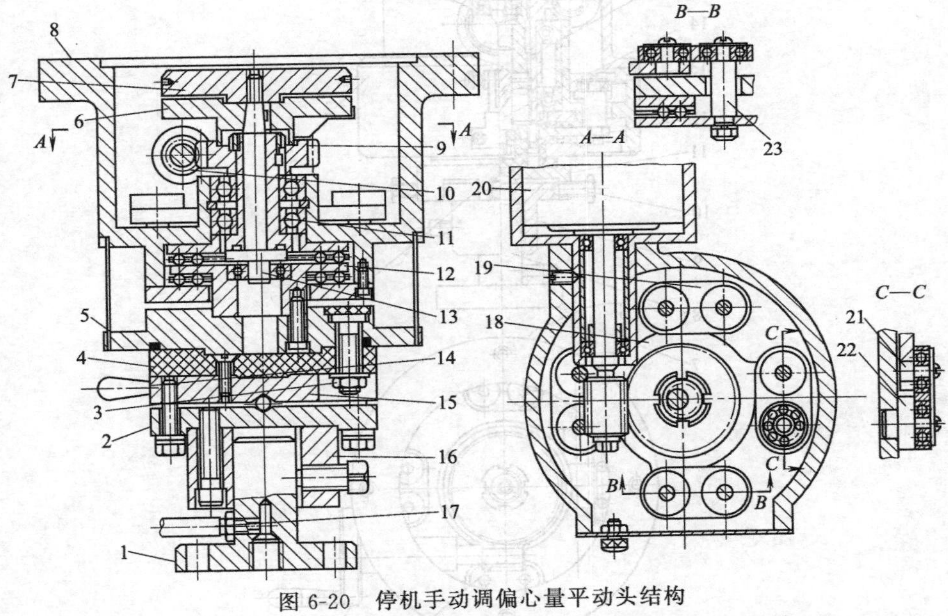


图 6-20　停机手动调偏心量平动头结构

1—电极柄；2,5,16—法兰；3,7—螺母；4—绝缘板；6—刻度盘；8—壳体；9—蜗轮；10—蜗杆；
11—偏心套；12—支承板；13—偏心轴；14—手柄；15—钳口体；17—油管；
18—过渡板；19—链片；20—伺服电动机；21,22,23—轴

转动，蜗轮与偏心套之间由键连接。螺母 7 将偏心轴 13 与偏心套锁紧在一起共同旋转。支承板 12 通过向心球轴承与偏心轴相连，又通过推力轴承支承在与壳体相接的圆盘上，并与其有较大的径向间隙。支承板与链片的轴 23 连接，轴 23 另一端通过链片 19、轴 22 与过渡板 18 连接。轴 21 一端与壳体连接，另一端通过链片 19、轴 22 与过渡板连接，从而构成四连杆机构。当偏心轴旋转时，支承板 12 由于受到四连杆机构的约束而作给定偏心量的平面圆周平移运动。

偏心量的调节机构是由偏心轴 13、偏心套 11、刻度盘 6 及螺母 7 等组成。偏心轴与偏心套的偏心量相等（$\delta_1=\delta_2=1$），调节偏心量时可将螺母 7 松开，脱开轴与套的摩擦力，再

旋转刻度盘 6，通过键带动偏心轴使它相对偏心套转过一个角度 $\alpha$，该角度可通过与蜗轮 9 连接的指针在刻度盘上指示的角度值读出。当两个偏心的方向重合（即 $\alpha=0°$），则偏心量为零；当两个偏心的方向相反（即 $\alpha=180°$），则偏心量最大且为两个偏心之和。在调节得到所需的适当偏心量之后，须将螺母锁紧。加工时还可继续调节偏心量，即可得到所需的旋转轨迹半径，从而实现工具电极的侧向进给。

不停机调偏心量平动头主体部分的结构及工作原理与停机手动调偏心量平动基本相同，所不同的是偏心量调节部分。如图 6-21 所示，转动手轮 4 由螺旋蜗杆 5 带动螺旋蜗轮 17 旋转，而使螺杆 19 产生升降，并带动偏心套 15 同时升降。由于在偏心轴上开有螺旋槽，偏心套上的顶丝即插在螺旋槽内。因此，当偏心套 15 升降时，迫使偏心轴 14 产生相对转角，从而进行偏心量的调节。

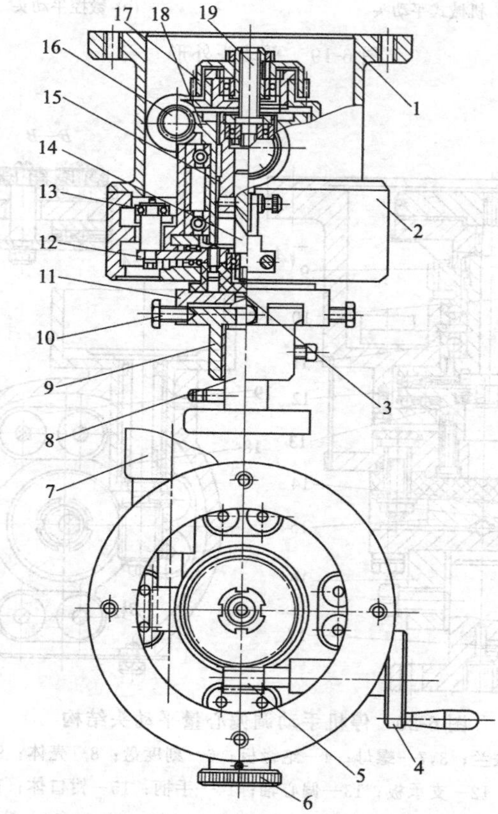


图 6-21　不停机调偏心量平动头结构

1,2—壳体；3—绝缘垫板；4—手轮；5—螺旋蜗杆；6—百分表；7—伺服电动机；
8,9—工具电极夹头；10—螺钉；11—夹盘；12—支承板；
13—连接板；14—偏心轴；15—偏心套；16—蜗杆；
17—螺旋蜗轮；18—蜗轮；19—螺杆

数控平动头的结构如图 6-22 所示，由数控装置和平动头两部分组成。当数控装置的工作脉冲送到 $X$、$Y$ 两方向的步进电动机时，丝杠和螺母就相对移动，使中间溜板和下溜板按给定轨迹作平动。平动时，相对运动由上、下两组圆柱滚珠导轨支承，可保证较高精度和刚度。

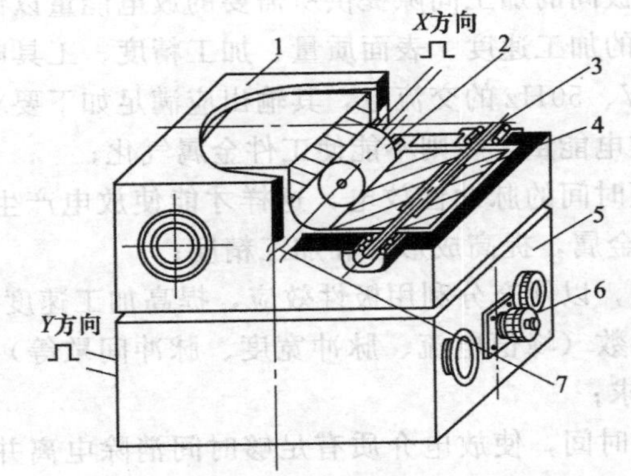


图 6-22　数控平动头结构示意图

1—上溜板；2—步进电动机；3—圆柱滚珠导轨；4—中间溜板；
5—下溜板；6—刻度端盖；7—丝杆、螺母

与一般电火花加工工艺相比较，采用平动头电火花加工有如下特点：

a. 可以通过改变轨迹半径来调整电极的作用尺寸，因此尺寸加工不再受放电间隙的限制；

b. 用同一尺寸的工具电极，通过轨迹半径的改变，可以实现转换电规准的修整，即采用一个电极就能由粗至精直接加工出一副型腔；

c. 在加工过程中，工具电极的轴线与工件的轴线相偏移，除了电极处于放电区域的部分外，工具电极与工件的间隙都大于放电间隙，实际上减小了同时放电的面积，这有利于电蚀产物的排除，提高加工稳定性；

d. 工具电极移动方式的改变，可使加工的表面粗糙度大有改善，特别是底平面处。

③ 油杯。油杯也是机床附件之一。油杯固定在工作台面上，加工工件装夹在油杯上。可利用油杯对工件进行冲油和抽油。电火花成形机床的油杯结构大同小异，一般由外套、内套、面板及管接头等组成。

油杯是实现工作液冲油或抽油强迫循环的一个主要附件。工件置于其上并一起置于工作液槽中。油杯侧壁和底边上开有冲油和抽油孔，如图 6-23 所示。在放电电极间隙冲油或抽油，可使电蚀产物及时排出。因此油杯的结构好坏，对加工效果有很大影响。

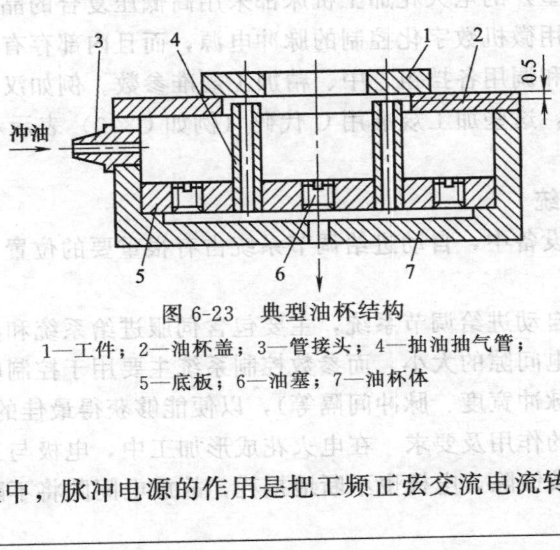


图 6-23　典型油杯结构

1—工件；2—油杯盖；3—管接头；4—抽油抽气管；
5—底板；6—油塞；7—油杯体

## 2. 脉冲电源

在电火花加工过程中，脉冲电源的作用是把工频正弦交流电流转变成频率较高的单向脉

冲电流，向工件和工具电极间的加工间隙提供所需要的放电能量以蚀除金属。脉冲电源的性能直接关系到电火花加工的加工速度、表面质量、加工精度、工具电极损耗等工艺指标。

脉冲电源输入为 380V、50Hz 的交流电，其输出应满足如下要求：

① 要有一定的脉冲放电能量，否则不能使工件金属气化；

② 火花放电必须是短时间的脉冲性放电，这样才能使放电产生的热量来不及扩散到其他部分，从而有效地蚀除金属，提高成形性和加工精度；

③ 脉冲波形是单向的，以便充分利用极性效应，提高加工速度和降低工具电极损耗；

④ 脉冲波形的主要参数（峰值电流、脉冲宽度、脉冲间歇等）有较宽的调节范围，以满足粗、中、精加工的要求；

⑤ 有适当的脉冲间隔时间，使放电介质有足够时间消除电离并冲去金属颗粒，以免引起电弧而烧伤工件。

电源的好坏直接关系到电火花加工机床的性能，所以电源往往是电火花机床制造厂商的核心机密之一。从理论上讲，电源一般有如下几种。

(1) 弛张式脉冲电源　弛张式脉冲电源是最早使用的电源，它是利用电容器充电储存电能，然后瞬时放出，形成火花放电来蚀除金属的。因为电容器时而充电，时而放电，一弛一张，故又称“弛张式”脉冲电源。由于这种电源是靠电极和工件间隙中的工作液的击穿作用来恢复绝缘和切断脉冲电流的，因此间隙大小、电蚀产物的排出情况等都影响脉冲参数，使脉冲参数不稳定，所以这种电源又称为非独立式电源。

弛张式脉冲电源结构简单，使用维修方便，加工精度较高，粗糙度值较小，但生产率低，电能利用率低，加工稳定性差，故目前这种电源的应用已逐渐减少。

(2) 闸流管脉冲电源　闸流管是一种特殊的电子管，当对其栅极通入一脉冲信号时，便可控制管子的导通或截止，输出脉冲电流。由于这种电源的电参数与加工间隙无关，故又称为独立式电源。闸流管脉冲电源的生产率较高，加工稳定，但脉冲宽度较窄，电极损耗较大。

(3) 晶体管脉冲电源　晶体管脉冲电源是近年来发展起来的以晶体元件作为开关元件的用途广泛的电火花脉冲电源，其输出功率大，电规准调节范围广，电极损耗小，故适应于型孔、型腔、磨削等各种不同用途的加工。晶体管脉冲电源已越来越广泛地应用在电火花加工机床上。

目前普及型（经济型）的电火花加工机床都采用高低压复合的晶体管脉冲电源，中、高档电火花加工机床都采用微机数字化控制的脉冲电源，而且内部存有电火花加工规准的数据库，可以通过微机设置和调用各挡粗、中、精加工规准参数。例如汉川机床厂、日本沙迪克公司的电火花加工机床，这些加工规准用 C 代码（例如 C320）表示和调用，三菱公司则用 E 代码表示。

**3. 自动进给调节系统**

在电火花成形加工设备中，自动进给调节系统占有很重要的位置，它的性能直接影响加工稳定性和加工效果。

电火花成形加工的自动进给调节系统，主要包含伺服进给系统和参数控制系统。伺服进给系统主要用于控制放电间隙的大小，而参数控制系统主要用于控制电火花成形加工中的各种参数（如放电电流、脉冲宽度、脉冲间隔等），以便能够获得最佳的加工工艺指标等。

(1) 伺服进给系统的作用及要求　在电火花成形加工中，电极与工件必须保持一定的放电间隙。由于工件不断被蚀除，电极也不断地损耗，故放电间隙将不断扩大。如果电极不及时进给补偿，放电过程会因间隙过大而停止。反之，间隙过小又会引起拉弧烧伤或短路，这时电极必须迅速离开工件，待短路消除后再重新调节到适宜的放电间隙。在实际生产中，放电间隙变化范围很小，且与加工规准、加工面积、工件蚀除速度等因素有关，因此很难靠人工进给，也不能像钻削那样采用“机动”、等速进给，而必须采用伺服进给系统。这种不等速的伺服进给系统也称为自动进给调节系统。

伺服进给系统一般有如下要求：

① 有较广的速度调节跟踪范围；

② 有足够的灵敏度和快速性；

③ 有较高的稳定性和抗干扰能力。

伺服进给系统种类较多，下面简单介绍电液压式伺服进给系统的原理，其他的伺服进给系统可参考其他相关资料。

（2）电液压式伺服进给系统　在电液自动进给调节系统中，液压缸、活塞是执行机构。由于传动链短及液体的基本不可压缩性，因此传动链中无间隙、刚度大、不灵敏区小；又因为加工时进给速度很低，所以正、反向惯性很小，反应迅速，特别适合于电火花加工的低速进给，故 20 世纪 80 年代前得到了广泛的应用，但它有漏油、油泵噪声大、占地面积较大等缺点。

图 6-24 所示为 DYT-2 型液压主轴头的喷嘴-挡板式调节系统的工作原理图。电动机 4 驱动叶片液压泵 3 从油箱中压出压力油，由溢流阀 2 保持恒定压力 $p_0$，经过滤油器 6 后分两路，一路进入下油腔，另一路经节流阀 7 进入上油腔。进入上油腔的压力油从喷嘴 8 与挡板 12 的间隙中流回油箱，使上油腔的压力 $p_t$ 随此间隙的大小而变化。电-机械转换器 9 主要由动圈（控制线圈）10 与静圈（励磁线圈）11 等组成。动圈处在励磁线圈的磁路中，与挡板 12 连成一体。改变输入动圈的电流，可使挡板随动圈动作，从而改变挡板与喷嘴间的间

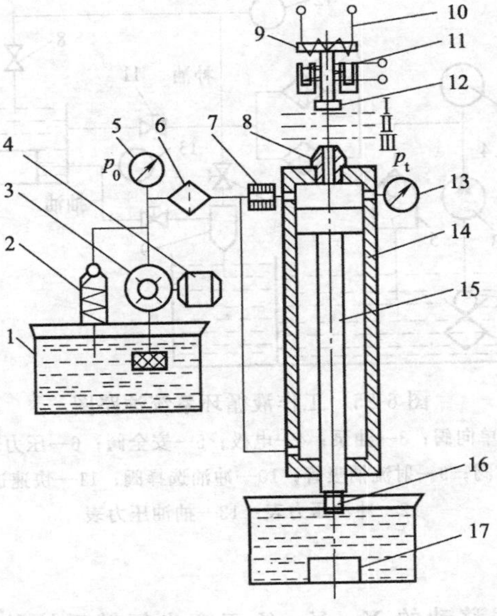


图 6-24　喷嘴-挡板式调节系统的工作原理

1—液压箱；2—溢流阀；3—叶片液压泵；4—电动机；5—压力表；6—滤油器；7—节流阀；8—喷嘴；9—电-机械转换器；10—动圈；11—静圈；12—挡板；13—压力；14—液压缸；15—活塞；16—工具电极；17—工件

隙。当放电间隙短路时，动圈两端电压为零，此时动圈不受电磁力的作用，挡板受弹簧力处于最高位置Ⅰ，喷嘴与挡板门开口为最大，使工作液流经喷嘴的流量为最大，上油腔的压力下降到最小值，致使上油腔压力小于下油腔压力，故活塞杆带动工具电极上升。当放电间隙开路时，动圈电压最大，挡板被磁力吸引下移到最低位置Ⅲ，喷嘴被封闭，上、下油腔压强相等，但因下油腔工作面积小于上油腔工作面积，活塞上的向下作用力大于向上作用力，活塞杆下降。当放电间隙最佳时，电动力使挡板处于平衡位置Ⅱ，活塞处于静止状态。

#### 4. 工作液过滤和循环系统

电火花加工中的蚀除产物，一部分以气态形式抛出，其余大部分是以球状固体微粒分散地悬浮在工作液中，直径一般为几微米。随着电火花加工的进行，蚀除产物越来越多，充斥在电极和工件之间，或粘连在电极和工件的表面上。蚀除产物的聚集，会与电极或工件形成二次放电。这就破坏了电火花加工的稳定性，降低了加工速度，影响了加工精度和表面粗糙度。为了改善电火花加工的条件，一种办法是使电极振动，以加强排屑作用；另一种办法是对工作液进行强迫循环过滤，以改善间隙状态。

工作液强迫循环过滤是由工作液循环过滤器来完成的。电火花加工用的工作液过滤系统包括工作液泵、容器、过滤器及管道等，使工作液强迫循环。图 6-25 所示为工作液循环系统油路图，它既能实现冲油，又能实现抽油。其工作过程是：储油箱的工作液首先经过粗过滤器 1，经单向阀 2 吸入油泵 3，这时高压油经过不同形式的精过滤器 7 输向机床工作液槽，溢流安全阀 5 使控制系统的压力不超过 400kPa，控制阀 11 为快速进油用。待油注满油箱时，可及时调节冲油选择阀 10，由压力调节阀 8 来控制工作液循环方式及压力。当冲油选择阀 10 在冲油位置时，补油、冲油都不通，这时油杯中油的压力由压力调节阀 8 控制；当冲油选择阀 10 在抽油位置时，补油和抽油两路都通，这时压力工作液穿过射流抽吸管 9，利用流体速度产生负压，达到实现抽油的目的。

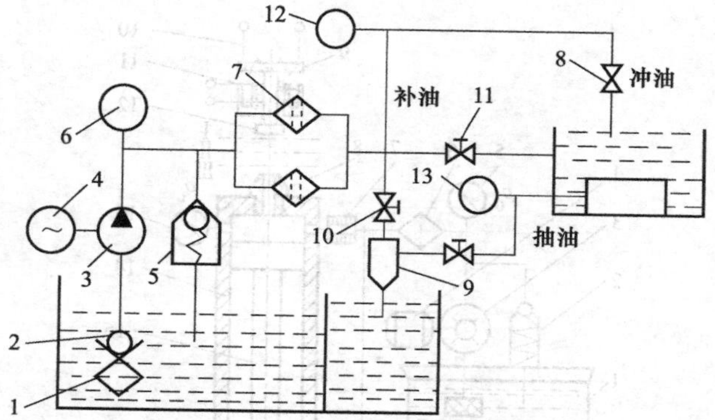


图 6-25　工作液循环系统油路图

1—粗过滤器；2—单向阀；3—油泵；4—电极；5—安全阀；6—压力表；7—精过滤器；8—压力调节阀；9—射流抽吸管；10—冲油选择阀；11—快速进油控制阀；12—冲油压力表；13—抽油压力表

#### 5. 数控系统

数控系统规定除了直线移动的 $X$、$Y$、$Z$ 三个坐标轴系统外，还有三个转动的坐标系统，即绕 $X$ 轴转动的 $A$ 轴，绕 $Y$ 轴转动的 $B$ 轴，绕 $Z$ 轴转动的 $C$ 轴。若机床的 $Z$ 轴可以连续转动但不是数控的，如电火花打孔机，则不能称为 $C$ 轴，只能称为 $R$ 轴。

根据机床的数控坐标轴的数目，目前常见的数控机床有三轴数控电火花机床、四轴三联动数控电火花机床、四轴联动或五轴联动甚至六轴联动电火花加工机床。三轴数控电火花加工机床的主轴 $Z$ 和工作台 $X$、$Y$ 都是数控的。从数控插补功能上讲，又将这类型机床细分为三轴两联动机床和三轴三联动机床。

三轴两联动是指 $X$、$Y$、$Z$ 三轴中，只有两轴（如 $X$、$Y$ 轴）能进行插补运算和联动，电极只能在平面内走斜线和圆弧轨迹（电极在 $Z$ 轴方向只能作伺服进给运动，但不是插补运动）。三轴三联动系统的电极可在空间作 $X$、$Y$、$Z$ 方向的插补联动（例如可以走空间螺旋线）。四轴三联动数控机床增加了 $C$ 轴，即主轴可以数控回转和分度。现在部分数控电火花机床还带有工具电极库，在加工中可以根据事先编制好的程序，自动更换电极。

## 三、数控电火花成形机床型号、规格、分类

我国国标规定，电火花成形机床均用 D71 加上机床工作台面宽度的 1/10 表示。例如 D7132 中，D 表示电加工成形机床（若该机床为数控电加工机床，则在 D 后加 K，即 DK）；71 表示电火花成形机床；32 表示机床工作台的宽度为 320mm。

许多企业生产的电火花加工机床的型号没有采用统一标准，由各个生产企业自行确定，如日本沙迪克（Sodick）公司生产的 A3R、A10R，瑞士夏米尔（Charmilles）技术公司的 ROBOFORM20/30/35 等。

电火花加工机床按其大小可分为小型（D7125 以下）、中型（D7125～D7163）和大型（D7163 以上）；按数控程度分为非数控、单轴数控和三轴数控。随着科学技术的进步，国外已经大批生产三坐标数控电火花机床，以及带有工具电极库、能按程序自动更换电极的电火花加工中心，我国的大部分电加工机床厂现在也正开始研制生产三坐标数控电火花加工机床。

电火花加工机床的主要参数标准见表 6-2。

**表 6-2 电火花加工机床的主要参数标准（GB 5290—85）** mm

<table>
<tr><td rowspan="10">工作台</td><td rowspan="2">台面</td><td>宽度 $B$</td><td>200</td><td>250</td><td>320</td><td>400</td><td>500</td><td>630</td><td>800</td><td>1000</td></tr>
<tr><td>长度 $A$</td><td>320</td><td>400</td><td>500</td><td>630</td><td>800</td><td>1000</td><td>1250</td><td>1600</td></tr>
<tr><td rowspan="2">行程</td><td>纵向 $X$</td><td colspan="2">160</td><td colspan="2">250</td><td colspan="2">400</td><td colspan="2">630</td></tr>
<tr><td>横向 $Y$</td><td colspan="2">200</td><td colspan="2">320</td><td colspan="2">500</td><td colspan="2">800</td></tr>
<tr><td colspan="2">最大承载质量/kg</td><td>50</td><td>100</td><td>200</td><td>400</td><td>800</td><td>1500</td><td>3000</td><td>6000</td></tr>
<tr><td rowspan="3">T 形槽</td><td>槽数</td><td colspan="2">3</td><td colspan="4">5</td><td colspan="2">7</td></tr>
<tr><td>槽宽</td><td colspan="2">10</td><td colspan="2">12</td><td colspan="2">14</td><td colspan="2">18</td></tr>
<tr><td>槽间距离</td><td colspan="3">63</td><td>80</td><td>100</td><td colspan="3">125</td></tr>
<tr><td colspan="3">主轴连接板至工作台面最大距离 $H$</td><td>300</td><td>400</td><td>500</td><td>600</td><td>700</td><td>800</td><td>900</td><td>1000</td></tr>
<tr><td rowspan="2">主轴头</td><td colspan="2">伺服行程 $Z$</td><td>80</td><td>100</td><td>125</td><td>150</td><td>180</td><td>200</td><td>250</td><td>300</td></tr>
<tr><td colspan="2">滑座行程 $W$</td><td>150</td><td>200</td><td>250</td><td>300</td><td>350</td><td>400</td><td>450</td><td>500</td></tr>
<tr><td rowspan="3">工具电极</td><td rowspan="2">最大质量/kg</td><td>Ⅰ型</td><td colspan="2">20</td><td colspan="2">50</td><td colspan="2">100</td><td colspan="2">250</td></tr>
<tr><td>Ⅱ型</td><td colspan="2">25</td><td colspan="2">100</td><td colspan="2">200</td><td colspan="2">500</td></tr>
<tr><td colspan="2">连接尺寸</td><td colspan="2"></td><td colspan="6"></td></tr>
<tr><td rowspan="3" colspan="2">工作液槽内壁</td><td>长度 $d$</td><td>400</td><td>500</td><td>630</td><td>800</td><td>1000</td><td>1250</td><td>1600</td><td>2000</td></tr>
<tr><td>宽度 $c$</td><td>300</td><td>400</td><td>500</td><td>630</td><td>800</td><td>1000</td><td>1250</td><td>1600</td></tr>
<tr><td>高度 $h$</td><td>200</td><td>250</td><td>320</td><td>400</td><td>500</td><td>630</td><td>800</td><td>1000</td></tr>
</table>

## 四、数控电火花成形机床的维护与保养

### 1. 机床安全操作规程

（1）电火花机床应设置专用的地线，使机床的床身、电器控制柜的外壳及其他设备可靠接地，防止因电器设备的损坏而发生触电事故。

（2）操作人员必须穿好防护用具，特别是必须穿皮鞋；电火花机床在放电加工中，严禁用手触及电极，以免发生触电危险；操作人员不在现场时，不可将机床放置在放电加工状态（EDM 灯亮）；放电加工过程中，绝对不允许操作人员擅自离开。

（3）经常保持机床电器设备清洁，防止因受潮而降低设备的绝缘强度，从而影响机床的正常工作。

（4）添加工作液时，不得混入某些易燃液体，防止因脉冲火花而引起火灾。油箱中要有足够的油量，控制油温不超过 50℃，若温度过高时，应该加快加工液的循环，用以降低油温。

（5）加工时，可喷油加工，也可浸油加工。喷油加工容易引起火灾的发生，应小心。浸油加工时，加工液应全部浸没工件，工作液的液面一定要高于工件 40mm 以上。如果液面过低或加工电流较大，都极有可能导致火灾的发生。

（6）放电加工过程中，不得将 PVC 喷油管或橡胶管触及电极，同时注意控制好放电电流，避免加工过程中产生拉弧和积炭现象。

（7）机床周围应严禁烟火，并应配备适宜油类的灭火器或灭火沙箱。目前大多机床在主轴上均安装了灭火器和烟气感应报警器，实现自动灭火。一旦火灾发生，应立即切断电源，并使用二氧化碳泡沫灭火器灭火。

（8）加工完成后，必须先切断总电源，然后拉动加工液槽边上的放油拉杆，放掉加工液后，擦拭机床，确保机床的清洁。

### 2. 机床日常维护及保养

（1）每次加工完毕后，应将工作液槽的煤油泄放回工作液箱内，将工作台面用棉纱擦拭干净。

（2）定期对摩擦部件加注润滑油，防止灰尘和加工液等进入丝杆、螺母和导轨等部件中。

（3）加工过程中，必须对电蚀物进行过滤。若工作液过滤器过滤阻力增大或过滤效果变差，以及工作液浑浊不清，则应及时更换。

（4）应注意避免脉冲电源中的电器元件受潮。特别是在南方的梅雨天气或较长时间不用时，应安排定期人为开机加热。夏天高温季节要防止变压器、限流电阻、大功率晶体管过热，加强通风冷却，并防止通风口过滤网被灰尘堵塞，要定期检查和清扫过滤网。

（5）工作液泵的电动机或主轴电动机部分为立式安装的，电动机端部冷却风扇的进风口朝上，很容易落入螺钉、螺帽或其他细小杂物，造成电动机“卡壳”、“憋车”甚至损坏，因此要在此类立式安装电动机的进风端盖上加装保护网罩。

（6）操作者应注意机床周围的环境，应杜绝明火，并对机床的使用情况建立档案，及时反馈机床的运行情况。

# 第三节　数控线切割机床概述

## 一、数控线切割机床的组成和工作原理

数控电火花线切割加工设备主要由程序输入输出设备、数控装置、储丝走丝部件、纵横

向进给机构、工作液循环系统、脉冲电源等部分构成。

线切割机床工作原理如图 6-26 所示。线切割机床采用钼丝或硬性黄铜丝作为电极丝。被切割的工件为工件电极，连续移动的电极丝为工具电极。线电极与脉冲电源的负极相接，工件与电源的正极相接。脉冲电源发出连续的高频脉冲电压，加到工件电极和工具电极上（电极丝），同时在电极丝与工件之间注有足够的、具有一定绝缘性能的工作液，当电极丝与工件间的距离小到一定程度时（通常认为电极丝与工件之间的放电间隙 $\delta_{电}=0.01$mm 左右），工作液介质被击穿，电极丝与工件之间形成瞬时火花放电，产生瞬间高温，产生大量的热，使工件表面的金属局部熔化甚至气化，再加上工作液体介质的冲洗作用，使得金属被蚀除下来，这就是电火花线切割金属的加工原理。工件放在机床坐标工作台上，按数控装置或微机程序控制下的预定轨迹进行运动，最后得到所需要形状的工件。由于储丝筒带动电极丝作正、反向交替的高速运动，所以电极丝基本上不被蚀除，可以较长时间使用。

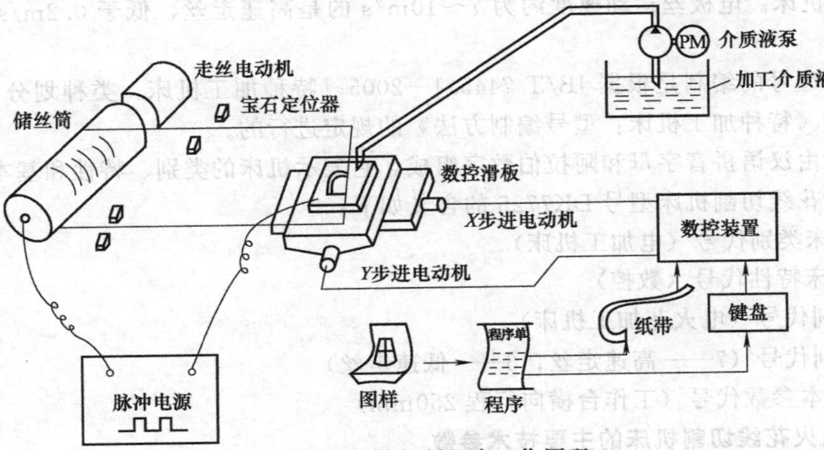


图 6-26　线切割机床工作原理

电火花线切割具有电火花加工的共性，金属材料的硬度和韧性并不会影响加工速度，常用来加工淬火钢和硬质合金。其工艺特点是：

（1）没有特定形状的工具电极，采用直径不等的金属丝作为工具电极，因此切割所用刀具简单，降低了生产准备工时；

（2）利用计算机自动编程软件，能方便地加工出复杂形状的直纹表面；

（3）电极丝在加工过程中是移动的，不断更新（慢走丝）或往复使用（快走丝），基本上可以不考虑电极丝损耗对加工精度的影响；

（4）电极丝比较细，可以加工微细的异形孔、窄缝和复杂形状的工件；利用线切割可以加工出精密细小、形状复杂的工件，例如，通过线切割可加工出 0.05～0.07mm 的窄缝，圆角半径小于 0.03mm 的锐角等；线切割加工零件的精度可达±0.01～±0.005mm，表面粗糙度值可达 $R_a$0.6～0.4$\mu$m；

（5）脉冲电源的加工电流比较小，脉冲宽度比较窄，属于中、精加工范畴，采用正极性加工方式；

（6）工作液多采用水基乳化液，不会引燃起火，容易实现无人操作运行；

（7）当零件无法从周边切入时，工件需要钻穿丝孔；

（8）与一般切削加工相比，线切割加工的效率低，加工成本高，不适合形状简单的大批量零件的加工；

(9) 依靠计算机对电极丝轨迹的控制，可方便地调整凹凸模具的配合间隙；依靠锥度切割功能，有可能实现凸凹模一次加工成形。

电火花线切割加工为新产品的研制、精密零件加工及模具制造开辟了新的工艺途径。

## 二、数控线切割机床的分类、代号、规格

### 1. 数控线切割机床的分类

(1) 按控制方式分　靠模仿形控制线切割机床、光电跟踪控制线切割机床、数字程序控制线切割机床等。

(2) 按加工特点分　大型线切割机床、中型线切割机床、小型线切割机床及普通直壁线切割机床与锥度线切割机床。

(3) 按走丝速度分　高速走丝（快走丝，WEDM-HS）机床和低速走丝（慢走丝，WEDM-LS）机床。电极丝运动速度约为 7～10m/s 的是高速走丝，低于 0.2m/s 的为低速走丝。

我国机床型号的编制是根据 JB/T 7445.1—2005《特种加工机床：类种划分》和 JB/T 7445.2—2012《特种加工机床：型号编制方法》的规定进行的。

机床型号由汉语拼音字母和阿拉伯数字组成，它表示机床的类别、特性和基本参数。例如，数控电火花线切割机床型号 DK7725 的含义如下：

D——机床类别代号（电加工机床）

K——机床特性代号（数控）

7——组别代号（电火花加工机床）

7——型别代号（7——高速走丝；6——低速走丝）

25——基本参数代号（工作台横向行程 250mm）

### 2. 数控电火花线切割机床的主要技术参数

数控电火花线切割机床的主要技术参数包括：工作台行程（纵向行程和横向行程）、最大切割厚度、加工表面粗糙度、加工精度、切割速度以及数控系统的控制功能等，见表6-3。表 6-4 为 DK77 系列数控电火花线切割机床的主要型号及技术参数。

表 6-3　电火花线切割机床参数

| | | | | | | | | | | | | | | | | | | | |
|---|---|---|---|---|---|---|---|---|---|---|---|---|---|---|---|---|---|---|---|
| 工作台 | 横向行程/mm | 100 | | 125 | | 160 | | 200 | | 250 | | 320 | | 400 | | 500 | | 630 | |
| | 纵向行程/mm | 125 | 160 | 160 | 200 | 200 | 250 | 250 | 320 | 320 | 400 | 400 | 500 | 500 | 630 | 630 | 800 | 800 | 1000 |
| | 最大承载量/kg | 10 | 15 | 20 | 25 | 40 | 50 | 60 | 80 | 120 | 160 | 200 | 250 | 320 | 500 | 500 | 630 | 960 | 1200 |
| 工件 | 最大宽度/mm | 125 | | 160 | | 200 | | 250 | | 320 | | 400 | | 500 | | 630 | | 800 | |
| | 最大长度/mm | 200 | 250 | 250 | 320 | 320 | 400 | 400 | 500 | 500 | 630 | 630 | 800 | 800 | 1000 | 1000 | 1200 | 1200 | 1600 |
| 最大切割厚度/mm | | 40、60、80、100、120、180、200、250、300、350、400、450、500、550、600 | | | | | | | | | | | | | | | | | |
| 切割锥度 | | 0°、3°、6°、9°、12°、15°、18°(18°以上，每挡增加 6°) | | | | | | | | | | | | | | | | | |

**表 6-4 DK77 系列数控电火花线切割机床的主要型号及技术参数**

| 机床型号 | DK7716 | DK7720 | DK7725 | DK7732 | DK7740 | DK7750 | DK7763 | DK77120 |
|---|---|---|---|---|---|---|---|---|
| 工作台行程/mm | 200×160 | 250×200 | 320×250 | 500×320 | 500×400 | 800×500 | 800×630 | 2000×1200 |
| 最大切割厚度/mm | 100 | 200 | 140 | 300(可调) | 400(可调) | 300 | 150 | 500(可调) |
| 加工表面粗糙度 $R_a$/μm | 2.5 | 2.5 | 2.5 | 2.5 | 6.3～3.2 | 2.5 | 2.5 | |
| 加工精度/mm | 0.01 | 0.015 | 0.012 | 0.015 | 0.025 | 0.01 | 0.02 | |
| 切割速度/(mm²/min) | 70 | 80 | 80 | 100 | 120 | 120 | 120 | |
| 加工锥度 | 3°～60°,依各厂家的型号不同而不同 | | | | | | | |
| 控制方式 | 各种型号均由单板(或单片)机或微机控制 | | | | | | | |

# 第四节 高速走丝数控线切割机床

高速走丝数控线切割机床主要由机床本体、脉冲电源、工作液循环系统、控制系统和机床附件等几部分组成。用 PC 机控制的高速走丝线切割机床如图 6-27 所示。

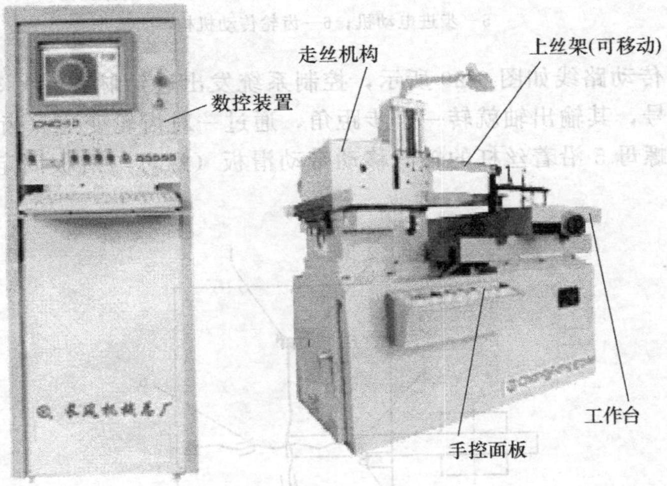


图 6-27 用 PC 机控制的高速走丝线切割机床

## 一、机床本体

机床本体主要由床身、工作台、走丝机构、丝架和导轮等组成，具体介绍如下。

### 1. 床身

床身是支承和固定工作台、运丝机构等的基体。因此，要求床身应有一定的刚度和强度，一般采用箱体式结构床身台面用于固定走丝机构、丝架和工作台。床身里面安装有机床电气系统、脉冲电源、工作液循环系统等元器件。为了减少热源，提高精度，有的厂家把机床电器放置在床身之外。床身的面板上安装操作必需的按钮开关、旋钮和电流表等。

2. 工作台

电火花线切割机床是通过坐标工作台（$X$ 轴和 $Y$ 轴）与电极丝的相对运动来完成工件加工的。一般都用由 $X$ 轴方向和 $Y$ 轴方向组成的“+”字拖板，由步进电动机带动滚动导轨和丝杠将工作台的旋转运动变为直线运动，通过两个坐标方向各自的进给运动，可组合成各种平面图形轨迹。坐标工作台结构如图 6-28 所示。

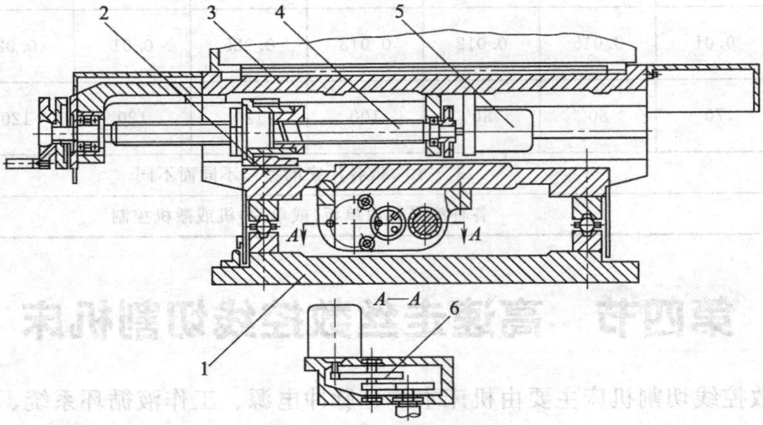


图 6-28　坐标工作台结构

1—下滑板；2—中滑板；3—上滑板（工作台）；4—滚珠丝杠；5—步进电动机；6—齿轮传动机构

横向（$X$ 轴）传动路线如图 6-29 所示，控制系统发出进给脉冲，$X$ 轴步进电动机接收到这个进给脉冲信号，其输出轴就转一个步距角，通过一对齿轮变速（齿轮 2 和齿轮 1）带动丝扭转动，通过螺母 5 沿着丝杠的轴向移动带动滑板（螺母与滑板固定连接），使工件实现 $X$ 轴向移动。

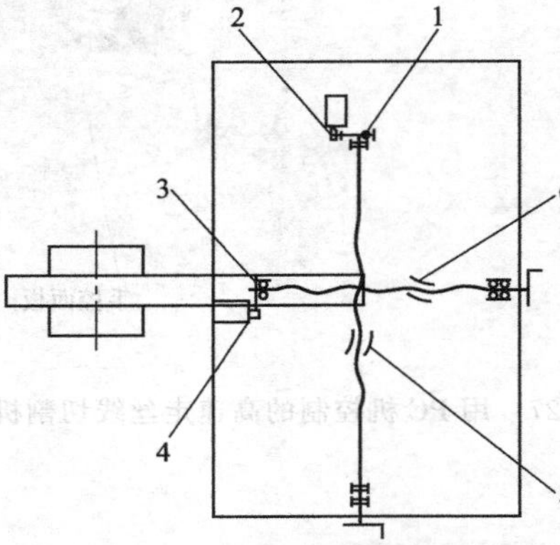


图 6-29　机床横向运动传动链

1,2,3,4—齿轮；5,6—螺母

纵向（$Y$ 轴）传动路线类似上述情况。$Y$ 轴步进电动机转动，通过齿轮 4 和齿轮 3 啮合变速后带动丝杠，螺母 6 再带动滑板，使工作台实现 $Y$ 轴向移动。控制系统每发出一个脉冲，工件就移动 0.001mm。当然也可以通过 $X$、$Y$ 轴上的两个手柄使工件实现 $X$、$Y$ 方向移动（手动）。

工作台纵横向运动采用开环工作方式。图6-30所示为开环系统的控制原理图。开环系统的典型特征是采用步进电动机驱动并且没有检测元件。开环系统简便、成本低，但机床的运动精度也相对较低，因为控制系统对机械传动误差没有误差补偿。

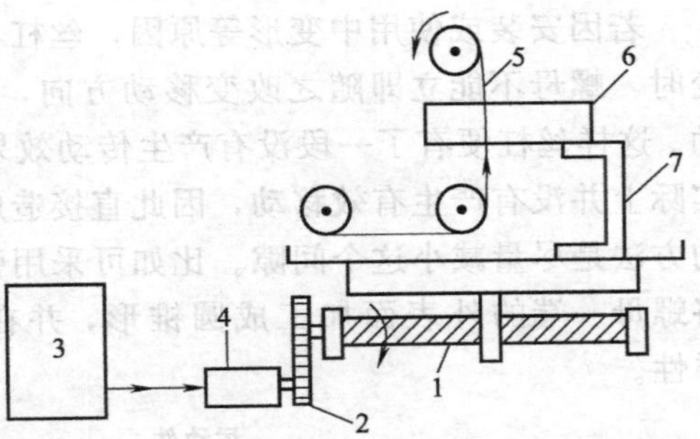

图 6-30　数控线切割机床开环控制原理

1—进给丝杆；2—齿轮副；3—CNC 系统；4—步进电动机；5—电极丝；6—工件；7—工作台

精度较高的数控线切割机床常采用闭环（见图 6-31）或半闭环（见图 6-32）工作方式。这两种工作方式都有检测元件检测工作台的实际位移，并经过反馈系统与数控指令要求的理论位移进行比较，根据误差大小及正负决定下一步工作台的走向，使工作台始终朝着误差减小的方向移动。半闭环和闭环的区别在于检测元件安装的位置不同，对于半闭环系统，检测元件安装在电动机轴上或丝杠上；而对于闭环系统，检测元件直接安装在工作台上。闭环系统的工作精度高于半闭环系统。但是闭环系统的检测元件价格昂贵，安装调试比较复杂，相对来说，半闭环系统的加工精度通常能满足使用要求，同时检测元件的价格适中，安装调试方便，应用最广泛。

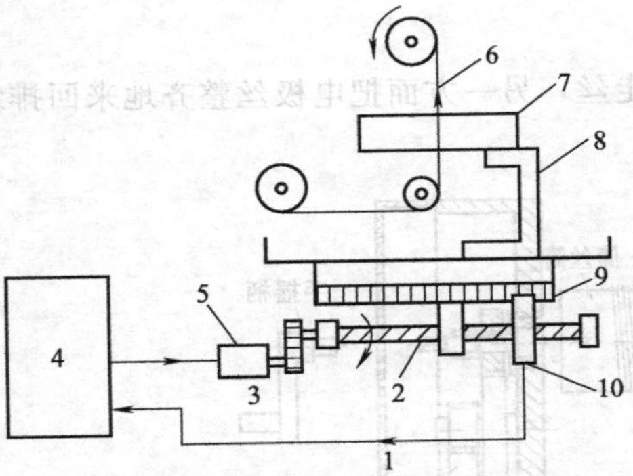

图 6-31　数控线切割机床闭环方式

1—反馈环节；2—进给丝杆；3—齿轮副；4—CNC 系统；5—伺服电动机；6—电极丝；7—工件；8—工作台；9—检测刻度尺；10—位置传感器

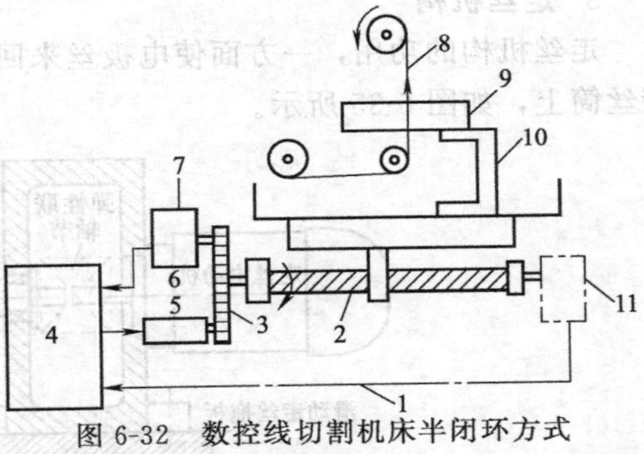

图 6-32　数控线切割机床半闭环方式

1—反馈环节；2—进给丝杆；3—齿轮副；4—CNC 系统；5—伺服电动机；6,7,11—回转角检测；8—电极丝；9—工件；10—工作台

坐标工作台应具有很高的坐标精度和运动精度，而且要求运动灵敏、轻巧，为了使工作台阻力小、运动灵活，一般都采用滚动导轨结构。因为滚动导轨可以减少导轨副间的摩擦阻力，便于工作台实现精确和微量移动，且润滑方法简单。缺点是接触面之间不易保持油膜，抗振能力较差。滚动导轨有滚珠导轨、滚柱导轨和滚针导轨等几种形式。在滚珠导轨中，滚珠与导轨是点接触，承载能力不能过大。在滚柱导轨和滚针导轨中，滚动体与导轨是线接触，因此有较大承载能力。为了保证导轨精度，各滚动体的直径误差一般不应大于 0.001mm。

滚动导轨形式如图 6-33 所示。

滚珠丝杠副是将回转运动转换为直线运动的传动装置。因具有传动效率高、摩擦力小、使用寿命长、轴向间隙可调等优点而广泛用于数控机床。使用时通常采用双螺母机构来消除丝杠副正反向传动间隙，具有较高的传动精度。

若因安装或使用中变形等原因，丝杠与螺母的螺纹间有了间隙，则当丝杠的转动方向改变时，螺母不能立即随之改变移动方向，只有当丝杠转过某一角度后，螺母才开始随着移动。这样丝杠便有了一段没有产生传动效果的空行程。此时因系统照样在进行转角计数，但实际上并没有产生有效移动，因此直接造成了机床的加工误差，即空程误差。消除空程误差的方法是尽量减小这个间隙。比如可采用弹性螺母径向调节法来消除间隙。如图 6-34 所示，将螺母一端的外表面加工成圆锥形，并在其径向开四条窄槽，使螺母在径向收缩时带有弹性。

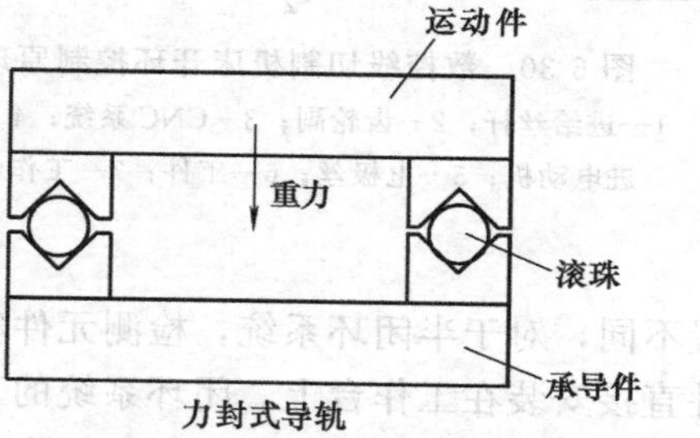

图 6-33 滚动导轨形式

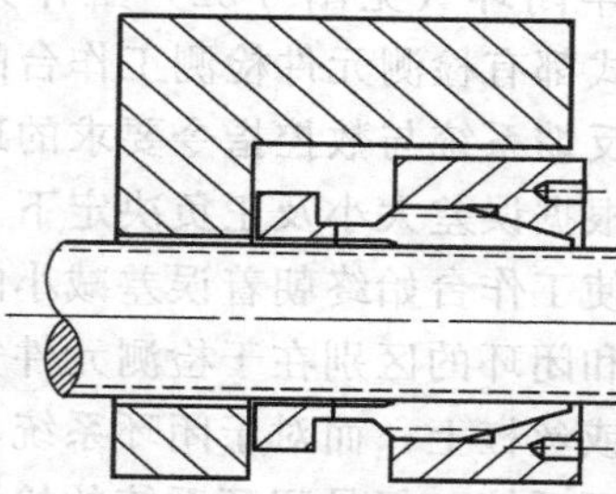
图 6-34 弹性预紧螺母

为了使待加工工件达到图样所要求的形状及精度，要求工作台带动工件按照指令要求相对于电极丝作纵向和横向进给运动。

**3. 走丝机构**

走丝机构的功用，一方面使电极丝来回快速走丝，另一方面把电极丝整齐地来回排绕在储丝筒上，如图 6-35 所示。

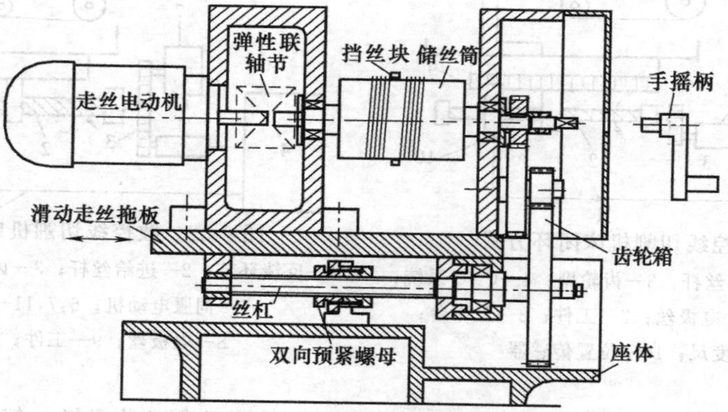

图 6-35 循环走丝机构

(1) 走丝机构特点

① 储丝筒组合件旋转时，其径向跳动小于 0.02mm，否则可能引起电极丝抖动，出现断丝现象。

② 为了保证储丝筒上整齐排绕电极丝，不出现叠丝现象，在储丝筒组合件转动时，必须让储丝筒作相应的轴向位移，且轴向位移应平稳和轻便。

③ 储丝筒组合件由三相四极交流电动机通过弹性联轴节直接带动，保证电极丝走速为 8～10m/s。采用弹性联轴节可以减缓因走丝换向带给储丝筒的冲击。

④ 为了循环使用电极丝，必须要让储丝筒能自动正反转换向。

这种形式的走丝机构的优点是结构简单、维护方便，因而应用广泛。其缺点是绕丝长度小，电动机正反转动频繁，电极丝张力不可调。

（2）储丝筒组合件　储丝筒组合件主要结构如图6-36所示，储丝筒1由电动机2通过简单型弹性圆柱销联轴器3带动，以1450r/min的转速正反向转动。储丝筒另一端通过三对齿轮减速后带动滚珠丝杠4旋转并移动。储丝筒、电动机、齿轮都安装在两个支架5及6上。支架及丝杠则安装在拖板7上，螺母9装在底座8上，拖板在底座上来回移动。为了减少电动机反转时丝杠和螺母配合间隙所产生的空行程，造成拖板的动作落后于数控指令，螺母副采用双螺母结构消除间隙，齿轮副的传动比及丝杠螺距的选择应保证使滚筒每旋转一圈拖板移动的距离略大于电极丝的直径。避免电极丝重叠。

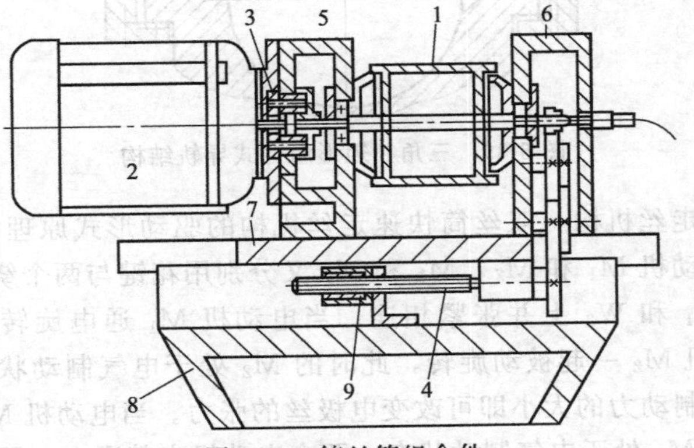


图6-36　储丝筒组合件

1—储丝筒；2—电动机；3—联轴器；4—滚珠丝杠；5,6—支架；7—拖板；8—底座；9—螺母

走丝机构中运动组合件的电动机轴与储丝筒中心轴，一般采用联轴器将二者联在一起。由于储丝筒运行时频繁换向，联轴器瞬间受到正反剪切力很大，因此多用弹性联轴器和摩擦锥式联轴器。

（3）弹性联轴器　弹性联轴器的结构如图6-37所示。其结构简单，惯性力矩小，换向较平稳，无金属撞击声，可减小对储丝筒中心轴的冲击。弹性材料采用橡胶、塑料或皮革。这种联轴器的优点是允许电动机轴与储丝筒轴稍有不同心和不平行（如最大不同心允许为0.2～0.5mm，最大不平行为1°），缺点是由它连接的两根轴在传递转矩时会有相对转动。

（4）摩擦锥式联轴器　摩擦锥式联轴器如图6-38所示，可带动转动拨量较大的大、中型机床储丝筒旋转组合件。此种联轴器可传递较大的转矩，同时在传动负荷超载时，摩擦面之间的滑动还可起到过载保护作用。因为锥形摩擦面会对电动机和储丝筒产生轴向力，所以在电动机主轴的滚动支承中，应选用向心推力轴承和圆锥滚子轴承。另外，还要正确选用弹

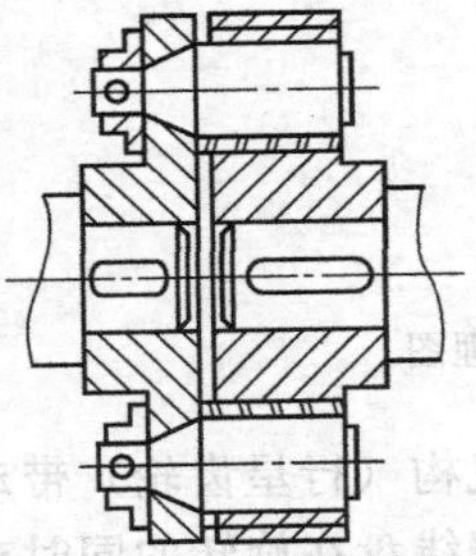

图6-37　弹性联轴器

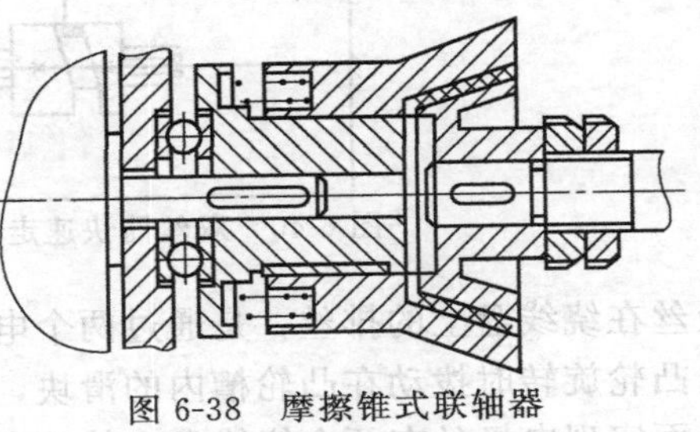

图6-38　摩擦锥式联轴器

簧规格。弹力过小，摩擦面打滑，传动转矩小并使传动不稳定或摩擦面过热烧伤；弹力过大，会增大轴向力，影响中心轴的正常转动。

（5）导轨　走丝机构的上下拖板多采用燕尾型导轨或三角、矩形组合式导轨结构。其中燕尾型导轨可通过旋转调整杆带动塞铁，来改变导轨副的配合间隙。但该结构制造和检验比较复杂，刚性较差，传动中摩擦损失也较大；三角、矩形组合式导轨结构如图 6-39 所示。导轨的配合间隙由螺钉和垫片组成的调节环来调节。

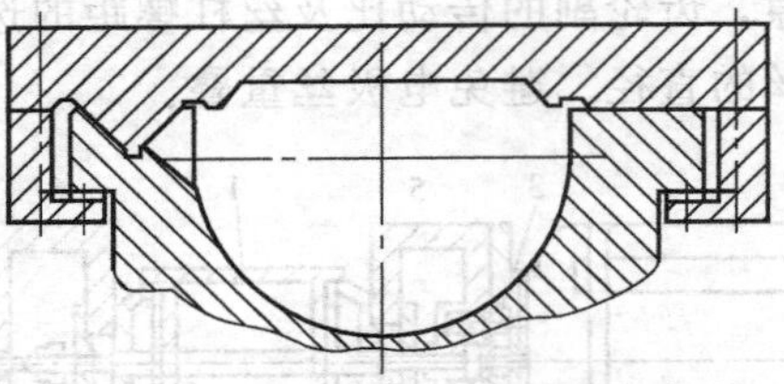

图 6-39　三角、矩形组合式导轨结构

（6）双丝筒快速走丝机构　双丝筒快速走丝机构的驱动形式原理如图 6-40 所示。该驱动形式有两个走丝电动机 $M_1$ 和 $M_2$，$M_1$ 和 $M_2$ 又分别用花键与两个绕线 $W_1$ 和 $W_2$ 同轴连接，电极丝盘绕在 $W_1$ 和 $W_2$ 上并张紧相连。当电动机 $M_1$ 通电旋转时，使绕线盘 $W_1$ 和 $W_2$ 旋转并带动电动机 $M_2$ 一起被动旋转，此时的 $M_2$ 处于电气制动状态，此制动力便对电极丝进行张紧，调节制动力的大小即可改变电极丝的张力。当电动机 $M_2$ 通电旋转时，电极丝反向走丝，电动机 $M_1$ 处于电气制动状态。两个电动机交替通电，即可实现电极丝的往复运行。

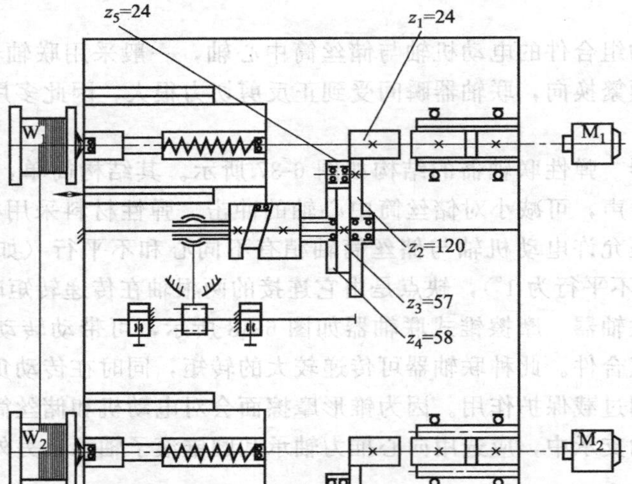

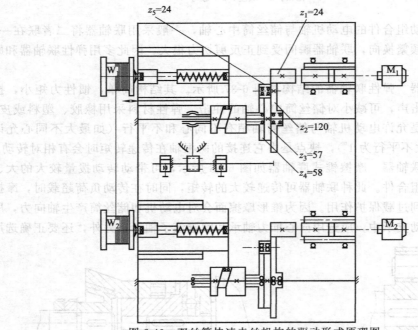

图 6-40　双丝筒快速走丝机构的驱动形式原理图

电极丝在绕线盘上的排丝，是通过两个电动机各自的减速机构（行星齿轮）带动轴向凸轮旋转，凸轮旋转时拨动在凸轮槽内的滑块，滑块带动滑套使绕线盘在旋转的同时产生轴向移动，从而实现电极丝在两个绕线盘上的整齐排列。

双丝筒快速走丝机构的结构如图 6-41 所示。相对于单筒走丝机构而言，双丝筒快速走丝机构的结构较复杂，但电极丝的张力稳定可调。

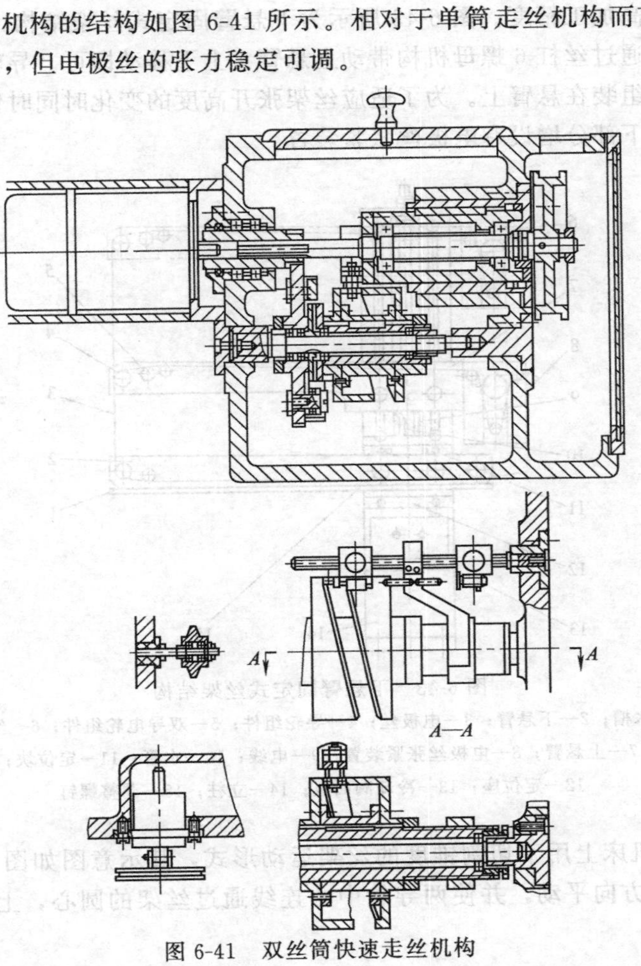


图 6-41　双丝筒快速走丝机构

4. 丝架

如图 6-42 所示，丝架的作用是通过丝架上的两个导轮来支承电极丝，并使电极丝工作部分与工作台面保持一定的几何角度：垂直或倾斜一定角度。即切割直壁时，电极丝与工作台面垂直；切割带有推度的斜壁时，电极丝与工作台面保持一定的倾斜。丝架与走丝机构组成了电极丝的运动系统。

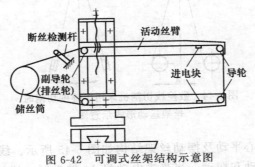

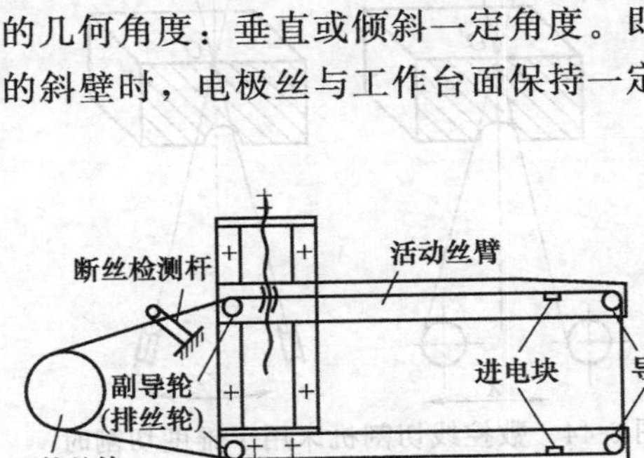


图 6-42　可调式丝架结构示意图

切割直壁用的丝架多采用固定式结构，丝架安装在储丝筒与工作台之间。为满足不同厚度工件的要求，机床采用可变跨距机构的丝架，以确保上、下导轮与工件的最佳距离，减少电极丝的抖动，提高加工精度。图 6-43 所示为下悬臂固定式丝架结构，当需要调整上下悬臂之间的距离时，通过丝杠 6 螺母机构带动上悬臂 7 上下移动即可。导轮置于丝架悬臂的前端，采用密封结构组装在悬臂上。为了适应丝架张开高度的变化时同时保持电极丝的导向性和张力，在丝架上下部分增设有电极丝张紧装置。

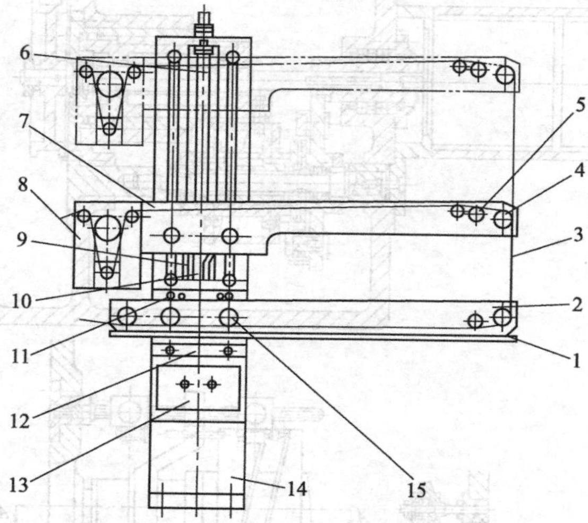


图 6-43　下悬臂固定式丝架结构

1—水槽；2—下悬臂；3—电极丝；4—导轮组件；5—双导电轮组件；6—丝杠；7—上悬臂；8—电极丝张紧装置；9—电线；10—水管；11—定位块；12—定位座；13—冷却阀面板；14—立柱；15—调整螺钉

在数控线切割机床上用于切割锥度的丝架运动形式，其示意图如图 6-44 所示。上、下导轮可沿 $X$ 轴正反方向平动，并使两导轮中心连线通过丝架的圆心，上、下导轮也可在 $Y$ 方向绕圆心 $O$ 摆动。

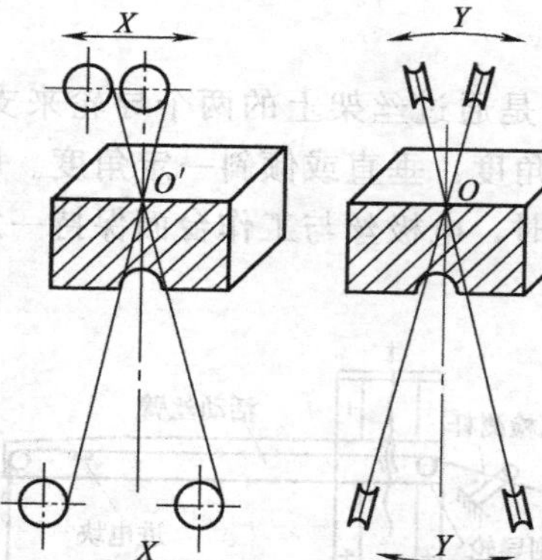


图 6-44　数控线切割机床用于锥度切割时丝架运动形式示意图

上、下导轮同时绕圆心平动及摆动丝架结构如图 6-45 所示。线架上有两个步进电动机 14 和 1，分别驱动导轮平动和摆动。当步进电动机 14 转动时，通过丝杠 13、螺母 12 使滑块 11 移动，由滑动块 10 和 18 使固定在带有斜槽导向板 9 和 19 的上、下弓架 8、20 沿 $X$ 轴前后移动。导向板上的斜槽使弓架与滑块改变移动方向并保持一定的移动量。由于上、下导

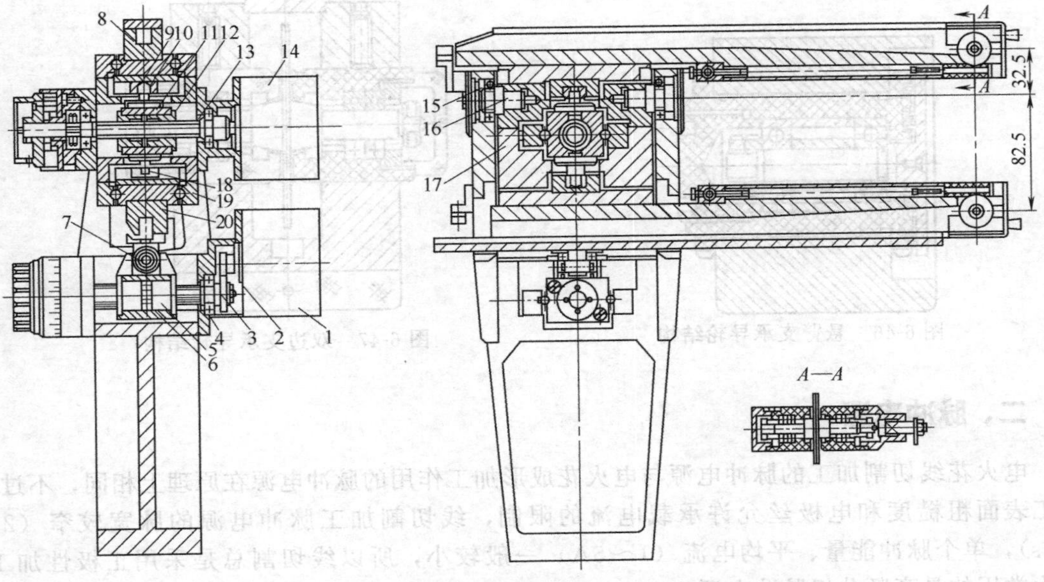


图 6-45　上、下导轮同时绕圆心平动及摆动丝架结构

1，14—步进电动机；2，3—齿轮；4，13—丝杠；5，12—螺母；6，11—滑块；7—小轴；8，20—上、下弓架；9，19—导向板；10，18—滑动块；15—滚动轴承；16—回转轴；17—基本体

轮沿 $X$ 轴前后移动时要保证两导轮中心连线通过 $X$ 轴上的 $O$ 点，当步进电动机 1 转动时，通过齿轮 2、3 及丝杠 4、螺母 5 使滑块 6 移动，滑块上的拨叉拨动与基体相连的小轴 7 绕回转轴 16 转动，而回转轴由两端滚动轴承 15 支承，其回转中心线即为 $X$ 轴（通过 $O$ 点），因此可使上、下弓架及上、下导轮绕轴心 $O$ 点摆动。

**5. 导轮**

导轮是线切割机床的关键零件，影响切割质量，对导轮运动组合件的要求如下：

① 导轮 V 形槽面应有较高的精度，V 形槽底的圆弧半径必须小于选用的电极丝半径，保证电极丝在导轮槽内运动时不产生轴向移动；

② 在满足一定强度要求下，应尽量减轻导轮质量，以减少电极丝换向时的电极丝与导轮间的滑动摩擦，导轮槽工作面应有足够的硬度，以提高其耐磨性；

③ 导轮装配后转动应轻便灵活，尽量减小轴向窜动；

④ 进行有效的密封，以保证轴承的正常工作条件。

导轮运动组合件结构主要有三种形式：悬臂支承导轮结构、双边支承导轮结构和双轴尖支承结构。

悬臂支承导轮结构如图 6-46 所示。结构简单，上丝方便，但因悬臂支承，张紧的电极丝运动的稳定性较差，难于维持较高的运动精度，同时也影响导轮和轴承的使用寿命。

双边支承导轮结构如图 6-47 所示。其中导轮居中，两端用轴承支承，结构较复杂，上丝较麻烦。但此种结构的运动稳定性较好，刚度较高，不易发生变形及跳动。

双轮尖支承结构，导轮两端加工成 30° 的锥形轴尖，硬度在 60HRC 以上。轴承由红宝石或锡磷青铜制成。该结构易于保证导轮运动组合件的同轴度，导轮轮向窜动和径向跳动量可控制在较小的范围内。缺点是轴尖运动副摩擦力大，易于发热和磨损。为补偿轴尖运动副的磨损，利用弹簧的作用力使运动副良好接触。

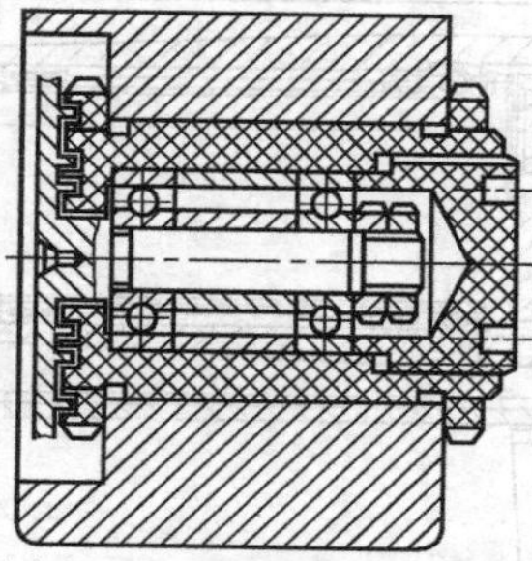

图 6-46　悬臂支承导轮结构

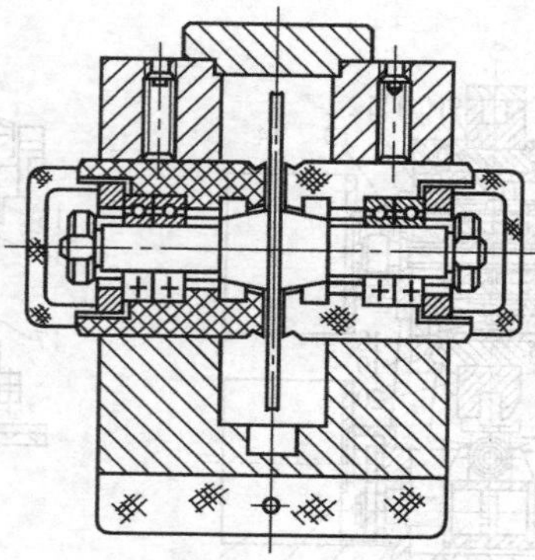

图 6-47　双边支承导轮结构

## 二、脉冲电源

电火花线切割加工的脉冲电源与电火花成形加工作用的脉冲电源在原理上相同，不过受加工表面粗糙度和电极丝允许承载电流的限制，线切割加工脉冲电源的脉宽较窄（2～60μs），单个脉冲能量、平均电流（1～5A）一般较小，所以线切割总是采用正极性加工。最为常用的是高频分组脉冲电源。

高频分组脉冲波形如图 6-48 所示，它是由矩形波派生的一种脉冲波形，即把较高频率的小脉宽和小脉间的矩形波脉冲分组成为大脉宽和大脉间输出。

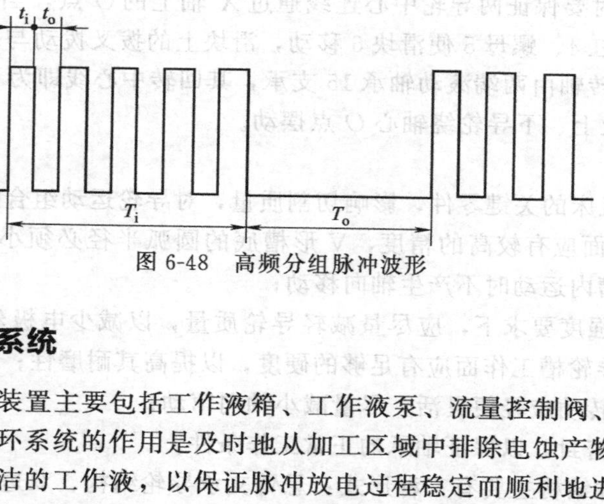


图 6-48　高频分组脉冲波形

## 三、工作液循环系统

工作液循环与过滤装置主要包括工作液箱、工作液泵、流量控制阀、进液管、回液管和过滤网罩等。工作液循环系统的作用是及时地从加工区域中排除电蚀产物，冷却电极丝和工件，并连续充分供给清洁的工作液，以保证脉冲放电过程稳定而顺利地进行。目前绝大部分快走丝机床的工作液是专用乳化液，采用浸没式供液方式。乳化液种类繁多，大家可根据相关资料来正确选用。线切割机床工作液系统如图 6-49 所示。工作液一般采用从电极丝四周进液的方法流向加工区域。通常是用喷嘴直接冲到工件与电极丝之间，如图 6-50 所示。

## 四、控制系统

目前的电火花线切割机床普遍采用数字程序控制技术。数字程序控制器是该技术的核心部件，它是一台专用的小型电子计算机，由运算器、控制器、译码器、输入回路和输出回路组成。快走丝线切割机床的控制系统通常采用步进电动机开环控制系统，而慢走丝线切割机床的控制系统则采用伺服电动机闭环控制系统。

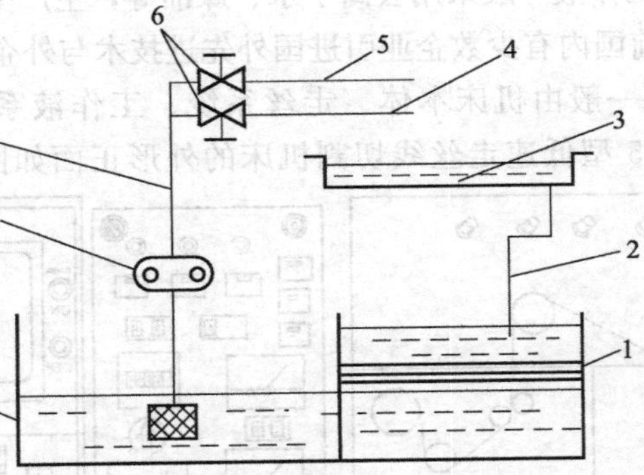

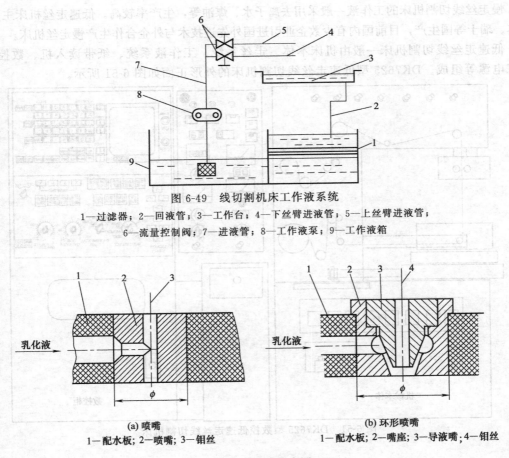

图 6-49　线切割机床工作液系统

1—过滤器；2—回液管；3—工作台；4—下丝臂进液管；5—上丝臂进液管；

6—流量控制阀；7—进液管；8—工作液泵；9—工作液箱

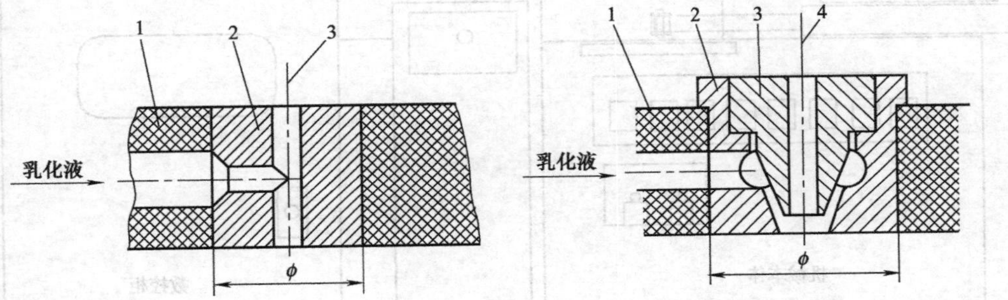


(a) 喷嘴

1—配水板；2—喷嘴；3—钼丝

(b) 环形喷嘴

1—配水板；2—嘴座；3—导液嘴；4—钼丝

图 6-50　喷嘴示意图

电火花线切割机床控制系统的主要功能如下。

（1）轨迹控制　精确地控制电极丝相对于工件的运动轨迹，使零件获得所需的形状和尺寸。

（2）加工控制　用以控制步进电动机的步距角、伺服电动机驱动的进给速度、脉冲电源产生的脉冲能量、运丝机构的钼丝排放、工作液循环系统的工作液流量等。

目前绝大部分机床普遍采用绘图式编程技术，操作者首先在计算机屏幕上画出要加工的零件图形，线切割专用软件（如 YH 软件、北航海尔的 CAXA 线切割软件）会自动将图形转化为 ISO 代码或 3B 代码等线切割程序。

## 第五节　低速走丝数控线切割机床

低速走丝数控线切割机床也称慢走丝机床，走丝速度低于 0.2m/s。常用黄铜丝（有时也采用紫铜、钨、钼和各种合金的涂覆线）作为电极丝，铜丝直径通常为 0.10～0.35mm。电极丝仅从一个单方向通过加工间隙，不重复使用，避免了因电极丝的损耗而降低加工精度。同时由于走丝速度慢，机床及电极丝的振动小，因此加工过程平稳，加工精度高，可达 0.005mm，表面粗糙度 $R_a \leqslant 0.32\mu m$。

慢走丝线切割机床的工作液一般采用去离子水、煤油等，生产率较高。低速走丝机床主要由日本、瑞士等国生产，目前国内有少数企业引进国外先进技术与外企合作生产慢走丝机床。

低速走丝线切割机床一般由机床本体、走丝系统、工作液系统、纸带读入机、数控柜、加工电源等组成。DK7625 型低速走丝线切割机床的外形正面如图 6-51 所示。

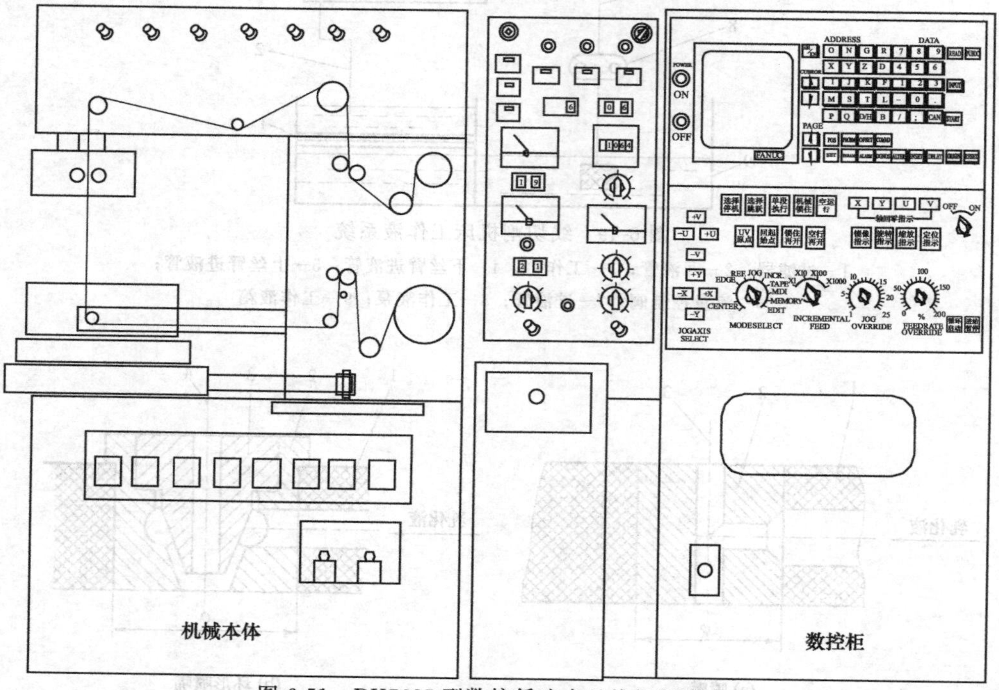


图 6-51　DK7625 型数控低速走丝线切割机床

## 一、机床本体

工作台由上下滑座及工件安装台组成。直流伺服电动机驱动后通过滚珠丝杠副，实现 $X$、$Y$ 轴向移动。通过测速发电机和旋转变压器实现半闭环控制。

## 二、慢速走丝系统

慢走丝线切割机床的电极丝在加工中是单方向运动（即电极丝是一次性使用）的。在走丝过程中，电极丝由储丝筒（放丝轮）出丝，由电极丝输送轮（收丝轮）收丝。慢走丝系统一般由以下几部分组成：储丝筒、导丝机构、导向器、张紧轮、压紧轮、圆柱滚轮、断丝检测器、电极丝输送轮、其他辅助件（如毛毡、毛刷）等。

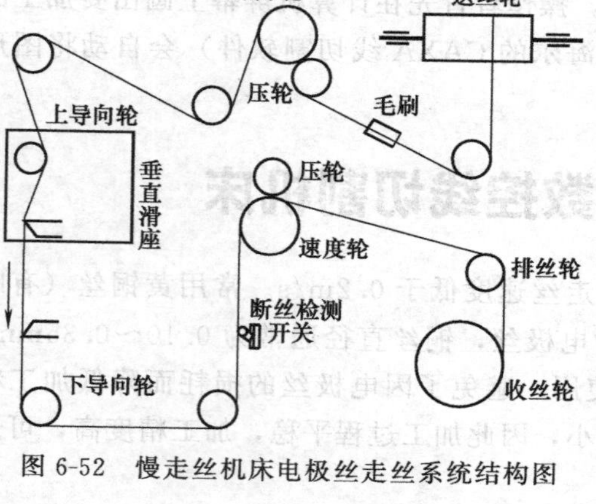


图 6-52　慢走丝机床电极丝走丝系统结构图

如图 6-52 所示为某型慢走丝机床电极丝走丝系统的结构图。走丝系统自上而下，丝由送丝轮经张力轮到上导向轮、上电极销、上导向器、工件孔、下导向器、下电极销、下导向轮，再到速度轮、排丝轮，最后到达收丝轮。

图 6-53 所示为另一慢速走丝机构的结构示意图，电极丝从放丝轮 1（通常可以卷 1～3kg的丝）出发，通过滑轮 2，制动轮 3，导丝机构 13、14、16、17，工件 15，抬丝轮 10，压紧轮 9，排丝装置 8 到达卷丝轮 7，电极丝绕在卷丝轮 7 上，用压紧轮 9 夹住。卷丝轮回转而使电极丝运行，走丝的速度等于收丝速度，并且制动轮 3 使电极丝产生一定的张力。电极丝与工件之间的放电使电极丝不断地作复杂振动，因此为了维持加工精度，在电极丝经过工件的两侧，装有上、下导向器 14、16，来保持电极丝与工件的相对位置，导向器大多采用金刚石模。模的孔径比电极丝的直径仅大 1～2$\mu$m，所以对任何方向的制约都是相同的。断丝检测微动开关 4 和 12 可以自动检测是否有断丝的情况，当发生断丝时，可使卷丝电动机自动停止并且停止加工。

图 6-54 所示为日本沙迪克公司某型号线切割机床的电极丝的送出部分结构，其中圆柱滚轮可使线电极从线轴平行地输出，且使张力维持稳定；导向孔模块可使电极丝在张紧轮上正确地进行导向；张紧轮在电极丝上施加必要的张力；压紧轮防止电极丝张力变动的辅助轮；毛毡去除附着在电极丝上的渣滓；断丝检测器检查电极丝送进是否正常，若不正常送进，则发出报警信号，提醒发生电极丝断丝等故障；毛刷防止电极丝断丝时从轮子上脱出。

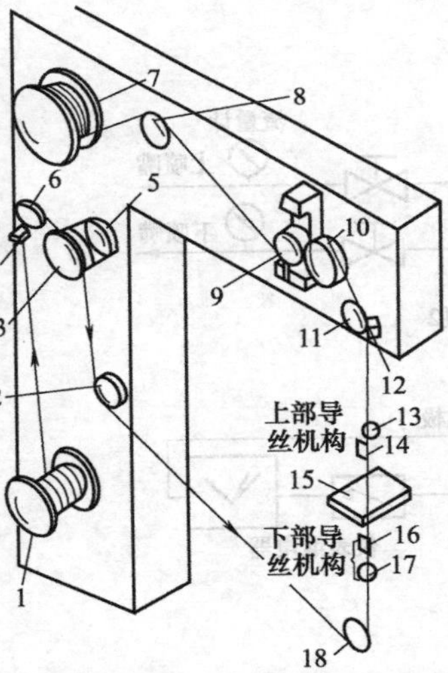


图 6-53　慢速走丝结构示意图

1—放丝轮；2,5,6,11,18—滑轮；3—制动轮；4,12—断丝检测微动开关；7—卷丝轮；8—排丝装置；9—压紧轮；10—抬丝轮；13,17—进电板；14,16—导向器；15—工件

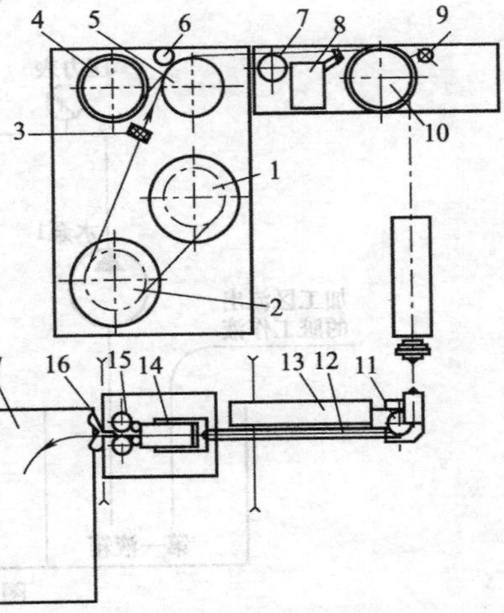


图 6-54　慢走丝系统电极丝送丝装置

1—储丝筒；2—圆柱导轮；3—导向孔模块；4,10,11—滚轮；5—张紧轮；6—压紧轮；7—毛毡；8—断丝检测器；9—毛刷；12—导丝管；13—下臂；14—接丝装置；15—电极丝输送轮；16—废丝孔模块；17—废丝箱

图 6-55 所示为北京阿奇工业电子有限公司某型号慢走丝线切割机床的送丝结构。

## 三、工作液系统

如图 6-56 所示为工作液控制系统图。加工区流出的脏工作液由水泵 1 经纸质过滤器进入第二液箱，第二液箱中的工作液电导率若符合要求，即其电阻率为 $10\times10^4\Omega/cm$，则工作液由水泵 2 直接送入上下喷嘴。

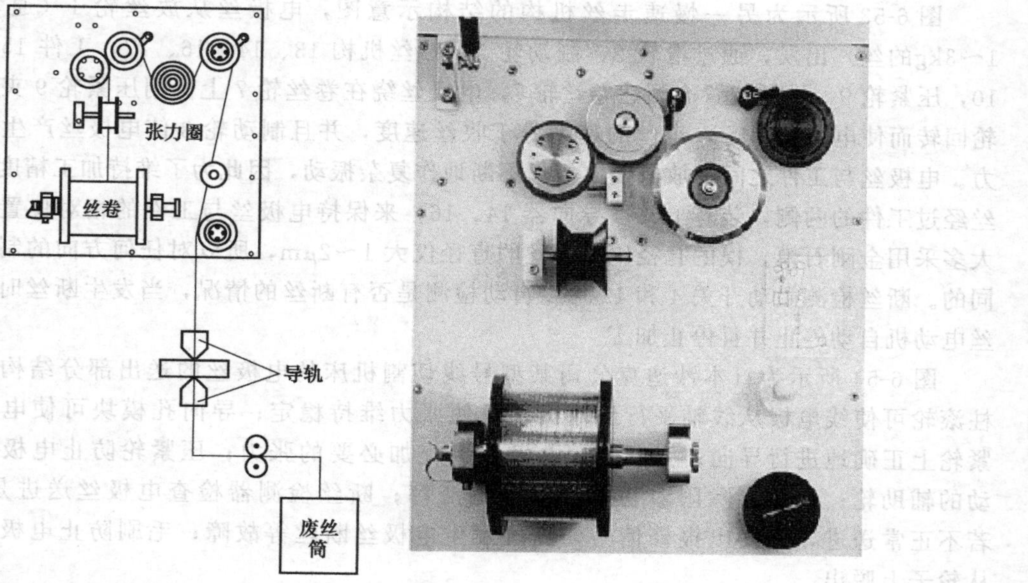

(a) 电极丝送丝示意图　　(b) 电极丝送丝结构图

图 6-55　电极丝送丝图

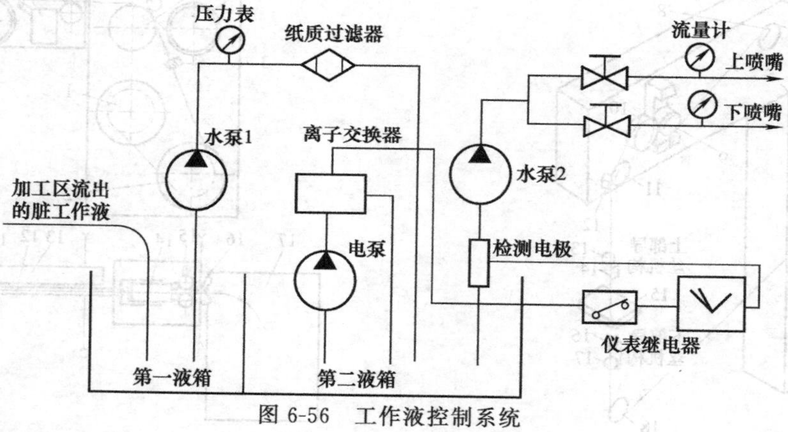

图 6-56　工作液控制系统

慢走丝线切割机床大多数采用去离子水作为工作液，所以有的机床（如北京阿奇）带有去离子系统（见图 6-57）。在较精密加工时，慢走丝线切割机床采用绝缘性能较好的煤油作为工作液。

## 四、纸带读入机

纸带读入装置是用于读入数控程序纸带的。该机床采用的是无卷轴光电纸带读入机，读取速度达 250 文字/s。其基本结构如图 6-58 所示。

（1）光源部　这个部分在各通道及进给孔装有 9 个发光二极管，内有止动块，具有纸带停止功能。

（2）光学读数头　读取纸带的穿孔数据，它有玻璃窗。

（3）输带辊　根据控制部分来的指令，起到输送纸带的作用。

（4）纸带读入机操作开关　该开关有三个位置。

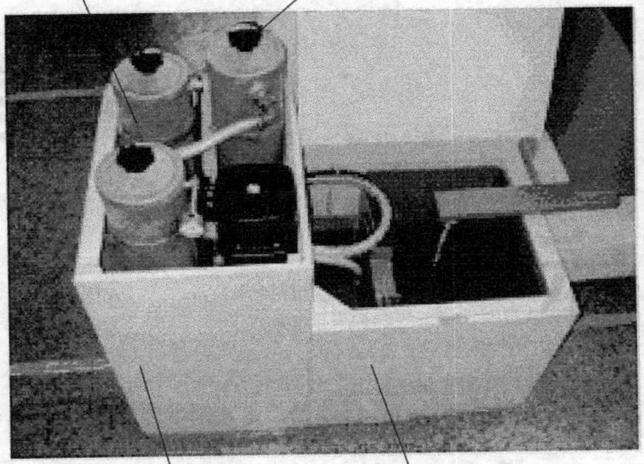

图 6-57　去离子系统

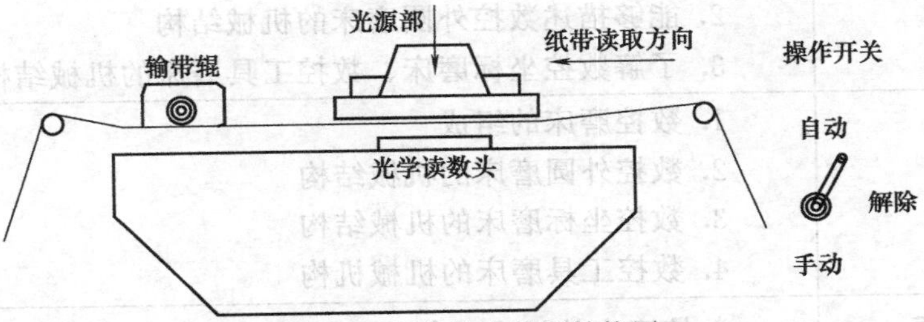

图 6-58　纸带读入装置结构图

① 解除：开关置于此位时，纸带可自由动作，并可打开光源部。调整、装卸纸带时置此位。

② 自动：开关置于此位时，纸带由止动块定住，纸带运动由指令控制。应先关上光源部，再置此位。

③ 手动：开关置于此位时，纸带往读取方向进给。若选择其他位置时，纸带便停止。

(5) 纸带箱　在纸带读入机的下方为纸带箱，纸带箱内装有易于取出纸带的辅助带。

## 思考与练习

1. 简述电火花加工的物理本质。
2. 简述数控电火花成形机床的结构形式。
3. 简述数控电火花成形机床的组成部分及作用。
4. 简述数控电火花成形机床的平动头的工作原理。
5. 简述数控线切割机床的组成和工作原理。
6. 简述高速走丝数控线切割机床组成及作用。
7. 简述低速走丝数控线切割机床组成及作用。

第七章

# 数控磨床

**学习任务书**

| | |
|---|---|
| 学习目标 | 1. 能够阐明数控磨床的组成及结构特点<br>2. 能够描述数控外圆磨床的机械结构<br>3. 了解数控坐标磨床、数控工具磨床的机械结构 |
| 学习内容 | 1. 数控磨床的组成<br>2. 数控外圆磨床的机械结构<br>3. 数控坐标磨床的机械结构<br>4. 数控工具磨床的机械机构 |
| 重点、难点 | 数控磨床的组成、各种数控磨床的机械结构 |
| 教学场所 | 多媒体教室、实训车间 |
| 教学资源 | 教科书、课程标准、电子课件、数控磨床 |

## 第一节 概　述

数控磨床用于对工件特别是高硬度材料工件进行精密加工。用磨料和磨具对工件表面进行切削加工，并用数控系统控制砂轮和工件之间相对运动的机床称为数控磨床。数控磨床应用于对零件表面的精加工，尤其是淬硬钢件、高硬度特殊材料的高精度加工。近年来，数控磨床在模具零件制造中得到了广泛应用。

数控磨床指采用数字控制装置或计算机进行控制的一种高效自动化机床。随着数控技术的发展，传统磨削机床越来越多地采用数字控制。

数控磨床可用于磨削内、外圆柱面，圆锥面，平面，螺旋面，花键，齿轮，导轨，刀具及各种成形面等。

数控磨床的种类很多，按磨床的工艺用途分有数控外圆磨床、数控内圆磨床、数控平面磨床、数控工具磨床等。此外还有数控坐标磨床、磨削加工中心等。

### 一、数控磨床组成

数控磨床是由机床本体和数控系统两大部分组成。

机床本体由机床机械部件、电气、液压、气动、润滑和冷却系统等组成。

数控系统的核心是数控装置，数控系统主要是由程序输入输出设备、数控装置（包括内置 PLC)、进给伺服系统、主轴伺服系统等部分组成。进给伺服系统由进给驱动单元、进给电动机和位置检测装置组成。主轴伺服系统由主轴驱动单元、主轴电动机和主轴编码器组成。数控磨床的组成框图如图 7-1 所示。

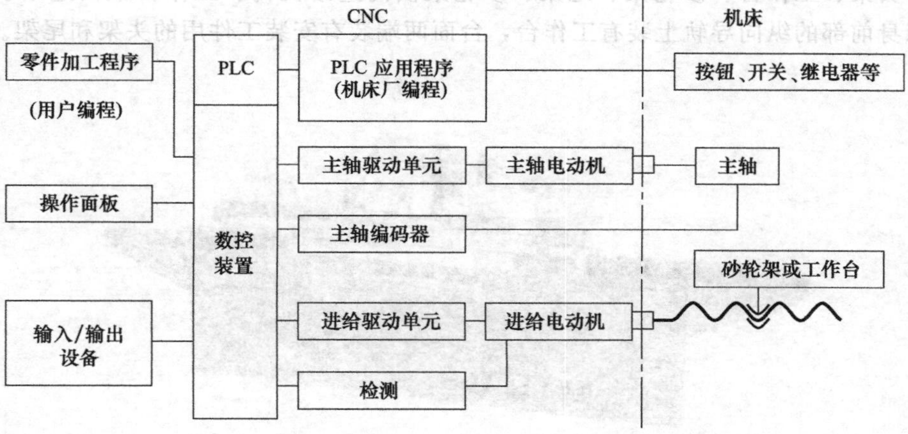


图 7-1 数控磨床的组成框图

对螺纹磨床，主轴上必须安装编码器，以保证在磨削螺纹时，主轴与送给轴同步；工件旋转类磨床，砂轮也要旋转，以实现对工件的切削加工；凸轮磨床必须有 *C* 轴，以保证角度与向径的几何关系。

## 二、数控磨床的结构特点

(1) 数控磨床砂轮主轴部件精度高、刚性好　砂轮的线速度一般为 30～60m/s，CBN 砂轮可高达 150～200m/s，最高主轴转速达 15000r/min。主轴单元是磨床的关键部件，对于高速高精度单元系统应具备刚性好、回转精度高、温升小、稳定性好、功耗低、寿命长、成本适中的特性。砂轮主轴单元的轴承常采用高精度滚动轴承、液体静压轴承、液体动压轴承、动静压轴承。近年来高速和超高速磨床越来越多采用电主轴单元部件。

(2) 采用低速无爬行的高精密进给单元　为适应精密及超精密磨削加工要求，采用低速无爬行的高精密进给单元。进给单元包括伺服驱动部件、滚动部件、位置监测单元等。进给单元是保持砂轮正常工作的必要条件，是评价磨床性能的重要指标之一。要求进给单元运转灵活、分辨率高、定位精度高、动态响应快，既要有较大的加速度，又要有足够大的驱动力。进给单元常用的方案为交、直流伺服电动机与滚动丝杠组合的进给方案或直线伺服电动机直接驱动的方案。两种方案的传动链很短，主要是为了减少机械传动误差。两种方案都是依靠电动机来调速、换向。

(3) 磨床具有高的静刚度、动刚度及热刚度　砂轮架、头架、尾架、工作台、床身、立柱等是磨床的基础构件，其设计制造技术是保证磨床质量的根本。

(4) 磨床需要有完善辅助单元　辅助单元包括工件快速装夹装置、高效磨削液供给系统、安全防护装置、主轴及砂轮动平衡系统、切屑处理系统等。

## 第二节 数控外圆磨床

### 一、机床本体的总体结构及运动

图 7-2 所示为上海机床厂有限公司生产的 MKA1320 型数控外圆磨床外形，该机床由床身、工件头架、工作台、砂轮架、尾架、砂轮架横向进给机构、工作台纵向进给机构等构成。在床身前部的纵向导轨上装有工作台，台面两端装有安装工件用的头架和尾架。

图 7-2 MKA1320 型数控外圆磨床外形

被加工的工件支承在头、尾架的顶尖上，或用头架上的液压卡盘夹持工件。尾架可在工作台上左右移动，以适应装夹不同长度工件的需要。头架可绕工作台上的定位销旋转一定的角度，以便能磨削锥面。砂轮架安装在床身后部的横向导轨上，砂轮架主轴带动砂轮回转实现磨削加工的主运动，同时横向进给机构带动砂轮架实现横向进给运动以及调整位移。

MK1320 型数控外圆磨床的运动类别：

① 砂轮旋转主运动；

② 砂轮架的横向送给运动；

③ 工件旋转的圆周送给运动；

④ 工作台带动工件的纵向进给运动。

MK1320 型数控外圆磨床的调整运动：

① 砂轮架的横向调整运动，调整砂轮和工件距离以及快速退刀；

② 砂轮架旋转一定的角度以便加工带锥度的工件；

③ 头架绕定位销旋转一定角度加工带锥度的工件；

④ 工作台旋转一定的角度加工带锥度的工件；

⑤ 尾架套筒的伸缩运动。

### 二、主要技术参数

| | |
|---|---|
| 磨削直径范围 | 8～200mm |
| 最大磨削长度 | 500mm |
| 中心高 | 125mm |
| 最大砂轮线速度 | 45.35m/s |

| | |
|---|---|
| 砂轮架进给速度 | 0.06～600mm/min |
| 砂轮架微送给量 | 0.001mm/脉冲 |
| 工作台进给速度 | 0.1～4m/min |
| 工作台微进给量 | 0.01mm/脉冲 |
| 头架主轴转速（无级变速） | 40～500r/min |
| 数控定位精度 | 横向（$X$ 向）0.01mm |
| | 纵向（$Z$ 向）0.03mm |
| 数控重复定位精度 | 横向（$X$ 向）0.002mm |
| | 纵向（$Z$ 向）0.02mm |
| 磨削顶尖间试件的精度 | 圆度 0.003mm |
| | 圆柱度 0.005mm |
| | 粗糙度 $R_a \leqslant 0.32\mu m$ |

## 三、数控系统功能

BS04G 数控系统具备以下功能。

(1) 可三轴联动，本机床为 $X$、$Y$ 轴联动。

(2) 脉冲当量为 $0.1\mu m$ 与 $1\mu m$。

(3) 切削速度范围：对应于 $1\mu m$，0.1～15000mm/min；对应于 $0.1\mu m$，0.01～2400mm/min。

(4) 直线插补和圆弧插补功能。

(5) 暂停功能。

(6) 消除空程功能。

(7) 两个坐标系选择：工件坐标系、砂轮坐标系。

(8) 可带主动测量仪、对刀仪。

(9) 自动和手动返回参考点。

(10) 自动设定坐标系。

(11) 跳动功能。

(12) 磨削固定循环（6 个）。

(13) 单切入磨削循环，多切入磨削循环。

(14) 外端面加入磨削循环，斜砂轮磨削循环。

(15) 圆柱面纵磨循环，圆锥面磨削循环。

(16) 砂轮修整固定循环（4 个）。

(17) 砂轮圆周面修整，砂轮左端面修整。

(18) 砂轮右端面修整，斜砂轮修整。

(19) 恒线速控制。

(20) 斜角度控制。

(21) 砂轮数据管理。

(22) 砂轮修整自动补偿。

(23) 镜像（对称）。

(24) 砂轮过载保护和卡盘禁区保护。

(25) 快速退回。

(26) 具有 RS-232C 接口或 20MA 电源回路接口，S4 位数模拟输出。

(27) 米/英制转换。

(28) 程序存储器最大容量 48KB (120m 纸带)。

(29) 录返功能。

(30) 用户宏程序。

## 四、机床的主要部件结构

### 1. 砂轮架

砂轮架由壳体、砂轮主轴及其轴承、传动装置和滑鞍组成。砂轮主轴及其支承是砂轮架部件的关键部分，其结构将直接影响工件的加工精度和表面粗糙度，应保证砂轮轴具有较高的旋转精度、刚度、抗振性及耐磨性。在如图 7-3 所示的砂轮架中，砂轮主轴两端以锥体定位，前端通过压盘安装砂轮，后端通过锥体安装带轮。主轴的前后支承均采用“短三瓦”动压滑动轴承，如图 7-4 所示，每个轴承由均布在圆周上的三块扇形轴瓦 1 组成。每块轴瓦都支承在球头螺钉 2 的球形端头上，由于球头中心在周向偏离轴瓦对称中心，当主轴高速旋转时，在轴瓦与主轴颈之间形成三个楔形缝隙，形成三个压力油楔，砂轮主轴在三个压力油楔压力的作用下，悬浮在轴承中心而呈纯液体摩擦状态。调整球头螺钉的位置，即可调整主轴轴颈与轴瓦之间的间隙，通常间隙应保持在 0.01～0.02mm 之间。调整好以后，用螺套 3 和锁紧螺钉 4 锁紧，以防止球头螺钉松动而改变轴承间隙，最后用封口螺钉 5 密封。主轴轴瓦采用大包角结构，轴承包角为 72°。

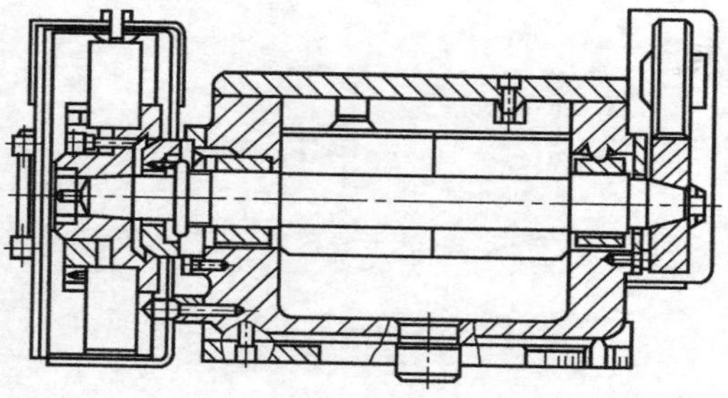

图 7-3　砂轮架

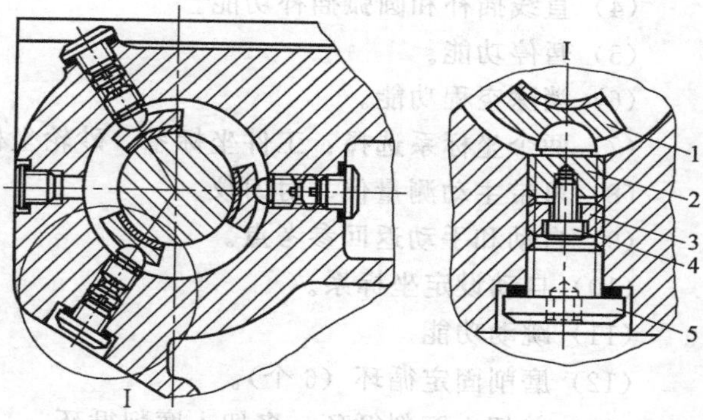


图 7-4　“短三瓦”动压滑动轴承结构图

1—轴瓦；2—球头螺钉；3—螺套；4—锁紧螺钉；5—封口螺钉

砂轮架工作时的圆周速度很高，为了保证砂轮运转平稳，采用带传动直接传动砂轮主轴并通过电动机直接调速。装在主轴上的零件都经过仔细校正静平衡，整个主轴部件，还要校正动平衡。

### 2. 砂轮架进给系统

砂轮架进给运动是通过直流伺服电动机经弹性联轴器直接带动滚珠丝杠转动，使滑座前后移动。滚珠丝杠经过预拉伸，预拉伸量相当滚珠丝杠热变形量。滚珠丝杠的螺距误差可由系统作补偿。砂轮架移动必须保证一定的导向精度，采用的导轨形式有以下几种。

(1) 开式滚动导轨　结构简单，动作灵敏，但抗振性差。

(2) 预加载荷的闭式导轨　如交叉滚珠导轨，如瑞士 STUDER 外圆磨床，我国 MG-BA1420 高精度万能外圆磨床，均采用这种导轨。这种导轨灵敏度高，但制造工艺复杂，成本高。

(3) 直线滚珠导轨　性能好，但高精度直线滚动导轨价格昂贵。

(4) 贴塑导轨　是一种近年来普遍采用的导轨。塑料与铸铁油润滑时摩擦因数为 0.04，干摩擦因数为 0.06，这仅为铸铁导轨副的1/3，动静摩擦因数相近。导轨面间注入 0.1MPa 压力油润滑，使砂轮架能在极低的速度下不爬行，实测定位精度 0.004mm，重复定位精度 0.002mm。由于油膜层的吸振作用，滑动导轨比滚动导轨易于达到高的表面质量，而其成本远低于预加载荷的交叉滚柱导轨或直线导轨副。

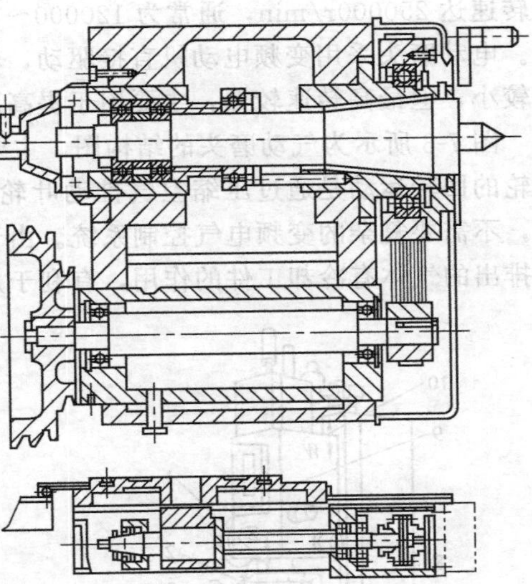

图 7-5　MK1320 型数控磨床头架

3. 头架

头架结构如图 7-5 所示。头架由壳体、头架主轴及其轴承、传动装置、底座等构成。MK1320 型数控外圆磨床头架主轴变速采用双速电动机，变频调速，再经塔轮变速，调速范围极为广泛，可达 40～500r/min。主轴上带的张紧力分别靠转动偏心套和移动电动机座实现，调整方便。同时，主轴上的带轮采用卸荷结构，以减小主轴的弯曲变形。头架主轴前轴承为大锥度滑动轴承，后轴承为一对消除间隙的角接触球轴承。这两种轴承组合，既有滚动轴承的灵敏、低速时一定的承载能力，又有滑动轴承在高速时的高回转精度和良好平稳性。一滚一滑轴承组合在用卡盘磨削工件时，工件圆度可达到 0.5μm 以下。

## 第三节　数控坐标磨床

数控坐标磨床具有精密坐标定位装置，是一种精密加工设备，主要用于磨削孔距精度很高的圆柱孔、圆锥孔、圆弧内表面和各种成形表面，适合于加工淬硬工件和各种模具（凸模、凹模），是模具制造业、工具制造业和精密机械行业的高精度关键设备。坐标磨床有立式、卧式；单柱结构、双柱结构；控制方式有手动、数显、程控和数控。立式坐标磨床应用最广泛。图 7-6 所示为 MK4280 连续轨迹数控坐标磨床。

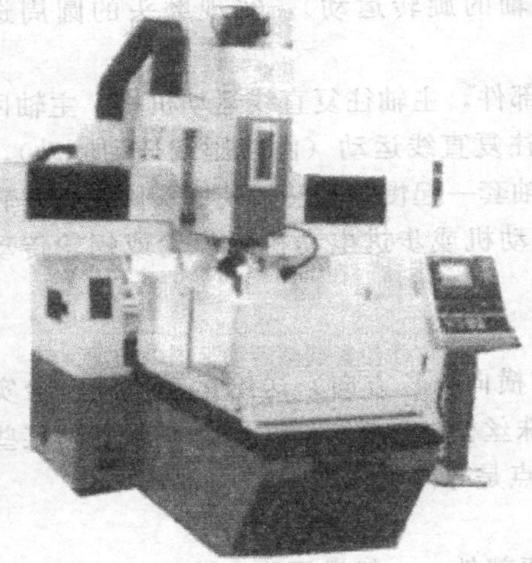

图 7-6　MK4280 连续轨迹数控坐标磨床

### 一、MK4280 数控坐标磨床的主要构成

如图 7-7 所示为一台数控立式坐标磨床，主要由以下部件构成。

1. 高速磨头

通过磨头的高速旋转运动实现对工件的磨削加工。磨头的最高转速是反映坐标磨床磨削小孔能力的标志之一。分为气动磨头和电动磨头。气动磨头（也称空气动力磨头或空气透平磨头）最高转速达 250000r/min，通常为 120000～180000r/min，主要用于提高磨小孔能力的坐标磨床。电动磨头采用变频电动机直接驱动，输出功率较大，短时过载能力强，速度特性硬，振动较小，但最高转速较低，主要用于提高磨大孔能力的坐标磨床。

图 7-8 所示为气动磨头的结构图，主要由叶轮 2、转轴 4、滚动轴承 7、砂轮 5 等构成。砂轮的回转运动是通过压缩空气推动叶轮并带动砂轮回转轴实现的。气动磨头结构简单紧凑，不需要复杂的变频电气控制系统。由于空气的自冷作用，磨头的温升较低，并且从磨头中排出的气体有冷却工件的作用，有利于加工。

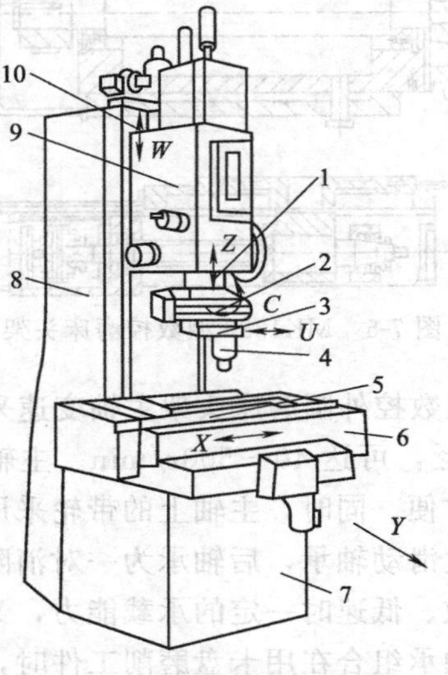


图 7-7 数控立式坐标磨床

1—主轴；2—C 轴；3—C 轴滑板；4—磨头；5—工作台；6—主轴滑板；7—床身；8—立柱；9—主轴箱；10—主轴箱 W 轴滑板

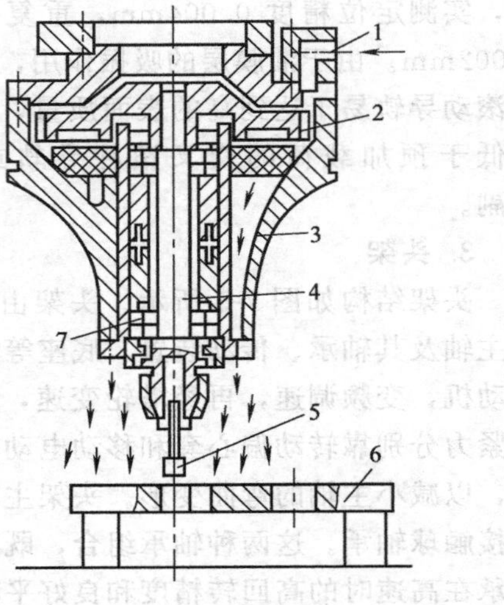


图 7-8 气动磨头

1—进气口；2—叶轮；3—外壳；4—转轴；5—砂轮；6—工件；7—滚动轴承

**2. 主轴系统**

主轴系统是高速磨头的支承部件，同时主轴系统还带动磨头作上下进给运动（沿 W 垂向进给运动）及绕主轴轴心线的公转运动（绕 C 轴的旋转运动），实现磨头的圆周送给运动。

主轴系统由主轴、导向套和主轴套组成的主轴部件，主轴往复直线运动机构，主轴回转机构和主轴回转传动机构组成。主轴在导向套内作往复直线运动（由液压或气动驱动），通常采用密珠直线循环导向套。主轴连同导向套和主轴套一起慢速旋转，使磨头除高速自转外同时作行星运动，以实现圆周进给，通常由直流电动机或步进电动机经齿轮或蜗轮传动实现。主轴部件可由汽缸平衡其自重。

**3. 工作台**

工作台为双层结构，可实现纵向（X 方向）和横向（Y 方向）送给运动。工作台实现纵、横坐标定位移动，其传动由伺服电动机带动滚珠丝杠，导轨常采用滚动导轨，但某些高精度坐标磨床仍有采用两个 V 形滑动导轨的，其特点是导向精度很高。

**4. 基础部件**

基础部件包括床身、立柱、滑座、主轴箱等主要部件。一般采用稳定性好的高级铸铁制造，并采用高刚度结构设计。如立柱采用双层、热对称结构，以增加强度、刚性，同时减少热变形。

## 二、技术参数

坐标磨床的主参数为工作台宽度，主要规格有 200mm、250mm、280mm、320mm、450mm、800mm。MK4280 型数控坐标磨床主要技术参数如表 7-1 所示。

**表 7-1　MK4280 型数控坐标磨床主要技术参数**

| 序号 | 项　目 | | | 单　位 | NJ-MK4280 |
|---|---|---|---|---|---|
| 1 | 工作台面积 | | | mm | 800×1120 |
| 2 | 工作台行程 | | | mm | 1000 |
| 3 | 工作台移动最大空程速度 | | | mm/min | 3000 |
| 4 | 工作台最大承重 | | | kg | 1000 |
| 5 | 磨轮往复冲程 | | | mm | 180 |
| 6 | 磨轮最大往复冲程速度 | | | m/min | 0.01～10 |
| 7 | 磨轮往复冲程频率(在 25mm 上) | | | 次/min | 150 |
| 8 | $C$ 轴转速 | | | r/min | 30 |
| 9 | 磨头箱横向行程 | | | mm | 620 |
| 10 | 磨轮转速 | 电动 | | r/min | 4500～80000 |
| | | 风动 | | r/min | 100000～180000 |
| 11 | 行星磨削最大磨孔直径(以 MF315 计) | | | mm | $\phi$220 |
| 12 | 磨孔最大锥度 | | | (°) | 16 |
| 13 | 径向细送给量范围 | 手动 | | 6 | mm |
| | | 数控 | | mm | 5.5 |
| 14 | $X$、$Y$ 定位精度 | 定位精度 | | mm | 0.007 |
| | | 重复定位精度 | | mm | 0.005 |
| | | 反向量差 | | mm | 0.0025 |
| 15 | 重复定位精度 $R$ | | | mm | 0.005 |
| 16 | 数控系统 | | | | FANUC 18i<br>SIEMENS 840D |
| 17 | 加工精度孔距精度 | | | mm | 0.005 |
| 18 | 行星磨削孔圆度 | | | mm | 0.002 |
| 19 | 圆弧插补磨孔圆度 | | | mm | 0.008 |
| 20 | 机床电箱总输入 | | | kV·A | 10 |
| 21 | 气源 | 压缩空气额定输入压力 | | MPa | 0.5～0.8 |
| | | 风动磨头压缩空气压力 | 最大 | MPa | 0.5 |
| | | | 最小 | MPa | 0.5 |
| 22 | $U$ 轴滑板粗调整量 | | | mm | ±30 |
| 23 | $U$ 轴滑板细进给量 | | | mm | 5.5 |
| 24 | 主机外形尺寸(长×宽×高) | | | mm | 3005×2380×3379 |
| 25 | 机床净重 | | | kg | 14000 |

## 三、数控坐标磨床主要运动

1. 主运动

为砂轮磨头的高速旋转运动，通过微量切削，达到零件所要求的尺寸精度和表面粗糙度要求。

2. 主轴箱的垂直进给运动

主轴箱带动磨头作垂直进给运动。如当凹模型腔底部为曲面时，精磨时需要主轴箱的垂直进给运动。

3. 磨头的周向及径向进给运动

由于待加工工件大多为形状不规则曲线及曲面，因此磨头需作周向及径向进给运动。周向运动的实现主要是通过主轴绕自身的轴线旋转带动磨头公转实现；而径向进给只需调整主轴上U形滑板的位置即行星运动砂轮磨头的公转半径即可。

4. 工作台的纵横向进给运动

在伺服电动机的驱动下，工作台可作纵横向进给运动，磨削各种形状的曲线和曲面。此外，主轴箱、工作台还可作位置调整运动，用以确定工件和磨头之间的相对位置。当磨头上安装插磨附件时，砂轮不作行星运动而只作上下往复运动，可进行类似于插削形式的磨削，例如磨削花键、齿条、侧槽、内齿圈、分度板等。

## 四、可控制轴数及联动轴数

图7-9所示数控坐标磨床的数控系统可控制3～6轴。联动轴数为2轴、2.5轴、3轴等。十字工作台运动为$X$轴、$Y$轴，如装设数控回转工作台则有$A$轴或$B$轴。将主轴的往复冲程运动定义为$Z$轴，$Z$轴可以是CNC控制轴，也有的只装数显装置。主轴回转由$C$轴控制。主轴箱装在$W$轴滑板上。磨头装在主轴端的$U$轴滑板上，由$U$轴控制移动产生偏心，即实现径向进给。主轴回转加上$U$轴移动使磨头作偏心距可变的行星运动。当CNC系统有$C$轴同步功能时，在$X$、$Y$轴联动作平面曲线插补时，$C$轴可自动跟踪转动，使$U$轴与平面轮廓法线平行（见图7-9）。$U$轴可控制砂轮轴线与轮廓在法线方向上的距离，以实现进刀。$C$轴功能有对称控制的特点，当$X$、$Y$轴联动按编程轨迹运动时，只要砂轮磨削边与主轴轴线重合，就可用同一数控程序来磨削凹、凸两模，磨出的轮廓就是编程轨迹，而不必考虑砂轮半径补偿，也容易保证凹、凸两模的配合精度和间隙均匀（见图7-10）。当只用$X$、$Y$轴联动作轮廓加工时，必须锁定$C$轴和$U$轴，这时平面插补则须加砂轮半径补偿，通过改变补偿量可实现进刀。

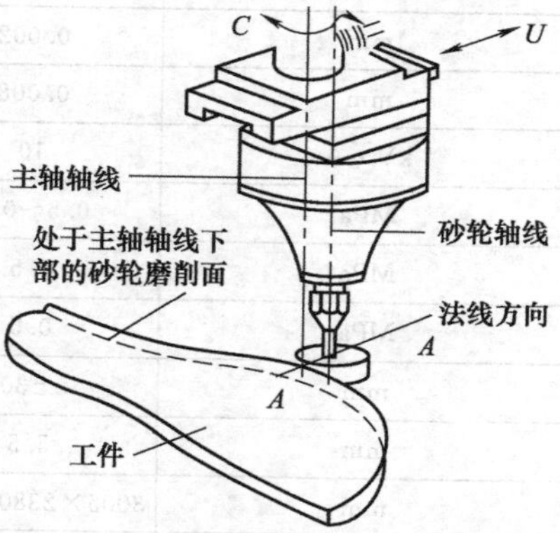


图7-9　$U$轴与平面轮廓法线平行

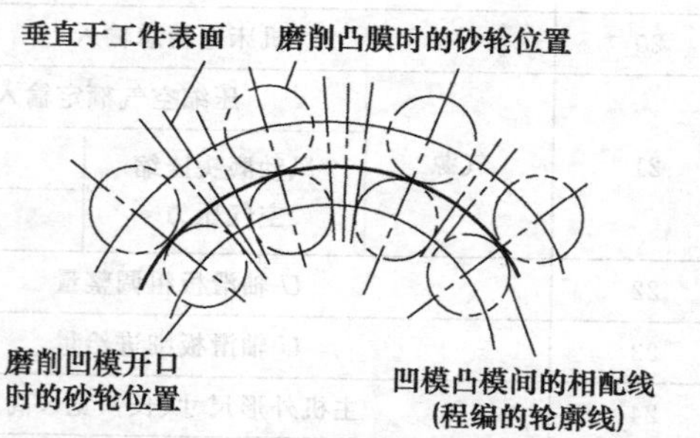


图7-10　用工件轮廓编制程序同时加工凹、凸模

## 五、机床热变形控制与补偿

数控坐标磨床的热变形控制与补偿至关重要，尤其是要控制与补偿主轴轴线的热位移。除了采取热对称结构和热平衡措施外，还要采用热变形控制与补偿装置，减少主轴轴线位置变动量，一般应控制在 2μm 内。

# 第四节　数控工具磨床

数控工具磨床具有磨削精度高、表面粗糙度好、磨削过程完全自动化等特点。专门设计用于刃磨各种形状复杂而无法用常规方法刃磨的各种各样刀具，如S形刃球头立铣刀、曲线刃平面拉刀等刀具，具有刀具几何形状精确、尺寸精度高、表面粗糙度值 $R_a \leqslant 0.2\mu m$ 等特点，特别适用于飞机制造业、汽车工业、模具制造业、工具制造业及国防工业等行业用来生产和刃磨各种异形复杂刀具，是磨削各种形状复杂刀具的重要设备。下面以 MK6030 型数控磨床为例进行说明。

## 一、机床的主要构成

如图 7-11 所示，MK6030 型数控工具磨床主要有以下部件构成。

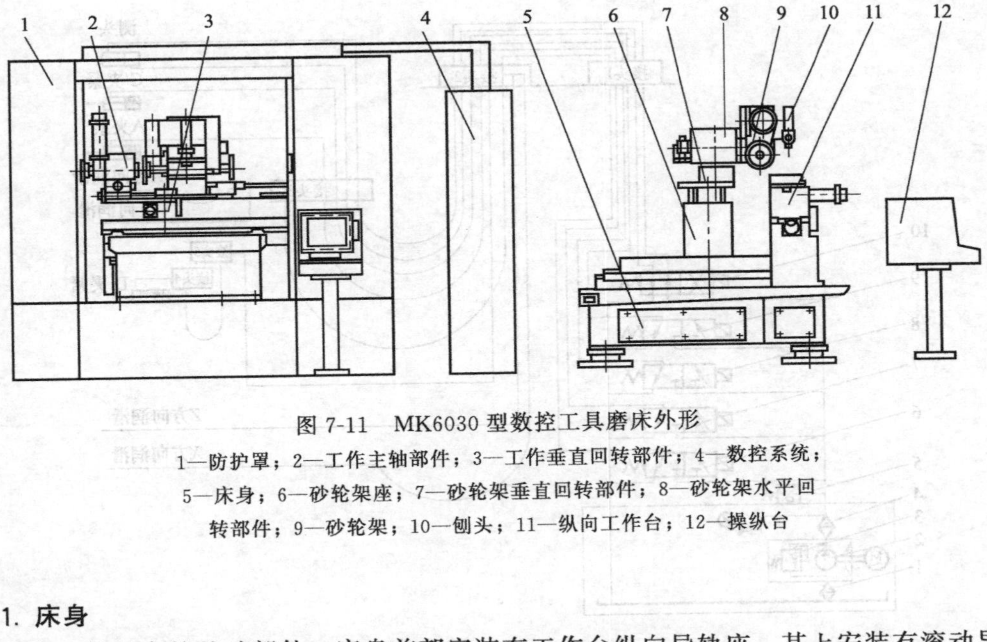


图 7-11　MK6030 型数控工具磨床外形

1—防护罩；2—工作主轴部件；3—工作垂直回转部件；4—数控系统；5—床身；6—砂轮架座；7—砂轮架垂直回转部件；8—砂轮架水平回转部件；9—砂轮架；10—刨头；11—纵向工作台；12—操纵台

### 1. 床身

床身 5 是机床的基础部件。床身前部安装有工作台纵向导轨座，其上安装有滚动导轨和滚珠丝杠。床身后部与纵向导轨垂直的方向装有砂轮架横向导轨座，座上装有横向移动滚动导轨，砂轮架实现横向移动、垂直升降及回转等运动的部件均安装在它的上面。

### 2. 砂轮架座

砂轮架座 6 完成砂轮主轴所需的各种运动，包括砂轮主轴部件的横向移动、垂直升降运动、绕水平和垂直轴线的回转运动。砂轮架座是一个可以横向移动的立柱部件，除横向移动运动部件外，所有其他运动部件均安装在它的立柱内部的滑座上。测头部件也安装在砂轮主轴部件上。

3. **砂轮主轴部件**

砂轮主轴部件对于保证工件的加工精度至关重要。本机床除采用高精度主轴轴承外，主轴本身及箱体孔的加工必须保证有很高的精度和同轴度。主轴部件装配好以后进行检查，保证主轴两端端部跳动均不大于 $3\mu m$。由于砂轮直径及切削速度是变化的，因此，为了保证砂轮有良好的切削性能，主轴转速也应根据要求变化。通常主轴速度的改变通过对主轴驱动电动机采用变频调速实现。砂轮主轴轴承是两对高精度成对双联角接触球轴承，可以满足主轴运动的高速和高回转精度的要求。主轴两端均可以安装砂轮。

4. **纵向工作台**

纵向工作台部件支承在床身滚动导轨上并由滚珠丝杠驱动作直线运动。它的左端安装有工件主轴部件、工件绕垂直轴转动部件等。

5. **操纵台**

操纵台位于机床前面右手侧，可以绕垂直轴线转动。操纵台上装有彩色 CRT 显示器、软膜键盘、启停按钮及手摇脉冲编码器等。

6. **液压系统**

液压系统位于机床的右后侧。液压系统提供机床各回转坐标夹紧机构所需的夹紧动力，测头的伸出、退回及机床各运动部件的自动润滑。润滑过程由计算机通过电磁阀、定量分配器进行自动控制，如图 7-12 所示。

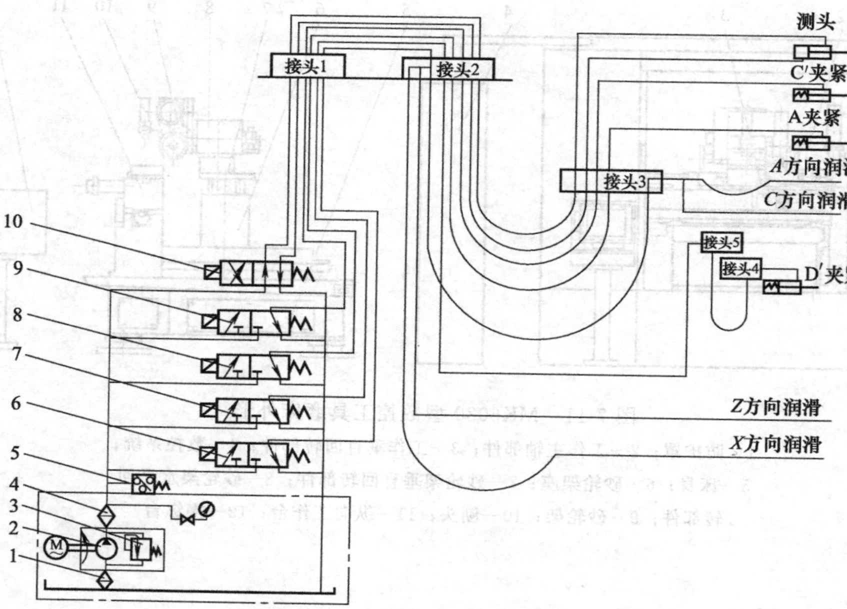


图 7-12　MK6030 型数控工具磨床液压系统图

1—过滤器；2—液泵；3—溢流阀；4—过滤器；5—压力继电器；6—润滑电磁阀；7—D′夹紧电磁阀；8—C′夹紧电磁阀；9—A 夹紧电磁阀；10—测头控制电磁阀

7. **冷却和吸雾系统**

本机床使用立方氮化硼砂轮，磨削液为矿物油。为了保持油液清洁，冷却系统中采用了磁性和纸质过滤器。在冷却系统上装有吸雾装置。冷却和吸雾系统位于机床左后侧。

8. 机床封闭罩

为了不使磨削时产生的油雾造成环境污染，本机床采用全封闭罩并使用强制抽风。所吸出的油雾由吸雾装置滤除。

## 二、主要技术参数

1. 机床规格

| | |
|---|---|
| 机床规格（工件头架上最大回转直径） | $\phi$300mm |
| 机床外形尺寸（长×宽×高） | 2800mm×2000mm×2800mm |
| 机床质量 | 3500kg |
| 工作台上最大加工尺寸（长×宽） | 530mm×100mm |

2. 砂轮架参数

| | |
|---|---|
| 砂轮架主轴转速 | 无级变速 |
| 砂轮尺寸 | 175mm×20mm×10mm（最大） |
| 砂轮线速度 | 20～30m/s |
| 砂轮架垂直最大移动量（$Y$ 坐标） | 240mm |
| 砂轮架垂直运动最小编程单位 | 0.001mm |
| 砂轮架绕垂直轴最大转动角度（$B$ 坐标） | ±90° |
| 砂轮架绕垂直轴转动最小编程单位 | 0.001° |
| 主轴绕水平轴最大转动角度（$A$ 坐标） | ±17.5° |
| 主轴绕水平轴转动最小编程单位 | 0.001° |

3. 工件头架参数

| | |
|---|---|
| 工件主轴最大回转角度（$C'$坐标） | 连续回转 |
| 工件主轴运动最小编程单位 | 0.001° |
| 工件头架绕垂直轴最大回转角度（$D'$坐标） | 90° |
| 工件头架绕垂直轮回转最小编程单位 | 0.001° |
| 工作台纵向最大移动量（$X$ 坐标） | 580mm |
| 工作台纵向移动最小编程单位 | 0.001mm |

4. 手动数显坐标

| | |
|---|---|
| 工件主轴纵向最大移动量 | 100mm |
| 工件主轴纵向移动最小分辨率 | 0.001mm |
| 工件主轴横向最大移动量 | 40mm |
| 工件主轴横向移动最小分辨率 | 0.001mm |

5. 液压系统

| | |
|---|---|
| 主油路压力 | 2.0MPa |
| 流量 | 10L/min |
| 润滑 | 自动 |

6. 冷却吸雾系统

| | |
|---|---|
| 型式 | QLGZc-25 |
| 流量 | 25L/min |
| 吸雾装置排风量 | 10m³/min |

## 三、机床的运动及机床坐标系的建立

### 1. 机床的运动

(1) 砂轮主轴的回转运动。

(2) 砂轮主轴部件的横向移动（$X$ 方向）。

(3) 砂轮主轴部件的垂直升降运动（$Y$ 方向）。

(4) 砂轮主轴部件绕水平轴线的回转运动（$A$ 轴）。

(5) 砂轮主轴部件绕垂直轴线的回转运动（$B$ 轴）。

(6) 工作台的纵向移动（$Z$ 轴）。

(7) 工件主轴的回转运动（$C'$轴）。

(8) 工件主轴部件绕垂直轴线的转动（$D'$轴）。

### 2. 机床坐标系的建立

机床坐标系的建立如图 7-13 所示。机床共有七个数控坐标，其中包括四个回转运动坐标和三个直线运动坐标。回转坐标为半闭环控制，为了提高机床的刚度，$A$、$B$、$D'$三个坐标在回转之后进行锁紧。锁紧机构包括刹车带、碟形弹簧、液压缸等。锁紧由拉紧弹簧拉紧刹车带完成。当计算机对某一回转坐标发出运动命令时，先接通相应的电磁阀，由液压缸压缩弹簧使刹车带松开，再由伺服电动机带动蜗杆、蜗轮完成所指定的运动。$C'$坐标所完成的是工件绕自身轴线的回转运动，所以没有安装夹紧机构。机床的三个直线运动坐标采用全闭环控制以提高机床的运动精度。根据机床的使用条件，位置检测元件不采用光栅尺而采用不怕油污的磁栅尺。磁栅尺的磁头采集的磁信号转化为电信号后再经放大、分频处理，直接输出位置脉冲，其分辨率为 1$\mu$m。

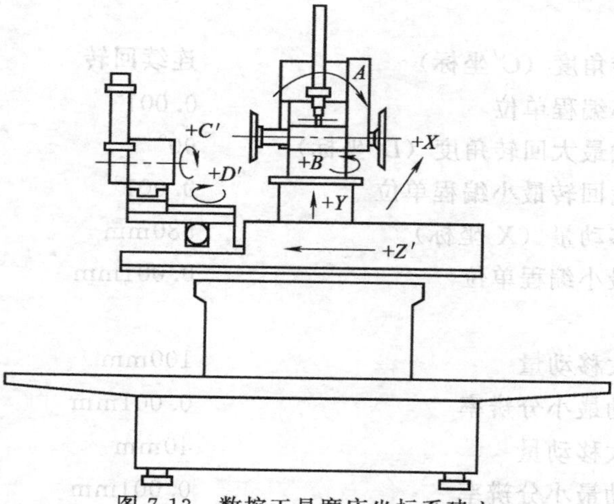


图 7-13　数控工具磨床坐标系建立

## 思考与练习

1. 简述数控磨床的基本组成及结构特点。
2. 简述数控外圆磨床的组成、结构特点及作用。
3. 简述数控平面磨床的组成、结构特点及作用。
4. 简述数控平面工具的组成、结构特点及作用。

# 第八章 数控冲床

学习任务书

| | |
|---|---|
| 学习目标 | 1. 能够阐明数控冲床的分类及特点<br>2. 能够描述数控冲床的组成与结构<br>3. 认识 ZX 数控冲床 |
| 学习内容 | 1. 数控冲床的分类及特点<br>2. 数控冲床的组成与结构<br>3. ZX 数控冲床 |
| 重点、难点 | 数控冲床的分类、数控冲床的机械结构 |
| 教学场所 | 多媒体教室、实训车间 |
| 教学资源 | 教科书、课程标准、电子课件、数控机床 |

## 第一节 数控冲床概述

传统的冲压工艺用整体模具一次冲压成形，因模具结构复杂、容易磨损、价格昂贵。因此，人们希望能够尽量简化冲压加工的模具，采用不包络或仅局部包络工件形状的模具，通过模具相对于工件的运动而形成工件形状。所以，只有在冲压加工中采取数控技术，充分发挥数控冲压设备的加工过程自动控制和生产效率高的特点，才能实现用小型简单模具单元的组合冲压加工形状复杂的大工件，对传统的冲压工艺进行变革。

### 一、数控冲床的分类及特点

#### 1. 数控冲床的分类

数控冲床（也称数控步冲压力机，见图 8-1）是计算机控制的高精度、高效率的金属板材冲孔和步冲加工设备，它的工作台可按规定的程序做左右和前后移动。模具可用转塔自动换模，也可以用手工快速调换，用单次冲裁方式和步冲冲裁方式冲出各种形状、尺寸的孔和零件，它特别适合用于多品种的中、小批量或单件的板材冲压。

数控冲床的种类很多，通常可按以下四种方式进行分类。

（1）按主传动驱动方式可分为机械式和液压式。

图 8-1　数控冲床外观图

(2) 按冲头调换方式可分为手工快速换模式、转塔自动换模式和直线移动换模式。

(3) 按机身形式可分为开式和闭式。

(4) 按移动工作台布置方式可分为内置式、外置式和侧置式。

**2. 数控冲床的特点**

数控冲床主要用于钣金加工，任何复杂形状的平面钣金零件都可以在数控冲床上完成其所有孔和外形轮廓的冲裁等加工，因此数控冲床被称为“钣金加工中心”。利用数控冲床进行加工有如下特点。

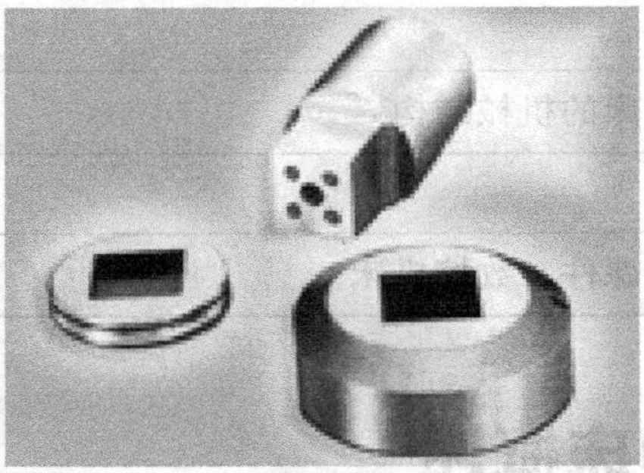

图 8-2　数控冲床通用模具

(1) 大大减少专用模具数量　数控冲床拥有模具库（8～72 工位），具有步冲轮廓的能力，一般生产都不必使用专用模具，即使要补充制造，也比普通模具简单得多，而且具有通用性。数控冲床通用模具如图 8-2 所示。

(2) 精度高、废品少　由于数控冲床用计算机指令控制板料沿 $X—Y$ 方向移动，配有高精度的滚珠丝杠和最小增量为 0.01mm 的直流伺服电动机，从而使冲制精度大为提高。

目前，数控冲床的加工位置精度在±0.1mm～±0.15mm 之间，主要误差来自板材本身的不平度。在板料平整良好时，零件孔位在±0.05mm 之内。其重复精度为±0.03mm，只要程序正确，第一件样件检验后即可连续冲制而无废品损失。

(3) 减少工序、节省工时　对于平面零件，数控冲床基本上能一次完成冲孔和下料，而且冲制时间大大缩短，一般小型零件只需数秒，大型复杂零件也很少超过 4min，一般零件都不到 1min。

数控冲床除冲孔、切形外还能进行局部凸形、翻边、冲百叶窗之类的成形工序，成形高度只允许为上、下转盘之间间隙的 1/2，一般为 10mm 以下，成形方向只能一致向上。

## 二、数控冲床的工作原理

转塔自动换模数控冲床能够把许多副模具同时装夹在转塔中，只需使用通用冲头和凹模，根据零件的平面展开图进行编程，程序经校核、编辑后输入计算机，冲床就按程序指令一步一步执行规定的操作，实现数字控制。它能够自动选择装夹在转塔中的模具，并按板材加工要求把工件上不同尺寸、形状和孔距要求的孔一次全部冲完。当一种孔冲好而需要换模时，转塔把另一副模具转至滑块下，工作台受数控程序控制自动驱动板料至所需的位置就可以冲另一种孔，并能自动改变冲孔次数、其他工艺参数和辅助功能。利用组合冲裁法还可以冲制形状较复杂的孔或容量超过压力机吨位的孔。以图 8-3 所示的冲件为例，按照常规的冲法是剪板下料（周界），在冲床上装一副模具，在一批板材上把与模具相应的孔都冲完，然后再换一副模具，冲另一种孔。这种冲法，板材上下次数多，换模时间长。如果在数控冲床上冲孔，只要装夹一次板料，就能把全部孔冲出。当一种孔冲完后需要换模时，转塔把另一副模具转至滑块下，工作台带动板料移到所冲位置，就可冲另一种孔。另外还可利用组合冲裁冲出较复杂形状的孔（图 8-3 中孔 1、2），或利用分步冲裁法冲出大于压力机公称压力的孔（图 8-3 中孔 3）。

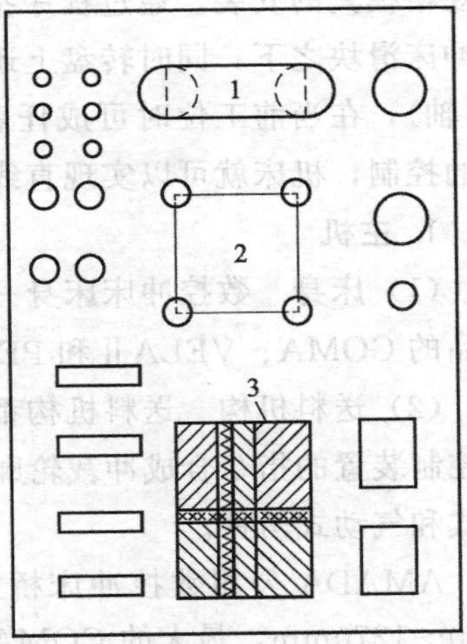

图 8-3　数控冲床的冲压方式

# 第二节　数控冲床的组成与结构

## 一、数控冲床的组成

数控冲床主要由主机、数控装置和主机模具库构成，数控冲床虽然一般都可在数控装置上随机编程，但是也应该配有专用的编程装置，PEGA357 型数控冲床结构见图 8-4。

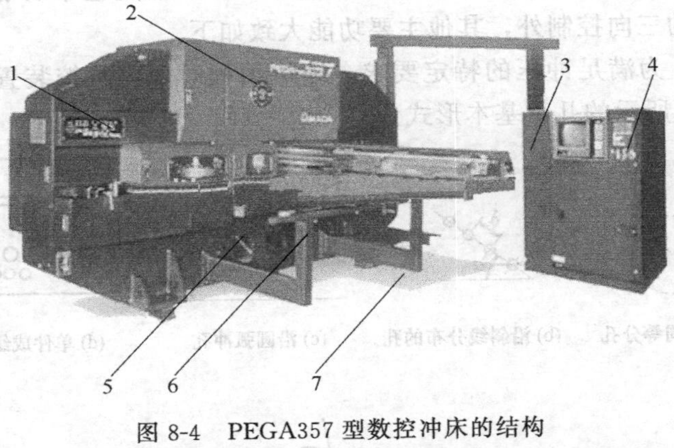

图 8-4　PEGA357 型数控冲床的结构

1—控制面板；2—手柄指示器；3—电源箱；4—NC 控制柜；
5—转塔；6—工件夹持器；7—工作台

工件夹具固定在横向滑架上，夹紧板料，板料由拖板（$Y$ 轴）和横向滑板（$X$ 轴）定位在冲头之下，可实现精确的定位冲压。冲床的模具安装在旋转的转塔上，转塔又称模具库，可同时容纳 58 套模具，根据模具的尺寸范围分为 A～J 10 种不同规格工位，以便于不同规格模具的安装。通过程序指令可指定任意工位为当前工位，转盘（$T$ 轴）转动将其送至冲床滑块之下，同时转盘上还有两个由步进电动机单独控制、可自行任意旋转的分度工位（$C$ 轴），在当前工位时可成任意角度进行冲裁。这样，通过程序对 $X$ 轴、$Y$ 轴、$T$ 轴、$C$ 轴的控制，机床就可以实现直线冲压、横向冲压和扭转冲压。

**1. 主机**

（1）床身　数控冲床床身一般均用钢板焊接而成，形式一般为“C”形。AMADA 公司出品的 COMA、VELAⅡ和 PEGA 都是桥式床身，这种床身比较稳定。

（2）送料机构　送料机构都是分别沿 $X$ 方向和 $Y$ 方向移动，由直流伺服电动机驱动，按控制装置的指令合成冲裁轮廓或冲孔位置。夹料钳装在 $X$ 轴（左右方向）上，一般有液压式和气动式两种。

AMADA 公司数控冲床桥式床身的夹料钳都在前面。一次装夹后，在 $Y$ 方向可冲制 1000～1270mm，最大的 COMA506072 型，$Y$ 方向可达 1525mm。Strippit 公司的 FABR1-1CENTER250/45 型在 $Y$ 方向最大可冲 1300mm。

（3）模具库　绝大多数的数控冲床模具库是一个大转盘，如 AMADA 公司的 COMA、VELAⅡ和 PEGA 的转盘，直径 1140mm，厚 120mm，最多为 72 工位，最少是 32 工位，一般分内、中、外三层排列。Strippit 公司和 Wiedeman 公司的产品也一样由上、下转盘转动，靠计算机控制到位后用分度销精确定位。Trumpf 公司的转盘较为不同，模具装卸有专用工具，所以很方便。先进的产品有自动更换模具装置，模具可按编程排列自动装入，不用的模具可自动卸下，不必占用模具库，所以它一般不强调多工位，甚至在样本上也不标明有多少工位。

Trumpf 公司的 TRUMATIC 180LK 型是激光与金属模具组合的数控冲床。在大多数情况下零件上的圆孔或形状简单的孔用模具冲切或步冲，复杂的孔与外轮廓用 $CO_2$ 激光切割。

**2. 数控装置**

各数控机床制造公司所配制的数控装置虽型号各异，但是基本功能是一致的，除实现 $X$ 轴、$Y$ 轴和转盘的三向控制外，其他主要功能大致如下。

（1）数控装置。为满足冲压的特定要求，缩短编程时间，数控装置必须配有专门的软件，一般都有图 8-5 所示的几种基本形式。

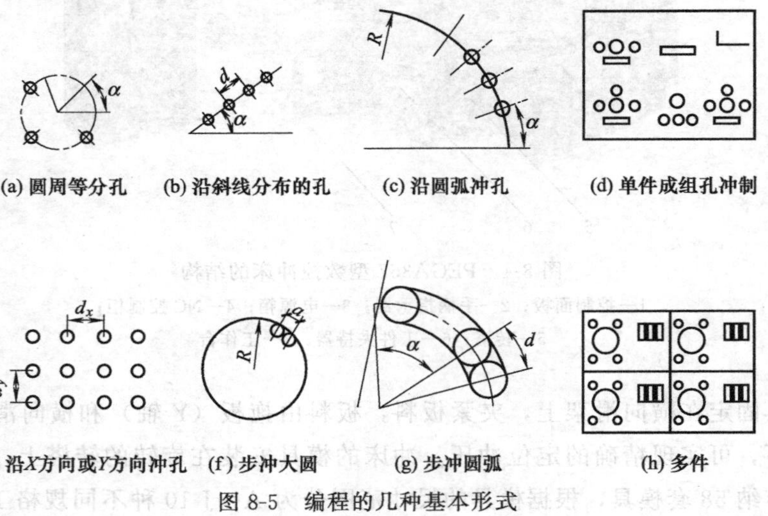


(a) 圆周等分孔　(b) 沿斜线分布的孔　(c) 沿圆弧冲孔　(d) 单件成组孔冲制

(e) 沿X方向或Y方向冲孔　(f) 步冲大圆　(g) 步冲圆弧　(h) 多件

图 8-5　编程的几种基本形式

（2）CRT 显示。数控装置都备有显示器，可按操作者的需要立即显示各种信息。例如，轴向位置和程序细节等。

（3）程序储存。常用的程序可储存在数控装置内，使用时从储存器内调出。

（4）编辑。在数控装置上能编辑程序或更改程序。

（5）直接编程。

（6）多种计量单位。在数控装置上编程时，可用英制单位，也可用公制单位。

（7）CRT 检测。由于使用了大规模集成电路，数控装置的电路大为简化，数控装置与主机之间的信号可以用 CRT 显示器检查，发生故障时易于检修。

（8）操作时间记录。有记录机床操作时间的功能，易于检查机床使用时间。

（9）模具使用记录。有记录各工位模具使用次数的功能，可作为检查模具寿命和刃磨刀口的依据。

## 二、数控冲床的结构

全自动数控冲床由机床本体、上料装置、送料装置、排网状废料装置、控制硬件和控制软件五大部分组成，如图 8-6 所示。

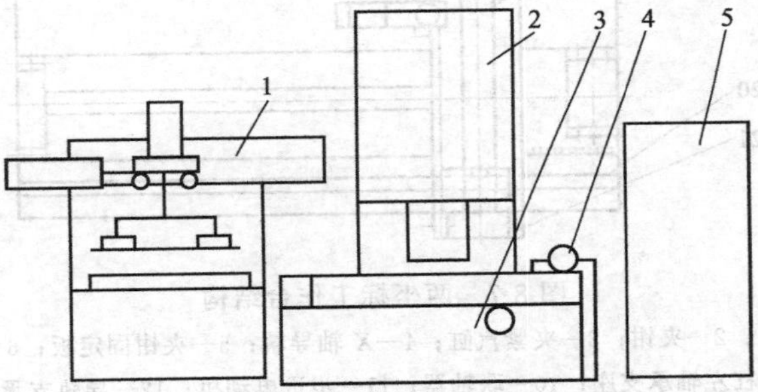


图 8-6　全自动数控冲床布局简图

1—上料装置；2—机床本体；3—两坐标工作台；4—排网状废料装置；5—控制柜

机床本体是国内拥有量很大的深喉式 200kN 曲轴压力机。曲轴式压力机的工作原理是控制离合器的吸合动作来控制滑块也即上模的单次或连续往复运动，实现对板料的冲压加工，控制制动器实现压力机工作机构的停止。送料动作一般是由手工或间隙式机械机构完成。全自动数控冲床的曲轴式压力机的冲压原理不变。不同的是利用计算机控制滑块的往复，即上冲模往复动作的启停和被加工板料 $X$、$Y$ 向进给送料运动，并能使这两个动作协调，即实现冲压与送料动作的同步控制。全自动冲压加工中，两坐标工作台是关键的机械部件之一，工作台的惯性限制着工作台的送料速度和加速度。为提高工作台的送料速度，在设计时可能减小工作台的惯性。在冲压加工过程中，$X$ 轴送料比 $Y$ 轴频繁，即 $X$ 轴送料次数为板料一排所冲工件个数时，$Y$ 轴才送料一次。因此设计工作台时，采用 $X$ 轴在上，$Y$ 轴在下，这样工作台沿 $X$ 方向送料时，$X$ 方向电动机只通过丝杠带动较轻的夹钳拖板沿上导轨作 $X$ 向运动。$Y$ 方向送料时，$Y$ 方向电动机通过丝杠带动较重的由上导轨、上电动机、上丝杠和夹嵌拖板组成的机构沿下导轨作 $Y$ 向运动，故能提供快捷及安全的送料过程。图 8-7 所示为两坐标工作台结构图。

夹钳托板是夹持工件作 $X$、$Y$ 轴运动部件，为减轻其重量，选用硬铝作为夹钳拖板支架，且结构尽量简单紧凑。夹钳托板上用两个汽缸完成对工件的夹持，其结构如图 8-7 所

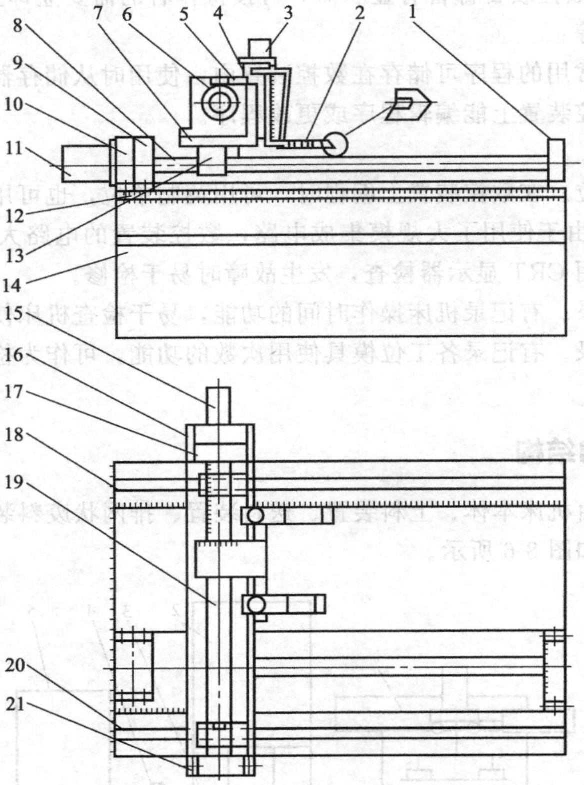

图 8-7 两坐标工作台结构

1—$Y$ 轴丝杠右轴承支座；2—夹钳；3—夹紧汽缸；4—$X$ 轴导轨；5—夹钳固定板；6—$X$ 轴螺母；7—托板；8—丝杠；9—丝杠左轴承支座；10—联轴器；11—步进电动机；12—导轨支承架；13—螺母；14—基座；15—$X$ 轴步进电动机；16—$X$ 轴联轴器；17—$X$ 轴丝杠后轴承支座；18—$Y$ 轴后导轨；19—$X$ 轴丝杠；20—$Y$ 轴前导轨；21—$X$ 轴丝杠前轴承支座

示。为了保证可靠的夹紧，钳口面采用网纹状增大摩擦。上料装置是将工件板料送到工作台夹钳拖板上的装置（见图 8-7）。冲压前或冲压过程中将所冲的板料堆放在上料装置的堆料台上，而将板料送到工作台夹钳拖板上是由上料装置自动完成的。其过程为：垂直汽缸下移，通过四个真空吸盘把堆料台上最上面的一张板料吸起来，然后垂直汽缸上移，上移到一定高度，水平汽缸右移，移到一定位置停止等待，当前一张板料冲压加工完后，工作台回到零位，垂直汽缸下移，将工件板料放在工作台夹钳拖板上，夹嵌拖板上的夹紧汽缸将其夹紧。当一张板料冲压加工完后，夹钳拖板上剩下的是网状废料。因网状废料的连接处仅为搭边，最小为 1.5mm 左右，这样其连接强度弱，如何安全地排走将是冲床能否连续冲压的关键。排网状废料装置采用辊式排料装置，它是由上下两个为一组的辊子把料夹住，利用摩擦力，通过辊子作旋转运动而将网状废料排走的装置，其原理如图 8-8 所示。

辊式排料机构采用三相异步电动机驱动固定的下辊，上辊在一汽缸的驱动下，可夹紧和分离网状板料。辊子的表面作滚花处理或钢球喷丸处理，防止网状废料打滑。数控冲床的冲压动作和工作台的送料动作必须同步，即当冲模上、下模脱模离开一定距离后，工作台送料，送料到冲压作业点时，对板料进行冲压。同步控制可采用接近开关检测冲床曲轴的实际位置，即上模位置，然后将信号（同步信号）输入控制系统，经处理使工作台按要求作规则

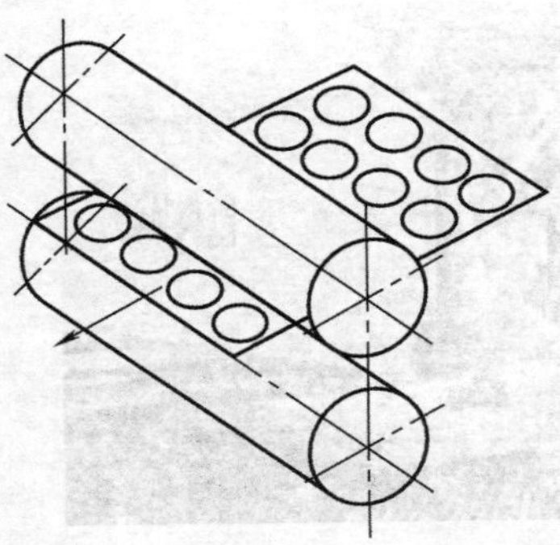

图 8-8　辊式排网状废料原理图

进给运动。图 8-9 所示为同步信号检测示意图，测试杆和曲轴在工作时同步转动（测试杆材料选用胶木或塑料），测试杆头部装有测试片（金属片）。当测试杆转动到使测试片进入固定于机座上的接近开关检测有效范围时，开关便发出感应信号（同步信号），该信号对应滑块也即上模脱离下模一定位置，这时工作台可进给送料。测试杆随曲轴继续转动使测试片脱离接近开关有效范围后，感应信号随之消失，等待下一个感应信号，继续下一次进给送料。

在冲压加工中，当冲床完成了一个冲程作业后，到下次冲压加工冲程作业之前这段时间内，必须准确地把冲压加工了的冲压件从冲模上取出来。为了从冲模上取出冲压件，首先，为了防止冲压件和

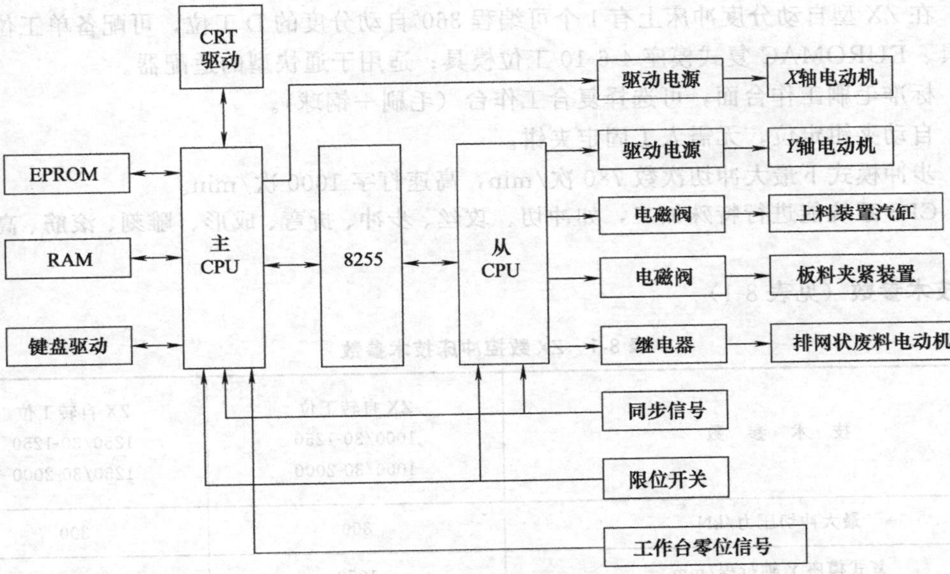


图 8-9　同步信号检测示意图

网状废料不粘附在冲模上，必须从冲模上卸下冲压件和网状废料。这些问题是冲模机能的一部分，是由装入冲模内的固定卸料板、弹簧组成的脱模装置来完成的。当冲压件从冲模上脱模后，紧接着是将冲压件从冲模上取出来。取出方法是用压缩空气把留在下模上或上模上拨落下来的冲压件吹到床身后的工件箱内，用压缩空气吹的方法适用于冲压速度高、冲压件较轻的场合，但要很好地调整吹射的方向和空气压力及时间，定时是通过安装在冲床曲轴或滑块上的凸轮控制气门来调整的。在选择风嘴时，风嘴孔径要小（0.2～0.5mm）。

# 第三节　典型数控冲床

## 一、ZX 数控冲床

ZX 数控冲床如图 8-10 所示。

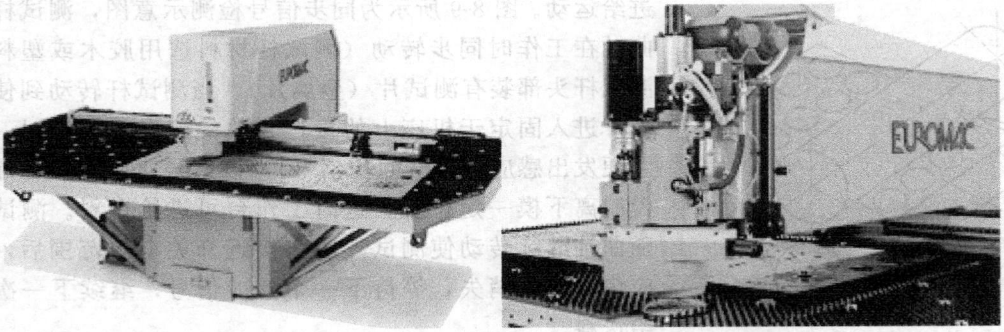


图 8-10　ZX 数控冲床

**1. 性能特点**

EUROMAC ZX 型冲床除具有冲床通有的特性以外，还具有下列特性。

(1) 在 ZX 型自动分度冲床上有 1 个可编程 360°自动分度的 D 工位，可配备单工位的厚转塔模具、EUROMAC 复式模座 4-6-10 工位模具；适用于通快型的适配器。

(2) 标准毛刷工作台面，可选择复合工作台（毛刷＋钢球）。

(3) 自动夹钳定位，无需人工固定夹钳。

(4) 步冲模式下最大冲切次数 780 次/min，高速打字 1000 次/min。

(5) CPS 系统能进行特殊加工，如冲切、攻丝、步冲、折弯、成形、雕刻、滚筋、高速打字等。

**2. 技术参数**（见表 8-1）

表 8-1　ZX 数控冲床技术参数

| 技　术　参　数 | ZX 自转工位<br>1000/30-1250<br>1000/30-2000 | ZX 自转工位<br>1250/30-1250<br>1250/30-2000 |
|---|---|---|
| 最大冲切压力/kN | 300 | 300 |
| 复式模座 Y 轴行程/mm | 1050 | 1300 |
| 单式模座 Y 轴行程/mm | 1000 | 1250 |
| X 轴行程/mm | 1250×2000 | 1250×2000 |
| X 轴自动重定位/mm | 可达 10000 | 可达 10000 |
| 数控行程深度/mm | 0.1～31 | 0.1～31 |
| 速度编程控制系统(CPS 系统) | 标准 | 标准 |
| 自转工位数 | 1 | 1 |
| 旋转速度 | 可编程 | 可编程 |
| Y＋X 1250 运行速度/(m/min) | 50 | 50 |
| Y＋X 2000 运行速度/(m/min) | 60 | 60 |
| 定位精度/mm | ＋/－0.1 | ＋/－0.1 |
| 夹钳开口距/mm | 7 | 7 |

续表

| 技术参数 | | ZX 自转工位<br>1000/30-1250<br>1000/30-2000 | ZX 自转工位<br>1250/30-1250<br>1250/30-2000 |
| --- | --- | --- | --- |
| 最快行程次数/(次/min) | 20mm 冲切节距 | 300 | 300 |
| | 1mm 步冲节距 | 780 | 780 |
| 点击成形 | | 1000 | 1000 |
| 最大板料厚度/mm | | 7 | 7 |
| 最快速度时最大加工质量/kg | | 80 | 80 |
| 轴减速运行时及采用(任选)钢珠毛刷混合工作台时的最大加工质量/kg | | 200 | 200 |
| 最大冲孔直径(自转工位)/mm | | 81 | 81 |
| 操作系统 | | Windows XP | Windows XP |
| USB 接口 | | 2 | 2 |
| 网卡 | | 标准 | 标准 |
| 油箱容量/L | | 135 | 135 |
| 接入电源/kW | | 7.5 | 7.5 |
| 机床质量/kg | $X=1250$ | 4900 | 6150 |
| | $X=2000$ | 5350 | 6500 |
| 总体尺寸/mm | $X=1250$ | 2950×2260 | 3350×2260 |
| | $X=2000$ | 2950×4000 | 3350×4000 |

## 二、伺服复合小型精密钣金加工冲床

伺服复合小型精密钣金加工冲床如图 8-11 所示。

图 8-11　伺服复合小型精密钣金加工冲床

### 1. 主要特点

（1）采用特殊的肘节式连杆结构加全封闭数控系统，并安装了光栅感应控制系统，随时监控并不断补正闭合高度的偏移，保证下死点精度，使成形更稳定、更精确。

（2）自由的工作模式；根据不同的加工制品，可设定最合适的滑块运行模式，大大提高了生产性和成形性。

（3）通过光栅感应装置组成一个全封闭的信息控制系统，自动补正下死点精度，始终将下死点精度控制在±10$\mu$m 以内。

（4）低噪声模式，通过低噪声模式可减少机器的振动、降低模具的磨损，从而提高模具的使用寿命。

### 2. 技术参数（见表 8-2）

**表 8-2　伺服复合小型精密钣金加工冲床技术参数**

| 项　　目 | H1F35 | H1F45 | H1F60 | H1F80 | H1F110 | H1F150 | H1F200 |
|---|---|---|---|---|---|---|---|
| 公称能力/kN | 350 | 450 | 600 | 800 | 1100 | 1500 | 2000 |
| 滑块行程/mm | 80～40 | 100～50 | 120～60 | 130～100 | 150～110 | 200～130 | 250～160 |
| 最大速度/(m/min) | 80～230 | 70～180 | 60～150 | 75～110 | 65～100 | 55～85 | 50～70 |
| 最大闭合高度/mm | 210 | 250 | 300 | 320 | 350 | 420 | 450 |
| 滑块尺寸（左右/前后）/mm | 350/300 | 400/350 | 500/400 | 550/450 | 620/530 | 700/550 | 850/650 |
| 模柄孔尺寸/mm | $\phi$38.5 | $\phi$50.5 | $\phi$50.5 | $\phi$50.5 | $\phi$50.5 | $\phi$50.5 | $\phi$50.5 |
| 工作台尺寸（左右/前后/厚度）/mm | 700/400/86 | 800/450/110 | 900/550/130 | 1000/600/140 | 1100/680/150 | 1250/760/165 | 1450/840/190 |
| 允许上模质量/kg | 50 | 80 | 130 | 190 | 350 | 500 | 650 |

## 思考与练习

1. 简述数控冲床的分类。
2. 简述数控冲床的组成及作用。
3. 说明数控冲床的结构。

# 第九章

# 三坐标测量机

学习任务书

| | |
|---|---|
| 学习目标 | 1. 能够阐明三坐标测量机的功能与类型<br>2. 能够描述三坐标测量机的组成与测量方式<br>3. 能够叙述三坐标测量机的机械结构 |
| 学习内容 | 1. 三坐标测量机的分类及特点<br>2. 三坐标测量机的组成与测量方式<br>3. 三坐标测量机的机械结构 |
| 重点、难点 | 三坐标测量机的分类、机械结构 |
| 教学场所 | 多媒体教室、实训车间 |
| 教学资源 | 教科书、课程标准、电子课件、三坐标测量机 |

## 第一节 三坐标测量机概述

### 一、三坐标测量机的功能

三坐标测量机是20世纪60年代后期发展起来的一种高效率的精密测量仪器。它的出现，一方面是由于生产发展的需要，即高效率加工机床的出现，产品质量要求进一步提高，复杂立体形状加工技术的发展等都要求有快速、可靠的测量设备与之配合；另一方面也由于电子技术、计算机技术及精密加工技术的发展，为三坐标测量机的出现提供了技术基础。

三坐标测量机（CMM）是一种以精密机械为基础，综合应用了电子技术、计算机技术、光栅与激光干涉技术等先进技术的检测仪器。三坐标测量机的主要功能如下。

（1）可实现空间坐标点的测量，可方便地测量各种零件的三维轮廓尺寸、位置精度等，测量精确可靠。

（2）由于计算机的引入，可方便地进行数字运算与程序控制，并具有很高的智能化程度。因此它不仅可方便地进行空间三维尺寸的测量，还可实现主动测量和自动检测。在模具制造工业中，充分显示了在测量方面的万能性、测量对象的多样性。

三坐标测量机广泛应用于机械制造、仪器制造、电子工业、航空和国防工业各部门，特别适用于测量箱体类零件的孔距和模具、精密铸件、电子线路板、汽车外壳、发动机零件、凸轮以及飞机型体等带有空间曲面的工件。

三坐标测量机的作用不仅是由于它比传统的计量仪器增加了1～2个坐标，使测量对象广泛，而且它的生命力还表现在它已经成为有些加工机床不可缺少的伴侣。例如，它能卓有成效地为数控机床制备数字穿孔带，而这种工作由于加工型面越来越复杂，用传统的方法是难以完成的，因此，它与数控加工中心相配合已具有“测量中心”之称号。

## 二、三坐标测量机的类型

三坐标测量机有多种分类方法，下面从不同的角度对其进行分类。

### 1. 按照工作方式分类

（1）点位测量方式　由测量机采集零件表面上一系列有意义的空间点，通过数学处理，求出这些点所组成的特定几何元素的形状和位置。

（2）连续扫描测量方式　对曲线、曲面轮廓进行连续测量，多为大、中型测量。

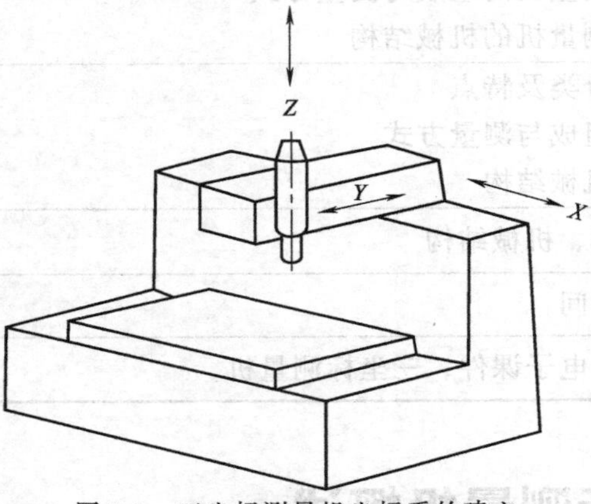


图 9-1　三坐标测量机坐标系的建立

### 2. 按照结构形式分类

三坐标测量机一般都具有互成直角的三个测量方向，水平纵向运动为 $X$ 方向（又称 $X$ 轴），水平横向运动为 $Y$ 方向（又称 $Y$ 轴），垂直运动为 $Z$ 方向（又称 $Z$ 轴）。三坐标测量机坐标系的建立如图 9-1 所示。

图 9-2 所示为三坐标测量机常见的结构形式。根据测量机三个方向测量轴的相互配置位置的不同，使三坐标测量机的总体布局结构形式分为以下几种。

（1）悬臂式［见图 9-2（a）、（b）］　悬臂式结构紧凑，工作面开阔，装卸工件方便，便于测量，但悬臂易于变形，且变形量随测量轴

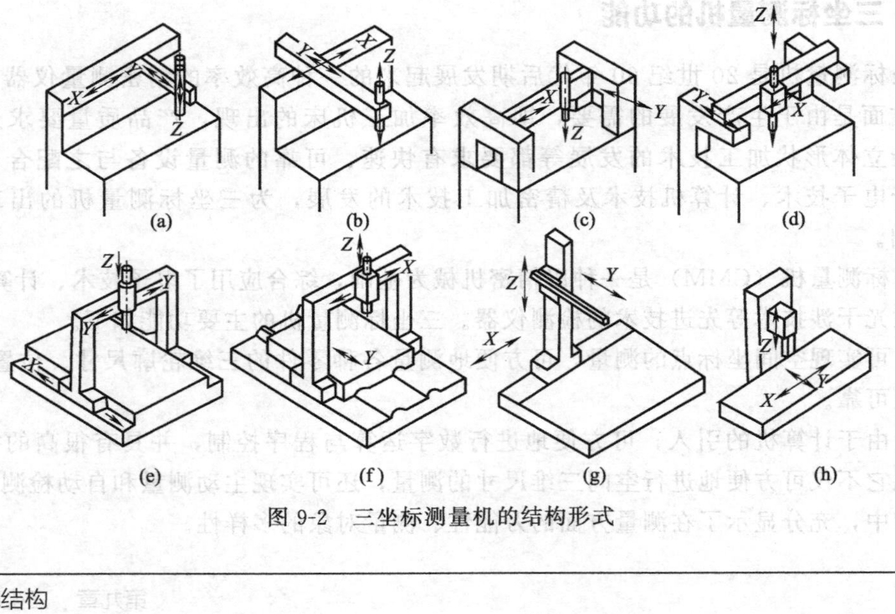


图 9-2　三坐标测量机的结构形式

$Y$ 轴的位置变化而变化，因此 $Y$ 轴测量范围受限（一般不超过 500mm）。

（2）桥式［见图 9-2（c）、（d）］ 桥式以桥框作为导向面，$X$ 轴能沿 $Y$ 方向移动。测量机结构刚性好，$X$、$Y$、$Z$ 的行程大，一般为大型机，其中桥框（$X$ 轴）的移动距离可达 10m。

（3）龙门式［见图 9-2（e）、（f）］ 龙门架刚度大，结构稳定性好，精度较高。由于龙门或工作台可以移动，使装卸工件方便，但考虑龙门移动或工作台移动的惯性，龙门式测量机一般为小型机。

（4）立柱式［见图 9-2（g）］ 适合于大型工件的测量。

（5）坐标镗床式［见图 9-2（h）］ 坐标镗床式的结构与镗床基本相同，结构刚性好，测量精度高，但结构复杂，适用于小型工件。

在零件的制造和检验中，常用的形式为桥式、龙门式和立柱式。

**3. 按照技术水平的高低分类**

（1）数显及打字型（N） 这种类型主要用于几何尺寸测量，采用数字显示，并可打印出测量结果，一般采用手动测量，但多数具有微动机构和机动装置，这类测量机的水平不高，虽然提高了测量效率，解决了数据打印问题，但记录下来的数据仍需进行人工运算。例如测量孔距，测得的是孔上各点的坐标值，需计算处理才能得出结果。

（2）带有小型电子计算机进行数据处理型（NC） 这类测量机水平略高，目前应用较多。测量仍为手动或机动，但用计算机处理测量数据，其原理框图如图 9-3 所示。该机由三部分组成：数据输入部分、数据处理部分与数据输出部分。有了电子计算机，可进行诸如工件安装倾斜的自动校正计算、坐标变换、孔心距计算及自动补偿等工作。并且可以预先储备一定量的数据，通过计量软件存储所需测量件的数学模型，对曲线表面轮廓进行扫描测量。

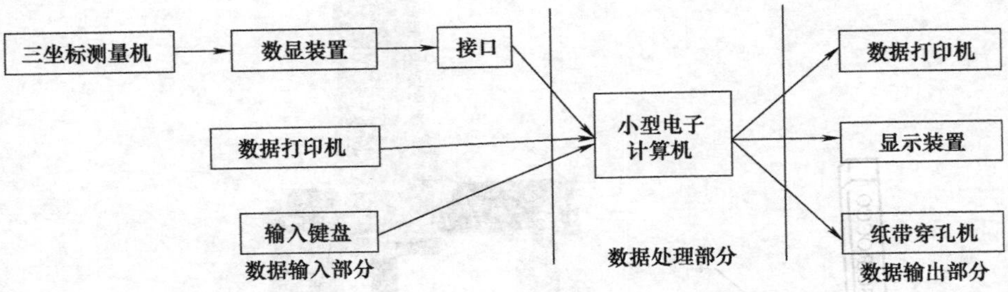


图 9-3　带计算机的三坐标测量机工作原理框图

（3）计算机数字控制型（CNC） 这种测量机的水平较高，像数控机床一样，可按照编好的程序进行自测量，其原理如图 9-4 所示。程序编制好的穿孔带或磁卡通过读取装置输入电子计算机和信息处理线路，通过数控伺服机构控制测量机按程序自动测量，并将测量结果输入电子计算机，按程序的要求自动打印数据或以纸带等形式输出。由于数控机床加工用的程序可以和测量机的程序互相通用，因而提高了数控机床的设备利用率。

**4. 其他分类方法**

三坐标测量机按测量范围可分为大型、中型和小型测量机。按其精度等级的高低可分两类：一类是精密型，一般放在有恒温条件的计量室，用于精密测量，分辨能力一般为 0.5～2μm；另一类为生产型，一般放在生产车间，用于生产过程检测，并可进行末道工序的精密测量，分辨能力 5μm 或 10μm。

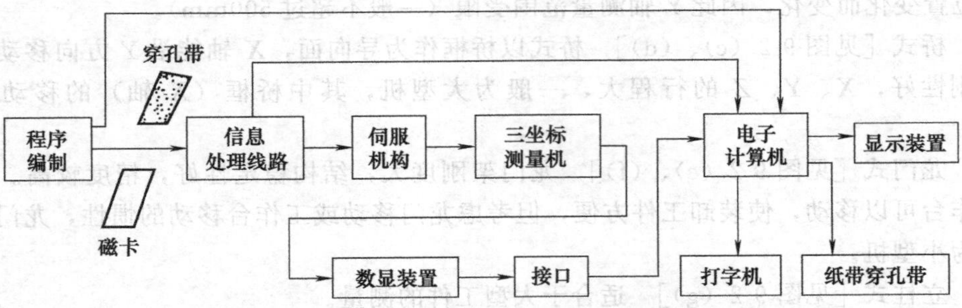


图 9-4　CNC 控制三坐标测量机工作原理框图

# 第二节　三坐标测量机的构成

三坐标测量机的规格品种很多，但基本组成主要有测量机主体、测量系统、控制系统和数据处理系统。

## 一、三坐标测量机的主体

图 9-5 所示为中国航空精密机械研究所研制的 CIOTA 系列三坐标测量机，以该机为例说明三坐标测量机主体部分的构成。测量机主体的运动部件包括：沿 $X$ 向移动的主滑架 5，沿 $Y$ 向移动的副滑架 4，沿 $Z$ 向移动的 $Z$ 轴 3，以及底座、测量工作台 1。测量机的三向导轨为气浮结构，由手柄或 CNC 控制齿轮齿条传动。测量机的工作台多为花岗岩制造，具有稳定、抗弯曲、抗振动、不易变形等优点。

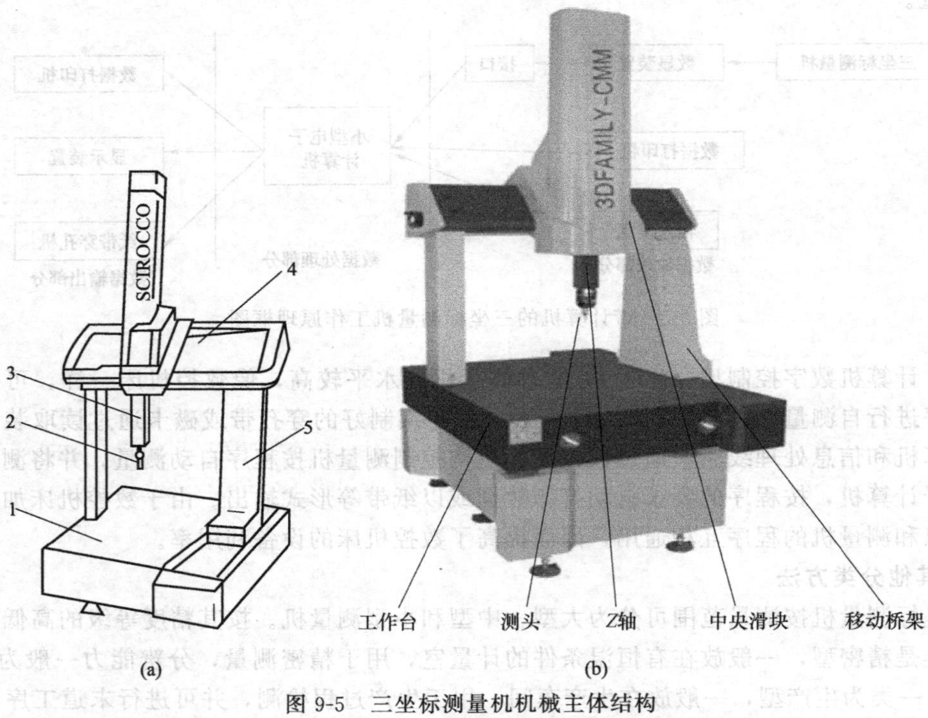


图 9-5　三坐标测量机机械主体结构

1—工作台；2—测头；3—$Z$ 轴；4—副滑架；5—主滑架

## 二、三坐标测量机的测量系统

三坐标测量机的测量系统包括测头和标准器。CIOTA 系列三坐标测量机以金属光栅为标准器，光学读数头用于测量各坐标轴的位置。三坐标测量机的测头用来实现对工件的测量，是直接影响测量机测量精度、操作的自动化程度和检测效率的重要部件。按测量方法分，三坐标测量机的测头可分为接触式和非接触式两类。在接触式测量头中又分机械式测头和电气式测头。此外，生产型测量机还可配有专用测头式切削工具，如专用铣削头和气动钻头等。

机械接触式测头为具有各种形状（如锥形、球形）的刚性测头、带千分表的测头以及划针式工具等。机械接触式测头主要用于手动测量，由于手动测量的测量力不易控制，测量力的变化会降低瞄准精度，因此只适用于一般精度的测量。

电气接触式测头的触端与被测件接触后可作偏移，传感器输出模拟位移量信号。这种测头既可以用于瞄准（过零发信），也可以用于测微（测给定坐标值的偏差）。因此电气接触式测头主要分为电触式开关测头和三向测微电感测头，其中电触式开关测头较广泛采用。

非接触式测头，主要由光学系统构成，如投影屏式显微镜、电视扫描头。它适用于软、薄、脆的工件测量。

## 三、三坐标测量机计算机控制系统和软件

三坐标测量机的控制系统和数据处理系统包括通用或专用计算机、专用的软件系统、专用程序或程序包。计算机是三坐标测量机的控制中心，用于控制全部测量操作、数据处理和输入输出。中国航空精密机械研究所的三坐标测量机专用控制系统软件 TUTOR 为 WINDOWS 版配以中文菜单，支持局域网，可共享资源，同时执行不同任务，还配有 DMIS 接口，可直接把各种具有 DMIS 接口的 CAD 设计参数转换为 TUTOR 检测程序。

测量机提供的应用软件包括以下几种。

(1) 通用程序　用于处理几何数据，按照功能分为测量程序（求点的位置、尺寸、角度等）、系统设定程序（求工件的工作坐标系，包括轴校正、面校正、原点转移程序等）、辅助程序（设定测量的条件，如测头直径的确定、测量数据的修正等）。

(2) 公差比较程序　先用编辑程序生成公称数据文件，再与实测数据进行比较，从而确定工件尺寸是否超出公差，监视器将显示超出的偏差大小，打印机打印全部测量结果。

(3) 轮廓测量程序　测头沿被测工件轮廓面移动，计算机自动按预定的节距采集若干点的坐标数据进行处理，给出轮廓坐标数据，检测零件各要素的几何特征和形位公差以及相关关系。

还有自学习零件检测程序的生成程序、统计计算程序、计算机辅助编程等。

# 第三节　三坐标测量机的测量方式

一般点位测量有三种测量方法：直接测量、程序测量和自学习测量。

## 一、直接测量方法

直接测量方法即手动测量，利用键盘由操作员将决定的顺序打入指令，系统逐步执行的

操作方式。测量时根据被测零件的形状调用相应的测量指令，以手动或NC方式采样，其中NC方式是把测头拉到接近测量部位，系统根据给定的点数自动采点。测量机通过接口将测量点坐标值送入计算机进行处理，并将结果输出显示或打印。

## 二、程序测量方法

程序测量方法是将测量一个零件所需要的全部操作，按照其执行顺序编程，以文件形式存入磁盘，测量时运行程序，控制测量机自动测量的方法。它适用于成批零件的重复测量。

零件测量程序的结构一般包括以下内容。

(1) 程序初始化　如指定文件名，存储器置零，对不同于缺省条件的某些条件给出有关选择指令。

(2) 测头管理和零件管理　如测头定义或再校正，临时零点定义，数学找正，建立永久原点等。

(3) 测量的循环

① 定位，使测头在进入下一采样点前，先进入定位点（使测头接近采样点时可避免碰撞工件的位置）；

② 采样处理，包括预备指令和操作指令，如测孔指令前先给出采样点数、孔心理论坐标及直径等参数的指令；

③ 测量值的处理；

④ 关闭文件，即结束整个测量过程。

## 三、自学习测量方法

自学习测量方法是操作者对第一个零件执行直接测量方式的正常测量循环中，借助适当命令使系统自动产生相应的零件测量程序，对其余零件测量时重复调用。该方法与手工编程比，省时且不易出错。但要求操作员熟练掌握直接测量技巧，注意操作的目的是获得零件测量程序，注重操作的正确性。

自学习测量过程中，系统可以通过两种方式进行自学习：直接记录方式和许可记录方式。对于系统不需要对其进行任何计算的指令，如测头定义、参考坐标系的选择等指令，系统采用直接记录方式。而许可记录方式用于测量计算的有关指令，只有被操作者确认无误时才记录，如测头校正、零件校正等指令。当测量循环完成或程序过程中发现操作错误时，可中断零件程序的生成，进入编辑状态修改，然后再从断点启动。

# 第四节　小型三坐标测量机

## 一、测量机的构成和基本配置

ZOO小型三坐标测量机的基本组成和其他三坐标测量机一样，主要由测量主体、测量系统、控制系统和数据处理系统组成，采用点位测量方式测量。

ZOO小型三坐标测量机的控制系统和数据处理系统包括专用计算机、专用的软件系统和专用程序。计算机是三坐标测量机的控制中心，用于控制全部测量操作、数据处理和输入输出。

ZOO小型三坐标测量机的基本配置包括：主机、电控柜、计算机、打印机、通用软件、测头、测座、测杆，还有几何测量及一般形位公差测量通用软件。

几何测量软件包括：点、线、平面、圆、球、圆柱、圆锥、台阶圆柱、交点、内切圆、外接圆、距离、角度、交线、对称点、对称线、对称面、垂线、平行线及坐标变换等。

## 二、测量机的机械主体结构

ZOO 小型三坐标测量机的机械主体结构如图9-6所示，它建立了三个具有一定测量范围和较高精度的空间直角坐标系 $X$、$Y$、$Z$。箭头指示方向分别为 $X$、$Y$、$Z$ 坐标轴的正向，反之，为负向。主体结构形式为小型封闭龙门框架活动桥式。测量机本身不移动，活动桥可在工作台上移动（$X$ 向）。这种结构易于实现高速测量，承载能力大，结构简单、紧凑，成本低。龙门框架刚度大，结构稳定性好，精度高。龙门框架可以移动，故装卸零件容易。但龙门框架的移动有惯性，所以结构适用于小型测量机。

ZOO 小型三坐标测量机的三向导轨均采用气浮导轨，均按闭式静压导轨布局。三个方向的轴承均采用高精度，高气膜刚性空气轴承，保证了整机的承载能力及刚性。气路控制采用国内、国外优质零部件，稳定可靠。

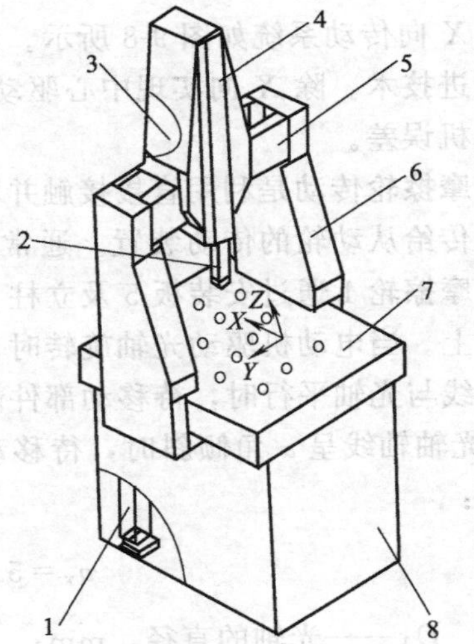


图 9-6　ZOO 小型三坐标测量机的机械主体

1—主机支承部件；2—方轴部件；3—滑架部件；4—滑架外罩部件；5—梁柱部件；6—龙门框架；7—工作台部件；8—裙围部件

## 三、X 向工作台与导轨

ZOO 小型三坐标测量机采用为避免上工作台安放被测零件，下工作台作导轨的双工作台结构产生安装的误差大，工作台下方开槽加工难度大，承载能力低的缺点，故采用了 $X$ 向工作台和导轨一体化方案。如图 9-6 所示，工作台部件 7 由主机支承部件 1 定位，龙门框架 6 由 $X$ 向空气轴承支承，工作台上、下平面和长度方向的两个侧面与空气轴承共同组成气浮导轨。工作台各表面超精加工成 $X$ 向导轨，实现了 $X$ 向工作台和导轨的一体化及 $X$ 向双侧面高精度、高刚度导向方式，使 $X$ 向导轨是一个高精度与高稳定性的基准。

$X$ 向工作台以及横梁和 $Z$ 轴均采用优质花岗石材料，具有线膨胀系数低、机械精度高、耐磨性好、防锈、防磁、绝缘、抗弯曲、抗振动和不易变形等优点。

双闭式的 $X$ 向静压气浮导轨，即 $X$ 向主向空气轴承预紧和工作台底面增加两个空气轴承用来提高气膜刚性，使空气轴承气膜刚度呈若干倍提高，有效抑制并减少了活动桥的扭摆。高刚度高承载的主向（工作台上表面的 $X$ 向）及侧向空气轴承与导轨形成的闭式静压气浮导轨，保证了 $X$ 向具有高运动精度和高承载能力。

空气轴承的支承原理如图 9-7 所示，来自供气装置的压缩空气由孔 a 进入轴承的气囊后，通过若干个小孔 b 进入轴承和导轨面之间，对运动件形成上浮力。同时，空气通过粗糙度形成的微小沟槽流入大气。

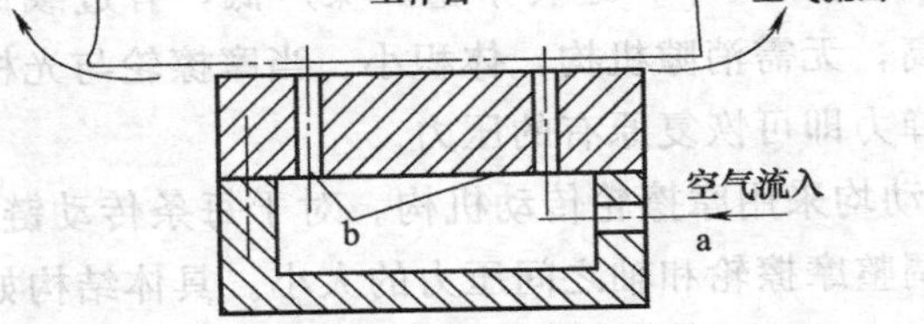


图 9-7　空气轴承支承原理

传动装置和光栅尺均安装于工作台下表面的中央，避免了由于运动惯性所引起的活动框架的扭摆。工作台上 M8 的螺孔作为固定被测工件或测量夹具用。

## 四、测量机的传动系统

$X$ 向传动系统如图 9-8 所示。该测量机三个方向均采用了高精度摩擦轮传动和柔性铰链等先进技术。除 $X$ 向实现中心驱动外，$Z$ 向也实现了中心驱动，减少了侧向驱动引起的扭摆随机误差。

摩擦轮传动是利用直接接触并相互压紧的两摩擦轮间的摩擦力，将主动轮或轴的运动和转矩传给从动轮的传动装置。通常由加压装置和传动元件组成。图 9-9 为摩擦轮传动示意图。摩擦轮 1 通过安装板 5 及立柱 6 安装在待移动部件上，摩擦轮 1 被压缩弹簧 3 压紧在光轴 2 上。当电动机驱动光轴旋转时，在摩擦力的作用下，摩擦轮 1 也随之转动。当摩擦轮 1 的轴线与光轴平行时，待移动部件静止不动，摩擦轮 1 空转。当摩擦轮 1 的轴线通过调节臂 7 与光轴轴线呈 $\alpha$ 角倾斜时，待移动部件便随摩擦轮以 $v_x$ 的速度沿光轴的轴线方向移动。其中：

$$v_x = 5.236 D_1 n_1 (1-\varepsilon) \tan\alpha \times 10^{-5}$$

式中 $D_1$——光轴的直径，mm；

$n_1$——光轴的转速，r/min；

$\alpha$——摩擦轮的偏斜角；

$\varepsilon$——摩擦轮的滑动率，$\varepsilon$ 的取值范围是 5%～10%。

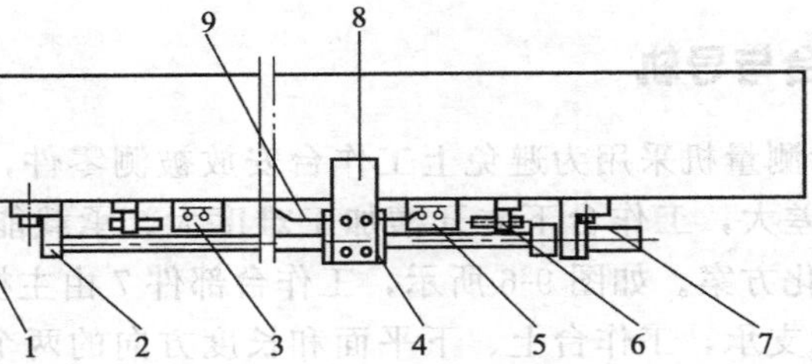


图 9-8 $X$ 向传动系统示意图

1—工作台；2—$X$ 向传动组件；3—$X$ 向前行程限位开关；4—斜轮组件；5—$X$ 向后行程限位开关；6—眼位块组件；7—直流伺服电动机；8—活动桥；9—压铁

驱动小车沿光轴方向移动的推力 $F$ 与压紧力 $Q$、摩擦因数 $\mu$、摩擦轮偏斜角 $\alpha$ 的正弦、摩擦轮个数成正比，偏斜角 $\alpha$ 愈大推力矩也愈大，通过调整偏斜角 $\alpha$ 的大小便可调整推进力和小车移动速度。

采用光杆-摩擦轮传动具有以下优点：结构和加工简单，运转平稳，噪声低，有过载保护功能，摩擦轮与光杆之间无间隙，传动精度高，无需消隙机构，体积小。当摩擦轮与光杆因磨损而压力减小时，可通过调整压缩弹簧的弹力即可恢复原有的压力。

ZOO 小型三坐标测量机三个坐标方向的运动均采用摩擦轮传动机构。对于每条传动链，三个摩擦轮在周向均匀分布。通过压紧螺钉 1 调整摩擦轮和轴之间压力的大小。具体结构如图 9-10 所示。

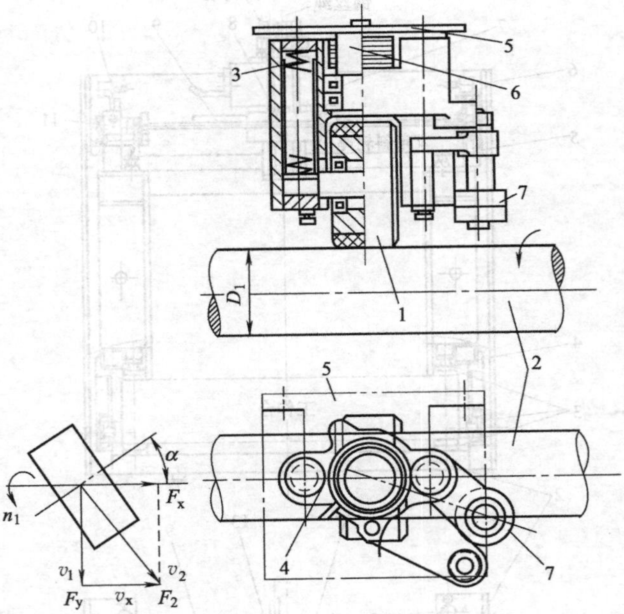


图 9-9　摩擦轮传动示意图

1—摩擦轮；2—光轴；3—压缩弹簧；4—支座；5—安装板；6—立柱；7—调节臂

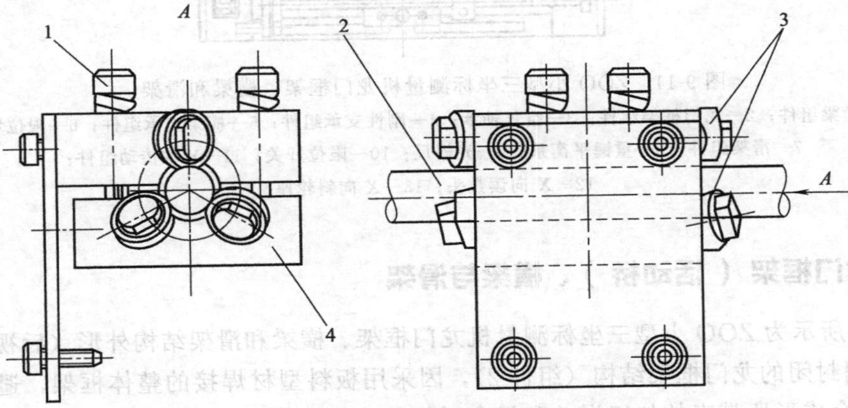


图 9-10　*X* 向摩擦轮传动组件示意图

1—压紧螺钉；2—*X* 向传动轴；3—斜轮；4—斜轮体

活动桥的传动过程是：图 9-8 中的直流伺服电动机 7 接到控制系统发来的信息后启动，将运动传给图 9-10 中的 *X* 向传动轴 2，*X* 向传动轴 2 靠摩擦将运动传到均匀布置的斜轮 3 上，装斜轮的斜轮体与活动桥相连，于是实现了活动桥在 *X* 方向的移动。当固定在活动桥上的压铁 9 压下行程限位开关 3 或 5 时（见图 9-8），活动桥停止运动。活动桥上还装有传感器，活动桥移动时，由传感器读取固定在工作台下方的光栅尺的位置和速度信息。

*Y* 向传动系统如图 9-11 所示。*Y* 向传动的滑架组件 7 和 *Y* 向摩擦轮座相连，由摩擦轮座带动滑架组件 7 在横梁组件 1 上移动。检测元件光栅尺 9 固定在横梁中央。*Y* 向和 *Z* 向传动系统的基本原理和构件与 *X* 向类似。

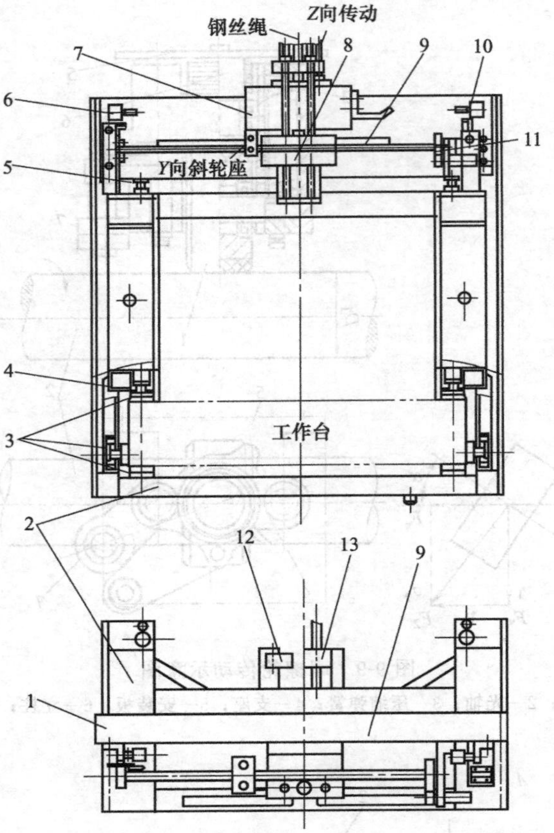


图 9-11 ZOO 小型三坐标测量机龙门框架、横梁和滑架

1—横梁组件；2—龙门框架组件；3—空气轴承；4—刚性支承组件；5—横梁支承组件；6—限位块；
7—滑架组件；8—重锤平衡系；9—光栅尺；10—限位开关；11—Y 轴传动组件；
12—X 向读数头；13—X 向斜轮座

## 五、龙门框架（活动桥）、横梁与滑架

图 9-11 所示为 ZOO 小型三坐标测量机龙门框架、横梁和滑架结构外形（后视图和俯视图）。它采用封闭的龙门框架结构（组件 2），因采用板料型材焊接的整体框架，避免了因分体加工再组合成形所带来的加工误差和组合时框架内应力大等缺点。因此，其机械精度高，刚性强，加工和安装工艺性好，结构简单。

横梁组件 1 即 $Y$ 基准不是龙门框架的组成部分，横梁与龙门框架之间是相互独立的，可以使横梁组件 1 实现自由调节和沿 $Y$ 向自由热膨胀。横梁仅承受滑架组件 7 的重力和龙门框架组件 2 加速运动时滑架的惯性力。所有这些均保证 $Y$ 向基准的高精度。横梁的调整用了六个球面支承副（横梁支承组件 5）。横梁与 $Z$ 轴也采用了整体优质花岗石，使整个机器具有很高的几何精度。

滑架结构为整体铸造滑架，其上安装有 $Z$ 轴传动装置、$Z$ 轴及 $Z$ 轴重锤平衡系等。

## 六、ZOO 小型三坐标测量机的测量系统

三坐标测量机的测量系统包括测量头和标准器。ZOO 小型三坐标测量机的标准器为光

栅尺，由光学读数头读取数据。测量头用于对工件进行测量。ZOO 小型三坐标测量机所用的测量头是应用较广泛的电触式开关，两轴（$Z$ 轴和 $Y$ 轴）可转角测头。图 9-12 所示为测量头外形，在测量前，拧松开关 2，测头带动测杆 1 可绕 $Z$ 轴和 $Y$ 轴转动，用于调整测头在空间的位置。转动角度可由测量头上的刻度来控制。

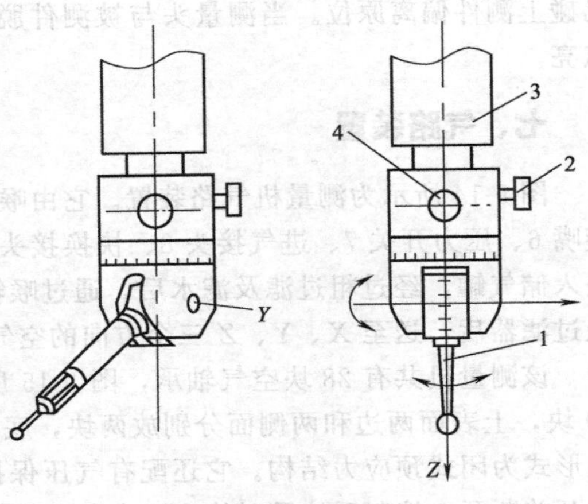

图 9-12　测量头外形

1—测杆；2—开关；3—方轴；4—指示灯

图 9-13 所示为电气接触式开关测量头的结构和工作原理。测量头由上主体 3、下底座 1 和三根防转杆 2 等组成。测杆 10 装在半球形测量头座 7 上，其底面装有均布的三个圆柱体 8（水平放置），它们与装在下底座上的六个钢球 9 两两相配，组成三对钢球接触副。测量头座由顶部的弹簧 6 向下压紧，使接触副保持接触。弹簧力的大小由调节螺杆 4 调节。电路导线由插座 5 引出。

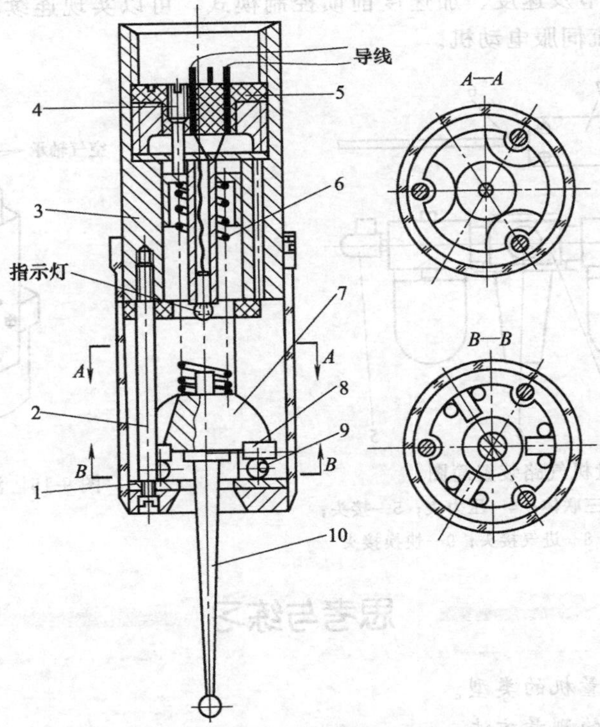

图 9-13　电气接触式开关测量头结构和工作原理

1—下底座；2—防转杆；3—上主体；4—调节螺杆；5—插座；
6—弹簧；7—测量头座；8—圆柱体；9—钢球；10—测杆

电气接触式开关测量头的工作原理是：开关测量头中的三对钢球 9 分别与下底座 1 上的印刷线路相接触，此时指示灯点亮。当触头接触到被测件时，外力使触头发生偏移，此时钢球接触副必然有一对脱开，而发出过零信号，表示已计数。此时，指示灯熄灭，表示测量头已碰上测件偏离原位。当测量头与被测件脱离，弹簧 6 使测量头回到原始位置，指示灯又点亮。

## 七、气路装置

图 9-14 所示为测量机气路装置。它由喉箍 1、安装板 2、三联体 3、压力表 4、接头 5、接嘴 6、压力开关 7、进气接头 8、快换接头 9 组成。具有规定流量和压力的压缩空气首先进入储气罐，经过粗过滤及滤水后，通过喉箍 1，到达三联体 3。在三联体内经过粗、细两级过滤器后，送至 $X$、$Y$、$Z$ 三个方向的空气轴承。

该测量机共有 28 块空气轴承，图 9-15 所示为测量机空气轴承的敷设位置。其中 $X$ 向 10 块，上表面两边和两侧面分别放两块，底面两边各放一块，$Y$ 向 10 块，$Z$ 向 8 块，其布局形式为闭式预应力结构。它还配有气压保护装置。当空气轴承压力低于 0.35MPa 时，压力开关断开，控制系统及时终止三个方向的驱动。此时，三个方向的空气轴承气路不通，空气轴承和导轨之间不产生相对运动，保护 $X$、$Y$、$Z$ 向气浮导轨无损伤。

## 八、数控系统

三坐标测量机数控系统是三坐标测量机的专用数控系统。它以 32 位 DSP 控制卡为核心，采用 PID 参数调节及速度、加速度前馈控制模式，可以实现连续轨迹控制功能，采用 PWM 驱动器控制直流伺服电动机。

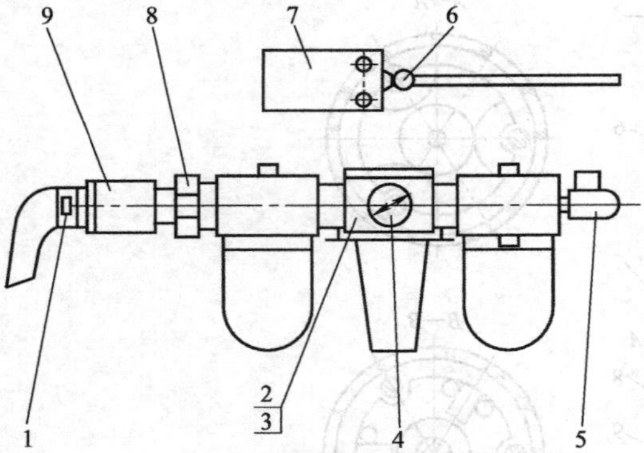


图 9-14 测量机气路装置简图

1—喉箍；2—安装板；3—三联体；4—压力表；5—接头；6—接嘴；7—压力开关；8—进气接头；9—快换接头

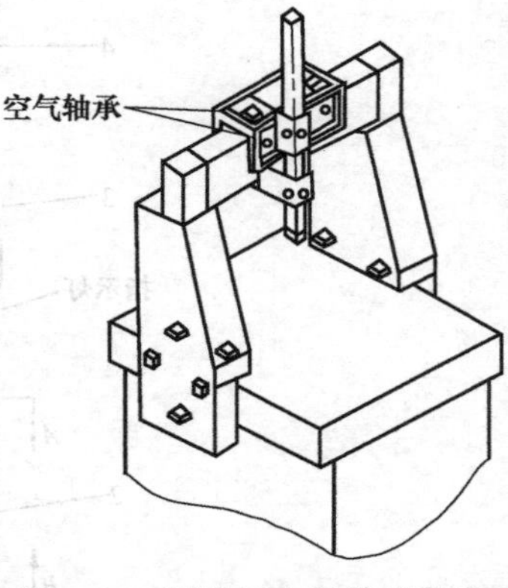


图 9-15 测量机空气轴承敷设

## 思考与练习

1. 简述三坐标测量机的类型。
2. 说明三坐标机的测量方法。
3. 简述 ZOO 小型三坐标测量机的结构及作用。

# 第十章

# 柔性制造系统

**学习任务书**

| | |
|---|---|
| **学习目标** | 1. 能够阐明柔性制造系统的类型、发展趋势<br>2. 能够了解自动加工系统 |
| **学习内容** | 1. 柔性制造系统的类型、发展趋势<br>2. 自动加工系统的配置、要求<br>3. 自动加工系统中的刀具和夹具<br>4. 柔性制造系统实例 |
| **重点、难点** | 柔性制造系统的类型和构成、自动加工系统的刀具和夹具 |
| **教学场所** | 多媒体教室、实训车间 |
| **教学资源** | 教科书、课程标准、电子课件 |

## 第一节　柔性制造系统概述

柔性制造系统是由统一的信息控制系统、物料储运系统和一组数字控制加工设备组成，能适应加工对象变换的自动化机械制造系统（Flexible Manufacturing System），英文缩写为 FMS。

20 世纪 80 年代以来，在工业化国家中，柔性制造系统作为迈向工厂自动化的第一步，已获得了实际的应用。它的应用，圆满地解决了机械制造高自动化和高柔性之间的矛盾。

### 一、柔性自动化的兴起

随着科学技术的发展，人类社会对产品的功能与质量的要求越来越高，产品更新换代的周期越来越短，产品的复杂程度也随之增高，传统的大批量生产方式受到了挑战。这种挑战不仅对中小企业形成了威胁，而且也困扰着国有大中型企业。因为，在大批量生产方式中，柔性和生产率是相互矛盾的。众所周知，只有品种单一、批量大、设备专用、工艺稳定、效率高，才能构成规模经济效益；反之，多品种、小批量生产，设备的专用性低，在加工形式相似的情况下，频繁调整工夹具，工艺稳定难度增大，生产效率势必受到影响。为了同时提高制造工业的柔性和生产效率，使之在保证产品质量的前提下，缩短产品生产周期，降低产品成本，最终使中小批量生产能与大批量生产抗衡，柔性自动化系统便应运而生。

自从 1954 年美国麻省理工学院第一台数字控制铣床诞生后，20 世纪 70 年代初柔性自动化进入了生产实用阶段。几十年来，从单台数控机床的应用逐渐发展到加工中心、柔性制造单元、柔性制造系统和计算机集成制造系统，使柔性自动化得到了迅速发展。

## 二、柔性制造系统的类型与构成

### 1. 柔性制造系统的类型

柔性制造是指在计算机支持下，能适应加工对象变化的制造系统。柔性制造系统有以下三种类型。

（1）柔性制造单元　柔性制造单元是由一台或数台数控机床或加工中心构成的加工单元。该单元根据需要可以自动更换刀具和夹具，加工不同的工件。柔性制造单元适合加工形状复杂，加工工序简单，加工工时较长，批量小的零件。它有较大的设备柔性，但人员柔性和加工柔性低。

（2）柔性制造系统　柔性制造系统是以数控机床或加工中心为基础，配以物料传送装置组成的生产系统。该系统由电子计算机实现自动控制，能在不停机的情况下，满足多品种的加工。柔性制造系统适合加工形状复杂，加工工序多，批量大的零件。其加工和物料传送柔性大，但人员柔性仍然较低。

（3）柔性自动生产线　柔性自动生产线是把多台可以调整的机床（多为专用机床）联结起来，配以自动运送装置组成的生产线。该生产线可以加工批量较大的不同规格零件。柔性程度低的柔性自动生产线，在性能上接近大批量生产用的自动生产线；柔性程度高的柔性自动生产线，则接近于小批量、多品种生产用的柔性制造系统。

### 2. 柔性制造系统的构成

就机械制造业的柔性制造系统而言，其基本组成部分有以下几种。

（1）自动加工系统　指以成组技术为基础，把外形尺寸（形状不必完全一致）、重量大致相似，材料相同，工艺相似的零件集中在一台或数台数控机床或专用机床等设备上加工的系统。自动加工系统主要采用加工中心和数控车床，前者用于加工箱体类和板类零件，后者则用于加工轴类和盘类零件。中、大批量少品种生产中所用的 FMS，常采用可更换主轴箱的加工中心，以获得更高的生产效率。

（2）物流系统　指由多种运输装置构成，如传送带、轨道、转盘以及机械手等，完成工件、刀具等的供给与传送的系统，它是柔性制造系统主要的组成部分。

（3）信息系统　指对加工和运输过程中所需各种信息收集、处理、反馈，并通过电子计算机或其他控制装置（液压、气压装置等），对机床或运输设备实行分级控制的系统。

（4）软件系统　指保证柔性制造系统用电子计算机进行有效管理的必不可少的组成部分。它包括设计、规划、生产控制和系统监督等软件。柔性制造系统适合于年产量 1000～100000 件之间的中小批量生产。

图 10-1 所示为用于加工回转体零件的柔性制造系统结构。

## 三、柔性制造系统的优点与发展趋势

### 1. 柔性制造系统的优点

柔性制造系统是一种技术复杂、高度自动化的系统，它将微电子学、计算机和系统工程

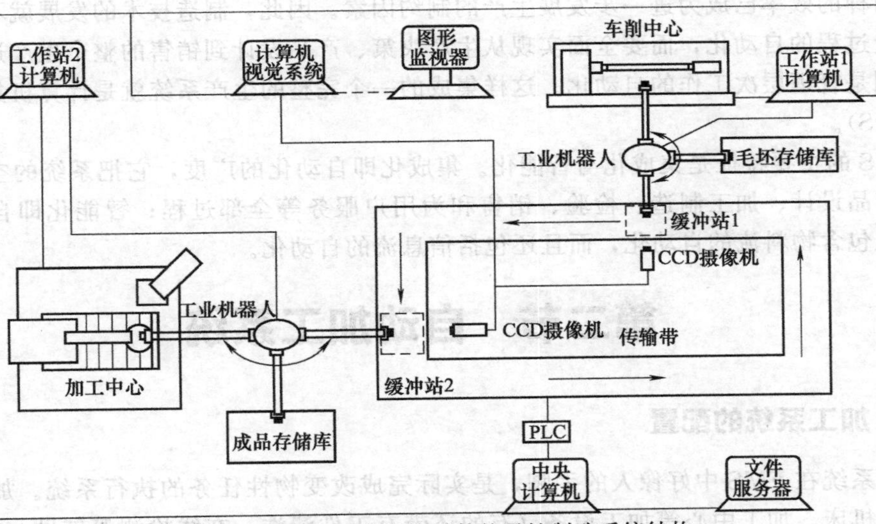


图 10-1 用于加工回转体零件的柔性制造系统结构

等技术有机地结合起来，理想和圆满地解决了机械制造高自动化与高柔性化之间的矛盾。具体优点如下。

(1) 设备利用率高。一组机床编入柔性制造系统后，产量比这组机床在分散单机作业时的产量提高数倍。

(2) 在制品减少 80%左右。

(3) 生产能力相对稳定。自动加工系统由一台或多台机床组成，发生故障时，有降级运转的能力，物料传送系统也有自行绕过故障机床的能力。

(4) 产品质量高。零件在加工过程中，装卸一次完成，加工精度高，加工形式稳定。

(5) 运行灵活。有些柔性制造系统的检验、装卡和维护工作可在第一班完成，第二、第三班可在无人照看下正常生产。在理想的柔性制造系统中，其监控系统还能处理诸如刀具的磨损调换、物流的堵塞疏通等运行过程中不可预料的问题。

(6) 产品应变能力大。刀具、夹具及物料运输装置具有可调性，且系统平面布置合理，便于增减设备，满足市场需要。

**2. 柔性制造系统的发展趋势**

柔性制造系统的发展趋势大致有两个方面。一方面是与计算机辅助设计及辅助制造系统相结合，利用原有产品系列的典型工艺资料，组合设计不同模块，构成各种不同形式的具有物料流和信息流的模块化柔性系统。另一方面是实现从产品决策、产品设计、生产到销售的整个生产过程自动化，特别是管理层次自动化的计算机集成制造系统。在这个大系统中，柔性制造系统只是它的一个组成部分。

(1) 模块化的柔性制造系统　为了保证系统工作的可靠性和经济性，可将其主要组成部分标准化和模块化。加工件的输送模块，有感应线导轨小车输送和有轨小车输送；刀具的输送和调换模块，有刀具交换机器人和与工件共用输送小车的刀盒输送方式等。利用不同的模块组合，构成不同形式的具有物料流和信息流的柔性制造系统，自动地完成不同要求的全部加工过程。

(2) 计算机集成制造系统　据统计，从 1870～1970 年的 100 年中，加工过程的效率提高了 2000%，而生产管理的效率只提高了 80%，产品设计的效率仅提高了 20%左右。显然，后两种的效率已成为进一步发展生产的制约因素。因此，制造技术的发展就不能局限在车间制造过程的自动化，而要全面实现从生产决策、产品设计到销售的整个生产过程的自动化，特别是管理层次工作的自动化。这样集成的一个完整的生产系统就是计算机集成制造系统（CIMS）。

CIMS的主要特征是集成化与智能化。集成化即自动化的广度，它把系统的空间扩展到市场、产品设计、加工制造、检验、销售和为用户服务等全部过程；智能化即自动化的深度，不仅包含物料流的自动化，而且还包括信息流的自动化。

# 第二节 自动加工系统

## 一、加工系统的配置

加工系统在FMS中好像人的手脚，是实际完成改变物性任务的执行系统。加工系统主要由数控机床、加工中心等加工设备（有的还带有工件清洗、在线检测等辅助与检测设备）构成，系统中的加工设备在工件、刀具和控制三个方面都具有可与其他子系统相连接的标准接口。从柔性制造系统的各项柔性含义中可知，加工系统的性能直接影响着FMS的性能，且加工系统在FMS中又是耗资最多的部分，因此恰当地选用加工系统是FMS成功与否的关键。加工系统中的主要设备是实际执行切削等加工，把工件从原材料转变为产品的机床。

目前金属切削FMS的加工对象主要有两类工件：棱柱体类（包括箱体形、平板形）和回转体类（长轴形、盘套形）。

用于加工棱柱体类工件的FMS由立、卧式加工中心，数控组合机床（数控专用机床、可换主轴箱机床、模块化多动力头数控机床等）和托盘交换器等构成。

用于加工回转体类工件的FMS由数控车床、车削中心、数控组合机床和上下料机械手或机器人及棒料输送装置等构成。

因为棱柱体类工件的加工时间较长，且工艺复杂，为实现夜间无人值守自动加工，加工棱柱体类工件的FMS首先得到了发展。小型FMS的加工系统多由4～6台机床构成。

## 二、加工系统的要求

FMS的加工系统原则上应是可靠的、自动化的、高效的、易控制的，其实用性、匹配性和工艺性好，能满足加工对象的尺寸范围、精度、材质等要求。因此在选用时应考虑以下几个方面。

(1) 工序集中　如选用多功能机床、加工中心等，以减少工位数和减轻物流负担，保证加工质量。

(2) 控制功能强、扩展性好　如选用模块化结构，外部通信功能和内部管理功能强，有内装可编程序控制器，有用户宏程序的数控系统，以易于与上下料、检测等辅助装置连接和增加各种辅助功能，方便系统调整与扩展，以及减轻通信网络和上级控制器的负载。

(3) 高刚度、高精度、高速度　选用切削功能强，加工质量稳定，生产效率高的机床。

(4) 使用经济性好　如导轨油可回收，断、排屑处理快速、彻底等，以延长刀具使用寿命。节省系统运行费用，保证系统能安全、稳定、长时间无人值守而自动运行。

(5) 操作性、可靠性、维修性好　机床的操作、保养与维修方便，使用寿命长。

(6) 自保护性、自维护性好　如设有切削力过载保护、功率过载保护、行程与工作区域限制等。导轨和各相对运动件等无须润滑或能自动加注润滑，有故障诊断和预警功能。

(7) 对环境的适应性与保护性好　对工作环境的温度、湿度、噪声、粉尘等要求不高，各种密封件性能可靠、无渗漏，冷却液不外溅，能及时排除烟雾、异味，噪声、振动小，能保护良好的生产环境。

(8) 其他　如技术资料齐全，机床上的各种显示、标记等清楚，机床外形、颜色美观且与系统协调。

## 三、自动加工系统中常用加工设备

加工中心是一种备有刀库并能按预定程序自动更换刀具，对工件进行多工序加工的高效数控机床。它的最大特点是工序集中和自动化程度高，可减少工件装夹次数，避免工件多次定位所产生的累积误差，节省辅助时间，实现高质、高效加工。

在实际应用中，以加工棱柱体类工件为主的镗铣加工中心和以加工回转体类工件为主的车削加工中心最为多见。

### 1. 镗铣类加工中心

加工中心可完成镗、铣、钻、攻螺纹等工作，它与普通数控镗床和数控铣床的区别之处，主要在于它附有刀库和自动换刀装置，衡量加工中心刀库和自动换刀装置的指标有刀具存储量、刀具（加刀柄和刀杆等）最大尺寸与重量、换刀重复定位精度、安全性、可靠性、可扩展性、选刀方法和换刀时间等。

加工中心中最为常见的换料装置是托盘交换器（Automatic Pallet Changer，APC），它不仅是加工系统与物流系统间的工件输送接口，也起物流系统工件缓冲站的作用。托盘交换器按其运动方式有回转式和往复式两种，如图 10-2 所示。托盘交换器在机床单机运行时是加工中心的一个辅件，但在 FMS 的整体功能分析上，它完成或协助完成物料（工件）的装卸与交换，并起缓冲作用，因此从系统分析出发，又可把它划为物流系统。

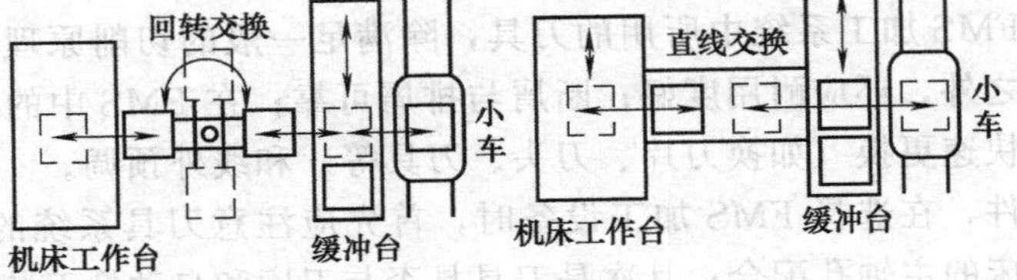

(a) 回转交换方式　　(b) 往复交换方式

图 10-2　托盘交换器的运动方式

通常托盘交换器、刀库及换刀机械手都由加工设备数控系统的可编程序控制器控制，驱动源有液压、气压和电能。交换托盘、选刀和换刀应允许手动操作，以适应维修和调整用。

### 2. 车削加工中心

车削加工中心简称为车削中心（Turning Center），它是在数控车床的基础上为扩大其工艺范围而逐步发展起来的。车削中心目前尚无比较权威性的明确定义，但一般都认为车削中心应具有如下特征：带刀库和自动换刀装置；带动力回转刀具；联动轴数大于 2。由于有这些特征，车削中心在一次装夹下除能完成车削加工外，还能完成钻削、攻螺纹、铣削等加工。车削中心的工件交换装置多采用机械手或行走式机器人。随着机床功能的扩展，多轴、多刀架以及带机内工件交换器和带棒料自动输送装置的车削中心在 FMS 中发展较快，这类车削中心也被称为车削 FMM。如对置式双主轴箱、双刀架的车削中心可实现自动翻转工件，在一次装夹下完成回转体工件的全部加工。

3. 数控组合机床

数控组合机床是指数控专用机床、可换主轴箱数控机床、模块化多动力头数控机床等加工设备。这类机床是介于加工中心和组合机床之间的中间机型，兼有加工中心的柔性和组合机床的高生产率的特点，适用于中大批量制造的柔性生产线（FML 或 FTL）。这类机床可根据加工工件的需求，自动或手动更换装在主轴驱动单元上的单轴、多轴或多轴头，或更换具有驱动单元的主轴头本身。

## 四、加工系统中的刀具与夹具

FMS 的加工系统要完成它的加工任务，必须配备相应的刀具、夹具和辅具。目前国内在设计 FMS 和选择 FMS 加工设备时，或者在介绍国外的制造水平时往往都强调系统功能和设备功能。而从国外众多使用 FMS 的企业来看，更重视实用性，即机床和刀、夹、辅具的合理配合与有效利用，企业现有制造技术和工艺诀窍在 FMS 中的应用。一般而言，一台加工中心要能充分发挥它的功能，所需刀、夹、辅具的价格近于或高于加工中心本身的价格。据国外资料统计，一台加工中心一年在刀具上消耗的资金约为购买一台新加工中心费用的 2/3。因此在选择加工设备时，就应充分考虑刀、夹、辅具问题。

1. 刀具系统

从数控加工的立场看，刀具系统是数控加工中工具系统下的子系统，包括刀具配置、刀具准备及加工程序中的刀具管理等。而在这里讲的刀具系统是指：“从以机床主轴孔连接的刀具柄部开始至切削刃部为止的，与切削有关的硬件总成”（这里所提及的工具系统、刀具系统及下面将提及的夹具系统，都是以机械制造工艺与设备的角度加以讨论，请注意与 FMS 中的子系统加以区别）。

选择刀具系统的内容是：根据工艺要求选择适当的刀具类型；根据刀具类型与使用机床的规格与性能决定刀具系统的组合与配置；根据被切削材料的材质、切削条件、加工要求等选用适宜的刃部。FMS 加工系统中所用的刀具，除满足一般的切削原理、切削性能、刀具结构等方面的要求之外，还应耐用度好；断屑与排屑可靠；在 FMS 中的通用性、互换性和管理性好；能实现快速更换（如换刀片、刀头、刀具等）和线外预调。

对棱柱体类工件，在选择 FMS 加工设备时，首先应注意刀具系统的刀柄与拉钉标准，因为它们必须与机床的主轴孔配合；其次是刀具是否与刀库和自动换刀装置的抓取机构相适配。加工中心上常用的是 40、45、50 号自动换刀机床用 7：24 长圆锥柄。在该系列中，我国的 GB 10944—89、德国的 DIN 69871、美国的 ANSIL 5. 50 都已与 ISO 7388 标准趋于一致，在主轴端为同一锥度号的加工中心的主轴孔，以及刀库、换刀机械手之间互相通用。但需注意的是，有些机床厂和刀柄制造厂为了保护自己的传统和特色以及保持和老用户之间的相对稳定关系，它们往往顾及与自己老产品的互换性，参考某一标准制定自己的标准，为稳妥起见最好确定具体尺寸，看是否能满足要求，若不行可提出修改意见或另选。在欧、美，为适应高速加工需求，目前较盛行的是德国开发的 HSK 系列短锥刀柄。该刀柄采用锥面和端面双重定位，刚性好，精度高，但无法与长圆锥柄互换。日本在吸取 HSK 优点的基础上，开发了 BIG-PLUS 系列刀柄，该刀柄除保留了 HSK 双面定位的特点外，可与长圆锥柄互换。

金属切削刀具系统从其结构上可分为整体式（见图 10-3）与模块式（见图 10-4）两种。整体式刀具系统基本上由整体柄部和整体刃部（整体式刀具）两者组成，传统的钻头、铣

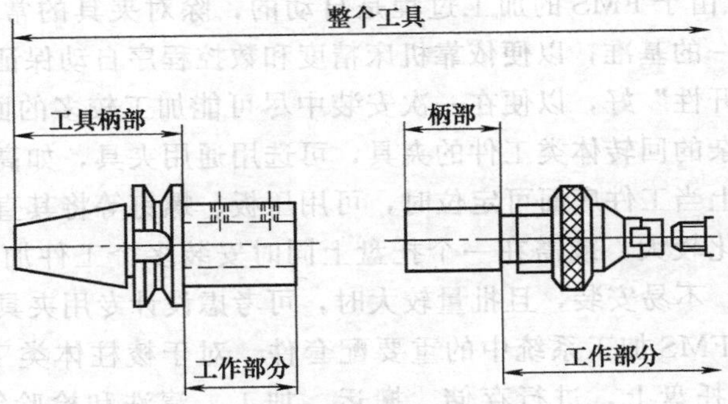


图 10-3　整体式刀具系统

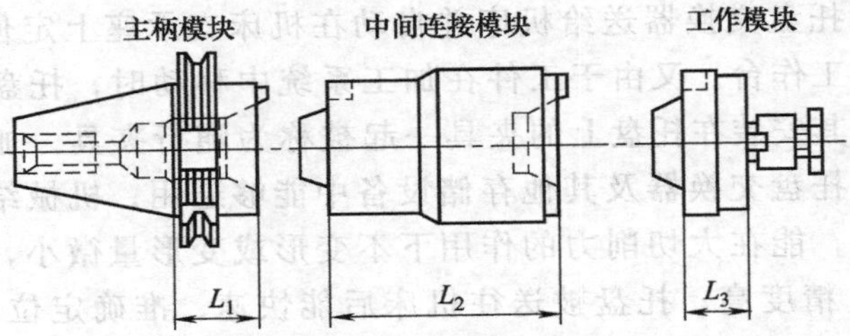


图 10-4　模块式刀具系统

刀、铰刀等就属于整体式刀具。整体式刀具由于不同品种和规格的刃部都必须和对应的柄部相连接，致使刀具的品种、规格繁多，给生产、使用和管理带来诸多不便，有些使用频率极低但又需用的刀具也不得不备置，这相当于闲置大量资金。

为了克服整体式刀具系统的这些弱点，各国相继开发了各式各样的高性能模块式刀具系统。模块式刀具系统是把整体式刀具系统按功能进行分割，做成系列化的标准模块（如刀柄、刀杆、接长杆、接长套、刀夹、刀体、刀头、刀刃等），再根据需要快速地组装成不同用途的刀具，当某些模块损坏时可部分更换。这样既便于批量制造，降低成本，也便于减少用户的刀具储备，节省开支，因此模块式刀具系统在 FMS 中备受推崇。但另一方面模块式刀具系统也有刚性不如整体式好，一次性投资偏高的不足之处。

我国为满足工业发展的需要，制定了"镗铣类整体数控工具系统"标准（按汉语拼音，简称为 TSG 工具系统）和"镗铣类模块式数控工具系统"标准（简称为 TMG 工具系统），它们都采用 GB 10944—89（JT 系列刀柄）为标准刀柄。考虑到事实上使用日本的 MAS/BT403 刀柄的机床目前在我国数量较多，TSG 及 TMG 也将 BT 系列作为非标准刀柄首位推荐，也即 TSG、TMG 系统也可按 BT 系列刀柄制作。

最近 FMS 加工系统刀具选择的另一倾向是，本来适合于大批量刚性生产线的组合刀具在柔性制造中的使用量逐渐增多。这一方面是为了加快 FMS 的生产节拍，提高效率。另一方面是由于刀具制造技术的进步和刀具性能的提高与价格的合理化。比如批量相对较大的产品，各产品中工艺、尺寸相同的加工部位等都可考虑使用或部分使用组合刀具。

**2. 夹具系统**

机床夹具是在机床上用以装夹工件的一种装置，其作用是使工件相对于机床或刀具有一个正确的位置，并在加工过程中保持这个位置不变。为此，它需要有定位、导向、夹紧、连接等功能。机床夹具按其使用范围可分为通用夹具（如三爪卡盘、平口台虎钳、回转工作台等）、专用夹具、可调整夹具、成组夹具、随行夹具（托盘及安装在其上的夹具）和组合夹具（也称模块化夹）。由于FMS的加工过程是自动的，除对夹具的常规要求外，它的加工系统还要求夹具有统一的基准，以便依靠机床精度和数控程序自动保证工件的位置精度，同时还要求夹具的"敞开性"好，以便在一次安装中尽可能加工较多的面。在FMS的加工系统中，通常对于不复杂的回转体类工件的夹具，可选用通用夹具，如高速动力卡盘等。对于棱柱体类工件，原则上当工件底面可定位时，可用压板、螺钉等将其直接安装在托盘上；当工件品种多、形状变化较大，或需在一个托盘上同时安装多个工件加工时，可选用组合夹具；当工件形状复杂、不易安装，且批量较大时，可考虑设计专用夹具。

（1）托盘　它是FMS加工系统中的重要配套件。对于棱柱体类工件，通常是在FMS中用夹具将它安装在托盘上，进行存储、搬运、加工、清洗和检验等。因此在物料（工件）流动过程中，托盘不仅是一个载体，也是各单元间的接口。对加工系统来说，工件被装夹在托盘上，由托盘交换器送给机床并自动在机床支承座上定位、夹紧，这时托盘相当于一个可移动的工作台。又由于工件在加工系统中移动时，托盘及其夹具也跟随着一起移动，故托盘连其安装在托盘上的夹具一起被称为随行夹具。加工系统对托盘的要求有：在加工设备、托盘交换器及其他存储设备中能够通用；机械结构合理，材料性能稳定，有足够的刚度，能在大切削力的作用下不变形或变形量微小，使用寿命长；工件在托盘上装夹方便，精度高；托盘被送往机床后能快速、准确定位，夹持安全、可靠，且都是自动地进行；在加工循环中不需要人工的任何干预；能在加工过程中的苛刻环境（如切削热、湿气、振动、高压切削液等）下，可靠工作；定位、夹紧和排屑等，不影响工件的精度和已加工完的工件表面质量；便于控制与管理，保证在安装工件、输送及加工中不混乱和不出差错。

为了保证托盘能在不同厂家生产的加工设备、运储设备上共用，国际标准化组织已制定了公称尺寸小于或等于800mm的托盘标准（ISO/DIS 8526-1）和公称尺寸大于800mm的托盘标准（ISO/DIS 8526-2），规定了与工件安装直接有关的托盘顶面结构尺寸和与自动化运储有关的底面结构尺寸。托盘的公称尺寸是指安装工件的托盘顶面的宽度，其尺寸系列有：320mm、400mm、500mm、630mm、800mm、1000mm、1250mm和1600mm共8级。托盘的代号依次由下列部分组成：ISO号；宽×长；顶面形式号；槽距或孔距；工件的定位方式；托盘的定位方式。如ISO85-2-1000×1250-1-100-a-b，表示是ISO 8526-2的矩形托盘，顶面尺寸为1000×1250，带螺孔系的顶面，螺孔的中心距为100，工件用侧定位块定位，托盘用两锥孔和支承件上的两圆锥销定位。ISO托盘基本形状如图10-5所示。

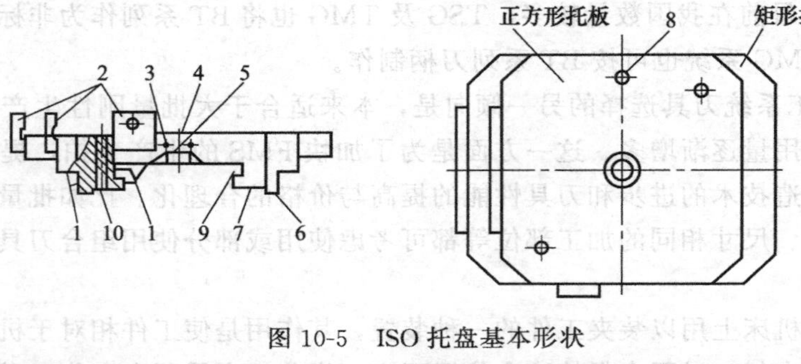


图10-5　ISO托盘基本形状

1—托盘导向面；2—侧面定位块；3—安装锁定机构的螺孔；4—顶面（工件安装面）；
5—中央孔；6—托盘搁置面；7—底面（托盘支承面）；8—工件（或夹具）；
9—托盘夹紧面；10—托盘定位面

（2）组合夹具　它是由一套完全标准化的元件组合而成，能根据工件的加工要求，像搭积木似地利用各种不同元件，通过不同的拼装和连接，构成不同结构和用途的夹具。组合夹具的基本元件有八大类，即基础件、支承件、定位件、导向件、压紧件、紧固件、合件及其他件。组合夹具的特点是：灵活多变，万能性强；可大大缩短生产准备周期；元件可重复使用，制造、管理方便，长期经济性好；易于实现计算机辅助工艺设计。

目前使用的组合夹具有两种基本类型，即槽系组合夹具和孔系组合夹具。槽系组合夹具元件间靠键和槽定位，而孔系组合夹具则靠孔与销定位。由于孔系组合夹具与槽系组合夹具相比具有精度高、刚性好、易组装，可方便地提供数控编程原点（工件坐标系原点），在 FMS 中得到广泛应用。图 10-6 所示为孔系组合夹具。图 10-7 所示为槽系组合夹具。

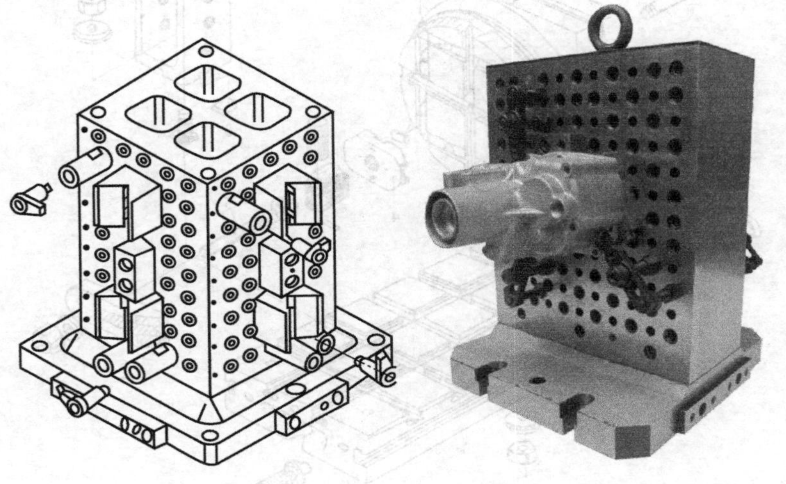

(a)　　　　(b)

图 10-6　孔系组合夹具

## 五、加工系统的监控

### 1. 监控内容

FMS 加工系统的工作过程都是在无人操作和无人监视的环境下高速进行，为保证系统的正常运行。防止事故、保证产品质量，必须对系统工作状态进行监控。通常加工系统的监控内容见表 10-1。

表 10-1　加工系统的监控内容

<table>
<tr><td rowspan="7">监控功能</td><td>设备运行特点</td><td colspan="2">通信及接口、数据采集与交换、与系统内各设备的协调、与系统外的协调、NC 控制、PLC 控制、误动作、加工时间、生产业绩、故障诊断、故障预测、故障档案、过程决策与处理等</td></tr>
<tr><td rowspan="5">切削加工状态</td><td>机床</td><td>主轴转动、主轴负载、进给驱动、切削力、振动、噪声、切削热等</td></tr>
<tr><td>夹具</td><td>安装、精度、夹紧力等</td></tr>
<tr><td>刀具</td><td>识别、交换、损伤、磨损、寿命、补偿等</td></tr>
<tr><td>工件</td><td>识别、交换、装夹等</td></tr>
<tr><td>其他</td><td>切屑、切削液、温度、湿度、油压、气压、电压、火灾等</td></tr>
<tr><td>产品质量状态</td><td colspan="2">形状精度、尺寸精度、表面粗糙度、合格率等</td></tr>
</table>

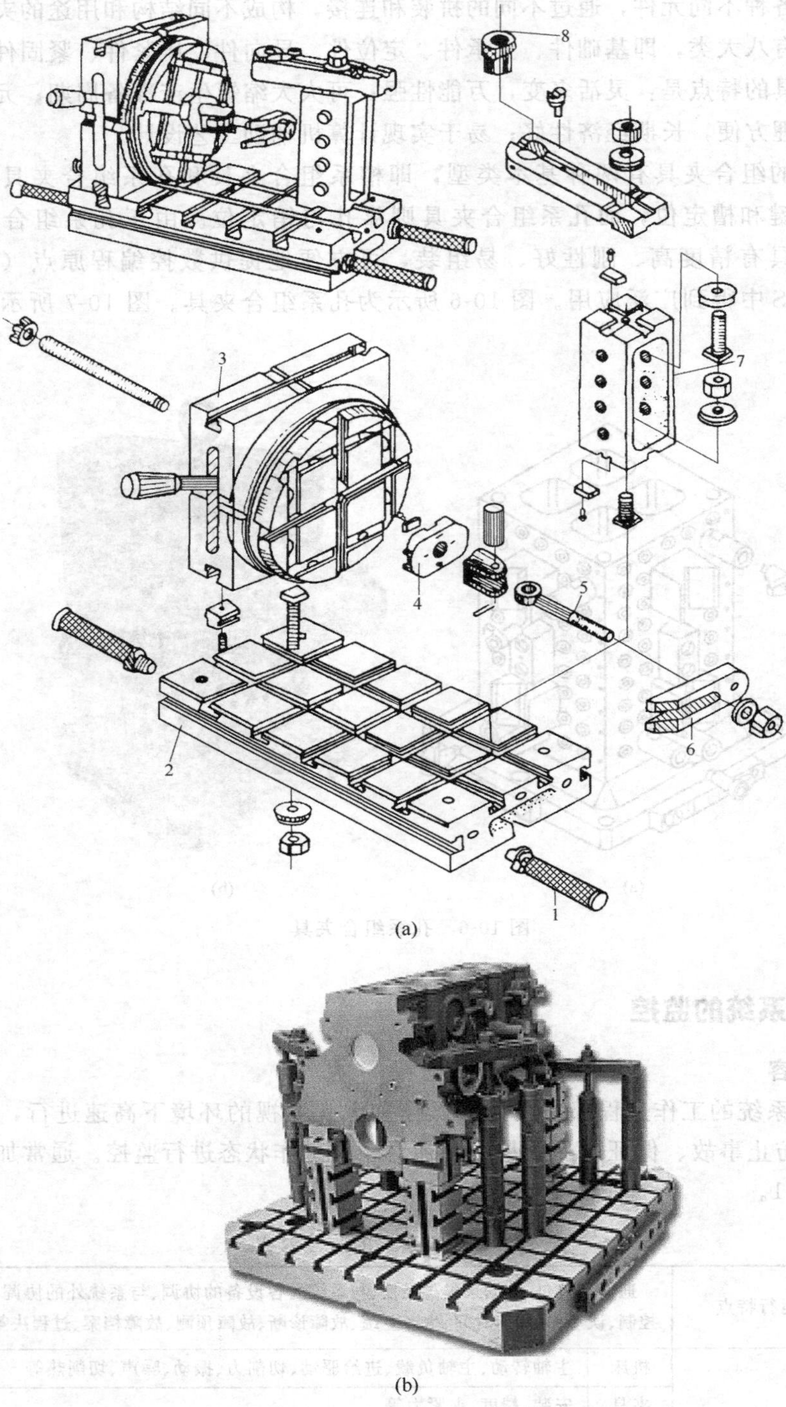


图 10-7　槽系组合夹具

1—其他件；2—基础件；3—合件；4—定位件；5—紧固件；6—压紧件；7—支承件；8—导向件

**2. 监控与检测过程**

设备运行状态监控与检测（见图 10-8）一般可分为以下几个部分。

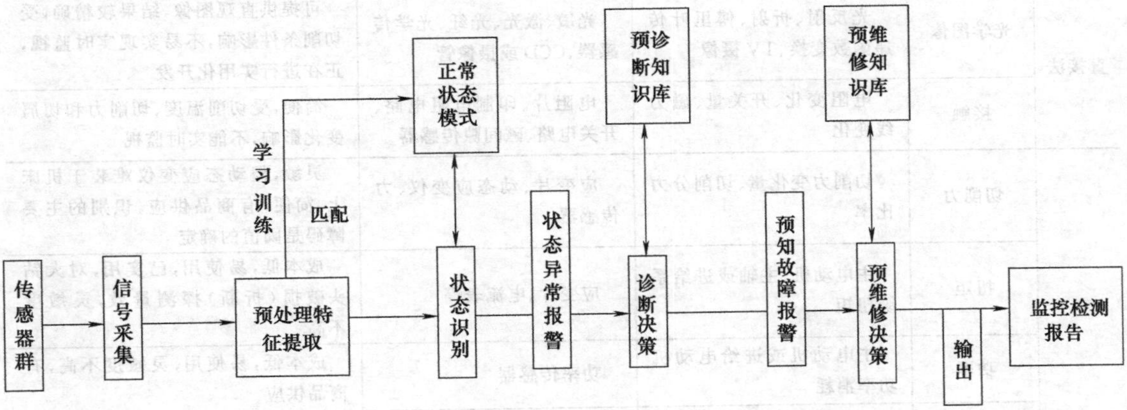


图 10-8　设备运行状态的监控与检测原理

（1）信号采集。利用各种检测传感器，其中包括信号基本转换、放大电路、运算电路、滤波电路以及采样电路等，采集能反应系统状态的各种信息。

（2）特征分析。将采集到的信息进行处理和分析，如 FFT（快速傅里叶变换）、各种谱分析、时序模型参数计算和特征量、特征实时模型提取。这些信号处理与分析可以是独立的信号处理装置，也可以是系统监控计算机中的信号处理模块。

（3）状态匹配和识别。其任务是把实时提取的特征量和特征模型与表征设备正常运行的阈值、阈值函数、正常状态模型进行比较与匹配运算、分析，根据结果做出运行状态判别决策和状态预报。

（4）故障预测预报。如果匹配后做出异常预报，则需对异常状态特征进行分析、归类，借助于状态预诊断知识库和专家系统，做出设备状态的精确估计和预报。

（5）预维修决策。根据故障预报结果，借助于维修知识库做出预维修决策并报告上级控制系统做出相应调度决策。

（6）根据监控和检测的结果和决策结论，对系统做相应的调整。

**3. 加工过程监控方法**

加工过程监控 FMS 加工系统在切削加工过程中，对刀具切削状态提出了很高的要求，这是因为在切削加工过程中，刀具出现磨损、破损的频率最高，若不及时发现会导致一系列的加工故障，引起工件报废，甚至损坏机床或使整个 FMS 不能正常运行。加工系统的刀具监控分加工前、加工中、加工后三个时间段。加工前和加工后的监控通常采用离线直接测量法。加工中的监控主要采用在线间接测量法，因而要求检测方法快速、准确、稳定、可靠。表 10-2 和表 10-3 列出了加工中刀具破损和刀具磨损的主要监测方法。在这些监测方法中，除少数方法，如功率电流法、声发射法、扭矩法等已开始用于生产，其监测效果不尽令人满意外，大多数监测方法还处在实验研究阶段。

图 10-9 所示为利用振动、温度和切削力传感器监控车削加工过程的实验例，监控对象为刀具与机床或工件的碰撞、刀具磨损和破损，其中碰撞直接纳入机床的反馈控制。

表 10-2 刀具破损的监测方法

| 传感参数 | | 传感原理 | 传感件 | 主要特征 |
|---|---|---|---|---|
| 直接法 | 光学图像 | 光反射、折射、傅里叶传递函数变换、TV 摄像 | 光敏、激光、光纤、光学传感器、CCD 或摄像管 | 可提供直观图像，结果较精确，受切削条件影响，不易实现实时监视，正在进行实用化开发 |
| | 接触 | 电阻变化、开关量、磁力线变化 | 电阻片、印制电阻电路、开关电路、磁间隙传感器 | 简便，受切削温度、切削力和切屑变化影响，不能实时监视 |
| 间接法 | 切削力 | 切削力变化量、切削分力比率 | 应变片、动态应变仪、力传感器 | 灵敏，但动态应变仪难装于机床上，简便，有商品供应，识别的主要障碍是阈值的确定 |
| | 扭矩 | 主电动机、主轴或进给系统扭矩 | 应变片、电流表等 | 成本低，易使用，已实用，对大钻头破损（折断）探测量效，灵敏度不高 |
| | 功率 | 主电动机或进给电动机功率消耗 | 功率传感器 | 成本低，易使用，灵敏度不高，有商品供应 |
| | 振动 | 切削过程振动及其变化 | 加速度计、振动传感器 | 灵敏，有应用前途和工业使用潜力 |
| | 超声波 | 接受主动发射超声波的反射波 | 超声波换能器与按受器 | 可实现扭矩限制，但受切削振动变化的影响，处于研究阶段 |
| | 噪声 | 切削区环境噪声探测分析 | 拾音器 | 沿处于研究阶段 |
| | 声发射(AE) | 刀具破损时发射的 AE 信号特征分析 | 声发射传感器 | 灵敏，实用，使用方便，成本适中，是最有希望的刀具破损探测方法，小量供应市场，有较广泛的工业应用潜力 |

表 10-3 刀具磨损的监测方法

| 传感器 | | 应用场合 | 主要特征 |
|---|---|---|---|
| 直接法 | 光学图像 | 砂轮磨损离线或在线非实时监视多种刀具 | 分辨率为 0.1～2μm，精度为 1～5μm，正在进一步研究实用化，摄像法较贵 |
| | 接触 | 车削、钻削刀具 | 灵敏度为 10μm，提供直接评价，受切屑与切削温度变化影响，有应用前景 |
| | 放射线法 | 各种切削工艺 | 灵敏度为 10μm，不受切屑、切削液和切削温度影响，需进一步解决防护问题，有应用前景 |
| 间接法 | 切削力(扭矩法) | 车、钻、镗削等 | 灵敏度为 20～100μm，其中比切削力法与功率谱分析法有应用价值 |
| | 功率(电液)法 | 车、铣、钻削等 | 灵敏度相当低，响应时间长，易使用 |
| | 切削温度 | 车削 | 灵敏度相当低，响应慢，不可用于冷却使用状态，预测无应用前途 |
| | 刀具-工件距离探测法 | 车削等 | 分辨率为 0.5～2μm，精度为 2～5μm，探测刀具-工件间距离变化，多数方法处于实验研究阶段 |
| | 振动分析法 | 车、铣削等 | 工作精度主要取决于 DDS 模型阶数，与信号处理有关，经进一步改进有工业应用潜力 |
| | 声分析法(AE 法、噪声法、声振动分析) | 车、铣、钻、拉、镗、攻螺纹等 | 已证明，其中声发射(AE)法对车、铣、钻削等刀具磨损灵敏，但尚未建立极度磨损的全部判据，在有限条件下可供工业应用，有应用前景 |
| | 表面粗糙度法 | 车、铣等 | 受切削条件影响，不易实现实时监测 |

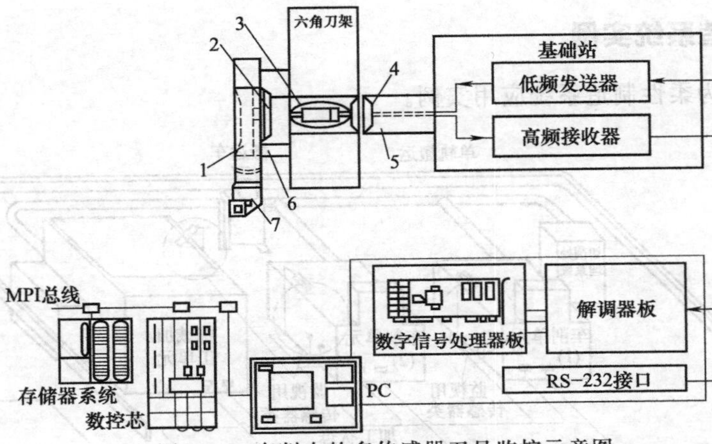

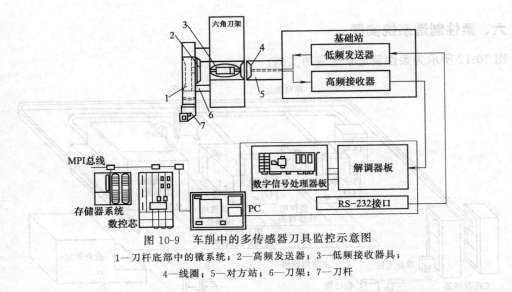

图 10-9　车削中的多传感器刀具监控示意图

1—刀杆底部中的微系统；2—高频发送器；3—低频接收器具；4—线圈；5—对方站；6—刀架；7—刀杆

监控系统由信号采集、信号传送、信号处理和反馈控制四部分组成。安装于刀杆上的传感器和信号预处理器一起构成信号采集部分（见图 10-10），所采集到的信号通过电感耦合传送给作为信号处理器的 PC。信号处理器采用基于模型的解决方法，主要根据切削过程中在刀具切入方向、走刀方向所产生的力作为模型，并考虑刀具磨损状态等实际切削过程的影响量来计算各力的阈值。识别阈值超限采用神经网络预报法，该方法采用多项式来对采样数据做均方近似处理，多项式近似的外插值与简单的均方值不同的是，阈值超限判别速度快。由图 10-11 的碰撞识别实例中可以看出，从切削力明显上升的那一时刻起，对其后的每一时刻采用多项式近似的外插值均比平均值高，因而有利于更及时地发出阈值超限信号，通过数控系统迅速控制机床停机。刀具的磨损、破损程度是通过神经网络采用不同的切削过程影响和从检测数据中抽出的特征量来进行估量。该方法的检测精度高，其刀具后面磨损幅宽的检测误差小于 33$\mu$m。

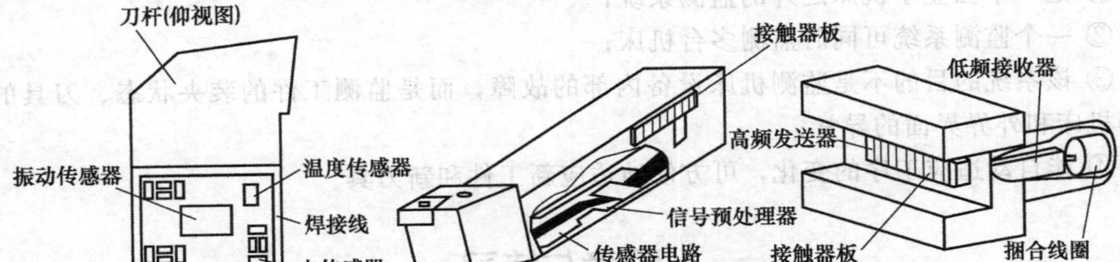


图 10-10　信号采集与传送

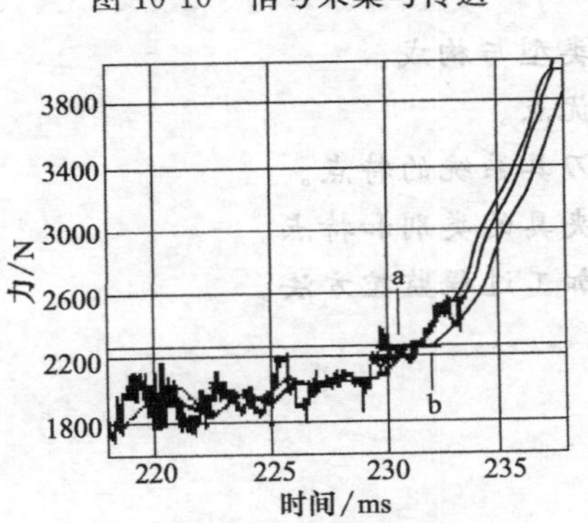


图 10-11　碰撞识别实例

a—外插值；b—内插值

## 六、柔性制造系统实例

图 10-12 所示为柔性制造系统应用实例。

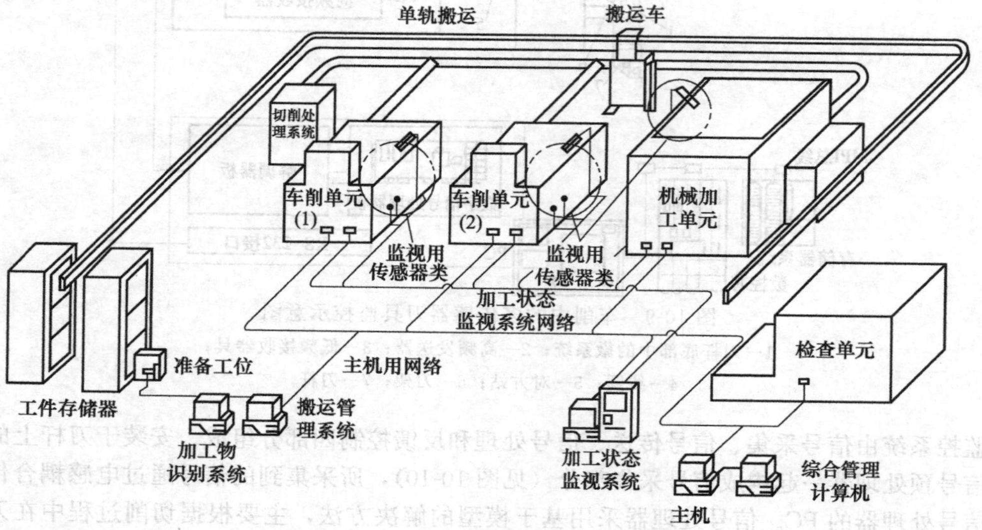


图 10-12　柔性制造系统应用实例

该柔性制造系统，其加工系统由三台机床、一台检查装置和集中切屑处理装置构成，物流系统由有轨小车、工件存储、工件识别、工件准备站等装置构成。毛坯根据生产计划在准备站从几个到几十个为一批装在一个料箱内，通过有轨小车送往各加工设备。监测系统用图像处理法监测刀具损伤、工件装夹异常、切屑缠绕等造成的障碍，用声发射法监测刀具的磨损。该状态检测系统具有以下特点：

① 是一个独立于机床之外的监测系统；

② 一个监测系统可同时监测多台机床；

③ 该系统的目的不是监测机床设备内部的故障，而是监测工件的装夹状态、刀具的异常等机床和外界界面的异常；

④ 能自动适应工序的变化，可方便地适应新工件和新刀具。

## 思考与练习

1. 简述柔性制造系统的类型与构成。
2. 简述柔性制造系统的优点。
3. 简述柔性制造系统中刀具系统的特点。
4. 简述柔性制造系统中夹具的类别和特点。
5. 简述柔性制造系统中加工过程监控方法。

# 参考文献


[1] 毕承恩. 现代数控机床. 北京：机械工业出版社，1991.

[2] 华訏发. 数控机床加工工艺. 北京：机械工业出版社，2000.

[3] 张振国. 数控机床的结构与应用. 北京：机械工业出版社，1990.

[4] 刘晋春，赵家齐，赵万生. 特种加工. 北京：机械工业出版社，2004.

[5] 王爱玲. 现代数控机床结构设计. 北京：兵器工业出版社，1999.

[6] 董玉红. 机床数控技术. 哈尔滨：哈尔滨工业大学出版社，2003.

[7] 韩鸿鸾. 数控机床应用基础. 济南：山东科学技术出版社，2001.

[8] 吴祖玉. 数控机床. 上海：上海科学技术出版社，2000.

[9] 廉元国. 加工中心设计与应用. 北京：机械工业出版社，1995.

[10] 全国数控培训网络天津分中心. 数控机床. 北京：机械工业出版社，1997.

[11] 王维. 数控加工工艺及编程. 北京：机械工业出版社，2001.

[12] 罗振璧. 现代制造系统. 北京：机械工业出版社，1995.

[13] 李宏胜. 机床数控技术及应用. 北京：高等教育出版社，2001.

[14] 王贵明. 数控实用技术. 北京：机械工业出版社，2001.

[15] 孙汉卿. 数控机床编修技术. 北京：机械工业出版社，2001.

[16] 李郝林. 机床数控技术. 北京：机械工业出版社，2003.

[17] 刘晋春. 特种加工. 北京：机械工业出版社，2004.

[18] 盛晓敏. 先进制造技术. 北京：机械工业出版社，2002.

[19] 林宋. 现代数控机床. 北京：化学工业出版社，2003.

[20] 王凤蕴. 数控原理与典型数控系统. 北京：高等教育出版社，2003.

[21] 熊光华. 数控机床. 北京：机械工业出版社，2003.

[22] 范珍. 加工中心. 北京：化学工业出版社，2004.

[23] 张建钢. 数控技术. 武汉：华中科技大学出版社，2001.

[24] 白恩远. 现代数控机床伺服及检测技术. 北京：国防工业出版社，2002.

[25] 沙杰. 加工中心结构、调试与维护. 北京：机械工业出版社，2003.

[26] 谢富春. 数控原理与数控床. 北京：化学工业出版社，2004.

[27] 中国机械工业教育协会. 数控机床及其使用维修. 北京：机械工业出版社，2001.

[28] 李伯民. 现代磨削技术. 北京：机械工业出版社，2003.

[29] 龚仲华. 数控技术. 北京：机械工业出版社，2004.

[30] 刘战术. 数控机床及其维护. 北京：人民邮电出版社，2005.

[31] 刘瑞已. 数控机床故障诊断与维护. 北京：化学工业出版社，2007.

[32] 陈云卿，杨顺田. 数控铣镗床编程与技能训练. 北京：化学工业出版社，2008.

[33] 杨兴. 数控机床电气控制. 第2版. 北京：化学工业出版社，2014.